21世纪普通高校计算机公共课程规划教材

SQL Server 2012 数据库应用与开发教程

李春葆 曾平 喻丹丹 编著

清华大学出版社
北京

内容简介

本书全面讲述了SQL Server关系数据库管理系统的基本原理和技术知识。全书共分为15章，深入地介绍了数据库基础知识、SQL Server系统概述、创建数据库和表的方法、T-SQL、索引、视图、数据完整性、存储过程、触发器、SQL Server的安全管理、数据文件安全和灾难恢复以及ADO.NET数据访问技术，最后给出了采用C＃＋SQL Server开发学生成绩管理系统的实例。

本书内容丰富、结构合理、思路清晰、语言简练流畅、实例丰富，可作为大学计算机专业本科、高职高专及培训班相关课程的教学用书，也可作为计算机应用人员和计算机爱好者的自学参考书。本书的电子教案和实例代码可以到清华大学出版社网站(http://www.tup.tsinghua.edu.cn)下载。

图书在版编目(CIP)数据

SQL Server 2012数据库应用与开发教程/李春葆，曾平，喻丹丹编著．—北京：清华大学出版社，2015(2023.1重印)

21世纪普通高校计算机公共课程规划教材

ISBN 978-7-302-40008-0

Ⅰ．①S…　Ⅱ．①李…②曾…③喻…　Ⅲ．①关系数据库系统－教材　Ⅳ．①TP311.138

中国版本图书馆CIP数据核字(2015)第086384号

责任编辑：魏江江　王冰飞
封面设计：何凤霞
责任校对：梁　毅
责任印制：沈　露

出版发行：清华大学出版社
　　网　　址：http://www.tup.com.cn，http://www.wqbook.com
　　地　　址：北京清华大学学研大厦A座　　**邮　　编**：100084
　　社 总 机：010-83470000　　**邮　　购**：010-62786544
　　投稿与读者服务：010-62776969，c-service@tup.tsinghua.edu.cn
　　质量反馈：010-62772015，zhiliang@tup.tsinghua.edu.cn
　　课件下载：http://www.tup.com.cn，010-83470236
印 装 者：三河市铭诚印务有限公司
经　　销：全国新华书店
开　　本：185mm×260mm　　**印　　张**：27.25　　**字　　数**：679千字
版　　次：2015年5月第1版　　**印　　次**：2023年1月第9次印刷
印　　数：7001~7500
定　　价：49.50元

产品编号：062592-01

INTRODUCTION

出版说明

随着我国改革开放的进一步深化，高等教育也得到了快速发展，各地高校紧密结合地方经济建设发展需要，科学运用市场调节机制，加大了使用信息科学等现代科学技术提升、改造传统学科专业的投入力度，通过教育改革合理调整和配置了教育资源，优化了传统学科专业，积极为地方经济建设输送人才，为我国经济社会的快速、健康和可持续发展以及高等教育自身的改革发展做出了巨大贡献。但是，高等教育质量还需要进一步提高以适应经济社会发展的需要，不少高校的专业设置和结构不尽合理，教师队伍整体素质亟待提高，人才培养模式、教学内容和方法需要进一步转变，学生的实践能力和创新精神亟待加强。

教育部一直十分重视高等教育质量工作。2007 年 1 月，教育部下发了《关于实施高等学校本科教学质量与教学改革工程的意见》，计划实施“高等学校本科教学质量与教学改革工程（简称‘质量工程’）”，通过专业结构调整、课程教材建设、实践教学改革、教学团队建设等多项内容，进一步深化高等学校教学改革，提高人才培养的能力和水平，更好地满足经济社会发展对高素质人才的需要。在贯彻和落实教育部“质量工程”的过程中，各地高校发挥师资力量强、办学经验丰富、教学资源充裕等优势，对其特色专业及特色课程（群）加以规划、整理和总结，更新教学内容、改革课程体系，建设了一大批内容新、体系新、方法新、手段新的特色课程。在此基础上，经教育部相关教学指导委员会专家的指导和建议，清华大学出版社在多个领域精选各高校的特色课程，分别规划出版系列教材，以配合“质量工程”的实施，满足各高校教学质量和教学改革的需要。

本系列教材立足于计算机公共课程领域，以公共基础课为主、专业基础课为辅，横向满足高校多层次教学的需要。在规划过程中体现了如下一些基本原则和特点。

（1）面向多层次、多学科专业，强调计算机在各专业中的应用。教材内容坚持基本理论适度，反映各层次对基本理论和原理的需求，同时加强实践和应用环节。

（2）反映教学需要，促进教学发展。教材要适应多样化的教学需要，正确把握教学内容和课程体系的改革方向，在选择教材内容和编写体系时注意体现素质教育、创新能力与实践能力的培养，为学生知识、能力、素质协调发展创造条件。

(3) 实施精品战略，突出重点，保证质量。规划教材把重点放在公共基础课和专业基础课的教材建设上；特别注意选择并安排一部分原来基础比较好的优秀教材或讲义修订再版，逐步形成精品教材；提倡并鼓励编写体现教学质量和教学改革成果的教材。

(4) 主张一纲多本，合理配套。基础课和专业基础课教材配套，同一门课程有针对不同层次、面向不同专业的多本具有各自内容特点的教材。处理好教材统一性与多样化，基本教材与辅助教材、教学参考书，文字教材与软件教材的关系，实现教材系列资源配套。

(5) 依靠专家，择优选用。在制定教材规划时要依靠各课程专家在调查研究本课程教材建设现状的基础上提出规划选题。在落实主编人选时，要引入竞争机制，通过申报、评审确定主题。书稿完成后要认真实行审稿程序，确保出书质量。

繁荣教材出版事业，提高教材质量的关键是教师。建立一支高水平教材编写梯队才能保证教材的编写质量和建设力度，希望有志于教材建设的教师能够加入到我们的编写队伍中来。

21世纪普通高校计算机公共课程规划教材编委会

联系人：魏江江 weijj@tup.tsinghua.edu.cn

FOREWORD

前言

SQL Server是Microsoft公司的关系型数据库管理系统产品，20世纪80年代后期开始开发，先后经历了多个版本，目前SQL Server 2012日趋成熟，且具有众多的新特性，现已成为数据库管理系统领域的引领者，为企业解决数据爆炸和数据驱动的应用提供了有力的技术支持。

数据库应用与开发是普通高等院校计算机专业及相关专业的一门应用型专业基础课，它的主要任务是研究数据的存储、使用和管理，学习数据库的基本原理、方法和应用技术，能有效地使用现有的数据库管理系统和软件开发工具设计和开发数据库应用系统。

全书分为三部分，共15章。第一部分简单介绍数据库的一般原理；第二部分介绍SQL Server 2012的数据管理功能；第三部分介绍以C#作为前端设计工具、SQL Server作为数据库平台开发数据库应用系统的技术。其中，第1章介绍数据库基础知识，第2章为SQL Server系统概述，第3章介绍创建和删除数据库，第4章介绍创建和使用表，第5章介绍T-SQL基础，第6章介绍T-SQL高级应用，第7章介绍索引，第8章介绍视图，第9章介绍数据完整性，第10章介绍存储过程，第11章介绍触发器，第12章介绍SQL Server的安全管理，第13章介绍数据文件安全和灾难恢复，第14章介绍ADO.NET数据访问技术，第15章介绍数据库系统开发实例。

本书每一章最后给出了相应的练习题，除第1章外，各章含有一定数量的上机实验题，供读者选做，并在附录中给出了部分练习题参考答案。本书的主要特点如下。

（1）内容全面，知识点丰富。从数据库原理到数据库应用，系统地介绍SQL Server数据管理和使用方法。

（2）表述清晰，由浅入深，循序渐进，通俗易懂。用精选的图表来阐述知识内容，依托大量的实例呈现数据处理的过程和数据管理方法，有助于读者理解概念、巩固知识、掌握要点、攻克难点。

（3）理论教学和实践教学相结合。通过学生成绩管理系统的完整实现，介绍数据库应用系统开发的基本方法。

清华大学出版社魏江江老师对本书的编写给出了指导性的意见，在此表示衷心的感谢。由于编者水平有限，书中疏漏之处在所难免，笔者殷切地希望广大读者批评指正。

本书提供了丰富而完整的教学和学习资源，包括 PPT、例题样本数据库、例题源代码、SMIS 数据库系统实例的源代码和上机实验题 2～上机实验题 10 的操作过程，这些教学资源可以从清华大学出版社网站免费下载。所有实例均在 SQL Server 2012 环境中调试通过。如没有特别说明，书中 SQL Server 指的是 SQL Server 2012 中文版。

本书可作为大学本科、高职高专及培训班相关课程的教学用书，也可作为计算机应用人员和计算机爱好者的自学参考书。

编　者

2015 年 1 月

CONTENTS

目录

CHAPTER 1

第1章 数据库基础知识

目前,数据处理已成为计算机应用的主要方面,数据处理的中心问题是数据管理。数据库系统技术是数据管理技术发展的最新研究成果。本章主要介绍数据模型、数据管理技术的发展和数据库系统的基本概念等,为后面各章的学习打下基础。

1.1 信息、数据与数据处理

用计算机对数据进行处理的应用系统称为计算机信息系统。信息系统是“一个由人、计算机等组成的能进行信息的收集、传递、存储、加工、维护、分析、计划、控制、决策和使用的系统”。信息系统的核心是数据库。

1.1.1 信息与数据

“信息”是对现实世界事物的存在方式或运动状态的反映。具体地说,信息是一种已经被加工为特定形式的数据,这种数据形式对接收者来说是有意义的,而且对当前和将来的决策具有明显的或实际的价值。

信息有如下一些重要特征。

(1) 信息传递需要物质载体,信息的获取和传递要消耗能量。

(2) 信息是可以感知的。不同的信息源有不同的感知方式(如感觉器官、仪器或传感器等)。

(3) 信息是可以存储、压缩、加工、传递、共享、扩散、再生和增值的。

“数据”是将现实世界中的各种信息记录下来的、可以识别的符号。数据是信息的载体,是信息的具体表示形式;而信息是数据的内涵。多种不同的数据形式可用来表示一种同样的信息,而信息不随它的数据形式不同而改变。信息与数据是密切相关联的,信息是各种数据所承载的意义,数据则是载荷信息的物理符号。因此,在许多场合下对它们不做严格区分,可互换使用。例如,通常所说的“信息处理”与“数据处理”等就具有同义性。

1.1.2 数据处理

数据处理是指将数据转换成信息的过程，如对数据的收集、存储、传播、检索、分类、加工或计算以及打印各类报表或输出各种需要的图形等，这些数据处理的基本环节的操作统称为数据管理。图 1.1 展示了通过学生数据处理产生以班号和性别分类的汇总信息。

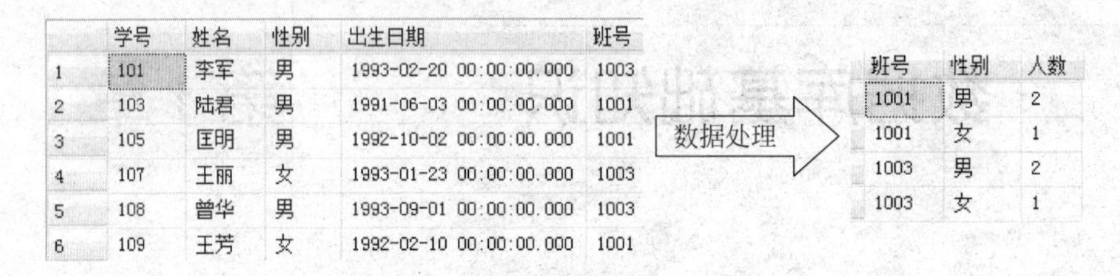

	学号	姓名	性别	出生日期	班号
1	101	李军	男	1993-02-20 00:00:00.000	1003
2	103	陆君	男	1991-06-03 00:00:00.000	1001
3	105	匡明	男	1992-10-02 00:00:00.000	1001
4	107	王丽	女	1993-01-23 00:00:00.000	1003
5	108	曾华	男	1993-09-01 00:00:00.000	1003
6	109	王芳	女	1992-02-10 00:00:00.000	1001

数据处理

班号	性别	人数
1001	男	2
1001	女	1
1003	男	2
1003	女	1

图 1.1 数据处理示例

1.2 计算机数据管理的 3 个阶段

数据库技术是应数据管理任务的需要而产生的，它随着计算机技术的发展而完善。计算机数据管理经历了人工管理、文件系统和数据库系统 3 个阶段，现在正向新一代更高级的数据库系统发展。

1.2.1 人工管理阶段

20 世纪 50 年代中期以前，计算机主要用于科学计算。在这一阶段，计算机除硬件外，没有管理数据的软件。使用计算机对数据进行管理时，设计人员除考虑应用程序、数据的逻辑定义和组织外，还必须考虑数据在存储设备内的存储方式和地址。此阶段的特点如图 1.2 所示，归纳如下。

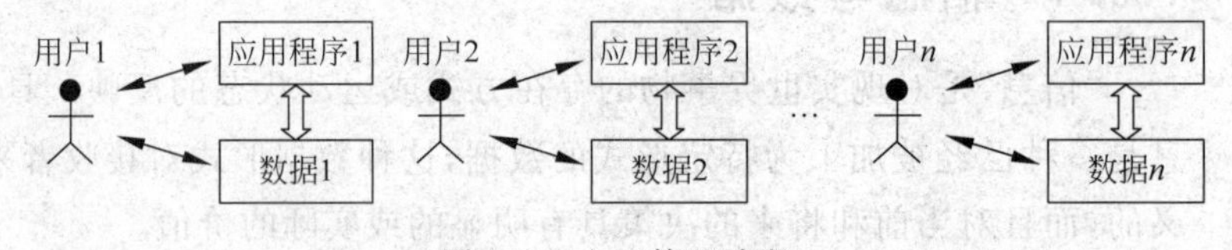

图 1.2 人工管理阶段

(1) 数据不保存。因为计算机主要用于科学计算，不要求保存数据。每次启动计算机后都要将程序和数据输入主存，计算结束后将结果输出，计算机不保存程序和数据。计算机断电，计算结果会随之消失。

(2) 数据面向程序。每个程序都有属于自己的一组数据，程序与数据相互结合成为一体，互相依赖。各程序之间的数据不能共享，因此数据就会重复存储(冗余度大)。

(3) 编写程序时要安排数据的物理存储。程序员编写应用程序时，还要安排数据的物理存储。程序和数据混为一体，一旦数据的物理存储改变，就必须重新编程，所以程序员的工作量大而烦琐，程序难以维护。

1.2.2　文件系统管理阶段

在20世纪50年代后期至20世纪60年代中期，计算机外存已有了磁鼓、磁盘等存储设备，软件有了操作系统。人们在操作系统的支持下，设计开发了一种专门管理数据的计算机软件，称为文件系统。这时，计算机不仅用于科学计算，也已大量用于数据处理。此阶段的特点如图1.3所示，归纳如下。

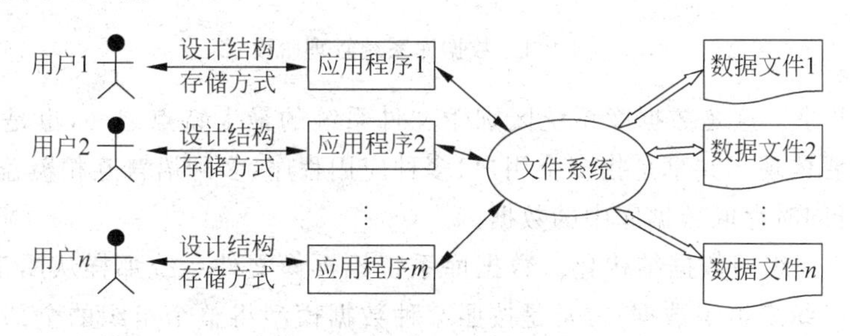

图1.3　文件系统管理阶段

(1) 数据以文件的形式长期保存。此阶段计算机大量用于数据处理，数据需要长期保留在外存上反复处理，即经常对其进行查询、修改、插入和删除等操作。因此，在文件系统中，将数据按一定的规则组织为一个文件，长期存放在外存储器中。

(2) 数据的物理结构与逻辑结构有了区别，但比较简单。程序员只需用文件名与数据打交道，不必关心数据的物理位置，可由文件系统提供的读写方法去读/写数据。

(3) 文件形式多样化。为了方便数据的存储和查找，人们研究开发了许多文件类型，如索引文件、链式文件、顺序文件和倒排文件等。数据的存取基本上是以记录为单位的。

(4) 程序与数据之间有一定的独立性。应用程序通过文件系统对数据文件中的数据进行存取和加工，文件系统充当应用程序和数据之间的一种接口，这样可使应用程序和数据都具有一定的独立性。因此，处理数据时，程序不必过多地考虑数据的物理存储的细节，程序员可以集中精力于算法设计，也不必过多地考虑物理细节。而且，数据在存储上的改变不一定反映在程序上，这可以大大节省维护程序的工作量。

尽管文件系统有上述优点，但是，这些数据在数据文件中只是简单地存放，文件之间并没有有机的联系，仍不能表示复杂的数据结构；数据的存放仍依赖于应用程序的使用方法，基本上是一个数据文件对应于一个或几个应用程序；数据面向应用，独立性较差，仍然会出现数据重复存储、冗余度大、一致性差(同一数据在不同文件中的值不一样)等问题。

1.2.3　数据库系统管理阶段

从20世纪60年代末期开始，随着计算机技术的发展，数据管理的规模越来越大，数据量急剧增加，数据共享的要求越来越高。这时磁盘技术取得了重要进展，为数据库技术的发展提供了物质条件。人们开发出了一种新的、先进的数据管理方法，将数据存储在数据库中，由数据库管理软件对其进行管理。这样构成的数据库系统克服了以前所有数据管理方式的缺点，试图提供一种完美的、更高级的数据管理方式。此阶段的特点如图1.4所示，归纳如下。

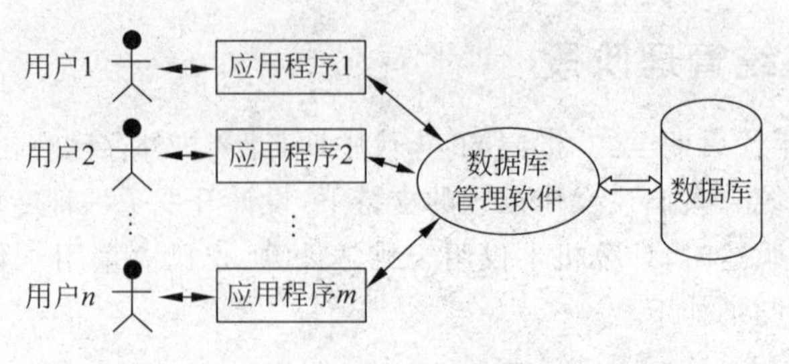

图 1.4　数据库系统管理阶段

(1) 数据共享。这是数据库系统区别于文件系统的最大特点之一，也是数据库系统技术先进性的重要体现。共享是指多个用户、多种应用程序、多种语言互相覆盖地共享数据集合，所有用户可同时存取数据库中的数据。

(2) 面向全组织的数据结构化。数据库系统不再像文件系统那样从属于特定的应用，而是面向整个组织来组织数据，常常是按照某种数据模型将整个组织的全部数据组织成为一个结构化的数据整体。它不仅描述了数据本身的特性，而且也描述了数据与数据之间的种种联系，这使数据库能够描述复杂的数据结构。全组织的数据结构化，有利于实现数据共享。

(3) 数据独立性。数据库技术的重要特征就是数据独立于应用程序而存在，数据与程序相互独立，互不依赖，不因一方的改变而改变另一方。这极大地简化了应用程序的设计与维护的工作量。

(4) 可控数据冗余度。数据共享、结构化和数据独立性的优点使数据存储不必重复，不仅可以节省存储空间，而且从根本上保证了数据的一致性，这又是有别于文件系统的重要特征。从理论上讲，数据存储完全不必重复，即冗余度为零，但有时为了提高检索速度，常有意安排若干冗余，这种冗余可由用户控制，称为可控冗余。可控冗余要求任何一个冗余的改变都能自动地对其余冗余加以改变。

(5) 统一数据控制功能。数据库是系统中各用户的共享资源，因而计算机的共享一般是并发的，即多个用户同时使用数据库。因此，系统必须提供数据安全性控制、数据完整性控制、并发控制和数据恢复等数据控制功能。

数据库系统管理阶段真正实现了信息的自动化管理，不同的用户只需要设计数据的结构和数据之间的逻辑关系，不必考虑数据如何有效地存储和访问，这些由数据库管理软件自动完成。

1.3　数据库、数据库管理系统和数据库系统

数据库、数据库管理系统和数据库系统是容易相互混淆的几个概念，本节从它们的主要功能和组成等方面加以介绍。

1.3.1　数据库

数据库(DataBase,DB)是按一定的结构来进行组织的，并长期存储在计算机内的、可共享的大量数据的有机集合。数据库是至少符合以下特征的数据集合。

（1）数据库中的数据是按一定的数据模型来组织的，而不是杂乱无章的。

（2）数据库的存储介质通常是硬盘、磁带和光盘等，能够大量地、高效地保存数据。

（3）数据库中的数据能为众多用户所共享，能方便地为不同的应用服务。

（4）数据库是一个有机的数据集成体，它由多种应用的数据集成而来，故具有较少的冗余和较高的独立性。

数据库的结构可以分为3个层次，分别代表不同人员对数据库观察的3个角度，如图1.5所示。

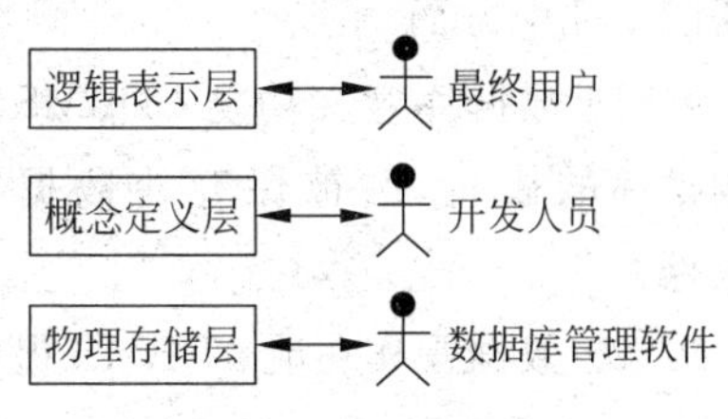

图1.5 数据库的层次结构

（1）逻辑表示层：它是数据库的最上层，反映数据实体本身。它是数据库的最终用户（应用程序的使用者）所看到和使用的数据集合。

（2）概念定义层：它是数据库的中间层，反映数据之间的逻辑关系。

（3）物理存储层：它是数据库的最底层，反映物理存储设备（硬盘、软件、光盘等）上实际存储的数据集合。由数据库管理软件负责数据的存储，并提供内部命令用于数据的管理。

例如一个实现学生管理系统的数据库，其最终用户是学生管理人员，假设由软件开发人员使用SQL Server进行数据库设计，那么，数据库的逻辑表示层指的是学生和成绩等数据，它们可以是以纸张形式表示的，通常由学生管理人员提供；概念定义层通常由开发人员设计，如将学生数据设计成student表，包含“学号”、“姓名”等列，将成绩数据设计成score表，包含“学号”、“课程”、“分数”等列，它们之间存在一对多的关系（一个学生有多门课程的成绩）；物理存储层是开发人员使用SQL Server的相应命令来实现，至于这些表（student、score）具体放在什么地方，由SQL Server自行完成，对用户可以是透明的。

特别需要指出的是，数据库中的存储数据是“集成的”和“共享的”。

所谓“集成”，是指把某特定应用环境中各种应用的相关数据及其数据之间的联系（联系也是一种数据）全部集中按照一定的结构形式进行存储，或者说，把数据库看成若干性质不同的单个数据文件的联合和统一的数据整体，并且在文件之间局部或全部消除了冗余。这使数据库系统具有整体数据结构化和数据冗余小的特点。

所谓“共享”，是指数据库中的一块块数据可为多个不同的用户所共享，即多个不同的用户，使用多种不同的语言，为了不同的应用目的，而同时存取数据，甚至同时存取同一块数据。共享实际上是基于数据库是“集成的”这一事实实现的结果。

1.3.2 数据库管理系统

在文件系统中，用户对其所使用的数据文件的物理组织和存储细节全要进行安排和处理，这给用户带来很大不便。为此，人们研制了一种数据管理软件——数据库管理系统（Database Management System，DBMS）。DBMS是由一组程序构成的，其主要功能是完成对数据库的定义和数据操作，提供给用户一个简明的接口，实现事务处理等。这样，可以把对“存储数据”的管理、维护和使用的复杂性都转嫁给DBMS，以方便数据库系统的开发。

1. DBMS的主要功能

DBMS不仅具有面向用户的功能，而且也具有面向系统的功能。目前，DBMS由于缺乏统一的标准，它们的性能、功能等许多方面随系统而异。一般情况下，大型系统功能较全、较强，小型系统功能较弱，同一类系统性能也可能是有差异的。通常，DBMS的主要功能包括以下几个方面。

(1) 数据库定义功能：DBMS提供相应的数据定义语言来定义数据库结构，它们刻画数据库的模式，并被保存在数据字典中。数据字典是DBMS存取和管理数据的基本依据。

(2) 数据操作功能：DBMS提供数据操作语言实现对数据库数据的查找、插入、修改和删除等基本操作。

(3) 数据库运行管理功能：DBMS提供数据控制功能，即数据的安全性、完整性和并发控制等，对数据库运行进行有效地控制和管理，以确保数据库数据正确有效和数据库系统的有效运行。

(4) 数据的组织、管理和存储功能：DBMS可对各种数据进行分类组织、管理和存储，包括用户数据、数据字典、数据存取路径等。确定文件结构种类、存取方式(索引查找、顺序查找)和数据的组织分类，实现数据之间的联系等，提高了存储空间的利用率和存取效率。

(5) 数据库的建立和维护功能：包括数据库初始数据的装入，数据库的转储、恢复、重组织，系统性能监视、分析等功能。这些功能大都由DBMS的实用程序来完成。

(6) 数据通信功能：DBMS提供对处理数据的传输功能，实现用户程序与DBMS之间的通信。通常与操作系统协调完成。

2. DBMS的组成

DBMS大多是由许多"系统程序"所组成的一个集合。每个程序都有自己的功能，一个或几个程序一起完成DBMS的一件或几件工作。各种DBMS的组成因系统而异，一般来说，它由以下几个部分组成。

(1) 语言编译处理程序：主要包括数据描述语言翻译程序、数据操作语言处理程序、终端命令解释程序和数据库控制命令解释程序等。

(2) 系统运行控制程序：主要包括系统总控程序、存取控制程序、并发控制程序、完整性控制程序、保密性控制程序、数据存取和更新程序以及通信控制程序等。

(3) 系统建立、维护程序：主要包括数据装入程序、数据库重组织程序、数据库系统恢复程序和性能监视程序等。

(4) 数据字典：通常是一系列表，它存储着数据库中有关信息的当前描述。它能帮助用户、数据库管理员和数据库管理系统本身使用和管理数据库。

3. 主流的DBMS

目前市面上有各种DBMS，据权威的DB-ENGINES统计，至2014年9月，排名前10位的DBMS如表1.1所示，其中大多数是关系型DBMS。

表1.1　主流的DBMS

排　名	DBMS	数据库模型
1	Oracle	关系型 DBMS
2	MySQL	关系型 DBMS
3	SQL Server	关系型 DBMS
4	PostgreSQL	关系型 DBMS
5	MongoDB	文档存储
6	DB2	关系型 DBMS
7	Access	关系型 DBMS
8	SQLite	关系型 DBMS
9	Cassandra	列存储
10	Sybabae	关系型 DBMS

1.3.3　数据库系统

数据库系统(Database System,DBS)是数据库应用系统的简称。数据库系统是指计算机系统中引入数据库之后组成的系统,是用来组织和存取大量数据的管理系统。数据库系统由计算机系统、数据库、数据库管理系统、应用程序和用户组成。数据库系统的组成及其各组件之间的关系如图1.6所示。

1. 计算机系统

计算机系统由硬件和必需的软件组成。

(1) 硬件:指存储数据库、运行DBMS和操作系统的硬件资源,包括存储数据库的物理磁盘、磁鼓、磁带或其他外存储器及其附属设备、控制器、I/O通道、内存、CPU及其他外部设备等。

(2) 必需的软件:指计算机系统正常运行所需要的操作系统和各种驱动程序等。

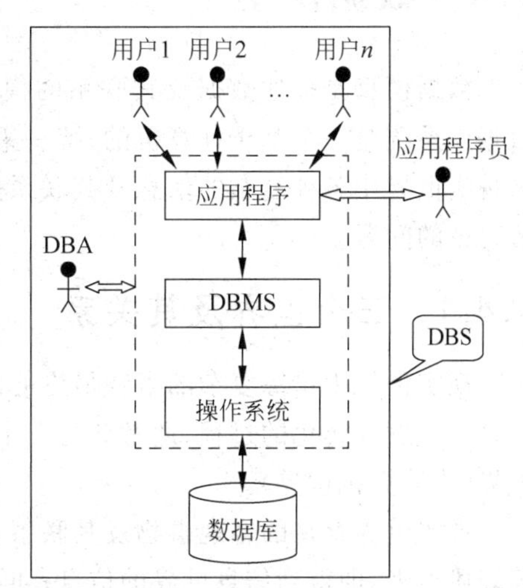

图1.6　数据库系统组成

2. 数据库

数据库用于存储特定应用环境中进行管理和决策所必需的信息。这里的特定应用环境可以指一家公司、一家银行、一所医院或一所学校等各种各样的应用环境。在这些各种各样的应用环境中,各种不同的应用可通过访问其数据库获得必要的信息,以辅助进行决策,决策完成后,再将决策结果存储在数据库中。

3. 数据库管理系统

DBMS用于负责数据库的存取、维护和管理。数据库系统的各类用户对数据库的各种操作请求,都是由DBMS来完成的,它是数据库系统的核心软件。DBMS提供一种超出硬件层之上的对数据库的观察功能,并支持用较高的观点来表达用户的操作,使数据库用户不受硬件层细节的影响。DBMS是在操作系统(OS)支持下工作的。

4. 应用程序

应用程序界于用户和数据库管理系统之间，是指完成用户操作的程序，该程序将用户的操作转换成一系列的命令执行，例如实现学生平均分统计、打印学生学籍表等。这些命令需要对数据库中的数据进行查询、插入、删除和统计等，应用程序将这些复杂的数据库操作交由数据库管理系统来完成。

5. 用户

用户是指存储、维护和检索数据库中数据的使用人员。数据库系统中主要有3类用户，分别为最终用户、应用程序员和数据库管理员。

(1) 最终用户：是指从计算机联机终端存取数据库的人员，也可称为联机用户。

(2) 应用程序员：是指负责设计和编制应用程序的人员。这类用户通过设计和编写"使用及维护"数据库的应用程序来存取和维护数据库。

(3) 数据库管理员(DBA)：是指全面负责数据库系统的"管理、维护和正常使用"的人员，可以是一个人或一组人。特别对于大型数据库系统，DBA极为重要，常设置有DBA办公室，应用程序员是DBA手下的工作人员。要担任数据库管理员，不仅要具有较高的技术专长，而且还要具备较深的资历，并具有了解和阐明管理要求的能力。

1.4 数据模型

数据模型是描述数据及其联系的模型，是对现实世界数据的特征与联系的抽象反映。数据库系统是一个基于计算机的、统一集中的数据管理机构，而现实世界是纷繁复杂的，那么现实世界中各种复杂的信息及其联系是如何通过数据库中的数据来反映的呢？这就是本节讨论的问题。

1.4.1 三个世界及其关系

现实世界中错综复杂的事物最终能以计算机所能理解和表现的形式反映到数据库中，这是一个逐步转化的过程，通常分为三个阶段，称为三个世界，即现实世界、信息世界和机器世界(或计算机世界)。

现实世界存在的客观事物及其联系，经过人们大脑的认识、分析和抽象后，用符号、图形等表述出来，即得到信息世界的信息；再将信息世界的信息进一步具体描述、规范并转换为计算机所能接受的形式，则成为机器世界的数据表示。三个世界及其关系如图1.7所示。

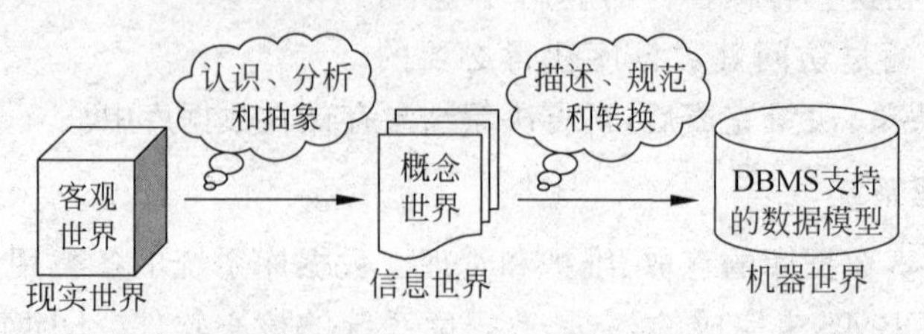

图1.7 三个世界及其关系

1. 现实世界

现实世界就是客观存在的现实世界，它由事物及其相互之间的联系组成。如在学生成绩管理中，学生的特征可用学号、姓名和性别等来表示。同时，事物之间的联系也是丰富多样的，如学生和课程之间的选课关系等。要想让现实世界在计算机的数据库中得以展现，最重要的就是将那些最有用的事物特征及其相互之间的联系提取出来。

2. 信息世界

信息世界是现实世界在人们头脑中反映并用文字或符号记载下来的，是人认识现实世界的抽象过程，经过选择、命名、分类等抽象工作后便可进入信息世界。信息世界是一种相对抽象和概念化的世界，它介于现实世界和机器世界之间。

信息世界涉及术语的基本概念如下。

(1) 实体：现实世界中存在的且可区分的事物称为实体，它是信息世界的基本单位。实体可以是人，也可以是物；可以指实际的对象，也可以指某些概念；还可以指事物与事物间的联系。如学生和一个学生选课都是实体。

(2) 属性：实体所具有的某方面的特性。一个实体可以由若干个属性来刻画，如公司员工实体有"员工编号"、"姓名"、"年龄"、"性别"等属性，再如学生实体有"学号"、"姓名"和"性别"等属性。

(3) 属性域：属性的取值范围，含值的类型。如姓名的域为字符串集合，性别的域为"男"、"女"等。

(4) 实体型：具有相同属性的实体必须具有共同的特性，用实体名及其属性名集合来抽象和刻画同类实体，称为实体型。例如，学生(学号，姓名，性别，班号)就是一个实体型。

(5) 实体集：同型实体的集合称为实体集。如全体学生就是一个实体集。

(6) 码(或关键字)：码是能唯一标识每个实体的属性集。例如，"学号"是学生实体的码，每个学生的学号都唯一代表了一个学生。

3. 机器世界

用计算机管理信息，必须对信息进行数据化，数据化后的信息成为机器世界的数据，数据是能够被计算机识别、存储并处理的。数据化了的信息世界称为机器世界。

机器世界相关术语的基本概念如下。

(1) 数据项(或字段)：标记实体属性的命名单位，是数据库中的最小信息单元。

(2) 记录：字段值的有序集合。

(3) 记录型：字段名的有序集合。

(4) 记录集：同类记录的集合。对应于实体集。

(5) 码(或关键字)：能唯一标识文件中每个记录的字段或字段集。

三个世界的术语虽各不相同，但存在对应关系。三个世界术语之间的关系如图 1.8 所示。

1.4.2 两类模型

数据库中用数据模型这个工具来抽象、表示和处理现实世界中的数据和信息，通俗地

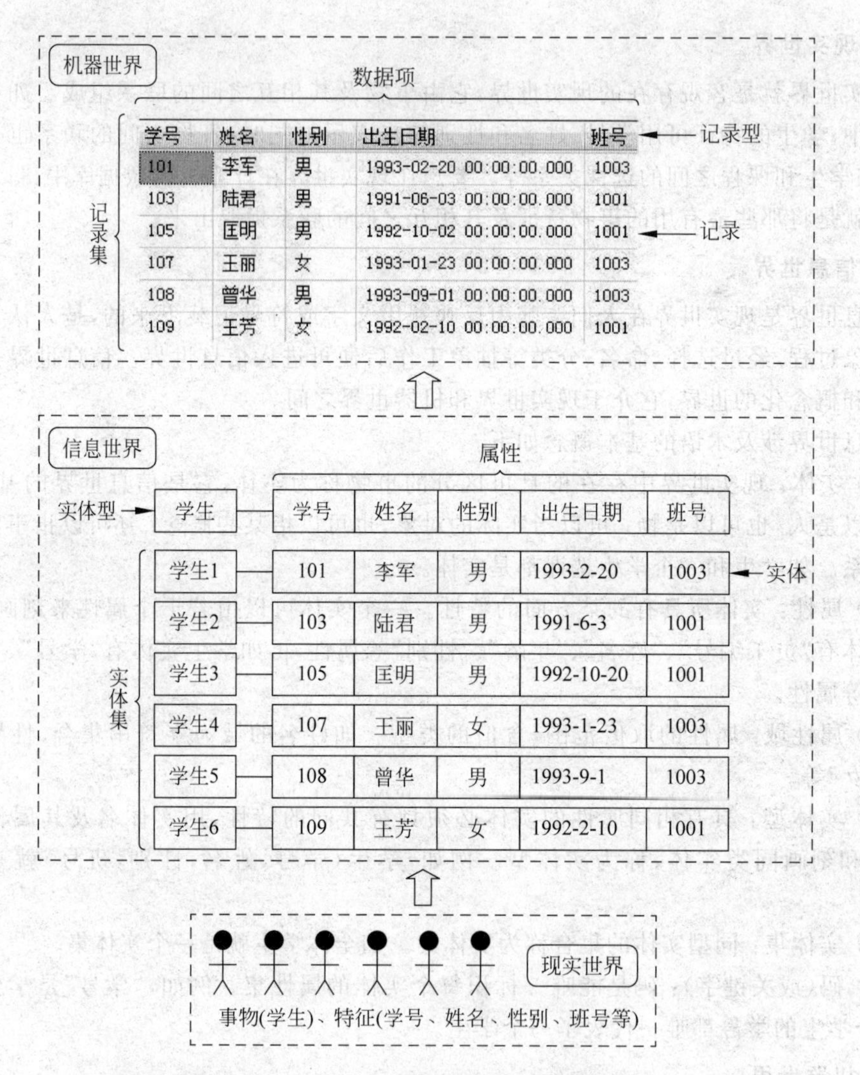

图 1.8　三个世界术语之间的关系

讲，数据模型就是现实世界的模拟。数据模型应满足如下三方面的要求。

(1) 能比较真实地模拟现实世界。

(2) 容易为人所理解。

(3) 便于计算机实现。

根据应用的不同目的，数据模型可以划分为两类，即概念模型和结构数据模型，它们分别属于不同的层次。

(1) 概念模型(或称信息模型)：它是按用户的观点对数据和信息的建模，即用于信息世界的建模，所建立的是属于信息世界的模型；主要用于数据库的设计。

(2) 结构数据模型：主要包括网状模型、层次模型、关系模型等，它是按计算机系统的观点对数据的建模，所建立的是属于机器世界的模型；主要用于 DBMS 的实现。

说明：结构数据模型通常简称为数据模型，正因如此，常将其与含义更广泛的“数据模型”一词相混淆，读者应根据上下文加以区分。

从现实世界实体到概念模型的转换是由数据库设计人员完成的；从概念模型对数据模型的转换可以由数据库设计人员完成，也可以由数据库设计工具协助设计人员完成；从数据模型到物理模型的转换一般是由 DBMS 完成的。

1.4.3　概念模型建模

1. 概念模型的特点

概念模型是信息世界的模型，不依赖于具体的计算机系统，不是某一个 DBMS 支持的数据模型，而是概念级的模型。在建立概念模型后，要把它转换为计算机上某一 DBMS 支持的数据模型(如 SQL Server 数据库管理系统支持的关系模型)。概念模型的特点如下。

(1) 具有较强的语义表达能力，能够方便、直接地表达应用中的各种语义知识。

(2) 简单、清晰、易于用户理解，是用户与数据库设计人员之间进行交流的语言。

2. 两个实体型之间的联系

现实世界的事物之间总是存在某种联系，这种联系必然要在信息世界中加以反映。一般存在两类联系，一是实体内部的联系，如组成实体的属性之间的联系；二是实体之间的联系。这里考虑后者。两个实体型之间的联系是通过对应实体集之间的联系反映出来，可以分为如下三类。

1) 一对一联系(1∶1)

对于实体集 A 中的每一个实体，实体集 B 中至多有一个实体(也可以没有)与之联系，反之亦然，则称实体 A 与实体 B 具有一对一联系，记为 1∶1，如图 1.9(a)所示。

例如，一个部门有一个经理，而每个经理只在一个部门任职，这样部门和经理之间就具有一对一联系。

2) 一对多联系(1∶n)

对于实体集 A 中的每一个实体，实体集 B 中有 n 个实体($n \geqslant 0$)与之联系；反之，对于实体集 B 中的每一个实体，实体集 A 中至多只有一个实体与之联系，则称实体 A 与实体 B 具有一对多联系，记为 1∶n，如图 1.9(b)所示。

例如，一个部门有多个职工，这样部门和职工之间存在着一对多的联系。

3) 多对多联系(m∶n)

对于实体集 A 中的每一个实体，实体集 B 中有 n 个实体($n \geqslant 0$)与之联系；反之，对于实体集 B 中的每一个实体，实体集 A 中有 m 个实体($m \geqslant 0$)与之联系，则称实体 A 与实体 B 具有多对多联系，记为 m∶n，如图 1.9(c)所示。

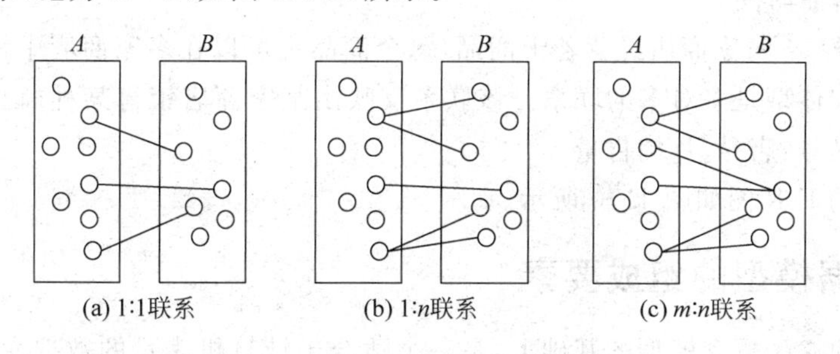

图 1.9　两个实体型之间的联系

例如，学校的课程与学生之间就存在着多对多的联系，每个课程可以供多个学生选修，而每个学生又都会选修多种课程。这种关系可以有很多种处理的办法。

3. 概念模型的表示方法

建立概念模型的工具有多种，如 PowerDesigner 就可以用于概念模型建模；表示概念模型的常用方法是实体一联系(E-R)方法。

E-R 方法是抽象和描述现实世界的有力工具。用 E-R 图表示的概念模型与具体的 DBMS 所支持的数据模型相独立，是各种数据模型的共同基础，因而比数据模型更一般、更抽象，更接近现实世界。

E-R 图提供了表示实体型、属性和联系的方式，说明如下。

- 实体型：用长方形或矩形表示，框内写明实体名。
- 属性：用椭圆形表示，并用无向边把实体型与属性连接起来。
- 联系：用菱形表示，框内写明联系名。用无向边把菱形与有关实体型连接起来，并在无向边旁标上联系的类型。如果实体型之间的联系也具有属性，则把属性和菱形也用无向边连接起来。

设计 E-R 图的过程如下。

(1) 确定实体——几个实体及相应的实体名。

(2) 确定实体之间的联系类型——各实体之间是否有联系，是何种联系类型及相应的联系名。

(3) 连接实体和联系，组合成 E-R 图。

(4) 确定各实体型——给出各实体的实体型(含实体的属性)。

【例 1.1】 画出一个百货公司的 E-R 图。某百货公司管辖若干连锁商店，每家商店经营若干种商品，每家商店有若干名职工，但每个职工只能服务于一家商店。

解：容易看出本例有商店、商品和职工三个实体，实体型的属性如下。

- 商店实体型：店号、店名、店址、店经理。
- 商品实体型：商品号、品名、单价、产地。
- 职工实体型：工号、姓名、性别、工资。

各实体型之间的联系如下。

(1) 隶属联系：一家商店有多名职工，每名职工只能在一家商店工作，所以商店实体型和职工实体型是一对多的联系；该联系反映出职工参加某商店工作的开始时间，其属性包括工号、店号、开始时间。

(2) 经营联系：每家商店经营若干商品，每个商品也可以在多家商店中销售，所以商品实体型和商店实体型是多对多的联系。该联系反映出某家商店销售某种商品的月销售量，其属性包括商品号、店号、月销售量。

最后构建的 E-R 图如图 1.10 所示。

1.4.4 数据模型的组成要素

数据模型建立于概念模型的基础上，是一个适合于计算机表示的数据库层的模型。数据模型组成的要素包括数据结构、数据操作和数据的完整性约束条件。

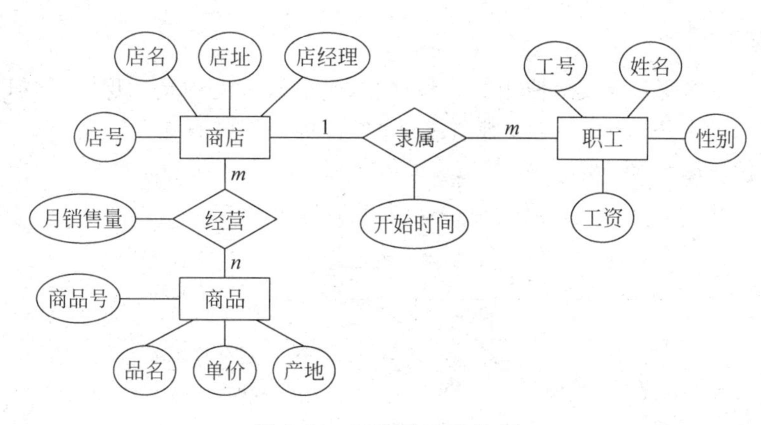

图 1.10　百货公司 E-R 图

1. 数据结构

数据结构是刻画一个数据模型性质最重要的方面，通常按数据组织结构的类型来命名数据模型，如层次结构、网状图结构和关系结构的数据模型分别命名为层次模型、网状模型和关系模型。

数据结构是对系统静态特性的描述，其描述的内容有如下两类。

(1) 与所研究的对象的类型、内容和性质有关的，如关系模型中的域、属性、关系等。

(2) 数据之间联系的表示方式，通常有隐式和显式两种，隐式通过数据自身的关联或位置顺序表示，显式通过附加指针表示。

2. 数据操作

数据操作是对系统动态特性的描述，是数据库中各种对象的实例(值)允许执行的操作的集合，主要有检索和更新(插入、删除、修改)两类操作。数据模型必须定义这些操作的确切含义、操作符号、操作规则、实现操作的语言。

3. 数据的完整性约束条件

数据的完整性约束条件是一组完整性规则的集合，给出数据及其联系所具有的制约、依赖和存储规则，用于限定数据库的状态和状态变化，保证数据库中的数据正确、有效、完全和相容。

1.4.5　常用的数据模型

数据库中的数据是结构化的，是按某种数据模型来组织数据的。当前常用的基本数据模型有层次模型、网状模型和关系模型，它们之间的根本区别在于各实体之间联系的表示方式不同。关系模型用"二维表"(或称为关系)来表示实体之间的联系；层次模型用"树结构"来表示实体之间的联系；网状模型用"图结构"来表示实体之间的联系。

层次模型和网状模型是早期的数据模型，通常把它们通称为格式化数据模型，因为它们是以"图论"为基础的表示方法。

按照 3 类数据模型设计和实现的 DBMS 分别称为关系 DBMS、层次 DBMS 和网状 DBMS，相应的数据库应用系统分别称为关系数据库系统、层次数据库系统和网状数据库系统。下面对 3 种数据模型作简单介绍。

1. 层次模型

层次模型是数据库系统最早使用的一种模型，它的数据结构是一棵“有向树”，如图 1.11 所示是层次模型的一个示例，一个企业有多个部门，每个部门有多个人员，但一个人员只属于一个部门。层次模型的特征如下。

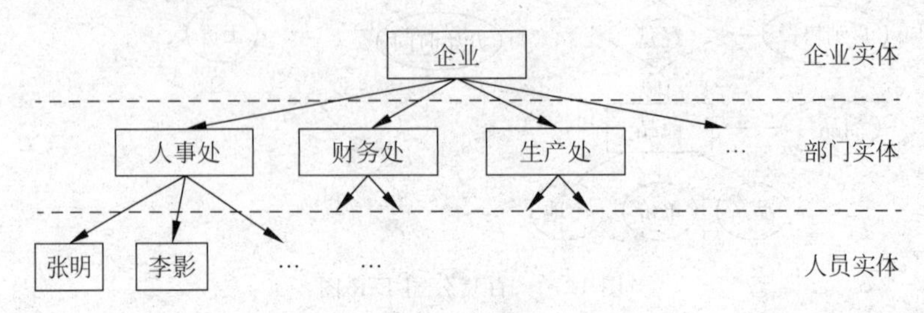

图 1.11　层次模型示例

(1) 有且仅有一个结点没有双亲，它就是根结点。

(2) 其他结点有且仅有一个双亲。

在层次模型中，每个结点描述一个实体型，称为记录类型。一个记录类型可有许多记录值，简称记录。结点间的有向边表示记录间的联系。如果要存取某一记录类型的记录，可以从根结点起，按照有向树层次逐层向下查找，查找路径就是存取路径。

层次模型结构清晰，各结点之间联系简单，只要知道每个结点的(除根结点以外)双亲结点，就可知道整个模型结构，因此，画层次模型时可用无向边代替有向边。用层次模型模拟现实世界的层次结构的事物及其之间的联系是很自然的选择方式，比如表示“行政层次结构”、“家族关系”等都是很方便的，层次模型的缺点是不能表示两个以上实体之间的复杂联系和实体之间的多对多联系。

2. 网状模型

如果取消层次模型的两个限制，即两个或两个以上的结点都可以有多个双亲结点，则“有向树”就变成了“有向图”，“有向图”结构描述了网状模型。如图 1.12 所示是网状模型的一个示例，一个销售人员可以销售多种商品，每种商品可以由多个销售人员销售。网状模型的特征如下。

(1) 可有一个以上的结点没有双亲。

(2) 至少有一个结点可以有多于一个双亲。

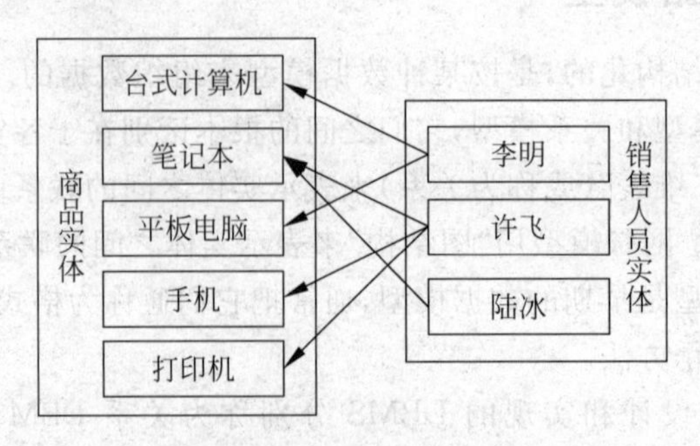

图 1.12　网状模型示例

网状模型和层次模型在本质上是一样的，从逻辑上看，它们都是基本层次联系的集合，用结点表示实体，用有向边（箭头）表示实体间的联系；从物理上看，它们每一个结点都是一个存储记录，用链式指针来实现记录之间的联系。当存储数据时，这些指针就固定下来了，数据检索时必须考虑存取路径问题；数据更新时，涉及链式指针的调整，缺乏灵活性；而且系统扩充相当麻烦。网状模型中的指针更多，纵横交错，从而使得数据结构更加复杂。

3. 关系模型

关系模型是用二维表格结构来表示实体以及实体之间的联系的数据模型。关系模型的数据结构是"二维表"组成的集合，一个二维表代表一个实体，又可称为关系。表由行和列组成，一行代表一个对象，一列代表实体的一个属性。因此可以说，关系模型是"关系模式"组成的集合。有关关系模型的更多内容将在1.6节介绍。

1.5 数据库系统的体系结构

数据库系统有着严谨的体系结构。目前世界上有大量的数据库正在运行，其类型和规模可能相差很大，但是其体系结构却是大体相同的。

1.5.1 数据库系统模式的概念

数据库系统模式是数据库中全体数据的逻辑结构和特征的描述，它仅涉及型的描述，不涉及具体的值。模式的一个具体值称为模式的一个实例，同一个模式可以有很多实例。模式是相对稳定的，而实例是相对变动的。模式反映的是数据的结构及其关系，而实例反映的是数据库某一时刻的状态。

模型与模式的区别是：模型是以图形来表示的，给人以直观清晰、一目了然之感，但计算机无法识别，必须用一种语言（如由DBMS提供的DDL）来描述它；模式是对模型的描述。

1.5.2 数据库系统的三级组织结构

数据库系统的一个主要功能是为用户提供数据的抽象视图并隐藏复杂性。美国国家标准委员会（ANSI）所属标准计划和要求委员会在1975年公布了一个关于数据库标准的报告，通过三个层次的抽象，提出了数据库的三级结构组织，这就是著名的SPARC分级结构。三级结构将数据库的组织从内到外分三个层次描述，如图1.13所示，这三个层次分别称为概念模式、内模式和外模式。

（1）概念模式（简称模式）：是对数据库的整体逻辑结构和特征的描述，并不涉及数据的物理存储细节和硬件环境，与具体的应用程序以及使用的应用开发工具无关。

（2）内模式（或称存储模式）：具体描述了数据如何组织存储在存储介质上。内模式是系统程序员用一定的文件形式组织起来的一个个存储文件和联系手段，也是由他们编制存取程序实现数据存取的。一个数据库只有一个内模式。

（3）外模式（或称子模式）：通常是模式的一个子集。外模式面向用户的，是数据库用户能够看到和使用的局部数据的逻辑结构和特征的描述，是与某一应用有关的数据的逻辑表示。

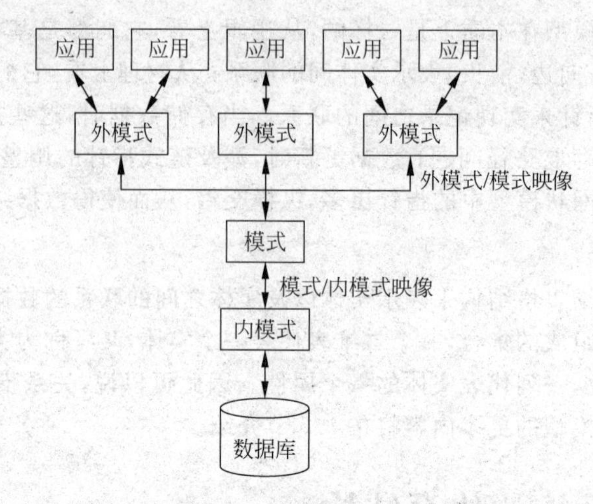

图 1.13　SPARC 分级结构

综上所述,模式是内模式的逻辑表示,内模式是模式的物理实现,外模式则是模式的部分抽取。3 个模式反映了对数据库的 3 种不同观点：模式表示了概念级数据库,体现了对数据库的总体观；内模式表示了物理级数据库,体现了对数据库的存储观；外模式表示了用户级数据库,体现了对数据库的用户观。总体观和存储观只有一个,而用户观可能有多个,有一个应用,就有一个用户观。如图 1.14 所示是关系数据库的三级模式的一个示例。

归纳起来,三级模式的优点如下。

(1) 保证了数据独立性。

(2) 保证了数据共享。

(3) 方便了用户使用数据库。

(4) 有利于数据的安全和保密。

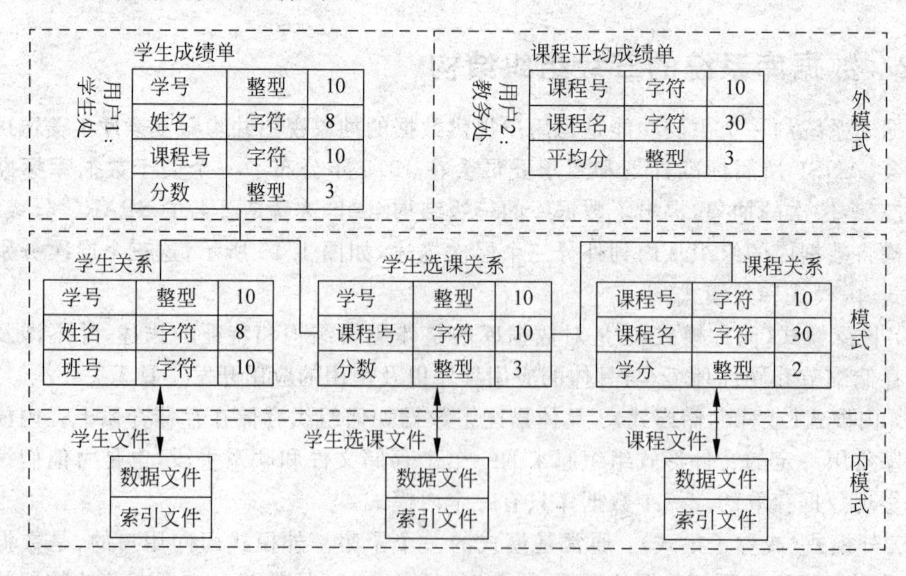

图 1.14　关系数据库的三级模式示例

1.5.3 三个模式之间的两层映像

前文介绍的三级模式，只有内模式才是真正存储数据的，而模式和外模式仅是一种逻辑表示数据的方法，但却可以放心大胆地使用它们，这是靠 DBMS 的映射功能实现的。

数据库系统的三级模式是对数据的三个抽象级别，它把数据的具体组织留给 DBMS 管理，使用户能逻辑地、抽象地处理数据，而不必关心数据在计算机中的具体表示方式与存储方式。为了能够在内部实现这 3 个抽象层次的联系和转换，DBMS 在三级模式之间提供了两层映像，即外模式/模式映像和模式/内模式映像，正是这两层映像保证了数据库系统中的数据能够具有较高的逻辑独立性和物理独立性。

1. 外模式/模式映像

模式描述的是数据的全局逻辑结构，外模式描述的是数据的局部逻辑结构。对应于同一个模式，可以有任意多个外模式。对于每一个外模式，数据库系统都有一个外模式/模式映像，它定义了该外模式与模式之间的对应关系。这些映像定义通常包含在各自外模式的描述中。

当模式改变时(例如增加新的关系、新的属性、改变属性的数据类型等)，由数据库管理员对各个外模式/模式映像作相应改变，以使外模式保持不变。应用程序是依据数据的外模式编写的，所以应用程序不必修改，保证了数据与程序的逻辑独立性，简称数据的逻辑独立性。

2. 模式/内模式映像

数据库中只有一个模式，也只有一个内模式，所以模式/内模式映像是唯一的，它定义了数据库全局逻辑结构与存储结构之间的对应关系，例如说明逻辑记录和字段在内部是如何表示的。该映像定义通常包含在模式描述中。当数据库的存储结构改变了(例如选用了另一种存储结构)，由数据库管理员对模式/内模式映像作相应改变，以使模式保持不变，从而应用程序也不必改变，保证了数据与程序的物理独立性，简称数据的物理独立性。

1.5.4 数据库系统的结构

数据库系统的结构从不同的角度可以有不同的划分，通常从用户的角度看，数据库系统的结构可分为以下几类。

1. 单用户数据库系统

单用户数据库系统整个数据库系统(应用程序、DBMS、数据)装在一台计算机上，为一个用户独占，不同机器之间不能共享数据。早期的最简单的数据库系统便是如此。

例如一个企业的各个部门都使用本部门的机器来管理本部门的数据，各个部门的机器是独立的。由于不同部门之间不能共享数据，因此企业内部存在大量的冗余数据。

2. 主从式结构的数据库系统

该结构是一台主机带多个终端的多用户结构，数据库系统(包括应用程序、DBMS、数据)都集中存放在主机上，所有处理任务都由主机来完成，各个用户通过主机的终端并发地存取数据库，共享数据资源。

其优点是易于管理、控制与维护。其缺点是当终端用户个数增加到一定程度后，主机的任务会过分繁重,成为瓶颈,从而使系统性能下降;系统的可靠性依赖主机,当主机出现故障时,整个系统都不能使用。

3. 分布式结构的数据库系统

该结构中,数据库的数据在逻辑上是一个整体,但物理地分布在计算机网络的不同结点上,网络中的每个结点都可以独立处理本地数据库中的数据,执行局部应用;同时也可以同时存取和处理多个异地数据库中的数据,执行全局应用。

其优点是适应了地理上分散的公司、团体和组织对于数据库应用的需求。其缺点是数据的分布存放给数据的处理、管理与维护带来困难,当用户需要经常访问远程数据时,系统效率会明显地受到网络传输的制约。

4. C/S(客户机/服务器)结构的数据库系统

该结构中,把 DBMS 功能和应用分开,网络中某个(些)结点上的计算机专门用于执行 DBMS 功能,称为数据库服务器,简称服务器。其他结点上的计算机安装 DBMS 的外围应用开发工具及用户的应用系统,称为客户机。

C/S 结构的数据库系统的种类如下所述。

1) 两层 C/S 结构

由服务器和客户机构成两层结构,如图 1.15 所示,又称为胖客户机结构。前端客户机安装专门的应用程序来操作后台数据库服务器中的数据,前端应用程序可以完成计算和接收处理数据的工作,后台数据库服务器主要完成数据的管理工作。

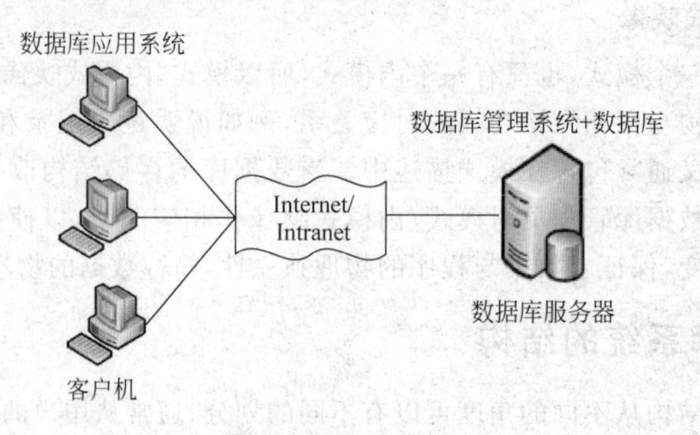

图 1.15　C/S 结构

其工作模式是,应用程序运行在客户机上,当需要对数据库进行操作时,就向数据库服务器发一个请求;数据库服务器收到请求后执行相应的数据库操作,并将结果返回给客户机上的应用程序。其优点是显著减少了数据传输量、速度快、功能完备;缺点是维护和升级不方便,数据安全性差。

2) 三层 C/S 结构

三层 C/S 结构也称为 B/S 结构(浏览器/服务器结构),如图 1.16 所示。它的客户端借助 Web 浏览器处理简单的客户端处理请求,显示用户界面及服务器端的运行结果。中间层是 Web 服务器,是连接前端客户机和后台数据库服务器的桥梁,负责接收远程或本地的数据查询请求,然后运行服务器脚本,借助中间件把数据发送到数据库服务器上以获取相关数据,再把结果数据传回客户的浏览器。数据库服务器负责管理数据库、处理数据更新及完成查询要求、运行存储过程。

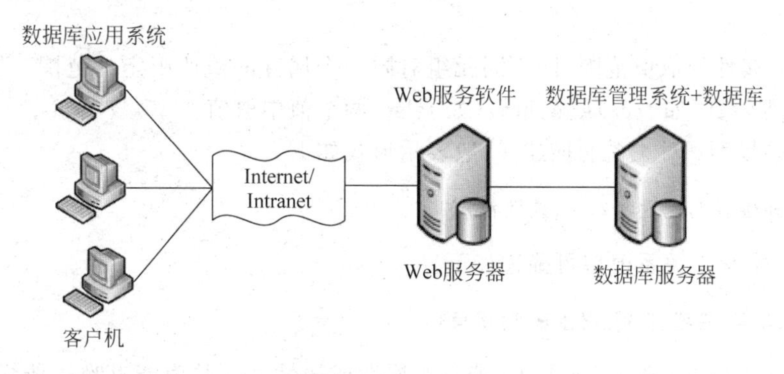

图 1.16　B/S 结构

三层 C/S 结构对表示层、功能层和数据层进行了明确分割，并在逻辑上使其独立。原来的数据层作为数据库管理系统已经独立出来，将表示层和功能层分离成各自独立的程序，并且还要使这两层间的接口简洁明了，所以维护和升级方便，数据安全性好；缺点是数据查询等响应速度不如两层 C/S 结构快。

1.6　关系数据库

关系模型具有坚实的理论基础，关系数据库应用数学方法来处理数据库中的数据。本节介绍关系数据库的基本知识。

1.6.1　关系模型与关系数据库

在关系模型中，实体以及实体间的联系都用二维关系表来表示。关系实质上就是一个二维表，关系模型是这个表的结构，即它由哪些属性构成。在一个给定的现实世界领域中，相应于所有实体及实体之间的联系的关系集合构成一个关系数据库。

关系数据库也有型和值之分。关系数据库的型也称为关系数据库模式，是对关系数据库的描述，是关系模型的集合。关系数据库的值也称为关系数据库，是关系的集合。关系数据库模式与关系数据库通常统称为关系数据库。

关系模型与关系数据库的要点如下。

(1) 一个关系只能对应一个关系模型。

(2) 关系模型是关系的型，按其型装入数据后即形成关系。

(3) 一个具体的关系数据库是若干关系的集合。

1.6.2　关系及其性质

1. 关系的基本术语

有关关系数据库的一些基本术语如下。

(1) 关系：一个关系就是一张二维表，每个关系有一个关系名。在关系数据库中，一个关系存储为一个数据表。

(2) 元组(或记录)：表中的一行即为一个元组。

(3) 属性：表中的列称为属性，每一列有一个属性名。列中的元素为该属性的值，称为分量。

(4) 域：属性的取值范围，即不同元组对同一个属性的值所限定的范围。例如，逻辑型属性只能从逻辑真(如 true)或逻辑假(如 false)两个值中取值。

(5) 关系模型：对关系的描述，一般表示形式如下。

```
关系名(属性名 1,属性名 2,…,属性名 n)
```

例如，一个学生关系模型可描述如下。

```
Student(学号,姓名,性别,出生日期,班号)
```

(6) 候选码(候选关键字或键)：若一个属性或属性集合的值能够唯一地标识每一个元组，即其值对不同的元组是不同的，这样的一个属性或属性集合称为候选码。例如，在学生关系模型中，“学号”属性就是一个候选码；通常一个班没有同姓名的学生，如果这样，可将属性集合(“班号”,“姓名”)作为一个候选码。

(7) 主码(或主关键字)：在一个关系中可能有多个候选码，从中选择一个作为主码。例如，在学生关系模型中，可以将“学号”候选码作为主码。

(8) 主属性：包含在任何候选码中的诸属性称为主属性，不包含在任何候选码中的诸属性称为非主属性。例如，在学生关系模型中，“学号”一定是主属性，而“性别”是非主属性。

(9) 外码：如果一个关系中的属性或属性集合并非该关系的候选码，但它是另外一个关系的候选码，则称其为该关系的外码。外码提供了一种表示两个关系的联系的方法。

(10) 全码：关系模型的整个属性集合是这个关系模型的候选码，称为全码。

图 1.17 给出了一个简单的关系模型，其中，图 1.17(a)给出了如下关系模型。

```
教师(编号,姓名,性别,所在系名)
课程(课程号,课程名,任课教师编号,上课教室)
```

图 1.17(b)给出了这两个关系模型的关系，关系名称分别为教师关系和课程关系，均包含两个元组，教师关系的编号为主关键字，课程关系的课程号为主关键字。

如果在课程关系中，“任课教师编号”来源于教师关系的“编号”，则“任课教师编号”是教师关系的外码。

2. 关系的性质

关系应具备如下性质。

(1) 列的同质性：每一列中的分量是同一类型的数据，来自同一个域。

(2) 列名唯一性：每一列具有不同的属性名，但不同列的值可以来自同一个域。

(3) 元组相异性：关系中任意两个元组不能完全相同，至少主码值不同。

(4) 行序的无关性：行的次序可以互换。

(5) 列序的无关性：列的次序可以互换。

(6) 分量原子性：分量值是原子形式的，即每一个分量都必须是不可分的数据项。

说明：关系模型必须是规范的，最基本的条件是，一个关系中每个属性必须是不可分的数据项，而且不允许嵌套，即不允许表中有表。

教师关系模式

教师编号	姓名	性别	所在系名

课程关系模式

课程号	课程名	教师编号	上课教室

(a) 两个关系模型

教师关系

教师编号	姓名	性别	所在系名
001	王丽华	女	计算机系
008	孙军	男	电子工程系

课程关系

课程号	课程名	教师编号	上课教室
99-1	软件工程	001	5-301
99-3	电子技术	008	2-205

(b) 两个关系模型的关系

图 1.17　关系模型

1.6.3　关系代数

关系代数是一种抽象的查询语言，它用对关系的运算来表达查询。关系代数的运算对象是关系，运算结果也是关系。关系运算主要分为传统的集合运算和专门的关系运算。

1. 传统的集合运算

假设关系 R 和 S 具有相同的 n 目（即两个关系都有 n 个属性），且相应的属性取自同一个域，如图 1.18(a)所示。

1）并运算

并运算表示为 $R \cup S=\{ t \mid t \in R \vee t \notin S\}$。其结果仍为 n 目关系，其数据由属于 R 或属于 S 的元组组成。其中，t 表示 R 或 S 中的元组。

图 1.18(b)是关系 R 和 S 通过并运算得到的结果。

2）差运算

差运算表示为 $R-S=\{ t \mid t \in R \wedge t \notin S\}$。其结果关系仍为 n 目关系，其数据由属于 R 而不属于 S 的所有元组组成。

图 1.18(c)是关系 R 和 S 通过差运算得到的结果。

3）交运算

交运算表示为 $R \cap S=\{ t \mid t \in R \wedge t \notin S \}$。其结果关系仍为 n 目关系，其数据由既属于 R 同时又属于 S 的元组组成。

图 1.18(d)是关系 R 和 S 通过交运算得到的结果。

4）笛卡儿积

R、S 可以为不同的关系，R、S 的笛卡儿积表示为 $R \times S=\{ \mathrm{tr\ ts} \mid \mathrm{tr} \in R \wedge \mathrm{ts} \in S \}$。

设 n 目和 m 目的关系 R 和 S，则它们的笛卡儿积是一个 $(n+m)$ 目的元组集合。元组的前 n 列是关系 R 的一个元组，后 m 列是关系 S 的一个元组。若 R 有 k_1 个元组，S 有 k_2 个元组，则关系 R 和关系 S 的笛卡儿积应当有 $k_1 \times k_2$ 个元组。

如图 1.18(e)所示是关系 R 和 S 通过笛卡儿积运算得到的结果。

R

A	B	C
a	b	c
b	a	f
c	b	d

S

A	B	C
b	a	f
d	a	f

(a) 关系 R 和 S

$R \cup S$

A	B	C
a	b	c
b	a	f
c	b	d
d	a	f

(b) 关系的并

$R-S$

A	B	C
a	b	c
c	b	d

(c) 关系的差

$R \cap S$

A	B	C
b	a	f

(d) 关系的交

$R \times S$

R.A	R.B	R.C	S.A	S.B	S.C
a	b	c	b	a	f
a	b	c	d	a	f
b	a	f	b	a	f
b	a	f	d	a	f
c	b	d	b	a	f
c	b	d	d	a	f

(e) 关系的笛卡儿积

图 1.18　传统的集合运算

2. 专门的关系运算

1）选择运算

从一个关系中选出满足给定条件的记录的操作称为选择或筛选。选择是从行的角度进行的运算，选出满足条件的那些记录构成原关系的一个子集。选择运算表示为 $\sigma_F(R)=\{t \mid t \in R \wedge F(t)=\text{true}\}$，即选择关系 R 中满足 F 条件的元组，其中，F 由属性名(值)、比较符、逻辑运算符组成，t 表示 R 中的元组，$F(t)$ 表示 R 中满足 F 条件的元组。

如图 1.19(b)所示是由图 1.19(a)所示的关系 R 通过选择属性 B 值为“b”的运算后得到的结果。

2）投影运算

从一个关系中选出若干指定列的值的操作称为投影。投影是从列的角度进行的运算，所得到的列数通常比原关系少，或者列的排列顺序不同。投影运算表示为 $\Pi_L(R)=$

$\{t[A] \mid t \in R\}$，即在 R 中取属性名列表 L 中指定的列，并消除重复元组。

如图 1.19(c)所示是由关系 R 通过在 A、B 属性列表上投影运算后得到的结果。

3) 连接运算

连接是把两个关系中的记录按一定的条件横向结合，生成一个新的关系。最常用的连接运算是自然连接，它是利用两个关系中共有的列，把该列值相等的记录连接起来。连接运算表示为 $R \underset{A\theta B}{\bowtie} S=\{\text{tr ts} \mid \text{tr} \in R \wedge \text{ts} \in S \wedge \text{tr}[A]\theta\text{ts}[B]\}$，即从 $R \times S$ 中选取 R 关系在 A 属性组上的值与 S 关系在 B 属性组上的值满足 θ 条件的元组。根据 θ 条件不同，连接运算又分为多种类型，这里不做讨论。

系统在执行连接运算时，要进行大量的比较操作。不同关系中的公共字段或具有相同语义的字段是实现连接运算的“纽带”。

图 1.19(d)是由关系 R、S 通过 $R.B=S.B$ 连接运算后得到的结果。

4) 除运算

给定关系 $R(X,Y)$ 和 $S(Y,Z)$，其中 X、Y、Z 为属性组，R 中的 Y 与 S 中的 Y 可以有不同的属性名，但必须出自相同的域集。R 与 S 的除运算得到一个新的关系 $P(X)$，P 是 R 中满足下列条件的元组在 X 属性列上的投影，元组在 X 上的分量值 x 的象集 Y_x 包含 S 在 Y 上的投影，除运算表示为 $R \div S=\{\text{tr}[X] \mid \text{tr} \in R \wedge \Pi_Y(S) \subseteq Yx\}$，其中，$Y_x$ 为 x 在 R 中的象集，$x=\text{tr}[X]$。

如图 1.19(e)所示是由关系 R 除关系 S 运算后得到的结果。其中，$Y=\{B,C\}$，$X=\{A\}$，$Z=\{\}$，$\Pi_Y(S)$为图中 S 的虚框部分。对于 R，Y_b 为图中 R 的虚框部分，$Y_c=\{(2,d)\}$，$Y_d=\{(3,b)\}$，显然只有 $\Pi_Y(S) \subseteq Y_b$ 成立，所以 $R \div S$ 的结果为$\{(b)\}$。

R

A	B	C
b	2	d
b	3	b
c	2	d
d	3	b

S

B	C
2	d
3	b

(a) 关系R和S

$\sigma_{A=b}(R)$

A	B	C
b	2	d
b	3	b

(b) 选择运算

$\Pi_{A,B}(R)$

A	B
b	2
b	3
c	2
d	3

(c) 投影运算

$R \underset{[2]=[1]}{\bowtie} S$

R.A	R.B	R.C	S.B	S.C
b	2	d	2	d
b	3	b	3	b
c	2	d	2	d
d	3	b	3	b

(d) 连接运算

$R \div S$

A
b

(e) 除运算

图 1.19　专门的关系运算

1.6.4 SQL 语言简介

SQL 语言是一种关系数据库的结构化查询语言，集数据定义、操纵和控制功能于一体，语言风格统一。数据库设计人员可以直接使用 SQL 语言定义关系模型、录入数据以建立数据库、查询、更新、维护、重构数据库以及控制数据库安全性等一系列操作。

SQL 语言的实现是通过将用户的查询转换为关系代数的关系运算来完成的。例如，有如下学生关系。

```
stud(学号,姓名,性别,班号)
```

查询“101”班所有学生的学号和姓名的 SQL 语句如下。

```
SELECT 学号,姓名 FROM stud WHERE 班号 = '101'
```

它转换成的关系运算操作是 $\Pi_{学号,姓名}(\sigma_{班号='101'}(stud))$。也就是说,SQL 语言作为关系数据库的用户接口,通过最终转换成关系运算来实现的。

1.6.5 规范化设计理论和方法

为了使数据库设计的方法趋于完备,人们研究了规范化理论。目前规范化理论的研究已经有了很大的进展。下面简单介绍规范化设计方法。

首先,满足一定条件的关系模型称为范式(Normal Form,NF)。在 1971～1972 年,关系数据模型的创始人 E. F. Codd 系统地提出了第一范式(1NF)、第二范式(2NF)和第三范式(3NF)的概念。1974 年,Codd 和 Boyce 共同提出了 BCNF 范式,为第三范式的改进。一个低级范式的关系模型,通过分解(投影)方法可转换成多个高一级范式的关系模型的集合,这个过程称为规范化。

1. 第一范式(1NF)

如果一个关系模型的每一个分量是不可分的数据项,即其域为简单域,则此关系模型为第一范式。

第一范式是最低的规范化要求,第一范式要求数据表不能存在重复的记录,即存在一个关键字。1NF 的第二个要求是每个字段都不可再分,即已经分到最小,关系数据库的定义就决定了数据库满足这一条。主关键字需符合下面几个条件。

(1) 主关键字段在表中是唯一的。

(2) 主关键字段不能存在空值。

(3) 每条记录都必须有一个主关键字。

(4) 主关键字是关键字的最小子集。

满足 1NF 的关系模型有许多不必要的重复值,并且增加了修改其数据时疏漏的可能性。为了避免这种数据冗余和更新数据的遗漏,就引出了第二范式。

2. 第二范式(2NF)

如果一个关系属于 1NF,且每一个非主属性都完全地依赖于任一候选码,则称之为第二范式。

说明:一个关系中属性之间的依赖关系称为函数依赖,它是语义层面的,例如学生“姓名”依赖于“学号”。

不满足 2NF 时,在数据操作中存在诸多问题。下面通过一个例子来说明,例如有一个存储零件的仓库关系如下。

```
仓库(零件号、仓库号、零件数量、仓库地址)
```

这个仓库关系符合 1NF,其中,(零件号,仓库号)构成主码。但是因为“仓库地址”只完全依赖于“仓库号”,即只依赖于主码的一部分,所以它不符合 2NF。其操作异常如下所述。

(1) 存在数据冗余,因为同一仓库号的仓库地址可能多次出现,如图 1.20(a)所示。

(2) 在更改仓库地址时，如果漏改了某一记录的仓库地址，就存在数据不一致性，如图 1.20(b)所示。

(3) 如果某个仓库的零件出库完了，那么这个仓库地址就丢失了，即这种关系不允许存在某个仓库中不放零件的情况，如图 1.20(c)所示。

用投影分解的方法消除部分依赖的情况，可以使关系达到 2NF 的标准。解决的方法就是从关系中分解出新的二维表，使得每个二维表中的所有非关键字都完全依赖于各自的主关键字。分解成如下两个关系，就完全符合 2NF 了。

零件(零件号、仓库号、零件数量)
仓库(仓库号、仓库地址)

零件号	仓库号	零件数量	仓库地址
1	101	2	东1库205
2	101	5	东1库205
5	101	8	东1库205
6	206	7	东2库805

多次出现

(a) 数据冗余

零件号	仓库号	零件数量	仓库地址
1	103	2	东1库503
2	103	5	东1库503
5	103	8	东1库205
6	206	7	东2库805

没有更改

(b) 数据不一致性

零件号	仓库号	零件数量	仓库地址
1	101	2	东1库205
2	101	5	东1库205
5	101	8	东1库205

找不到206仓库的地址了

(c) 删除异常

图 1.20　不符合 2NF 的操作异常

3. 第三范式(3NF)

仅满足 2NF 的关系模型仍然存在数据操作的问题，因此引出了 3NF。

如果一个关系属于 2NF，且每个非主属性都不传递依赖于任一候选码，这种关系就是 3NF。简言之，从 2NF 中消除传递依赖，就是 3NF。比如如下职工关系。

职工(姓名、工资等级、工资额)

其中姓名是主码，此关系符合 2NF。假如工资等级决定工资额，工资额依赖于工资等级，而工资等级依赖于姓名，这就叫传递依赖，即导致工资额依赖于姓名，它不符合 3NF，同样会出现操作异常。使用投影分解的办法将上表分解成如下两个表，该关系即可符合 3NF。

职工(姓名，工资等级)
工资(工资等级，工资额)

上面提到了投影分解的方法,关系模型的规范化过程是通过投影分解来实现的。这种把低一级关系模型分解成若干个高一级关系模型的投影分解方法不是唯一的,应该在分解中注意满足如下 3 个条件。

(1) 无损连接分解,分解后不丢失信息。

(2) 分解后得到的每个关系都是高一级范式,不要同级甚至低级分解。

(3) 分解的个数最少,这是完美要求,应做到尽量少。

一般情况下,规范化到 3NF 就满足需要了,规范化程度更高的还有 BCNF、4NF、5NF。因为不经常用到,这里不作解释和讨论。

规范化的基本思想是逐步消除数据依赖中不合适的部分,使模式中的各种关系模型达到某种程度的"分离",即"一事一地"的模式设计原则。让一个关系描述一个概念、一个实体或者实体间的一种联系,如果多于一个概念,就把它"分离"出去。因此,所谓规范化,实质上是概念的单一化。

应该指出的是,规范化的优点是明显的,它避免了数据冗余,节省了空间,保持了数据的一致性。如果完全达到 3NF,用户不会在超过两个以上的地方更改同一个值,而当记录会经常发生改变时,这个优点便很容易显现出来。但是,它最大的不利是,由于用户把信息放置在不同的表中,增加了操作的难度,同时把多个表连接在一起的花费也是巨大的,节省了时间必然要付出空间的代价;反之,节省了空间也必然要付出时间的代价。时间和空间在计算机领域中是一个矛盾统一体,它们是互相作用、对立统一的。因为表和表的连接操作时间花费是很大的,从而降低了系统运行性能。

1.7 数据库设计

数据库设计是指对于一个给定的应用环境,构造最优的数据库模式,建立数据库及其应用系统,使之能够有效地存储数据,满足各种用户的应用需求。

数据库设计分为 6 个阶段,如图 1.21 所示。

(1) 需求分析:准确了解与分析用户需求(包括数据与处理)。

(2) 概念结构设计:对用户需求进行综合、归纳与抽象,形成一个独立于具体 DBMS 的概念模型。

(3) 逻辑结构设计:将概念结构转换为某个 DBMS 所支持的数据模型,并对其进行优化。

(4) 物理结构设计:为逻辑数据模型选取一个最适合应用环境的物理结构(包括存储结构和存取方法)。

(5) 数据库实施:建立数据库,编制与调试应用程序,组织数据入库,并进行试运行。

(6) 数据库运行和维护:对数据库系统进行评价、调整与修改。

1.7.1 需求分析

需求分析是整个数据库设计过程中最重要的步骤之一,是后继各阶段的基础。在需求分析阶段,从多方面对整个组织进行调查,收集和分析各项应用对信息和处理两方面的需求。

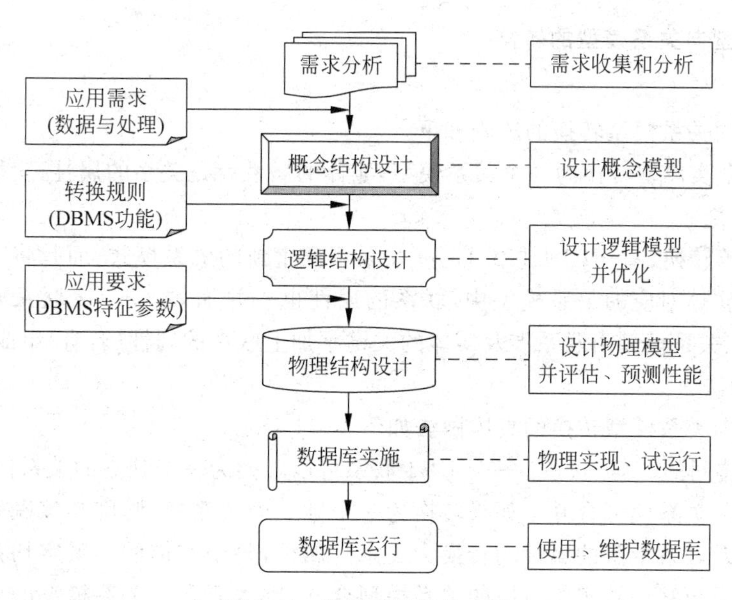

图 1.21　数据库设计的步骤

1. 收集资料

收集资料是数据库设计人员和用户共同完成的任务。通过收集资料,确定企业组织的目标,从这些目标导出对数据库的总体要求。通过调研,确定由计算机完成的功能。

2. 分析整理

分析的过程是对所收集到的数据进行抽象的过程,可以产生求解的模型。

3. 画出数据流图

采用数据流图来描述系统的功能。数据流图可以形象地描述事务处理与所需数据的关联,便于用结构化系统方法自顶向下逐层分解,步步细化。

4. 编写数据字典

对数据流图中的数据流和加工等进一步定义,从而完整地反映系统需求。

5. 用户确认

需求分析得到的数据流图和数据字典要返回给用户,通过反复完善,最终取得用户的认可。

1.7.2　概念结构设计

概念结构设计阶段的目标是产生整体数据库概念结构,即概念模式。概念模式是整个组织各个用户关心的信息结构。描述概念结构的有力工具是 E-R 图。

1.7.3　逻辑结构设计

逻辑结构设计就是把上述概念模型转换成某个具体的数据库管理系统所支持的数据模型。

1. E-R 模型向关系模型的转换

1）转换原则

E-R 模型向关系模型转换的原则如下。

(1) 每一个实体型转换为一个关系模型，实体的属性就是关系的属性，实体的关键字就是关系的关键字。

(2) 联系的转换。一般 1∶1 和 1∶m 联系不产生新的关系模式，而是将一方实体的关键字加入多方实体对应的关系模型中，联系的属性也一并加入。m∶n 联系要产生一个新的关系模型，该关系模型由联系涉及实体的关键字加上联系的属性(若有)组成。

2）转换做法

E-R 模型向关系模型转换的具体做法如下。

(1) 两实体间的 1∶1 联系：一个 1∶1 联系可以转换为一个独立的关系模型，也可以与任意一端对应的关系模型合并。如果转换为一个独立的关系模型，则与该联系相连的各实体的关键字以及联系本身的属性均转换为关系的属性，每个实体的关键字均是该关系的候选关键字。如果与某一端实体对应的关系模型合并，则需要在该关系模型的属性中加入另一个关系模型的关键字和联系本身的属性；可将任一方实体的主关键字纳入另一方实体对应的关系中，若有联系的属性也一并纳入。

(2) 两实体间 1∶m 联系：可将“1”方实体的主关键字纳入 m 方实体对应的关系中作为外关键字，同时把联系的属性也一并纳入 m 方对应的关系中。

(3) 同一实体间的 1∶m 联系：可在这个实体所对应的关系中多设一个属性，用来作为与该实体相联系的另一个实体的主关键字。

(4) 两实体间的 m∶n 联系：必须对“联系”单独建立一个关系，该关系中至少包含被它所联系的双方实体的“主关键字”，如果联系有属性，也要纳入这个关系中。

(5) 同一实体间的 m∶n 联系：必须为这个“联系”单独建立一个关系，该关系中至少应包含被它所联系的双方实体的“主关键字”，如果联系有属性，也要纳入这个关系中。由于这个“联系”只涉及一个实体，所以加入的实体的主关键字不能同名。

(6) 两个以上实体间 m∶n 联系：必须为这个“联系”单独建立一个关系，该关系中至少应包含被它所联系的各个实体的“主关键字”，若是联系有属性，也要纳入这个关系中。

【例 1.2】 将例 1.1 生成的 E-R 图转换为关系模型。

解：转换的关系模型如下。

商店(<u>店号</u>,店名,店址,店经理) 该关系模型的主码为(店号)
商品(<u>商品号</u>,品名,单价,产地) 该关系模型的主码为(商品号)
职工(<u>工号</u>,姓名,性别,工资) 该关系模型的主码为(工号)
隶属(<u>工号</u>,<u>店号</u>、开始时间) 该关系模型的主码为(工号,店号)
经营(<u>店号</u>,<u>商品号</u>,月销售量) 该关系模型的主码为(店号,商品号)

2. 关系模型的优化

应用关系规范化理论对例 1.2 产生的关系模型进行优化，具体步骤如下。

① 确定每个关系模型内部各个属性之间以及不同关系模型属性之间的数据依赖。

② 对各个关系模型之间的数据依赖进行最小化处理，消除冗余的联系。

③ 确定各关系模型的范式等级。

④ 按照需求分析阶段得到的处理要求，确定要对哪些模型进行合并或分解。

⑤ 为了提高数据操作的效率和存储空间的利用率，对上述产生的关系模型进行适当地修改、调整和重构。

3. 设计用户子模式

全局关系模型设计完成后，还应根据局部应用的需求，结合具体 DBMS 的特点，设计用户的子模式。

设计子模式时应注意考虑用户的习惯和使用方便，主要包括如下方面。

(1) 使用更符合用户习惯的别名。

(2) 可以为不同级别的用户定义不同的视图，以保证系统的安全性。

(3) 可将经常使用的复杂的查询定义为视图，简化用户对系统的使用。

1.7.4 物理结构设计

数据库的物理结构设计是指对一个给定的逻辑数据库模型选取一个最适合应用环境的物理结构的过程。物理结构设计通常分为确定数据库的物理结构和对物理结构进行评价两步。

1. 确定数据库的物理结构

1) 确定数据的存取方法

- 索引方法的选择。
- 聚簇方法的选择。

2) 确定数据的存储结构

- 确定数据的存放位置。
- 确定系统配置。

2. 对物理结构进行评价

对时间效率、空间效率、维护开销和各种用户要求进行权衡，从多种设计方案中选择一个较优的方案。

1.7.5 数据库实施

实施阶段的工作主要有如下几项。

(1) 建立数据库结构。

(2) 数据载入。

(3) 应用程序的编写和调试。

(4) 数据库试运行。

1.7.6 数据库运行维护

数据库系统投入正式运行后，对数据库经常性的维护工作主要由 DBA 完成，主要包括如下几项。

(1) 数据库的转储和恢复。

(2) 数据库的安全性、完整性控制。

(3) 数据库性能的监督、分析和改造。

(4) 数据库的重组织与重构造。

练习题 1

(1) 文件系统中的文件与数据库系统中的文件有何本质上的不同？

(2) 什么是数据库？

(3) 数据库管理系统有哪些功能？

(4) 简述 E-R 方法。

(5) 组成数据模型的要素有哪些？

(6) 关系模型、层次模型和网状模型是根据什么来划分的？

(7) 关系有哪些性质？

(8) 举例说明关系数据库中的候选码和主码的概念。

(9) 试述数据库系统三级模式结构，这种结构的优点是什么？

(10) 设有如图 1.22 所示的关系 R 和 S，计算如下关系。

① $R_1=R-S$；

② $R_2=R\cup S$；

③ $R_3=R\cap S$；

④ $R_4=R\times S$。

(11) 设有如图 1.23 所示的关系 R 和 S，计算如下关系。

① $R_1=R-S$；

② $R_2=R\cup S$；

③ $R_3=R\cap S$；

④ $R_4=\Pi_{A,B}(\sigma_{B='b1'}(R))$。

R

A	B	C
a	b	c
b	a	f
c	b	d

S

A	B	C
b	a	f
d	a	d

图 1.22　关系 R 和 S

R

A	B	C
a_1	b_1	c_1
a_1	b_2	c_2
a_2	b_2	c_1

S

A	B	C
a_1	b_2	c_2
a_2	b_2	c_1

图 1.23　关系 R 和 S

(12) 举例说明关系数据库中函数依赖的概念。

(13) 叙述关系模型规范化的方法，规范化有什么要求？

(14) 数据库中为什么要对关系模型进行规范化？规范化有哪些原则？

(15) 数据库设计分为哪几个阶段？

CHAPTER 2

SQL Server 系统概述　第2章

本章首先简要介绍 SQL Server 系统，然后给出 SQL Server 各版本的软硬件需求，再以企业评估版本（Evaluation）为例介绍了 SQL Server 的安装过程，并讨论 SQL Server 提供的基本工具和实用程序，最后分析 SQL Server 的体系结构。除特别指定外，后文中的 SQL Server 均指 SQL Server 2012 版本。

2.1　SQL Server 系统简介

目前 SQL Server 的全名是 Microsoft SQL Server，是微软公司的产品，Server 是网络和数据库中常见的一个术语，译为服务器，说明 SQL Server 是一种用于提供服务的软件产品。

2.1.1　SQL Server 的发展历史

SQL Server 的主要发展历史进程如下。

- 1987 年，Sybase 公司发布了 Sybase SQL Server 系统，这是一个用于 UNIX 环境的关系数据库管理系统。
- 1988 年，微软、Sybase 和 Ashton-Tate 公司联合开发出运行于 OS/2 操作系统上的 SQL Server 1.0。
- 1989 年，Ashton-Tate 公司退出 SQL Server 的开发。
- 1990 年，SQL Server 1.1 产品面世。
- 1991 年，SQL Server 1.11 产品面世。
- 1992 年，SQL Server 4.2 产品面世。
- 1994 年，微软和 Sybase 公司分道扬镳。
- 1995 年，微软发布了 SQL Server 6.0 产品，随后的 SQL Server 6.5 产品取得了巨大的成功。
- 1998 年，微软发布了 SQL Server 7.0 产品，开始进入企业级数据库市场。

- 2000 年,微软发布了 SQL Server 2000 产品(8.0)。
- 2003 年,微软发布了 SQL Server 2000 Enterprise 64 位产品。
- 2005 年,微软发布了 SQL Server 2005 产品(9.0)。
- 2008 年,微软发布了 SQL Server 2008 产品。
- 2012 年,微软发布了 SQL Server 2012 产品。

SQL Server 新增了以下功能。

- AlwaysOn 镜像恢复。
- Windows Server Core 交互支持。
- 列存储索引。
- 自定义服务器权限。
- 增强的审计功能。
- 商业智能(BI)语义模型。
- 序列对象(Sequence Objects)。
- 增强的 PowerShell 支持。
- 分布式回放(Distributed Replay)。
- PowerView 商业智能工具——创建 BI 报告。
- SQL Azure 备份增强。
- 大数据支持。

总之,SQL Server 提供了对企业基础架构最高级别的支持,专门针对关键业务应用的多种功能与解决方案提供了最高级别的可用性、安全性和性能;在业界领先的商业智能领域,提供了更多更全面的功能,以满足不同人群对数据以及信息的需求,包括支持来自于不同网络环境的数据的交互、全面的自助分析等创新功能;针对大数据以及数据仓库,提供了从数 TB 到数百 TB 全面端到端的解决方案。总之,作为微软的信息平台解决方案,SQL Server 的发布,可以帮助数以千计的企业用户突破性地快速实现各种数据体验,完全释放对企业的洞察力。

2.1.2 SQL Server 的版本

SQL Server 是一个产品系列,主要版本如下。

(1) 企业版(SQL Server Enterprise):提供了全面的高端数据中心功能,性能极为快捷、虚拟化不受限制,还具有端到端的商业智能,可为关键任务工作负荷提供较高服务级别,支持最终用户访问深层数据。

(2) 商业智能版(SQL Server Business Intelligent):提供了综合性平台,可支持组织构建和部署安全、可扩展且易于管理的 BI (商业智能)解决方案,提供基于浏览器的数据浏览与可见性等卓越功能、强大的数据集成功能以及增强的集成管理功能。

(3) 标准版(SQL Server Standard):提供了基本数据管理和商业智能数据库,使部门和小型组织能够顺利运行其应用程序,并支持将常用开发工具用于内部部署和云部署,有助于以最少的 IT 资源获得高效的数据库管理。

(4) Web 版(SQL Server Web):为小规模至大规模 Web 资产提供可伸缩性、经济性和可管理性 Web 宿主和 WebVAP(以手机为用户群的客户机 Web)。

(5) 开发版(SQL Server Developer):支持开发人员基于 SQL Server 构建任意类型的应用程序。它包括企业版的所有功能,但有许可限制,只能用作开发和测试系统,而不能用作生产服务器。

(6) 快捷版(SQL Server Express):是入门级的免费 SQL Server 轻型版本,具有快速的零配置安装和必备组件要求较少的特点,具备所有可编程性功能,可用于学习和构建桌面及小型服务器数据驱动应用程序。

不同的版本在转换箱规模限制、高可用性、可伸缩性、安全性和可管理性等功能上存在差异。用户可以根据自己的需要和软、硬件环境选择不同的版本,表 2.1 列出了 SQL Server 的硬件要求,表 2.2 列出了 SQL Server 的软件要求。本书内容中以 SQL Server Evaluation2012 为操作环境讨论 SQL Server 数据库管理系统。

表 2.1 SQL Server 的硬件要求

组　件	要　求
内存	最小值:Express 版本 512MB,其他版本 1GB; 建议:Express 版本 1GB,其他版本 4GB
处理器速度	最小值:x86 处理器 1GHz,x64 处理器 1.4GHz; 建议:2.0GHz
处理器类型	x64 处理器:AMD Opteron、AMD Athlon 64 等; x86 处理器:Pentium Ⅲ 兼容处理器
硬盘	最少 6GB 的可用硬盘空间

表 2.2 SQL Server 的软件要求

组　件	要　求
操作系统	Windows 7 SP1、Windows Server 2008 R1 SP2、Windows Server 2008 SP2 等(安装之前会进行系统检查)
.NET Framework	.NET 4.0 是 SQL Server 所必需的。SQL Server 在功能安装步骤中安装 .NET 4.0。 如果要安装 SQL Server Express 版本,确保计算机连接 Internet 并可用。SQL Server 安装程序将下载并安装.NET Framework 4,因为 SQL Server Express 不包含该软件
SQL Server 安装程序	SQL Server Native Client; SQL Server 安装程序支持文件
Internet Explorer	Internet Explorer 7 或更高版本

2.1.3 SQL Server 的组成结构和主要管理工具

1. SQL Server 的组成结构

SQL Server 的组成结构如图 2.1 所示,其主要的服务器组件如下。

1) SQL Server 数据库引擎(SQL Server Database Engine,SSDE)

SQL Server 数据库引擎是核心组件,用于存储、处理和保护数据的核心服务。利用数据库引擎可控制访问权限,并快速处理事务,从而满足企业内要求极高且需要处理大量数据的应用需要。

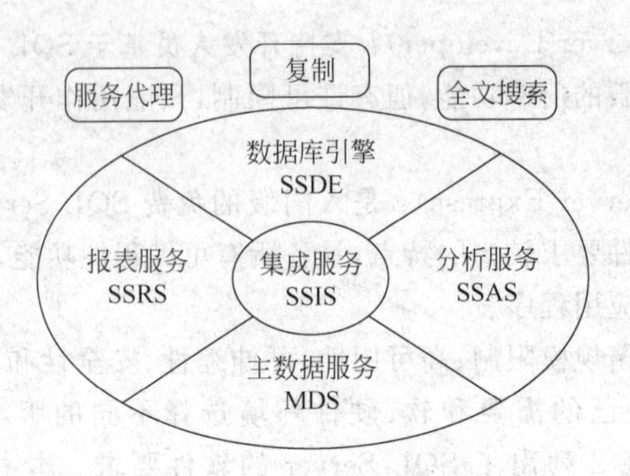

图 2.1　SQL Server 的组成结构

实际上，数据库引擎本身也是一个含有许多功能模块的复杂系统，如服务代理(Service Broker)、复制(Replication)、全文搜索(Full-text Search)以及数据质量服务(Data Quality Services，DQS)等，各功能模块的说明如下。

(1) 服务代理：是一种用于生成可靠、可伸缩且安全的数据库应用程序的技术，它提供了一个基于消息的通信平台，可用于将不同的应用程序组件链接成一个操作整体，还提供了许多生成分布式应用程序所必需的基础结构，可显著减少应用程序的开发时间。

(2) 复制：是一组技术，将数据和数据库对象从一个数据库复制和分发到另一个数据库，然后在数据库之间进行同步以保持一致性。使用复制，可以在局域网和广域网、拨号连接、无线连接和 Internet 上将数据分发到不同位置以及远程或移动用户。

(3) 全文搜索：根据所有实际的文本数据，而不是根据包含一组有限关键字的索引来搜索一个或多个文档、记录或字符串。全文搜索包含对 SQL Server 表中基于纯字符的数据进行全文查询所需的功能。

(4) 数据质量服务：可为各种规模的企业提供易于使用的数据质量功能，以便帮助提高他们的数据质量。数据质量服务旨在通过分析、清理和匹配关键数据，帮助确保数据质量。用户可以通过各种数据质量指标(比如完整性、符合性、一致性、准确性和重复性等)定义、评估和管理数据质量。

2) SQL Server 分析服务(SQL Server Analysis Services，SSAS)

SQL Server 分析服务组件为商务智能应用程序提供了联机分析处理(OLAP)和数据挖掘功能。它允许用户设计、创建以及管理其中包含从其他数据源(例如关系数据库)聚集而来的数据的多维结构，从而提供 OLAP 支持。对于数据挖掘应用程序，分析服务允许使用多种行业标准的数据挖掘算法来设计、创建和可视化从其他数据源构造的数据挖掘模型。

3) SQL Server 集成服务(SQL Server Integration Services，SSIS)

SQL Server 集成服务组件提供企业数据转换和数据集成解决方案，可以使用它从不同的源提取、转换以及合并数据，并将其移至单个或多个目标。

SSIS 提供易于使用的各种数据集成和自动处理技术，提高了生产效率，并针对不同复杂度的项目构建数据集成解决方案，实现了构建复杂数据集成解决方案的简易性、强大性、规模性和扩展性。

4）SQL Server 报表服务（SQL Server Reporting Services，SSRS）

SQL Server 报表服务组件用于创建和管理包含来自关系数据源和多维数据源的数据的表报表、矩阵报表、图形报表和自由格式报表，这些报表不仅可以呈现完美的打印效果，还可以通过网页进行交互，并随时对底层数据进行探索。同时，该组件进一步将报表扩展到了云端，这样客户就可以利用云技术的灵活性，从而为用户提供了更好的选择。

5）主数据服务（Master Data Services，MDS）

主数据是指在整个企业范围内各个系统间要共享的数据，这些数据可能缺乏完整性和一致性，这会导致不准确的报表和数据分析，可能产生错误的业务决策，通过实施主数据管理可以解决这些问题。

主数据服务组件是针对主数据管理的 SQL Server 解决方案。该解决方案使企业可以对其数据建立和维护数据监管。主数据服务提供了一个数据中心，该中心可以访问企业中的全部数据，并确保这些数据是权威的、标准的且经过验证的。由于所有应用程序使用主数据服务中同样版本的数据，所以消除了报表和数据分析中的不一致问题，业务用户可以做出更加合理的决策。

2. SQL Server 主要管理工具

为了满足企业数据管理的需求，SQL Server 中包括不少图形化的管理工具，可以帮助 DBA 与开发人员更高效地创建、管理和维护 SQL Server 解决方案，能够快速解决复杂的性能与配置问题。

在实际应用中，经常使用的 SQL Server 提供的主要管理工具如表 2.3 所示。

表 2.3　SQL Server 提供的主要管理工具

管理工具	说明
SQL Server Management Studio（SQL Server 管理控制器，SSMS）	用于访问、配置、管理和开发 SQL Server 组件的集成环境，使各种技术水平的开发人员和管理员都能使用 SQL Server
SQL Server 配置管理器	为 SQL Server 服务、服务器协议、客户机协议和客户机别名提供基本配置管理
SQL Server Profiler（SQL Server 事件探查器）	提供了一个图形用户界面，用于监视数据库引擎实例或分析服务实例
数据库引擎优化顾问	可以协助创建索引、索引视图和分区的最佳组合
数据质量客户机	提供了一个非常简单和直观的图形用户界面，用于连接到 DQS 数据库并执行数据清理操作，还允许集中监视在数据清理操作过程中执行的各项活动
SQL Server 数据工具（SSDT）	提供 IDE 以便为商业智能组件 SSAS、SSRS 和 SSIS（以前称作 Business Intelligence Development Studio）生成解决方案。SSDT 还包含“数据库项目”，为数据库开发人员提供集成环境，以便在 Visual Studio 内为任何 SQL Server 平台（无论是内部还是外部）执行其所有数据库设计工作。例如，数据库开发人员可以使用 Visual Studio 中功能增强的服务器资源管理器轻松创建或编辑数据库对象和数据或执行查询
连接组件	安装用于客户机和服务器之间的通信组件，以及用于 DB-Library、ODBC 和 OLE DB 的网络库

2.2 SQL Server 的安装

在使用 SQL Server 以前，首先要进行系统安装。本节以 SQL Server Evaluation 版本为例介绍系统的安装过程和安装中所涉及的一些相关内容。

首先确定计算机系统是几位的，右击桌面上的“计算机”图标，在出现的快捷菜单中选择“属性”命令，查看“系统类型”项即可获知。例如看到如图 2.2 所示的结果，即表示计算机系统是 32 位系统的。

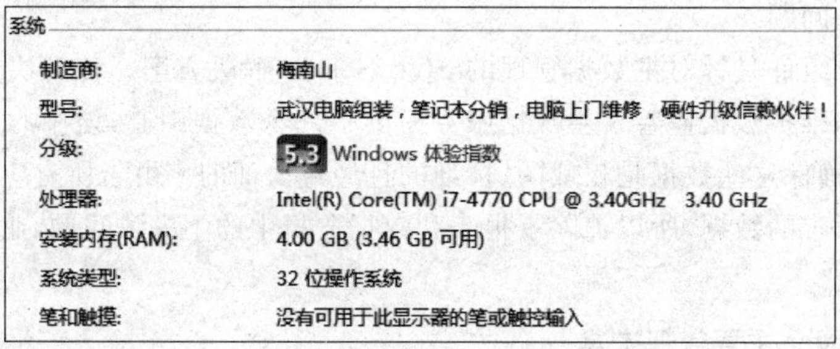

系统

制造商:	梅南山
型号:	武汉电脑组装，笔记本分销，电脑上门维修，硬件升级信赖伙伴！
分级:	5.3 Windows 体验指数
处理器:	Intel(R) Core(TM) i7-4770 CPU @ 3.40GHz 3.40 GHz
安装内存(RAM):	4.00 GB (3.46 GB 可用)
系统类型:	32 位操作系统
笔和触摸:	没有可用于此显示器的笔或触控输入

图 2.2 Windows 的“属性”

然后从微软（中国）网站下载 SQL Server Evaluation 免费版本。下载网址为 http://www.microsoft.com/zh-cn/download/details.aspx?id=29066。Microsoft® SQL Server® 2012 Evaluation 有 32 位版本和 64 位版本之分，这里下载 32 位版本，下载以下 32 位版本的文件存放在自己的文件夹中。

- CHS\x86\SQLFULL_x86_CHS_Core.box。
- CHS\x86\SQLFULL_x86_CHS_Install.exe。
- CHS\x86\SQLFULL_x86_CHS_Lang.box。

说明：SQL Server Evaluation 只有 180 天的试用期，之后需要激活使用；而 SQL Server Express 可以永久使用，其功能虽然较前者弱，但对于学习 SQL Server 而言是足够的。Express 版本的下载网址为 http://www.microsoft.com/zh-cn/download/details.aspx?id=29062。

双击“CHS\x86\SQLFULL_x86_CHS_Install.exe”文件，系统生成 SQLFULL_x86_CHS 文件夹，进入该文件夹，双击 SETUP 文件，当系统打开“SQL Server 安装中心”窗口时，如图 2.3 所示，则说明可以开始正常安装 SQL Server 了。现在开始进行安装，整个安装步骤如下。

① 在“SQL Server 安装中心”窗口中，可以通过“计划”、“安装”、“维护”、“工具”、“资源”、“高级”和“选项”等选项进行系统安装、信息查看以及系统设置。如在“计划”选项界面里，可以单击相关的标题选项，在线查看安装 SQL Server 的相关信息，包括硬件和软件要求、安全文档以及系统配置检查器和安全升级顾问等。

这里单击“系统配置检查器”选项，检查计算机系统中阻止 SQL Server 成功安装的条件是什么，以减少安装过程中报错的几率。其结果如图 2.4 所示，说明可以正常安装 SQL Server 了，单击“确定”按钮返回。

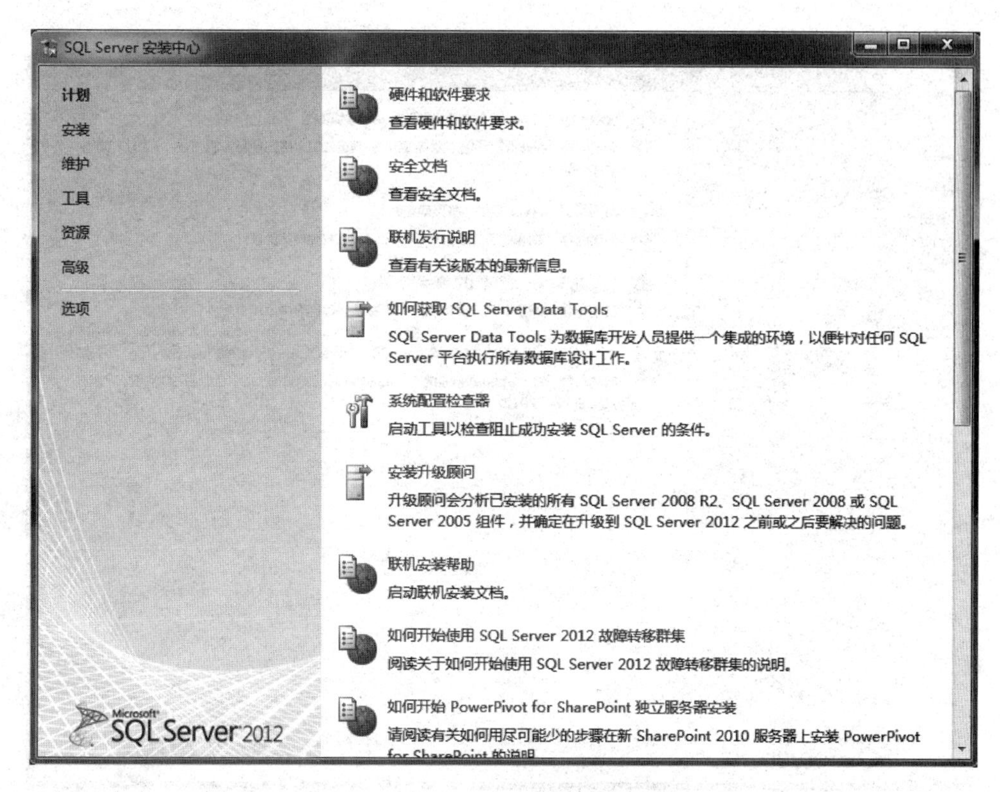

图 2.3　“SQL Server 安装中心”窗口

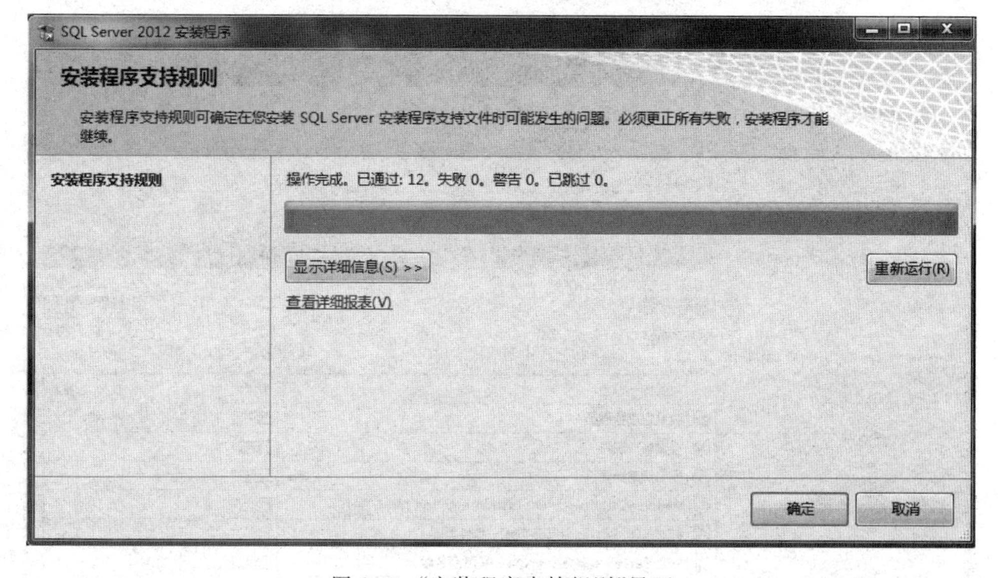

图 2.4　“安装程序支持规则”界面

② 此时出现如图 2.5 所示的“SQL Server 安装中心”窗口，单击“安装”选项，再单击“全新 SQL Server 独立安装或向现有安装添加功能”选项，安装程序进行支持规则检查，结果如图 2.6 所示，表明通过了安装程序的支持规则检查；单击“确定”按钮，出现产品更新检查对话框，单击“下一步”按钮，再次出现安装程序的支持规则检查，提示“Windows 防火墙”的警告信息，忽略它，单击“下一步”按钮。

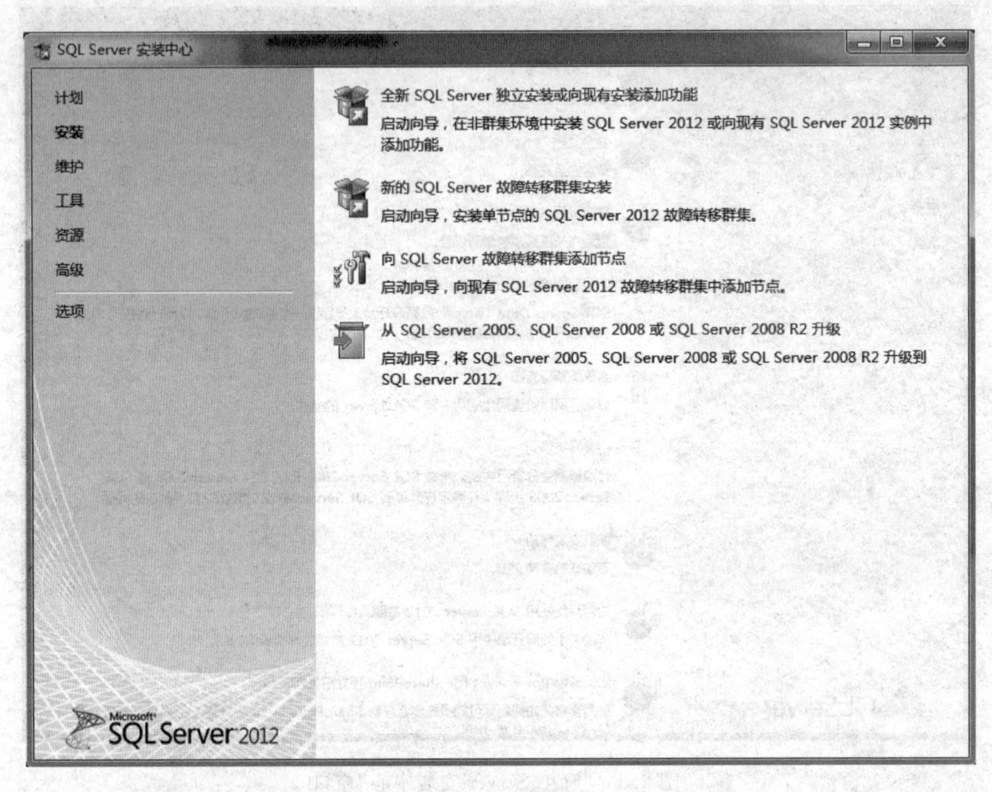

图 2.5 “SQL Server 安装中心”窗口

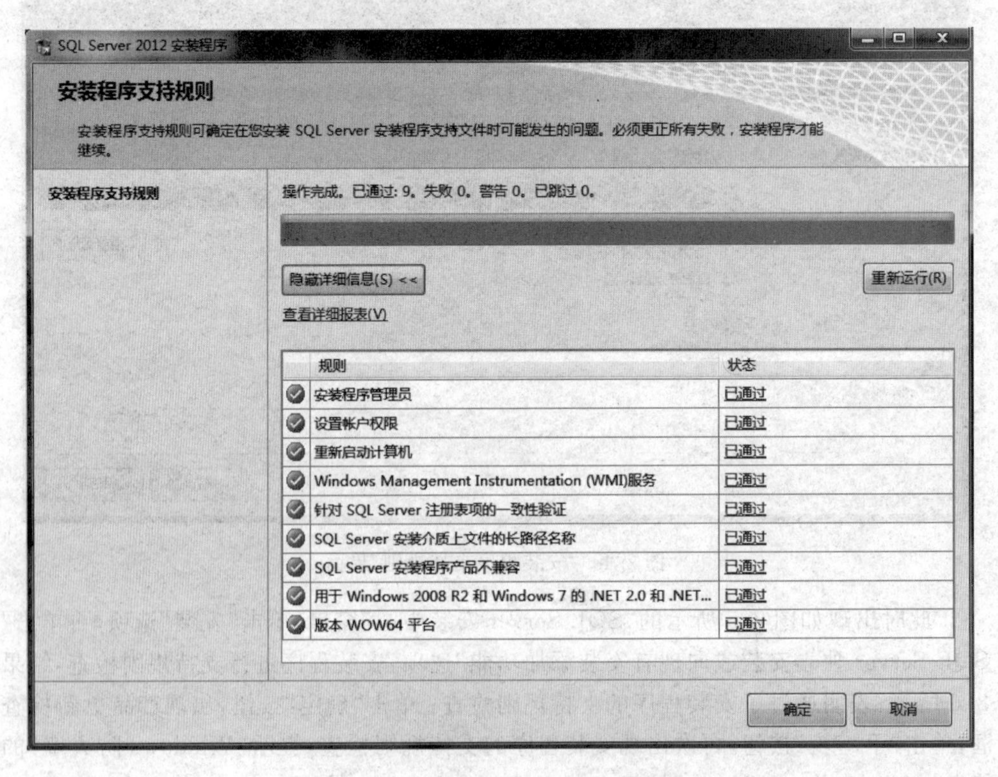

图 2.6 安装程序进行支持规则检查

说明：可以从 SQL Server 2005、SQL Server 2008 或 SQL Server 2008 R2 升级到 SQL Server，如果要升级，可选图 2.3 所示对话框中的第 6 项。

③ 出现如图 2.7 所示的“安装类型”界面，选择“执行 SQL Server 的全新安装”单选按钮，单击“下一步”按钮。出现如图 2.8 所示的“产品密钥”界面，Evalution 版本免费使用 180 天，直接单击“下一步”按钮。出现如图 2.9 所示的“许可条款”界面，选中“我接受许可条款”复选框，单击“下一步”按钮。

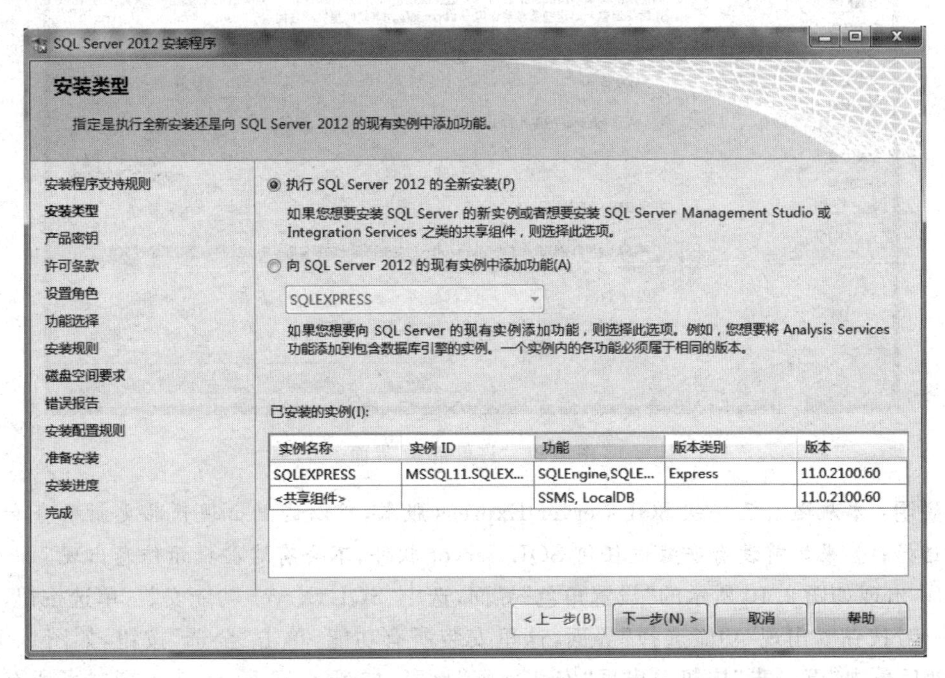

图 2.7　“安装类型”界面

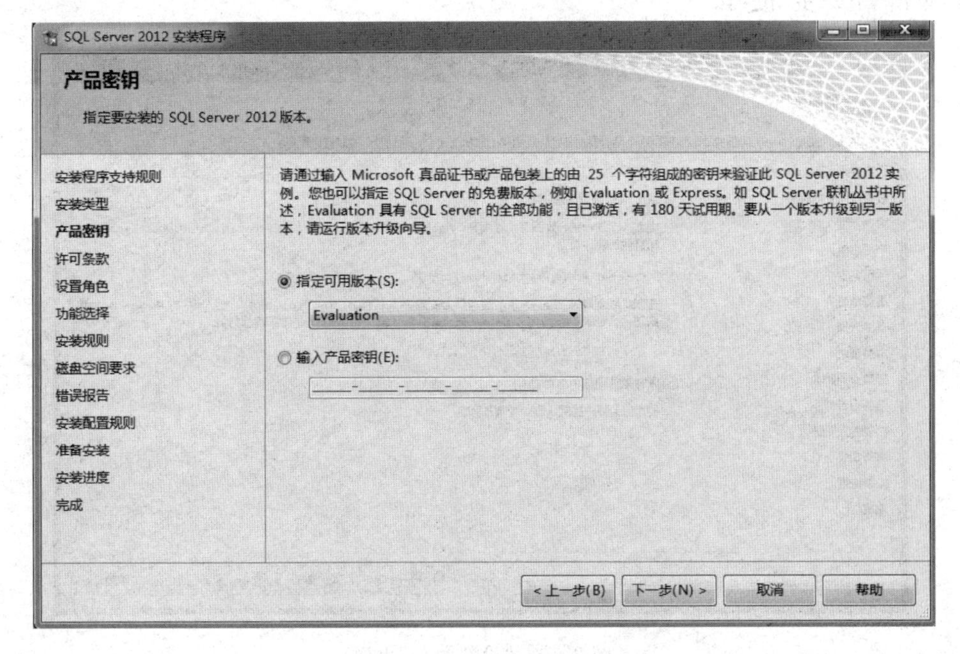

图 2.8　“产品密钥”界面

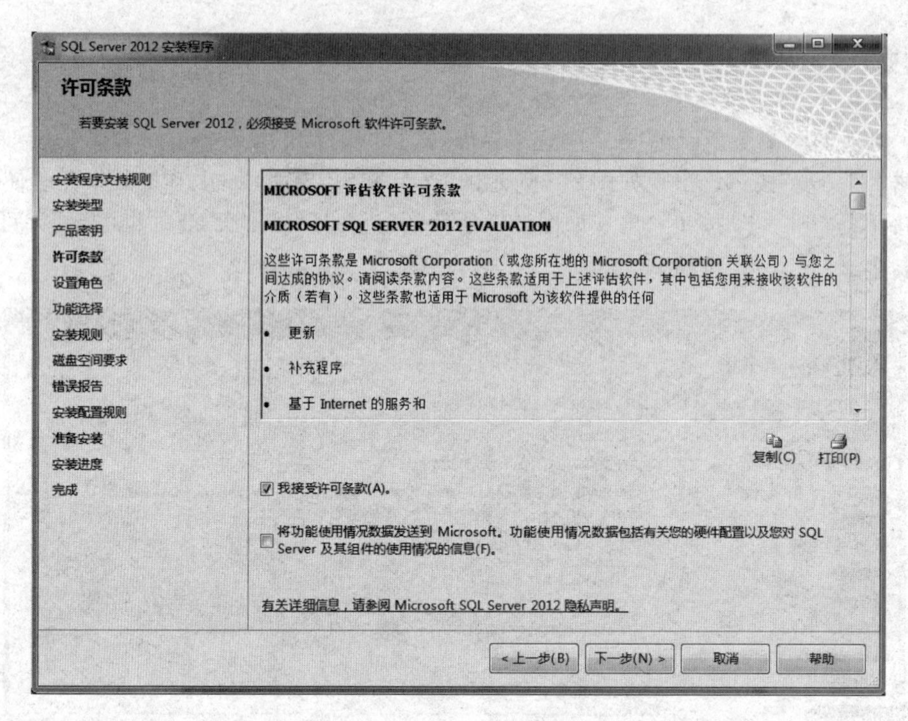

图 2.9 “许可条款”界面

说明：本机之前已安装 SQL Server Express 版本，所以这里出现产品更新检查和安装类型选择；如果之前没有安装过任何 SQL Server 软件，不会有这些提示信息出现。

④ 出现如图 2.10 所示的“设置角色”界面，选中“SQL Server 功能安装”单选按钮，单击“下一步”按钮。出现“功能选择”界面，这里安装所有功能，单击“全选”按钮，如图 2.11 所示；然后单击“下一步”按钮。出现“安装规则”界面，如图 2.12 所示，表示通过了所有规则检查，单击“下一步”按钮。

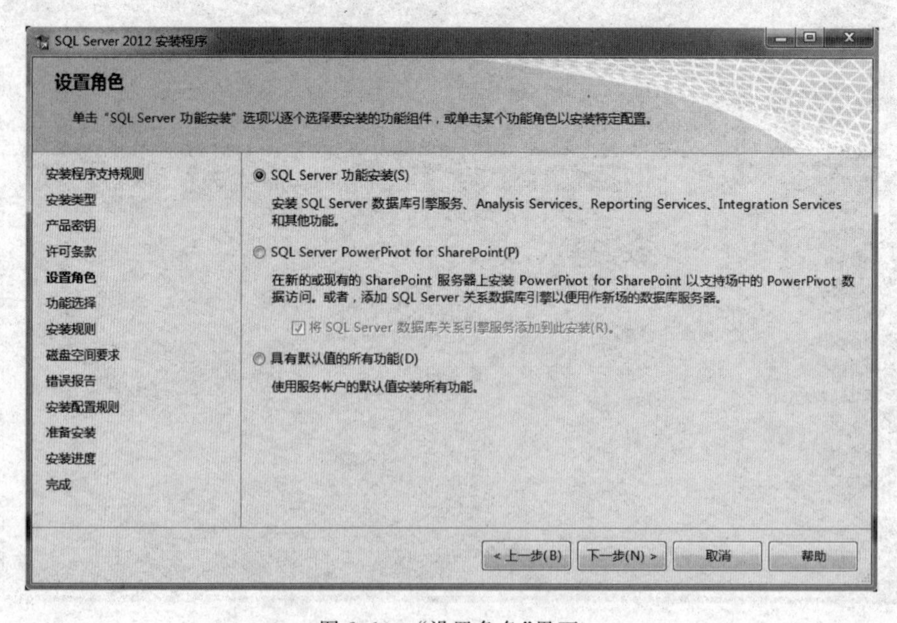

图 2.10 “设置角色”界面

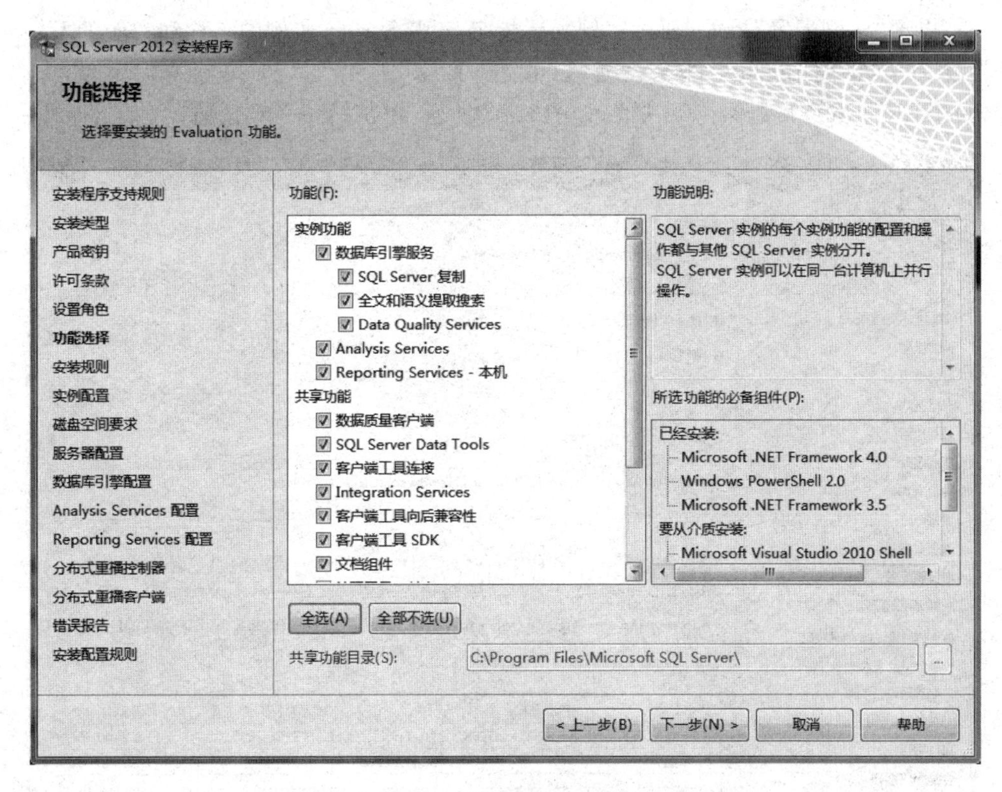

图 2.11　“功能选择”界面

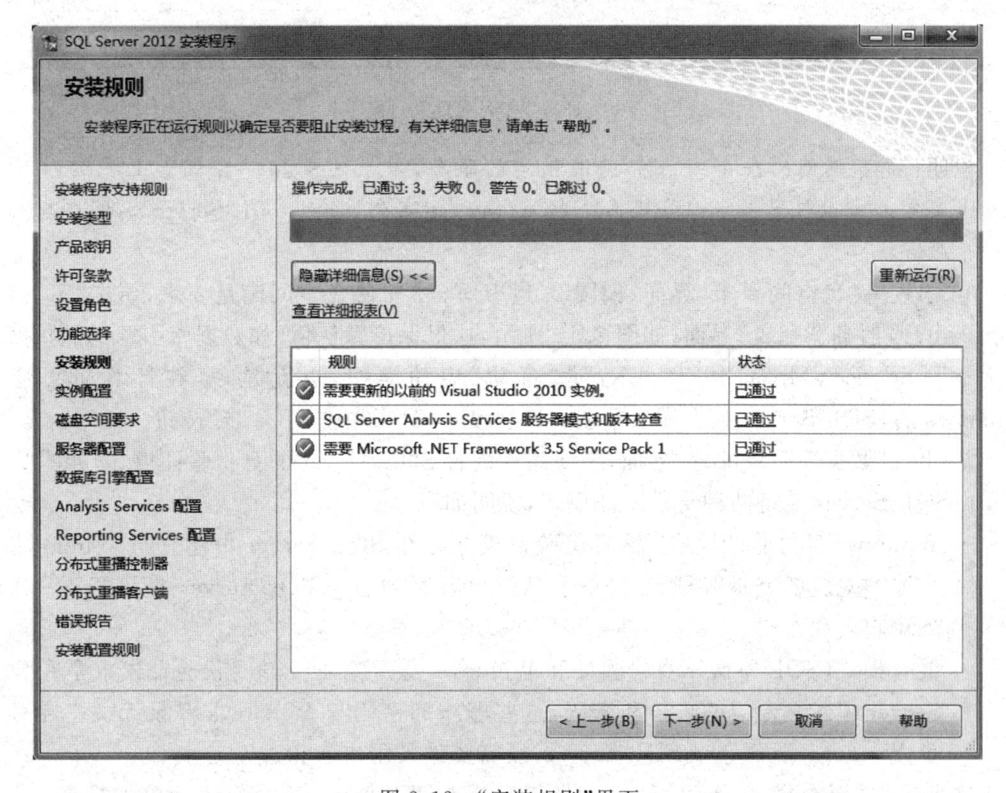

图 2.12　“安装规则”界面

⑤ 出现“实例配置”界面，通过实例配置指定 SQL Server 实例的名称和实例的 ID，实例 ID 将成为安装路径的一部分。这里单击“默认实例”单选按钮（默认实例名为 MSSQLSERVER），其他保持默认值，如图 2.13 所示，单击“下一步”按钮。

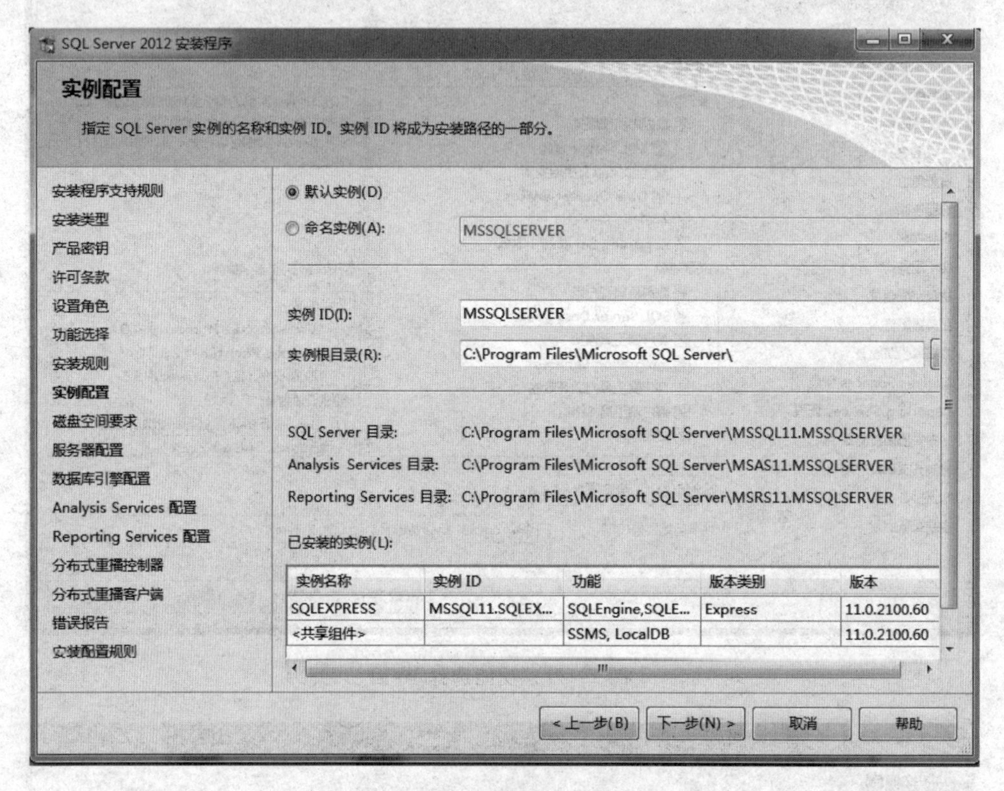

图 2.13 “实例配置”界面

说明：群集实例的每个结点都提供相同的服务，单机实例指一台机器上安装的 SQL Server 实例。一台机器上可以安装多个 SQL Server 实例，一个 SQL Server 实例在后台对应一个服务。

⑥ 出现“磁盘空间要求”界面，如图 2.14 所示，本机磁盘空间满足要求，单击“下一步”按钮。出现“服务器配置”界面，如图 2.15 所示，这里保持默认值，如数据库引擎的默认账户名为 NT Service\MSSQLSERVER，属“自动”启动类型，也就是说，在计算机上启动 Windows 后，SQL Server 数据库引擎就自动启动了，最后单击“下一步”按钮。

⑦ 出现“数据库引擎配置”界面，主要用于配置 SQL Server 的身份验证模式，如图 2.16 所示。SQL Server 支持两种身份验证模式，说明如下

- Windows 身份验证模式：该身份验证模式是在 SQL Server 中建立与 Windows 用户账户对应的登录账号，在登录了 Windows 后再登录 SQL Server，就不用再一次输入用户名和密码了。
- 混合模式(SQL Server 身份验证和 Windows 身份验证)：该身份验证模式是在 SQL Server 中建立专门的账户和密码，这些账户和密码与 Windows 登录无关。在登录了 Windows 后再登录 SQL Server，还需要输入用户名和密码。

这里选中“混合模式(SQL Server 身份验证和 Windows 身份验证)”单选按钮，sa 是

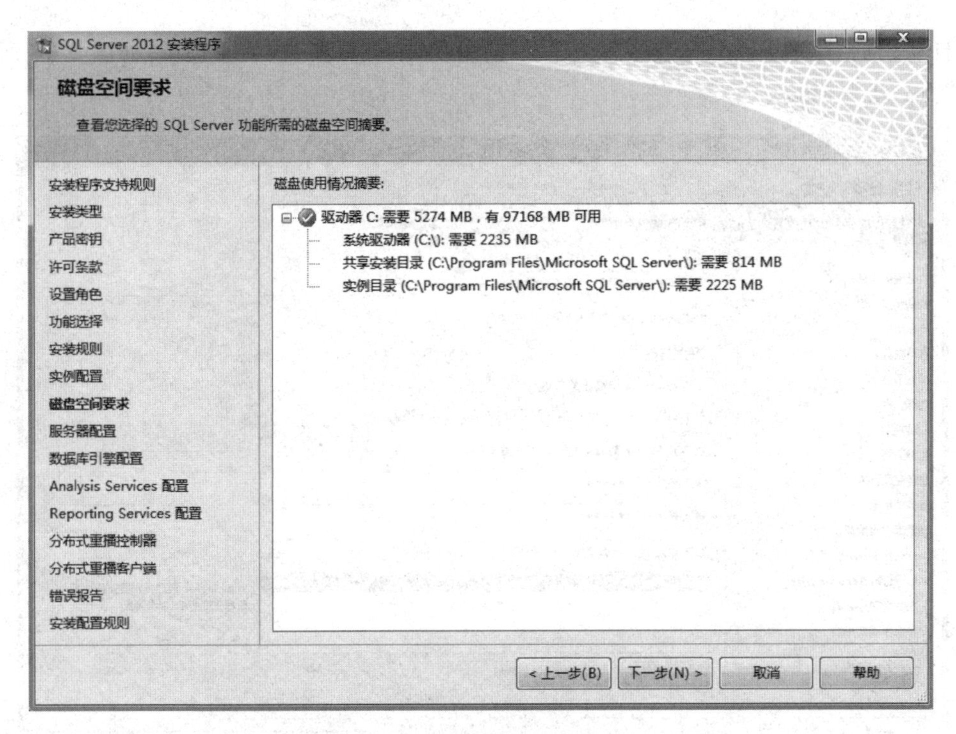

图 2.14　“磁盘空间要求”界面

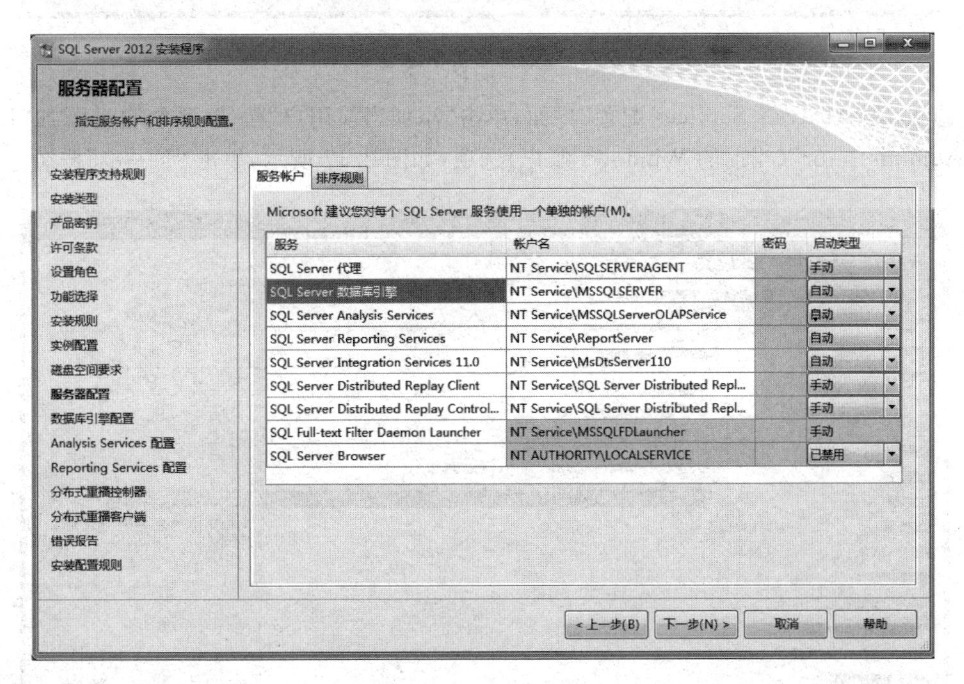

图 2.15　“服务器配置”界面

SQL Server 内建的一个管理员级的登录账号，为 sa 账户指定密码为 12345。在 SQL Server 安装好后，可以通过登录账户 sa 来连接到 SQL Server 服务器。

由于 SQL Server 分析工具等只能采用 Windows 身份验证模式，所以需要设置一个 SQL Server 管理员，这里以当前用户作为 SQL Server 管理员，单击“添加当前用户”按钮，系统自动添加“LCB-PC\Administrator”(当前的 Windows 账户)为管理员,如图 2.16 所示,单击“下一步”按钮。

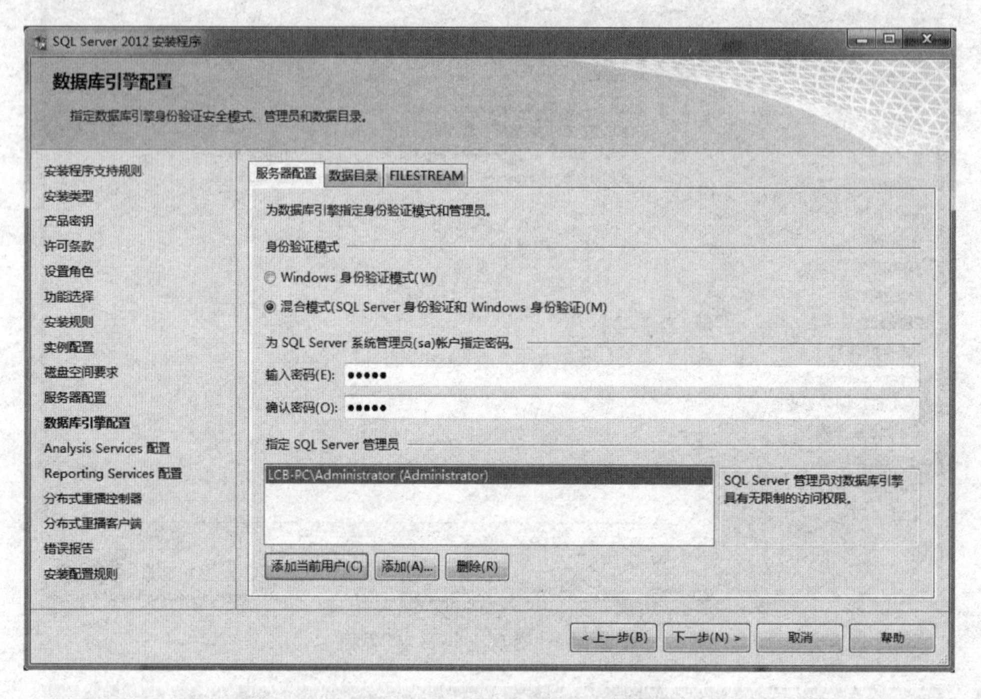

图 2.16 “数据库引擎配置”界面

⑧ 出现“Analysis Services 配置”界面,单击“添加当前用户”按钮,系统自动添加“LCB-PC\Administrator”(当前的 Windows 账户)选项,如图 2.17 所示,单击“下一步”按钮。

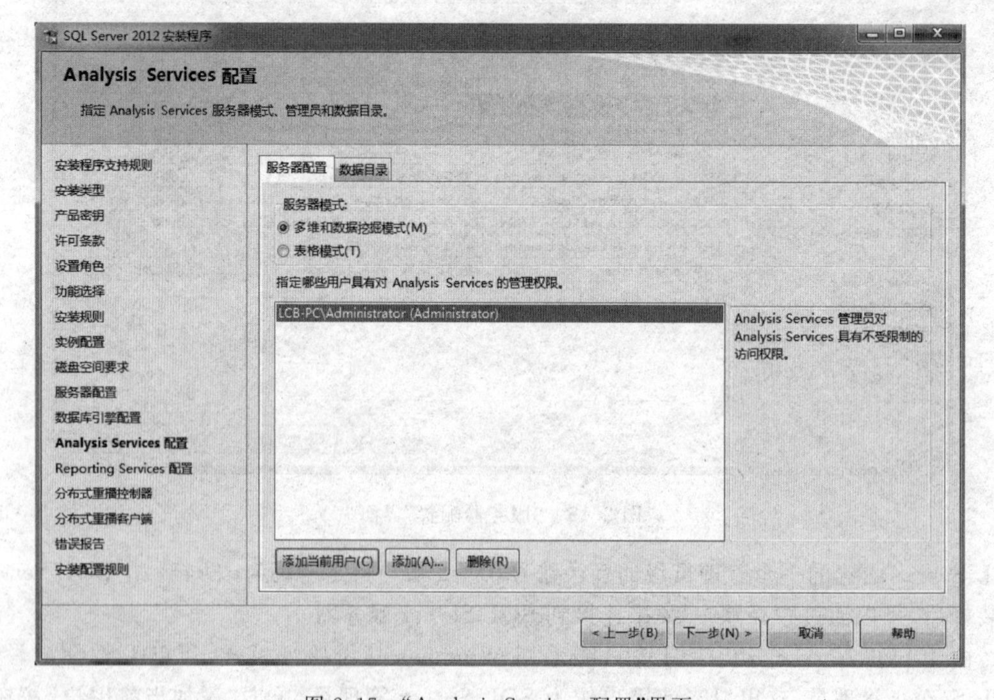

图 2.17 “Analysis Services 配置”界面

⑨ 出现“Reporting Services 配置”界面，选中“仅安装”单选按钮，如图 2.18 所示，单击“下一步”按钮。出现“分布式重播控制器”界面，单击“添加当前用户”按钮，系统自动添加“LCB-PC\Administrator”（当前的 Windows 账户）选项，如图 2.19 所示，单击“下一步”按钮。再出现“分布式重播控制器”界面，保持默认值，单击“下一步”按钮。

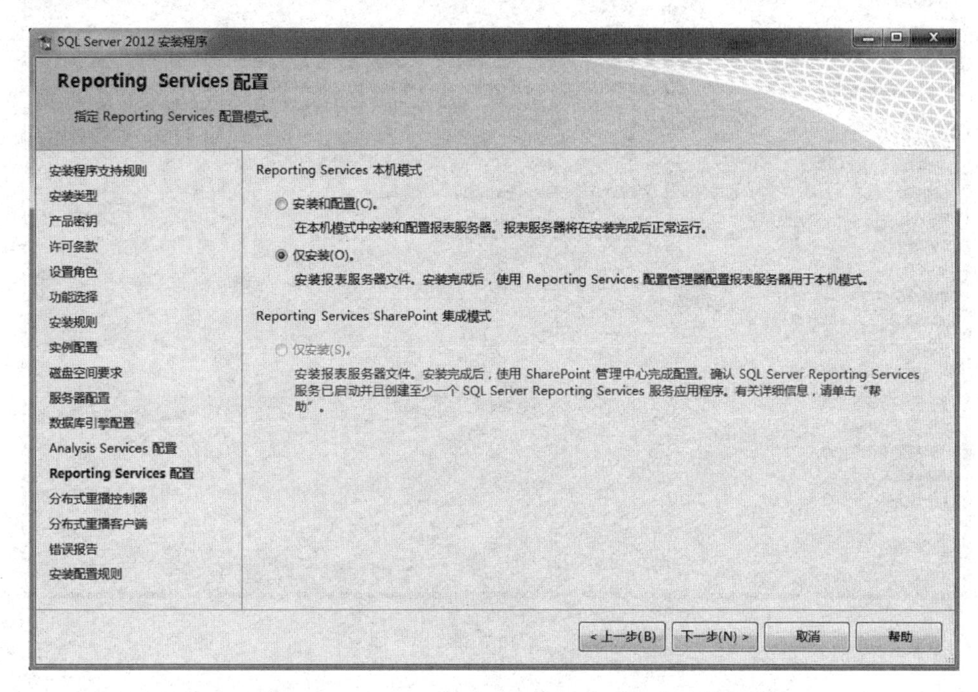

图 2.18　“Reporting Services 配置”界面

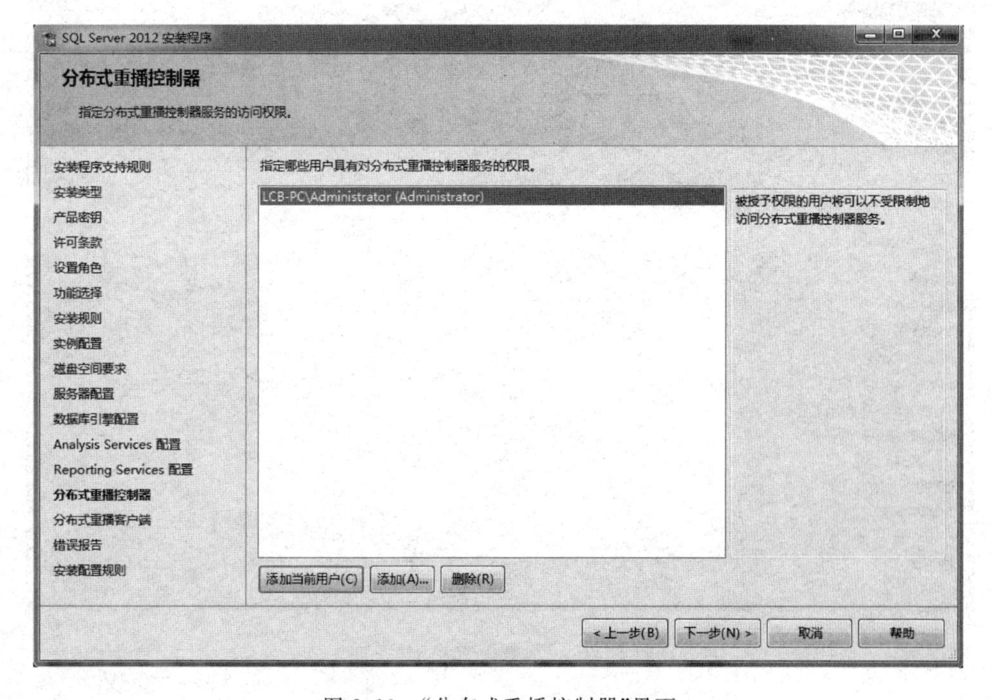

图 2.19　“分布式重播控制器”界面

⑩ 出现“错误报告”界面，如图 2.20 所示，这里保持默认值，单击“下一步”按钮。出现“安装配置规则”界面，如图 2.21 所示，表明通过了安装配置规则检查，单击“下一步”按钮。

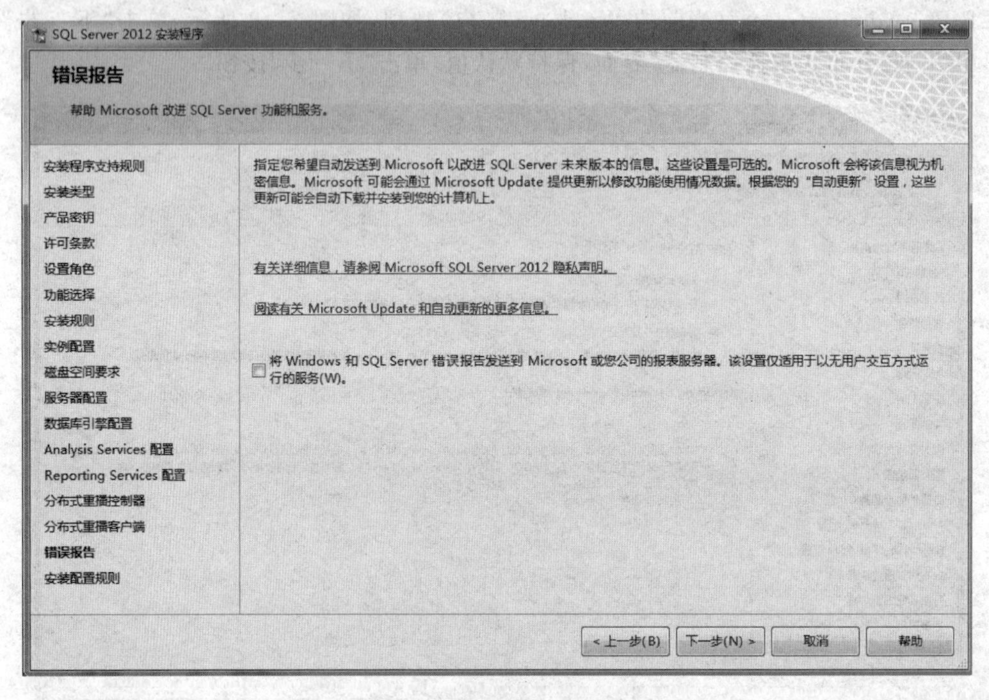

图 2.20 “错误报告”界面

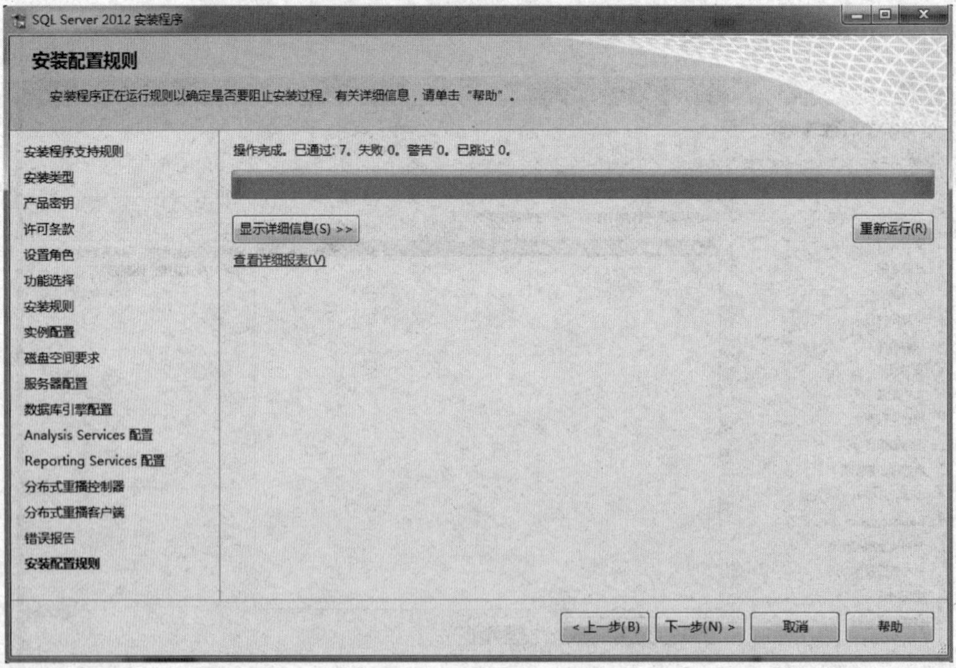

图 2.21 “安装配置规则”界面

⑪ 出现“准备安装”界面，如图 2.22 所示，单击“安装”按钮。出现安装进度界面，开始安装文件，安装完毕后出现如图 2.23 所示的安装完成界面，单击“关闭”按钮就完成了安装。

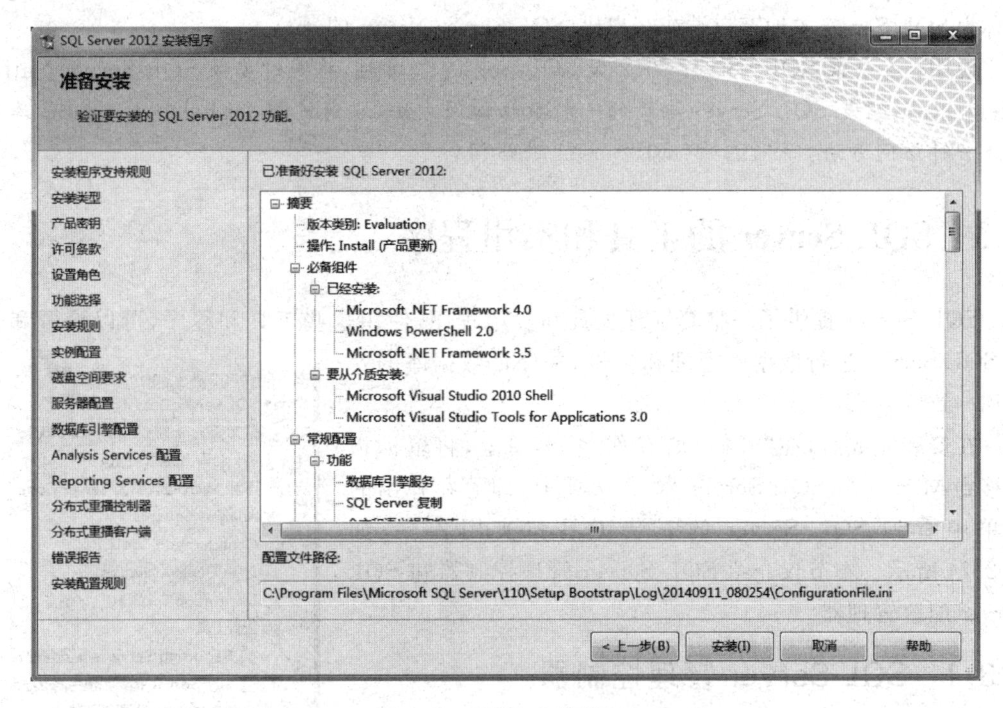

图 2.22　“准备安装”界面

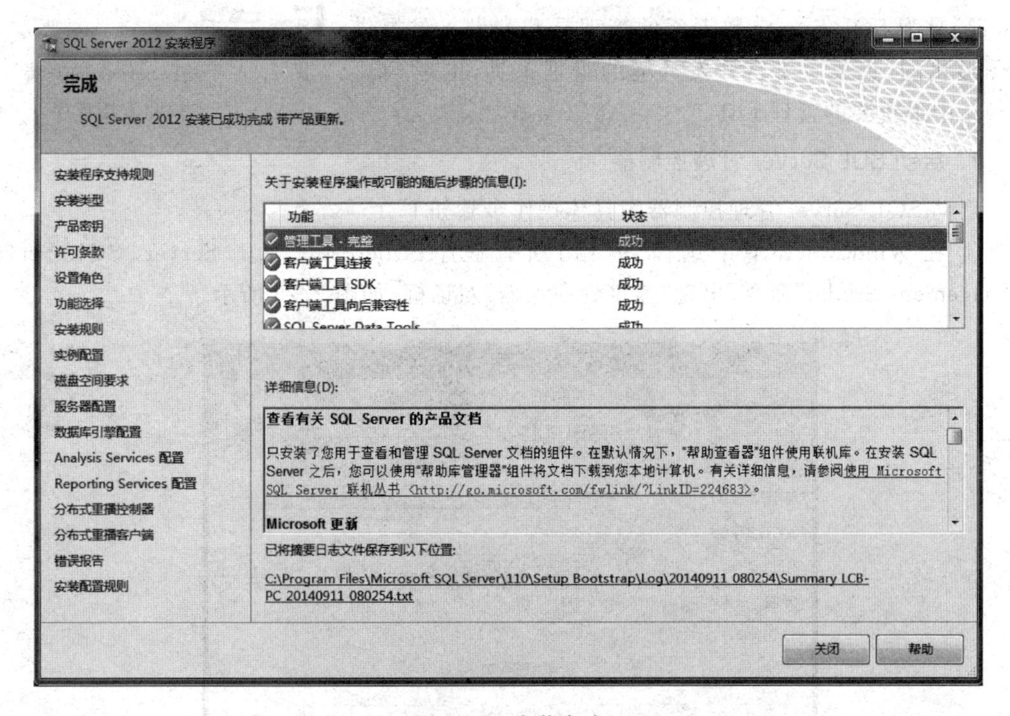

图 2.23　安装完成

这样就在计算机上安装好了基本的 SQL Server Evaluation 系统，包括 SQL Server 客户机和 SQL Server 服务器。由于 SQL Server 客户机和服务器物理上同在一台计算机上，因此称为 SQL Server 本地客户端或客户机(SQL Server Native Client)。

说明：在安装 SQL Server 2012 或 SQL Server 工具时，将同时安装 SQL Server Native Client 11.0，它是 SQL Server 自带的一种数据访问方法，它通过将 OLE DB 和 ODBC 库组合成一种访问方法，简化了对 SQL Server 的访问。

2.3 SQL Server 的工具和实用程序

SQL Server 提供了一整套管理工具和实用程序，使用这些工具和程序，可以设置和管理 SQL Server 进行数据库管理和备份，并保证数据库的安全和一致。

在安装完成后，在“开始|所有程序”菜单上，将鼠标指针移到 Microsoft SQL Server 2012 选项上，即可在弹出的菜单中看到 SQL Server 的安装工具和实用程序，如图 2.24 所示。本节仅介绍 SQL Server 管理控制器和 SQL Server 配置管理器。

图 2.24 SQL Server 的安装工具和实用程序

2.3.1 SQL Server 管理控制器

SQL Server 管理控制器(SQL Server Management Studio)是为 SQL Server 数据库的管理员和开发人员提供的图形化的、集成了丰富开发环境的管理工具，也是 SQL Server 中最重要的管理工具。

1. 启动 SQL Server 管理控制器

启动 SQL Server 管理控制器的具体操作步骤如下。

① 在 Windows 环境中选择“开始|所有程序|Microsoft SQL Server|SQL Server Management Studio”命令，出现“连接到服务器”对话框，如图 2.25 所示。

图 2.25 “连接到服务器”对话框

② 系统提示建立与服务器的连接，这里使用本地服务器，服务器名称为 LCB-PC，并使用混合模式。因此，在服务器名称组合框中选择“LCB-PC\SQLEXPRESS”选项(默认)，在身份验证组合框中选择“SQL Server 身份验证”选项，登录名自动选择“sa”，在密码文本框中输入在安装时设置的密码，单击“连接”按钮进入 SQL Server 管理控制器窗口，即说明 SQL Server 管理控制器启动成功，如图 2.26 所示。

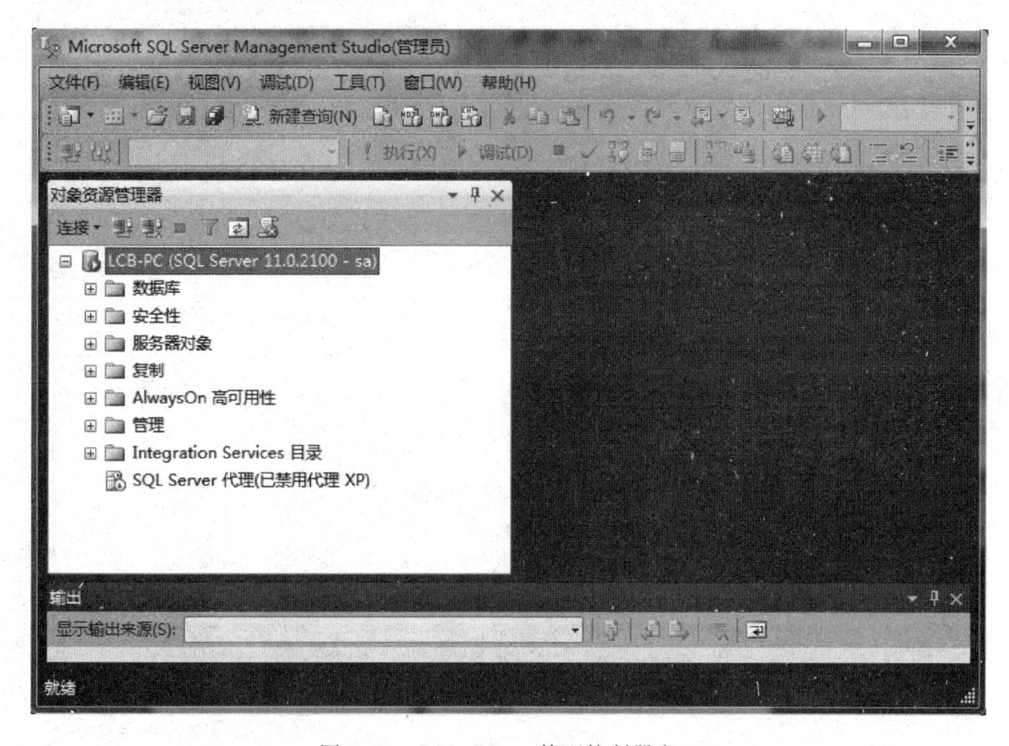

图 2.26　SQL Server 管理控制器窗口

在 Windows 环境中选择“开始|控制面板|管理工具|服务”命令，在出现的“服务”窗口中可以查看到 SQL Server 的相关服务，如图 2.27 所示，表明 MSSQLSERVER 服务已启动。

图 2.27　SQL Server 的相关服务

2. SQL Server 管理控制器的组件

在 SQL Server 管理控制器中，常用组件的有“已注册的服务器”、“对象资源管理器”、文档和结果窗口，如图 2.28 所示。

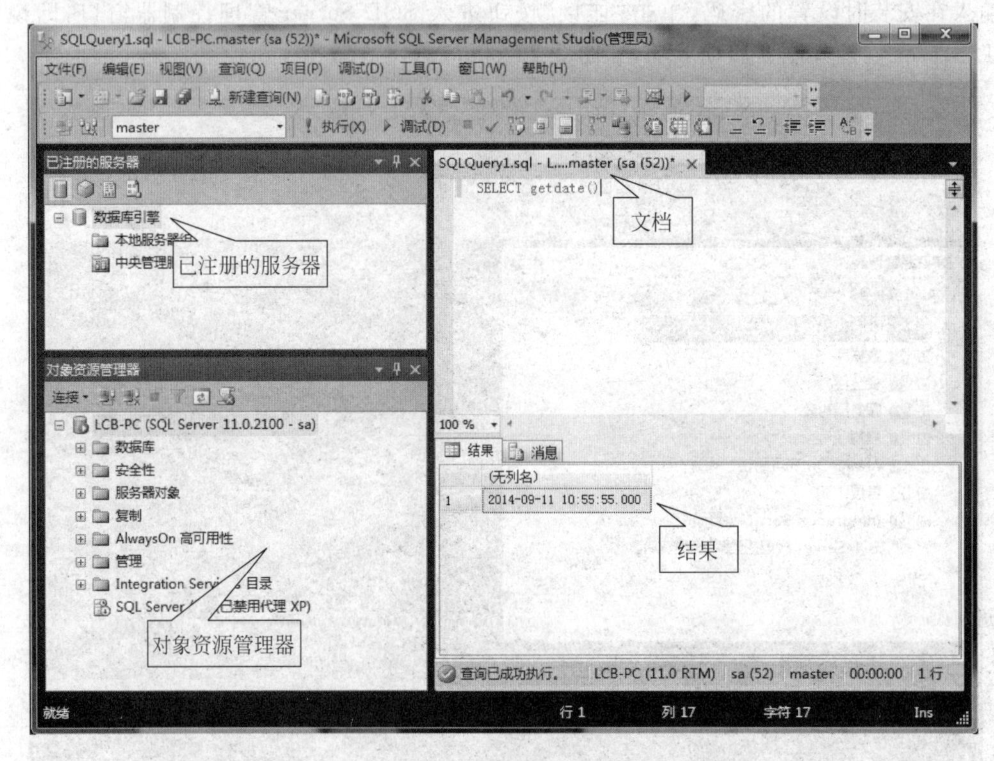

图 2.28 SQL Server 管理控制器中的各种组件

1）已注册的服务器

选择“视图|已注册的服务器”命令即出现“已注册的服务器”窗口，该窗口用于显示所有已注册的服务器名称。

注册某个服务器后，系统将存储服务器的连接信息，下次连接该服务器时不需要重新输入登录信息。已注册的服务器类型主要有数据库引擎、分析服务、报表服务和集成服务等，图 2.28 中表示已注册的服务器是数据库引擎。

在 SQL Server 管理控制器中，有三种方法可以注册服务器。

(1) 在安装 SQL Server 之后首次启动它时，将自动注册 SQL Server 的本地实例。

(2) 通过随时启动自动注册过程来还原本地服务器实例的注册。

(3) 使用 SQL Server 管理控制器的“已注册的服务器”工具注册服务器。

2）对象资源管理器

选择“视图|对象资源管理器”命令，即出现“对象资源管理器”窗口。

对象资源管理器是 SQL Server 管理控制器的一个组件，可连接到数据库引擎实例等，它提供了展示服务器中所有对象的视图，并具有可用于管理这些对象的用户界面。对象资源管理器的功能根据服务器的类型稍有不同，但一般都包括用于数据库的开发功能和用于所有服务器类型的管理功能。

对象资源管理器以树型视图显示数据库服务器的直接子对象(每个子对象作为一个结点),包括数据库、安全性、服务器对象、复制和管理等,仅单击其前一级的加号图标(+)时,子对象才出现。右击对象名称,可显示该对象的快捷菜单。减号图标(一)表示对象目前被展开,如果要收缩一个对象的所有子对象,单击它的减号(或双击该文件夹,或者在文件夹被选定时单击左箭头按钮)。图 2.28 所示的对象资源管理器中显示了数据库引擎实例“LCB-PC”的所有对象。

“对象资源管理器”窗口的工具栏中从左到右各按钮的功能如下。

(1) 连接:单击此按钮,在出现的菜单中选择命令,将出现连接对话框,用户可以连接到所选择的服务器。

(2) 连接对象资源管理器:单击此按钮,用户可以直接连接到对象资源管理器。

(3) 断开连接:单击此按钮,则断开当前的连接。

(4) 停止:单击此按钮,则停止当前对象资源管理器动作。

(5) 筛选器:单击此按钮,则出现“筛选”对话框,用户输入筛选条件后,SQL Server 会仅列出满足条件的对象。

(6) 刷新:单击此按钮,则刷新树结点。

3) 文档

在“对象资源管理器”窗口中某个对象上右击,从出现的快捷菜单中选择“新建查询”命令,即出现文档窗口,可以输入或编辑 SQL 命令等文本。

4) 结果

当执行文档窗口中的 SQL 命令时,会出现“结果”面板,用于输出执行结果,或者显示相应的消息。

2.3.2 SQL Server 配置管理器

SQL Server 配置管理器是一种工具,用于管理与 SQL Server 相关联的服务、配置 SQL Server 使用的网络协议以及从 SQL Server 客户机计算机管理网络连接配置。

启动 SQL Server 配置管理器的具体操作步骤是,在 Windows 环境中选择“开始|所有程序|Microsoft SQL Server|配置工具|SQL Server 配置管理器”命令,即会出现 SQL Server 配置管理器窗口,如图 2.29 所示。

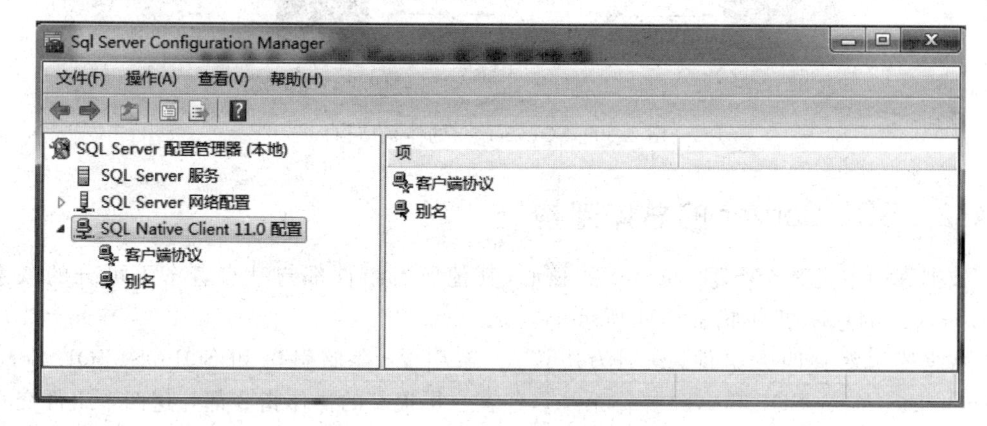

图 2.29　SQL Server 配置管理器窗口

使用 SQL Server 配置管理器可以完成如下功能。

(1) 管理服务：可以启动、暂停、恢复或停止服务，还可以查看或更改服务属性。

(2) 更改服务使用的账户：注意要始终使用 SQL Server 工具(例如 SQL Server 配置管理器)来更改 SQL Server 或 SQL Server 代理服务使用的账户，或更改账户的密码。若用其他工具(例如 Windows 服务控制管理器)更改账户名，将不能更改关联的设置，会导致服务可能无法正确启动。

(3) 管理网络协议：其中包括强制协议加密、查看别名属性或启用/禁用协议等功能；可以创建或删除别名、更改使用协议的顺序或查看服务器别名的属性，其中包括服务器别名(客户机所连接到的计算机的服务器别名)、协议(用于配置条目的网络协议)和连接参数(与用于网络协议配置的连接地址关联的参数)。

2.4 SQL Server 的体系结构

本节将通过描述进行一次简单的读取数据请求和一次更新数据请求需要用到的组件，介绍 SQL Server 的体系结构。

2.4.1 SQL Server 的客户机/服务器体系结构

在 SQL Server 的客户机/服务器体系结构中，客户机负责组织与用户的交互和数据显示，服务器负责数据的存储和管理。用户通过客户机向服务器发出各种操作请求(SQL 语句命令等)，服务器根据用户的请求处理数据，并将结果返回客户机，如图 2.30 所示。其中，SQL Server 客户机包括 SQL Server 企业管理器、配置管理器、数据库引擎优化顾问和用于程序开发的工具等；SQL Server 服务器主要包括数据库引擎和数据库等。

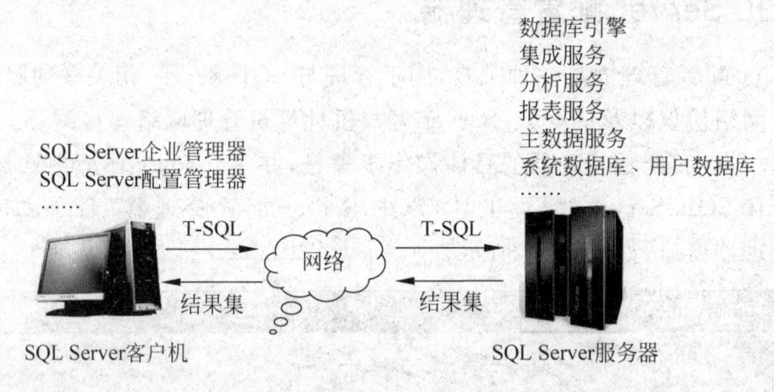

图 2.30　SQL Server 的体系结构

2.4.2 SQL Server 的总体架构

数据库引擎是整个 SQL Server 的核心，其他所有组件都与其有着密不可分的联系，SQL Server 的总体架构如图 2.31 所示。

数据库引擎有四大组件，分别为协议、关系引擎、存储引擎和 SQLOS(SQL Server Operating System，SQL Server 操作系统)，各客户机提交的操作指令都与这四个组件交互。

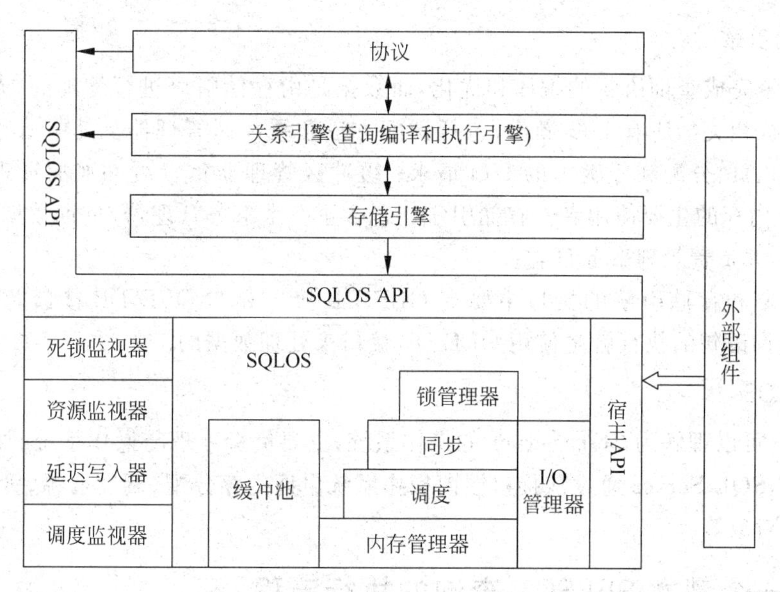

图 2.31　SQL Server 的总体架构

1. 协议

SQL Server 网络接口(SNI)是一个协议层,负责建立客户机和服务器之间的网络连接。SNI 由一组 API 构成,这些 API 被数据库引擎和 SQL Server 本地客户机使用。SNI 不是直接配置的,只需在客户机和服务器中配置网络协议就可以了。SQL Server 支持共享内存、TCP/IP、命名管道和 VIA 协议。

不管采用什么网络协议进行连接,一旦建立连接,SNI 都会建立一个到服务器上的 TDS(Tabular Data Stream,表格数据流)端点的安全连接,然后利用这个连接发送请求和接收数据。在数据库查询生命周期的这一步,SNI 正在发送 SELECT 语句,并且等待接收结果集。

TDS 是微软具有自主知识产权的协议,用来和数据库服务器交互。服务器和客户机之间利用网络协议,如 TCP/IP,建立连接之后,客户机会和服务器上相应的 TDS 端点建立连接,TDS 端点担当客户机和服务器之间的通信端口。一旦建立连接,客户机和服务器之间就通过 TDS 消息进行通信,如客户机的一条 SQL 语句通过 TCP/IP 连接以 TDS 消息的形式发送给 SQL Server 服务器,实现数据的请求和返回。

2. 关系引擎

关系引擎有时称为查询处理器,因为关系引擎的主要功能是进行查询的优化和执行。关系引擎主要包含四个部分,分别为命令分析器、编译器、查询优化器和查询执行器。

(1) 命令分析器接收关系引擎接口(即管理连接到 SQL Server 服务器的客户机的开放设计服务 ODS)转发的 SQL 命令,检查其语法并生成查询树。

(2) 编译器对命令分析器的查询树进行编译,生成查询计划。

(3) 查询优化器对编译器的查询计划采用基于代价的优化方法进行优化,选择一个合理的查询计划作为最终的查询计划。

(4) 查询执行器负责优化查询计划的执行。

3. 存储引擎

关系引擎完成查询语句的编译和优化，而数据是由存储引擎进行管理的。存储引擎负责管理与数据相关的所有 I/O 操作，包括访问方法和缓冲区管理器。其中，访问方法负责处理行、索引、页、分配和行版本的 I/O 请求；缓冲区管理器负责缓冲池的管理，缓冲池是 SQL Server 内存的主要使用者。存储引擎还包含了一个事务管理器，负责数据的锁定以实现数据隔离，并负责管理事务日志。

关系引擎和存储引擎的接口主要有 OLE DB 接口和非 OLE DB 接口两种。典型的 SELECT 查询语句的执行就是使用 OLE DB 接口来处理数据的。

4. SQLOS

SQLOS 可以理解为 SQL Server 的操作系统，主要负责处理与操作系统(如 Windows)之间的工作，SQL Server 通过该接口层向操作系统申请内存分配、调度资源、管理进程和线程以及同步对象等。

2.4.3 一个基本 SELECT 查询的执行流程

一个基本 SELECT 查询的执行流程如图 2.32 所示，其基本步骤如下。

① SQL Server 客户机的网络接口(SNI)通过一种网络协议，例如 TCP/IP，与 SQL Server 服务器的 SNI 建立一个连接；然后通过 TCP/IP 连接和 TDS 端点创建一个连接，并通过这个连接向 SQL Server 以 TDS 消息的形式发送该 SELECT 语句。

② SQL Server 服务器的 SNI 将 TDS 消息解包，读取 SELECT 语句，然后将这个 SQL 命令发送给命令分析器。

③ 命令分析器在缓冲池的计划缓存中检查是否已经存在一条与接收到的语句匹配且可用的查询计划。如果找不到，命令分析器则基于 SELECT 语句生成一个查询树，然后将

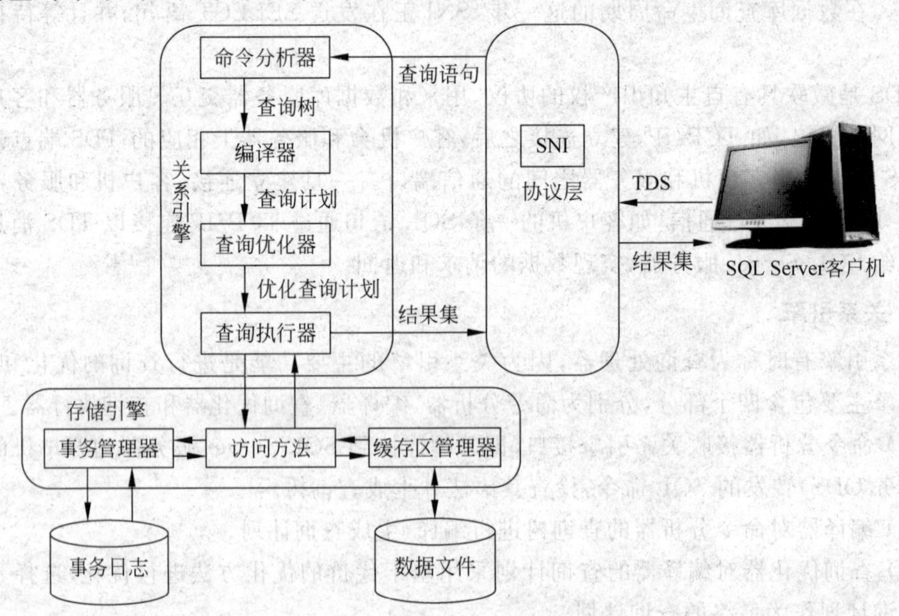

图 2.32　SQL Server 的总体架构

查询树传递给编译器。

④ 编译器对接收的查询树进行编译，生成查询计划。

⑤ 查询优化器对查询计划进行优化，并发送给查询执行器。

⑥ 查询执行器在执行查询计划的时候，首先确定完成这个查询计划需要读取什么数据，然后通过 OLE DB 接口向存储引擎中的访问方法发送访问数据请求。

⑦ 为了完成查询执行器的请求，访问方法需要从数据库中读取一个数据页面，并要求缓冲区管理器提供这个数据页。访问方法是一个代码集合，这些代码定义了数据和索引的存储结构，并提供了检索数据和修改数据的接口。访问方法并不执行实际操作，而是将访问数据的具体请求提交给缓冲区管理器。

⑧ 缓冲区管理器在数据缓存中检查这个数据页是否已经存在。由于这个页并没有在数据缓存中，因此缓冲区管理器首先从磁盘上获取这个数据页面，然后将其存入缓存，并传回给访问方法。

⑨ 访问方法将结果集传递给关系引擎，由关系引擎将查询结果集发送给 SQL Server 客户机。

如果 SQL Server 客户机发出的 SQL 语句是更新命令，当执行到达访问方法的时候，访问方法需要进行数据修改，因此在访问方法发送 I/O 请求之前，必须首先将修改的细节持久化在磁盘上。这一步是由事务管理器来完成的。

事务管理器主要包含锁管理器和日志管理器两个组件。锁管理器负责提供并发数据访问，通过锁实现设置的隔离级别。日志管理器将数据更改写入事务日志。

SQL Server 的体系结构十分复杂，了解它对于深入掌握数据库原理是必要的，前面仅介绍了基本内容，在后面章节中会详细讨论。

练习题 2

(1) SQL Server 有哪些版本？

(2) SQL Server 有哪些新功能？

(3) SQL Server 有哪些主要的服务器组件？

(4) 什么是 SQL Server 实例？

(5) SQL Server 有哪两种身份验证模式？

(6) SQL Server 服务器是指什么？SQL Server 客户机是指什么？

(7) 什么是本地系统账户？

(8) sa 是 SQL Server 什么级别的登录账户？

(9) SQL Server 管理控制器有哪些功能？

(10) SQL Server 配置管理器有哪些功能？

(11) 在 Windows 资源管理器中打开 SQL Server 安装文件夹，列出其位置和相关内容。

(12) 叙述 SQL Server 客户机和服务器的工作方式。

(13) 叙述 SQL Server 中一个 SELECT 查询语句的执行过程。

(14) 叙述关系引擎和存储引擎的基本功能。

上机实验题 1

在实习环境中安装 SQL Server Evaluation 版本，在安装成功后，登录 SQL Server 服务器，运行 SQL Server 管理控制器。

CHAPTER 3

第3章 创建和删除数据库

数据库是存放数据的容器，在设计一个应用程序时，通常先要设计好数据库。SQL Server 提供了方便的数据库创建和删除功能。SQL Server 管理控制器是实现数据库操作的主要工具之一。本章主要介绍使用 SQL Server 管理控制器创建和删除数据库等内容。

3.1 数据库对象

在 SQL Server 中，数据库中的表、视图、存储过程和索引等具体存储数据或对数据进行操作的实体都被称为数据库对象。常用的数据库对象有如下几种。

(1) 表：也称为数据表，是包含数据库中所有数据的数据库对象，它由行和列组成，用于组织和存储数据，每一行称为一个记录。列也称为字段，具有自己的属性，如列类型、列大小等，其中列类型是列最重要的属性，它决定了列能够存储哪种数据，例如，文本型的列只能存放文本数据。

(2) 索引：它是一个单独的数据结构，是依赖于表而建立的，不能脱离关联表而单独存在。在数据库中，索引使数据库应用程序无须对整个表进行扫描，就可以在其中找到所需的数据，而且可以大大加快查找数据的速度。

(3) 视图：它是从一个或多个表中导出的表(也称虚拟表)，是用户查看数据表中的数据的一种方式。视图的结构和数据建立在对表的查询基础之上。

(4) 存储过程：它是一组完成特定功能的 T-SQL 语句(包含查询、插入、删除和更新等操作)，经编译后以名称的形式存储在 SQL Server 服务器端的数据库中，由用户通过指定存储过程的名称来执行。当这个存储过程被调用执行时，其包含的操作也会同时执行。

(5) 触发器：它是一种特殊类型的存储过程，能够在某个规定的事件发生时触发执行。触发器通常可以强制执行一定的业务规则，以保持数据的完整性、检查数据的有效性，同时实现数据库的管理任务和一些附加的功能。

3.2 系统数据库

SQL Server 的数据库分为系统数据库和用户数据库，每个 SQL Server 实例都有 master、model、msdb 和 tempdb 共 4 个系统数据库，可以在 SQL Server 管理控制器的对象资源管理器中展开"系统数据库"查看到，如图 3.1 所示。它们记录了一些 SQL Server 必要的信息，用户不能直接修改这些系统数据库，也不能在系统数据库表上定义触发器。

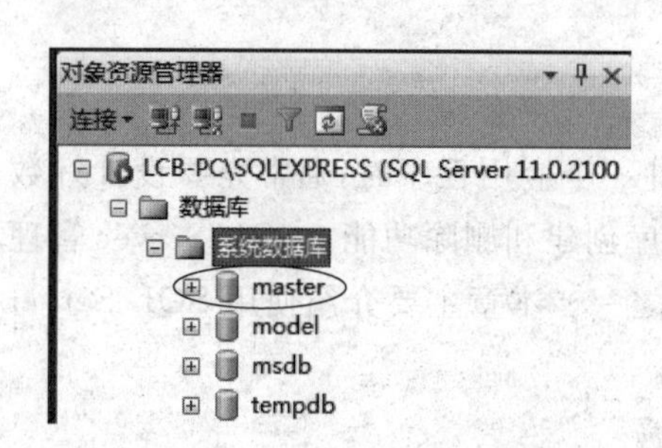

图 3.1　SQL Server 的系统数据库

1. master 数据库

master 数据库是 SQL Server 中最重要的数据库，记录了 SQL Server 实例的所有系统级信息，例如登录账户、连接服务器和系统配置设置；还记录所有其他数据库是否存在以及这些数据库文件的位置和 SQL Server 实例的初始化信息。

因此，如果 master 数据库不可用，SQL Server 则无法启动。鉴于 master 数据库对 SQL Server 的重要性，所以禁止用户对其进行直接访问，同时要确保在修改之前有完整的备份。

2. model 数据库

model 数据库是 SQL Server 实例上创建所有数据库的模板。对 model 数据库进行的修改(如数据库大小、排序规则、恢复模式和其他数据库选项)将应用于以后创建的所有数据库。

3. msdb 数据库

msdb 数据库是由 SQL Server 代理用来计划警报和作业调度的数据库。由于其主要执行一些事先安排好的任务，所以该数据库多用于复制、作业调度和管理报警等活动。

4. tempdb 数据库

tempdb 数据库是一个临时数据库，用于保存临时对象或中间结果集，具体的存储内容包括以下几方面。

(1) 存储创建的临时对象，包括表、存储过程、表变量或游标。

(2) 当快照隔离激活时，存储所有更新的数据信息。

(3) 存储由 SQL Server 创建的内部工作表。

(4) 存储在创建或重建索引时产生的临时排序结果。

3.3 SQL Server 数据库的存储结构

在讨论创建数据库之前，先介绍 SQL Server 数据库和文件的一些基本概念，它们是理解和掌握数据库创建过程的基础。

3.3.1 文件和文件组

1. 数据库文件

SQL Server 采用操作系统文件来存放数据库，数据库文件可分为主数据文件、次数据文件和事务日志文件共3类。

1）主数据文件(Primary)

主数据文件是数据库的关键文件，用来存放数据，包含数据库启动信息。每个数据库都必须包含也只能包含一个主数据文件。主数据文件的默认扩展名为.mdf，例如 school 数据库的主数据文件名即为 school.mdf。

2）次数据文件(Secondary)

次数据文件又称辅助文件，包含除主数据文件外的所有数据文件。次数据文件是可选的，有些数据库没有次数据文件，而有些数据库则有多个次数据文件。次数据文件的默认扩展名为.ndf，例如，school 数据库的次数据文件名为 school.ndf。

主数据文件和次数据文件统称为数据文件(Data File)，是 SQL Server 中实际存放所有数据库对象的地方。正确设置数据文件是创建 SQL Server 数据库的关键步骤，同时还要仔细斟酌数据文件的容量。

3）事务日志文件(Transaction Log)

事务日志文件用来存放事务日志信息。事务日志记录了 SQL Server 的所有事务和由这些事务引起的数据库的变化。由于 SQL Server 遵守先写日志再进行数据库修改的规则，所以数据库中数据的任何变化在写到磁盘之前，会先在事务日志中做记录。

每个数据库至少有一个事务日志文件，也可以不止一个。事务日志文件的默认扩展名为.ldf，例如 school 数据库的事务日志文件名为 school_log.ldf。

事务日志文件是维护数据完整性的重要工具。如果某一天，由于某种不可预料的原因使得数据库系统崩溃，但仍然保留有完整的日志文件，那么数据库管理员仍然可以通过事务日志文件完成数据库的恢复与重建。

2. 数据库文件组

为了更好地实现数据库文件的组织，从 SQL Server 7.0 开始引入了文件组(FileGroup)的概念，即可以把各个数据库文件组成一个组，对它们整体进行管理。通过设置文件组，可以有效地提高数据库的读写速度。例如，有三个数据文件分别存放在三个不同的驱动器上(C 盘、D 盘、E 盘)，将这三个文件组成一个文件组，在创建表时，可以指定将表创建在该文件组上，这样该表的数据就可以分布在三个盘上；当对该表执行查询操作时，可以并行操作，大大提高了查询效率。

SQL Server 提供了三种文件组类型，分别是主文件组(名称为 PRIMARY)、用户定义文件组和默认文件组。

(1) 主文件组：包含主数据文件和所有没有被包含在其他文件组里的文件。数据库的系统表都被包含在主文件组里。

(2) 用户定义文件组：包含所有在创建数据库语句 CREATE DATABASE 或修改数据库语句 ALTER DATABASE 中 FileGroup 关键字所指定的文件组。

(3) 默认文件组：容纳所有在创建时没有指定文件组的表和索引等数据。在每个数据库中，只能有一个文件组是默认文件组。如果没有指定默认文件组，则默认文件组是主文件组。

说明：文件组的创建不能独立于数据库文件，一个文件组只能被一个数据库使用；一个文件只能属于一个文件组；文件组只能包含数据文件；事务日志文件不能属于文件组；数据和事务日志不能共存于同一个文件或文件组上。

3.3.2 数据库的存储结构

一个数据库创建在物理介质的 NTFS 分区或者 FAT 分区的一个或多个文件上。在创建数据库时，同时会创建事务日志。事务日志是在一个文件上预留的存储空间，在修改写入数据库之前，事务日志会自动记录对数据库对象所做的所有修改。

在创建一个数据库时，只是创建了一个空壳，必须在这个空壳中创建对象，然后才能使用这个数据库。在创建数据库对象时，SQL Server 会使用一些特定的数据结构给数据对象分配空间，即数据页(Page)和区(extent)，它们和数据库文件间的关系如图 3.2 所示。

1. 数据页

数据页简称页，它是 SQL Server 中数据存储的基本单位。数据库中的数据文件(.mdf 或.ndf)分配的磁盘空间可以从逻辑上划分成页。磁盘 I/O 操作在页级执行，也就是说，SQL Server 读取或写入的是所有数据页。

在 SQL Server 中，页的大小为 8KB，这意味着 SQL Server 数据库中每 MB 有 128 页。每页的开头是 96B 的标头，用于存储有关页的系统信息，包括页码、页类型、页的可用空间以及拥有该页的对象的分配单元 ID。

SQL Server 数据文件中的页按顺序从 0 到 n 连续编号，文件的首页编号为 0。数据库中的每个文件都有一个唯一的文件 ID 号。若要唯一标识数据库中的页，需要同时使用文件 ID 和页码。图 3.3 显示了包含 4MB 主数据文件和 1MB 次数据文件的数据库中的页。

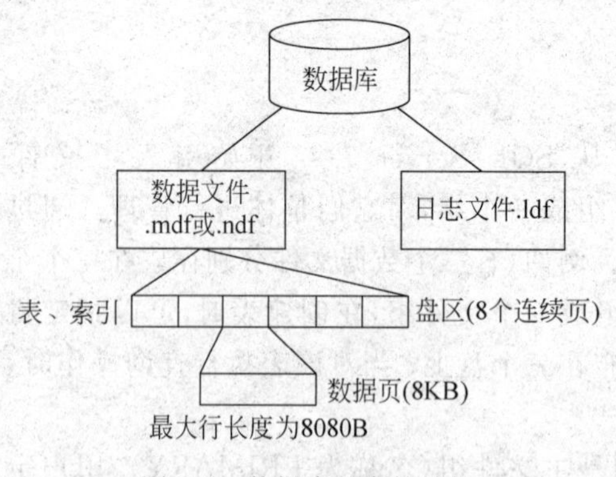

图 3.2 数据库的存储结构

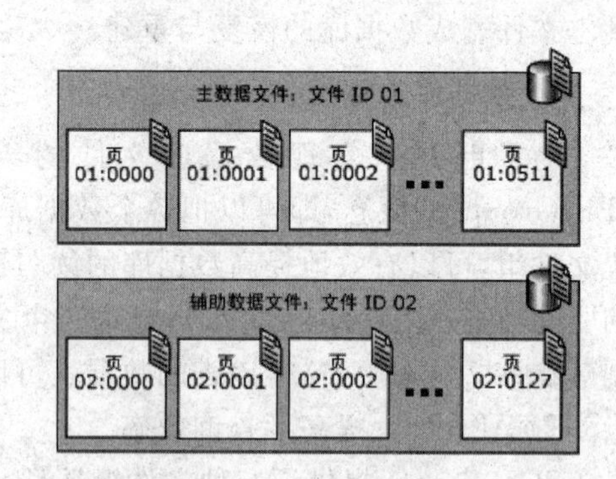

图 3.3 包含 4MB 主数据文件和 1MB 次数据文件的数据库中的页

每个文件的第一页是一个包含有关文件属性信息的文件的页首页。在文件开始处的其他几页也包含系统信息(例如分配映射)。有一个存储在主数据文件和第一个日志文件中的系统页是包含数据库属性信息的数据库引导页。

SQL Server 文件可以从它们最初指定的大小开始自动增长，在定义文件时，可以指定一个特定的增量，每次填充文件时，其大小均按此增量来增长。如果文件组中有多个文件，则它们在之前的所有文件被填满之前不会自动增长。填满后，这些文件会循环增长。每个文件还可以指定一个最大大小。如果没有指定最大大小，文件可以一直增长到用完磁盘上的所有可用空间。

注意：日志文件不包含页，而是包含一系列日志记录。

2. 区

SQL Server 区是 8 个物理上连续的页的集合，它是一种文件存储结构，每个区大小为 8×8KB=64KB。区用来有效地管理页，所有页都存储在区中。当创建一个数据库对象时，SQL Server 会自动以区为单位给它分配空间，每一个区只能包含一个数据库对象。

区分为两种，即混合区和统一区。混合区包含来自多个对象的页，可以同时包含来自表 A 的数据页、表 B 的索引页和表 C 的数据页。因为一个区有 8 个页，所以 8 个不同的对象可以共享一个区。统一区包含 8 个属于同一对象的连续页。如图 3.4 所示，table1 表的数据放在一个统一区中，而混合区中包含了 table2 表的数据和索引以及 table3 表的数据和索引。

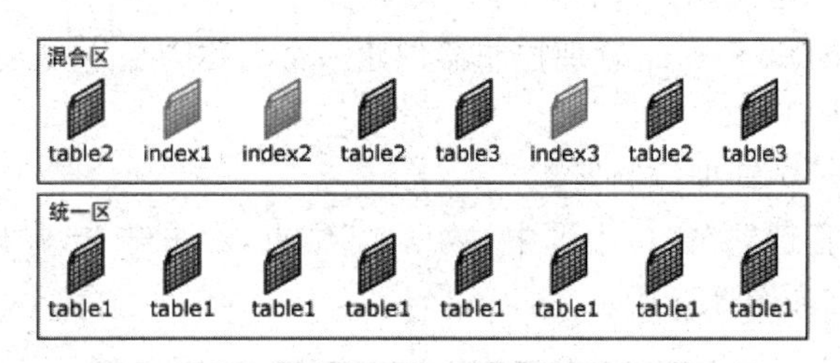

图 3.4　混合区和统一区

在数据库操作期间检索数据或将数据写入磁盘时，区是数据检索的基本单位。

提示：在 SQL Server 中，一个数据库包含数据文件和事务日志文件，数据文件由区组成，区由页组成。

3.3.3　事务日志

在创建数据库的时候，事务日志也会随之被创建。事务日志存储在一个单独的文件上，在修改写入数据库之前，事务日志会自动记录对数据库对象所做的修改。这是 SQL Server 的一个重要的容错特性，它可以有效地防止数据库的损坏，维护数据库的完整性。

在 SQL Server 中，事务日志和数据分开存储，这样做有下列几个优点。

(1) 事务日志可以单独备份。

(2) 在服务器失效的事件中有可能将服务器恢复到最近的状态。

(3) 事务日志不会抢占数据库的空间。

(4) 可以很容易地检测事务日志的空间。

(5) 在向数据库和事务日志中写入时会较少产生冲突，有利于提高性能。

事务日志文件是一系列日志记录构成的，是一种串行化的、顺序的、回绕的日志。当把数据修改写入日志时，会得到一个日志序列号 LSN。由于事务日志记录越来越多，文件最终会被填满，如果已将事务日志设置为自动增长，那么 SQL Server 将分配额外的文件空间以容纳记录日志,直到达到事务日志的最大容量或者磁盘被填满。如果事务日志文件被填满,那么数据库将不会允许数据修改。

为了避免事务日志文件被填满,必须定期清理日志中的旧事务,首选的清除方式是备份事务日志。默认情况下,一旦事务日志成功备份,SQL Server 会清除事务日志的不活动部分,包括从最早打开的 LSN 到最新的 LSN 的部分。用户可以手动清除不活动的部分,但是不推荐,因为这样会删除上次数据库备份以来的所有数据修改记录。

因此,事务日志是一个回绕文件,一旦到达了物理日志的末尾,SQL Server 将绕回并在物理日志的开头继续写当前日志。

3.4 创建和修改数据库

3.4.1 创建数据库

在使用数据库之前,必须先创建数据库。用户可以使用 SQL Server 管理控制器建立数据库。下面通过一个例子说明其操作过程。

【例 3.1】 使用 SQL Server 管理控制器创建一个名称为 school 的数据库。

解:其操作步骤如下。

① 启动 SQL Server 管理控制器。

② 在"对象资源管理器"窗口中选中"数据库"结点,右击结点,在出现的快捷菜单中选择"新建数据库"命令,如图 3.5 所示。

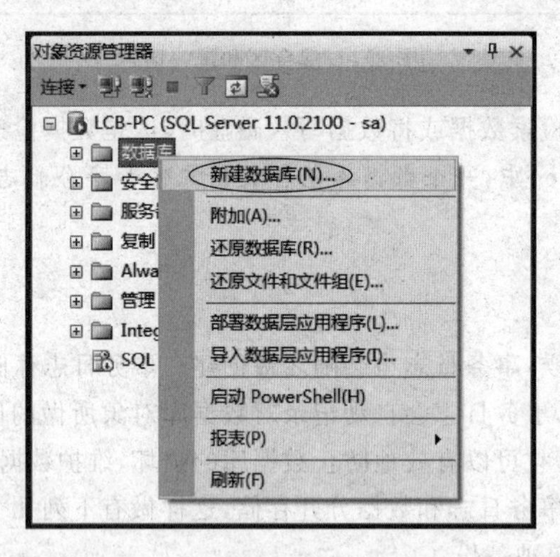

图 3.5 选择"新建数据库"命令

③ 进入"新建数据库"对话框,其中包含 3 个选项卡,它们的功能如下。

- "常规"选项卡:它首先出现,用于设置新建数据库的名称及所有者。

在"数据库名称"文本框中输入新建数据库的名称为"school",数据库名称设置完成后,系统自动在"数据库文件"列表框中产生一个主数据文件(名称为 school.mdf,初始大小为 5MB)和一个事务日志文件(名称为 school_log.ldf,初始大小为 2MB),同时显示文件组、自动增长/最大大小和路径等默认设置。用户可以根据需要自行修改这些默认设置,也可以单击右下角的“添加”按钮添加数据文件。这里将主数据文件和日志文件的存放路径改为“G:\SQLDB”文件夹,其他保持默认值,如图 3.6 所示。

- “选项”选项卡:设置数据库的排序规则及恢复模式等选项。这里均采用默认设置。
- “文件组”选项卡:显示文件组的统计信息。这里均采用默认设置。

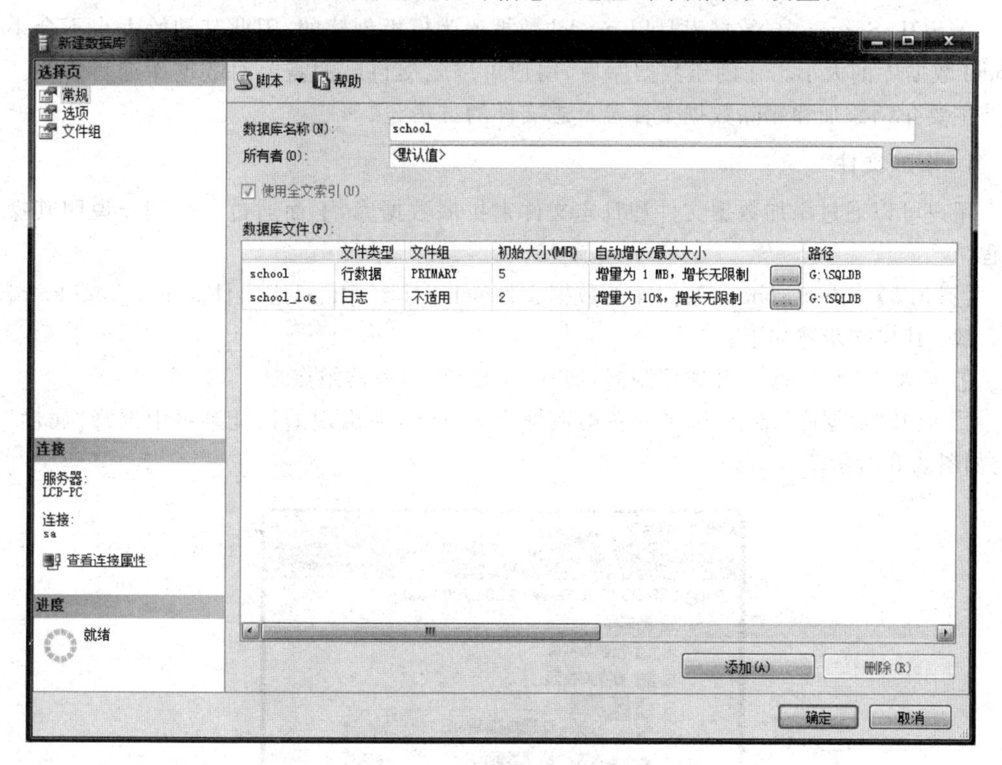

图 3.6　“常规”选项卡

④ 如果要更改文件的初始大小,可以直接修改该文件行中的初始大小值。如果要更改文件的自动增长/最大大小,单击该文件行中“自动增长/最大大小”按钮,打开“更改 School 的自动增长设置”对话框如图 3.7 所示,修改相应值后再单击“确定”按钮返回即可。

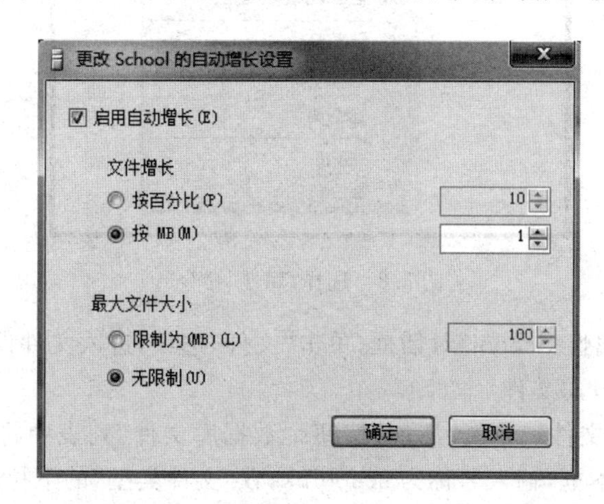

图 3.7　“更改 School 的自动增长设置”对话框

⑤ 设置完成后单击“确定”按钮，数据库 school 创建完成。此时在“G:\SQLDB”文件夹中增加了 school.mdf 和 school_log.ldf 两个文件。

3.4.2 修改数据库

在 SQL Server 中，数据库是以 model 数据库为模板创建的，因此其初始大小不会小于 model 数据库的大小。在创建数据库后，用户可以根据自己的需要对数据库进行修改。本小节主要介绍添加和删除数据文件及日志文件的方法。

1. 增加文件

用户可以通过添加数据文件和日志文件来扩展数据库，下面通过一个例子说明其操作过程。

【例 3.2】 添加 school 数据库的数据文件 schoolbk.ndf、日志文件 school_logbk.ldf。

解：其操作步骤如下。

① 启动 SQL Server 管理控制器，展开 LCB-PC 服务器结点。

② 展开“数据库”结点，选中并右击数据库 School，在出现的快捷菜单中选择“属性”命令，如图 3.8 所示。

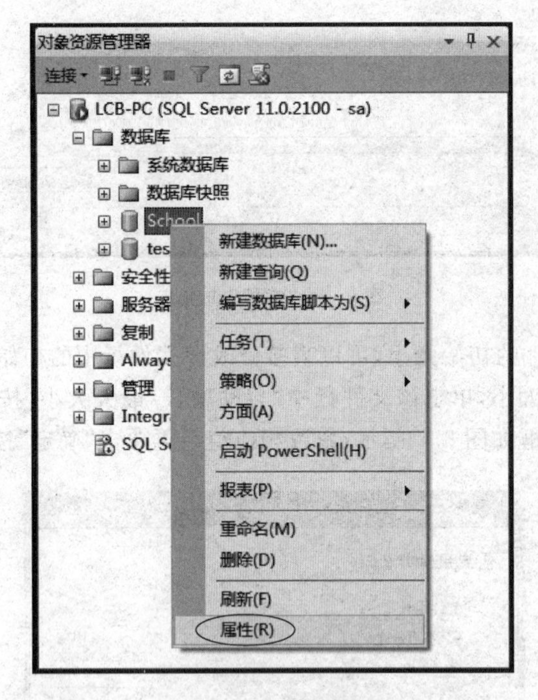

图 3.8 选择“属性”命令

③ 打开“数据库属性-School”对话框，单击“文件”选项，进入文件设置页面，通过该页面可以添加数据文件和日志文件。

④ 现在增加数据文件。单击“添加”按钮，“数据库文件”列表中将出现一个新行，然后单击“逻辑名称”列文本框，输入名称为 schoolbk，在“文件类型”的下拉列表中选择文件类型为“行数据”，在“文件组”下拉列表中选择“新文件组”，如图 3.9 所示。

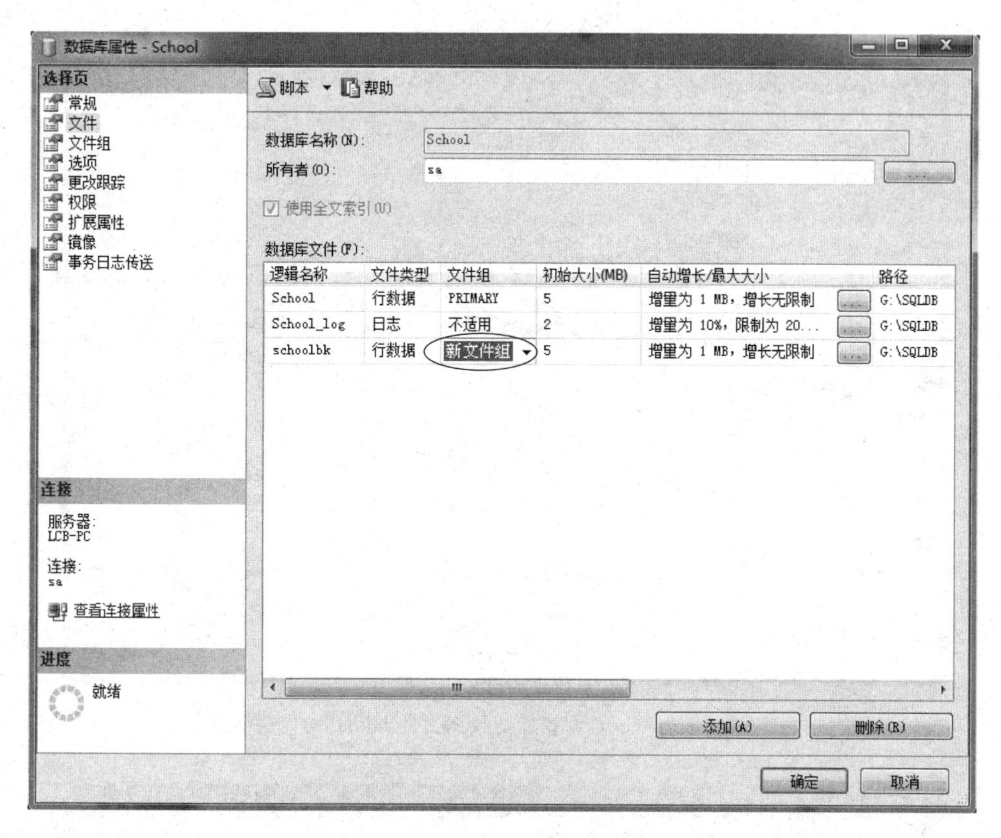

图 3.9　设置 School 的数据库文件

⑤ 出现“School 的新建文件组”对话框，在“名称”文本框中输入文件组名称为 Backup 保证其他默认值不变，单击“确定”按钮，如图 3.10 所示。

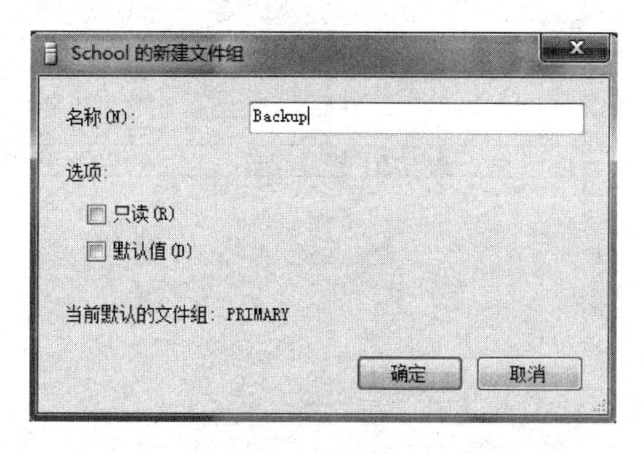

图 3.10　“School 的新建文件组”对话框

⑥ 返回“数据库属性”对话框，单击“路径”后的 [...] 按钮，在弹出的“定位文件夹”对话框中选择文件存放路径为“G:\SQLDB”，如图 3.11 所示。

⑦ 现在增加日志文件。单击“添加”按钮，“数据库文件”列表中将出现一个新行，然后单击“逻辑名称”文本框输入名称为 school_logbk，将默认路径改为“G:\SQLDB”，在“文件类型”的下拉列表中选择文件类型为“日志”，其他保持默认值，如图 3.12 所示。

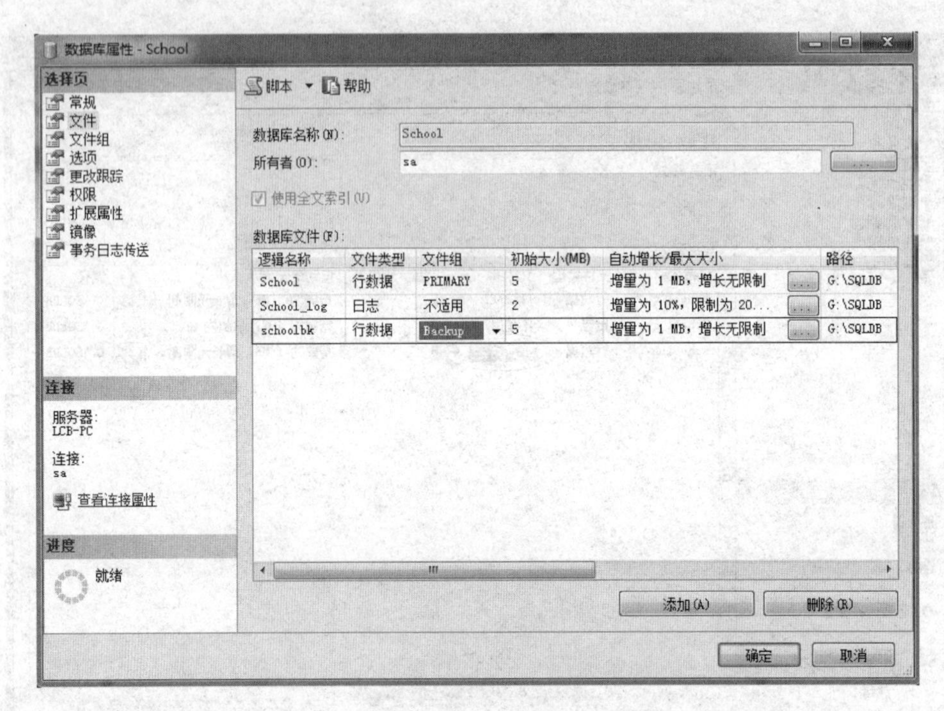

图 3.11　添加 school 数据库的数据文件 schoolbk 后的结果

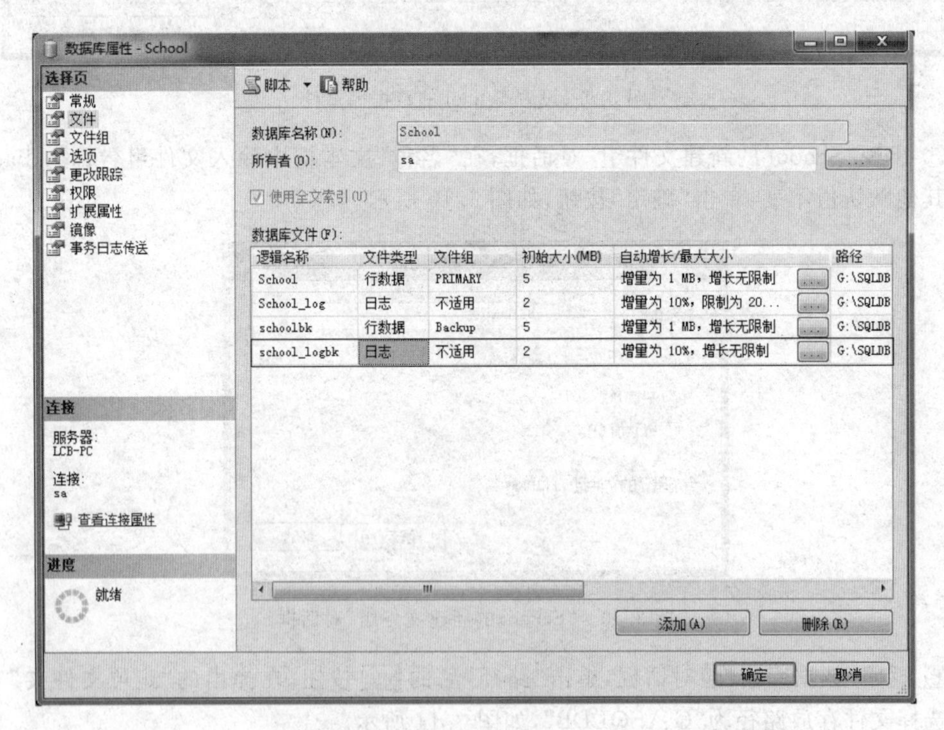

图 3.12　添加 school 数据库的日志文件 school_logbk 后的结果

这样即在 G:\SQLDB 文件夹中增加了次数据文件 schoolbk.ndf 和日志文件 school_logbk.ldf 这两个文件。

2. 删除文件

添加数据文件或日志文件的操作比较复杂，但删除过程却十分容易，只是在删除时对应的数据文件和日志文件中不能含有数据或日志。

【例 3.3】 删除 school 数据库的数据文件 schoolbk. ndf、日志文件 school_logbk. ldf。

解：其操作步骤如下。

① 启动 SQL Server 管理控制器，展开 LCB-PC 服务器结点。

② 展开"数据库"结点，选中并右击数据库 school，在出现的快捷菜单中选择"属性"命令，进入"数据库属性-School"对话框。

③ 在"数据库属性-School"中单击"文件"选项，进入文件设置页面。

④ 选择 schoolbk. ndf 数据文件，然后单击右下角的"删除"按钮，即可删除该文件。

⑤ 选择 school_logbk. ndf 日志文件，然后单击右下角的"删除"按钮，即可删除该文件。

⑥ 单击"确定"按钮返回 SQL Server 管理控制器界面。

这样在 G:\SQLDB 文件夹中的次数据文件 schoolbk. ndf 和日志文件 school_logbk . ldf 都被删除了。

3.5 查看数据库

用户可以使用 SQL Server 管理控制器查看数据库的事务和用户统计信息等。

【例 3.4】 查看 school 数据库的磁盘使用情况。

解：其操作步骤如下。

① 启动 SQL Server 管理控制器，展开"LCB-PC"服务器结点。

② 选择"数据库|school|报表|标准报表|磁盘使用情况"命令，出现如图 3.13 所示的界面，显示 school 数据库的磁盘使用情况。

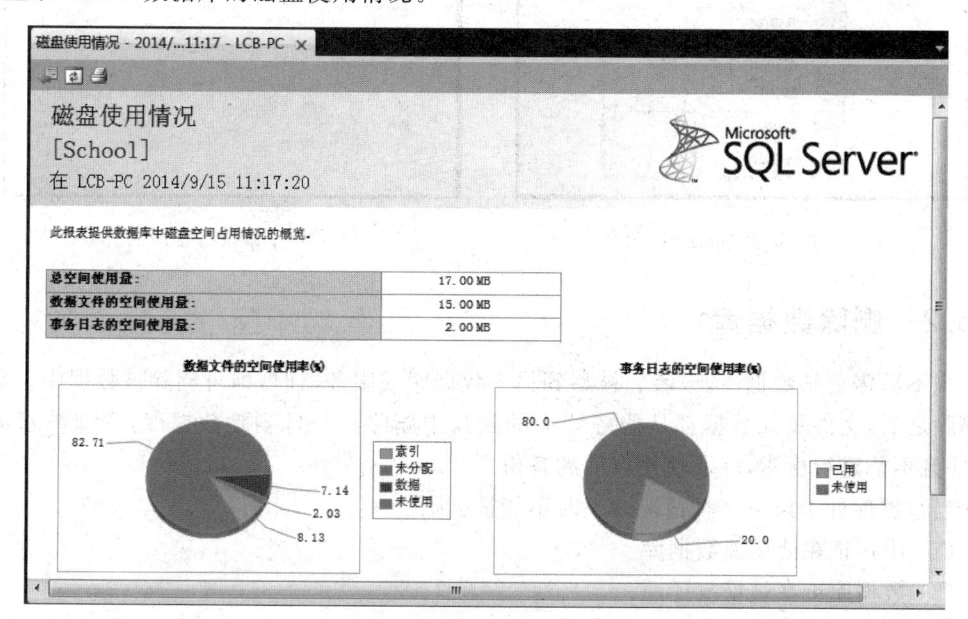

图 3.13　"磁盘使用情况"界面

3.6 数据库更名和删除

3.6.1 数据库重命名

将已创建的数据库重命名。

【例 3.5】 使用 SQL Server 管理控制器将数据库 abc(已创建)重命名为 xyz。

解：其操作步骤如下。

① 启动 SQL Server 管理控制器，展开 LCB-PC 服务器结点。

② 展开“数据库”结点，选中并右击数据库 abc，在出现的快捷菜单中选择“重命名”命令，如图 3.14 所示。

③ 此时数据库名称变为可编辑状态，直接将其修改成 xyz 即可，如图 3.15 所示。

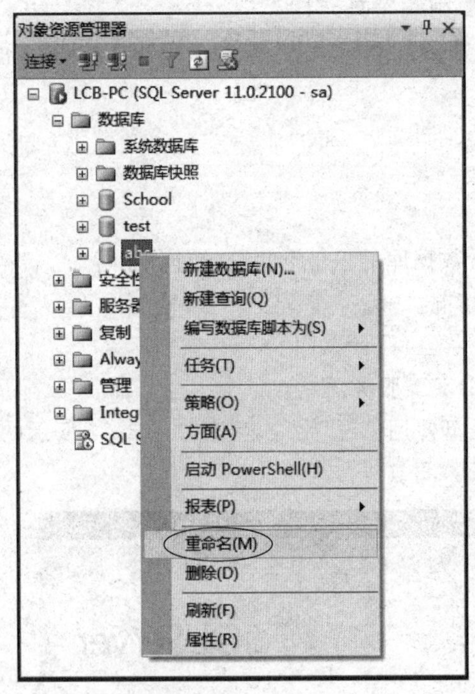

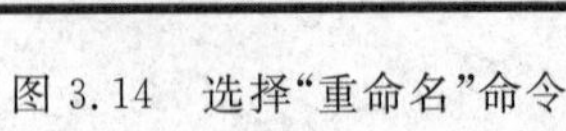

图 3.14　选择“重命名”命令

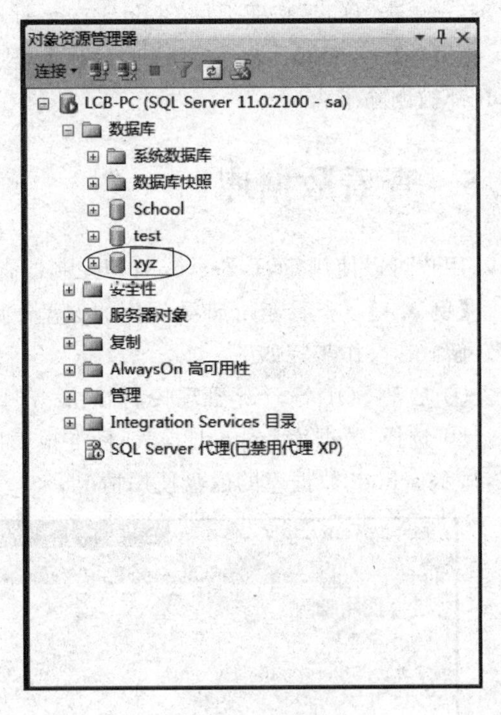

图 3.15　修改数据库名称

3.6.2 删除数据库

当不再需要某数据库，或者它被移到另一数据库或服务器时，即可删除该数据库。数据库删除之后，文件及其数据都从服务器上的磁盘中删除。一旦删除数据库，它即被永久删除，并且不能进行检索，除非使用以前的备份。

当数据库处于以下 3 种情况之一时不能被删除。

(1) 用户正在使用此数据库。

(2) 数据库正在被恢复还原。

(3) 数据库正在参与复制。

【例 3.6】 使用 SQL Server 管理控制器删除 xyz 数据库。

解：操作步骤如下。

① 启动 SQL Server 管理控制器，展开“LCB-PC”服务器结点。

② 展开“数据库”结点，选中并右击数据库 xyz，在出现的快捷菜单中选择“删除”命令，如图 3.16 所示。

③ 出现“删除对象”对话框，单击“确定”按钮即删除 xyz 数据库，如图 3.17 所示。在删除数据库的同时，SQL Server 会自动删除对应的数据文件和事务日志文件。

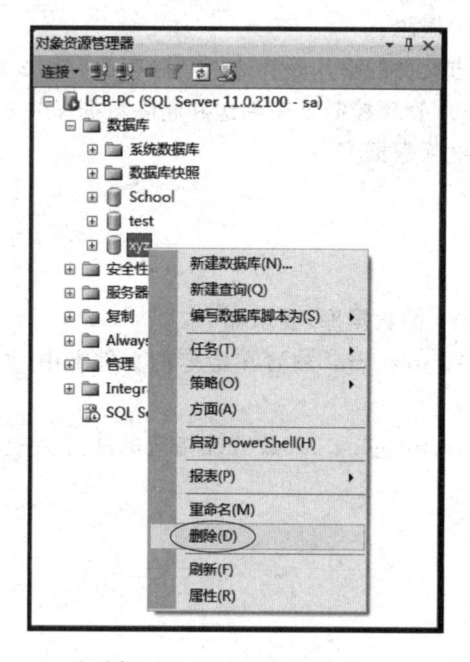

图 3.16　选择“删除”命令

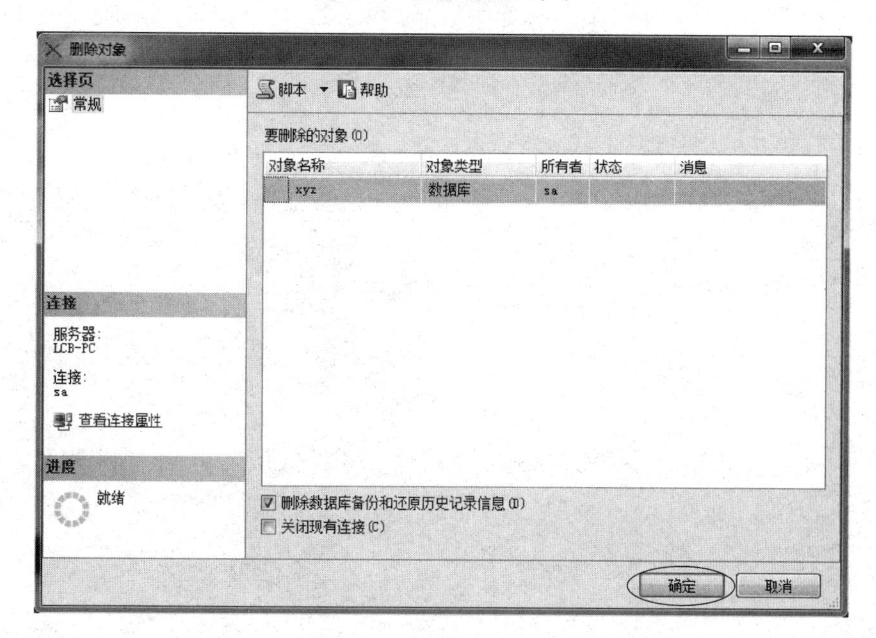

图 3.17　“删除对象”对话框

练习题 3

(1) SQL Server 有哪些数据库对象。

(2) 每一个 SQL Server 实例有哪些系统数据库?

(3) 简述文件组的概念以及为什么采用文件组。

(4) 一个数据库中通常包含哪几种文件?

(5) 叙述数据页和区的概念。

(6) 数据库的事务日志文件的作用是什么? 单独存放有什么好处?

(7) 简述在 SQL Server 管理控制器中创建和删除数据库的基本步骤。

(8) 什么情况下不能删除数据库?

上机实验题 2

创建一个名称为 factory 的数据库,要求如下。

(1) 将主数据库文件 factory. mdf 放置在指定的文件夹中(如 G:\SQLDB),其文件大小按 10MB 自动增长。

(2) 将事务日志文件 factory_log. ldf 放置在指定的文件夹中(如 G:\SQLDB),其文件大小按 3MB 自动增长。

CHAPTER 4

第4章 创建和使用表

SQL Server的表存储在数据库中。当数据库建立后,接下来就该建立存储数据的表。本章主要介绍如何使用SQL Server管理控制器创建表,并对表记录进行修改和删除等内容。

4.1 表的概念

在创建表之前,先要知道表的相关概念,包括什么是表、表的数据完整性等。

4.1.1 什么是表

SQL Server中的数据库由表的集合组成,这些表用于存储一组特定的结构化数据。表中包含行(也称为记录或元组)和列(也称为属性)的集合。表中的每一列都用于存储某种类型的信息,例如日期、名称、金额和数字。每个表列都需要指定数据类型,SQL Server中常用的数据类型如表4.1所示。

表4.1 SQL Server中常用的数据类型

数据类型	说明
number(p)	整数(其中p为精度)
decimal(p,s)	浮点数(其中p为精度,d为小数位数)
char(n)	固定长度字符串(其中n为长度)
varchar(n)	可变长度字符串(其中n为最大长度)
datetime	日期和时间

空值是列的一种特殊取值,用NULL表示。空值既不是char型或varchar型中的空字符串,也不是int型的0值,它表示对应的数据是不确定的。

表中主键列必须有确定的取值(不能为空值),其余列的取值可以不确定(可以为空值)。

4.1.2 表中数据的完整性

数据完整性包括规则、默认值和约束等。

1. 规则

规则是指表中数据应满足一些基本条件。例如，学生成绩表中"分数"列只能在 0～100 之间，学生表中"性别"列只能取"男"和"女"其中之一等。

2. 默认值

默认值是指表中数据的默认取值。例如，学生表中"性别"列的默认可以设置为"男"。

3. 约束

约束是指表中数据应满足一些强制性条件，这些条件通常由用户在设计表时指定。表的常用约束如下。

(1) 非空约束(NOT NULL)：指数据列不接受 NULL 值。例如，学生表中"学号"列通常设定为主键，不能接受 NULL 值。

(2) 检查约束(CHECK 约束)：指限制输入到一列或多列中的可能值。例如，学生表中"性别"列约束为只能取"男"或"女"值。

(3) 唯一约束(UNIQUE 约束)：指一列或多列组合中不允许出现两个或两个以上的相同值。例如，学生成绩表中，"学号"和"课程号"列可以设置为唯一约束，因为一个学生对应一门课程不能有两个或以上的分数。

(4) 主键约束(PRIMARY KEY 约束)：指定义为主键(一列或多列组合)的列不允许出现两个或两个以上的相同值。例如，若将学生表中的"学号"设置为主键，则不能存在两个学号相同的学生记录。

(5) 外键约束(FOREIGN KEY 约束)：一个表的外键通常指向另一个表的候选主键，所谓外键约束，是指输入的外键值必须在对应的候选码中存在。例如，学生成绩表中的"学号"列是外键，对应于学生表的"学号"主键，外键约束是指输入学生成绩表中的学号值必须在学生表的"学号"列中已存在。也就是说，在输入这两个表的数据时，一般先输入学生表的数据，然后输入学生成绩表的数据，这样只有学生表中存在的学生，才能在学生成绩表中输入其成绩记录。

4.2 创建表

SQL Server 提供了两种方法创建数据库表，一种方法是利用 SQL Server 管理控制器；另一种方法是利用 T-SQL 语句 CREATE TABLE。本章只介绍前一种方法，后一种方法将在第 5 章介绍。

【例 4.1】 使用 SQL Server 管理控制器在 school 数据库中建立 student 表(学生表)、teacher 表(教师表)、course 表(课程表)和 score 表(成绩表)。

解：其操作步骤如下。

① 启动 SQL Server 管理控制器，展开 LCB-PC 服务器结点。

② 展开"数据库"结点，选中数据库 school，展开 school 数据库。

③ 选中并右击“表”结点，在出现的快捷菜单中选择“新建表”命令，如图 4.1 所示。

④ 此时打开表设计器窗口，在“列名”栏中依次输入表的列名，并设置每个列的数据类型、长度等属性。输入完成后的结果如图 4.2 所示。

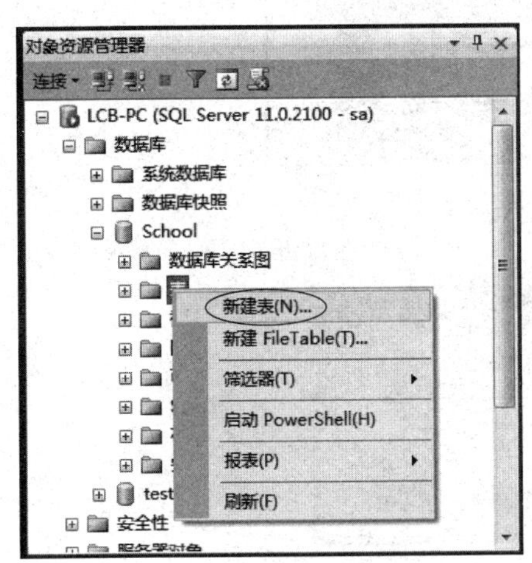

图 4.1　选择“新建表”命令

图 4.2　设置表的列

在图 4.2 中，每个列都对应一个“列属性”面板，其中各个选项的含义如下。

- 名称：指定列名称。
- 默认值或绑定：在新增记录时，如果没有把值赋予该列，则此默认值为列值。
- 数据类型：选择列的数据类型，单击该栏，然后单击出现的下三角按钮，即可在下拉列表中进行选择。
- 允许 Null 值：指定是否可以输入空值。
- 长度：指定数据类型的长度。
- RowGuid：指定是否让 SQL Server 产生一个全局唯一的列值，但列类型必须是 uniqueidentifier。有此属性的列会自动产生列值，不需要用户输入（用户也不能输入）。
- 排序规则：指定该列的排序规则。

⑤ 右击“学号”列名，在出现的快捷菜单中选择“设置主键”命令，如图 4.3 所示，将“学号”列设置为该表的主键，此时，该列名前面会出现一个钥匙图标。

提示：如果要将多个列设置为主键，可先按住 Ctrl 键单击每个列前面的按钮来选择多个列，然后再依照上述方法进行设置。

⑥ 单击工具栏中的保存按钮，出现如图 4.4 所示的对话框，输入表的名称为 student，单击“确定”按钮。此时便建好了 student 表（表中没有数据）。

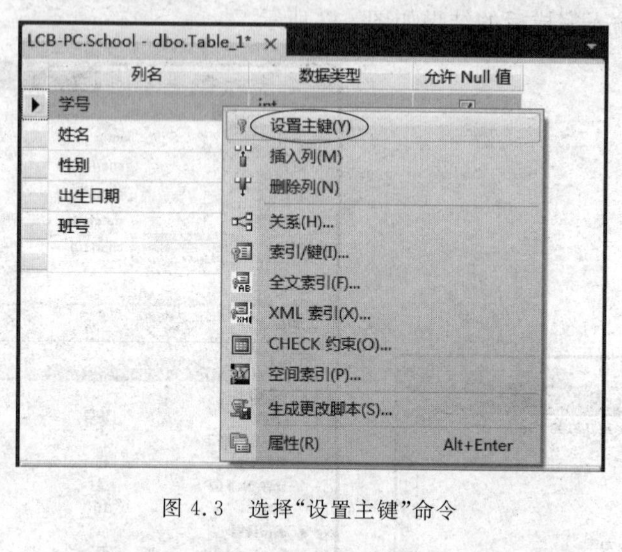

图 4.3　选择“设置主键”命令

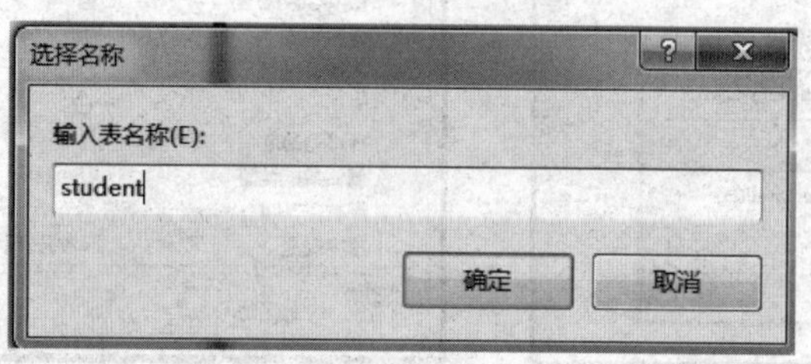

图 4.4　设置表的名称

说明：如果在创建或更改表结构后，保存时出现如图 4.5 所示的“保存”提示框，可以通过以下操作来解决。选择菜单栏的“工具|选项”命令，出现“选项”对话框，在左侧的列表框中单击“设计器”选项，在显示的页面中取消勾选“阻止保存要求重新创建表的更改”复选框，如图 4.6 所示。

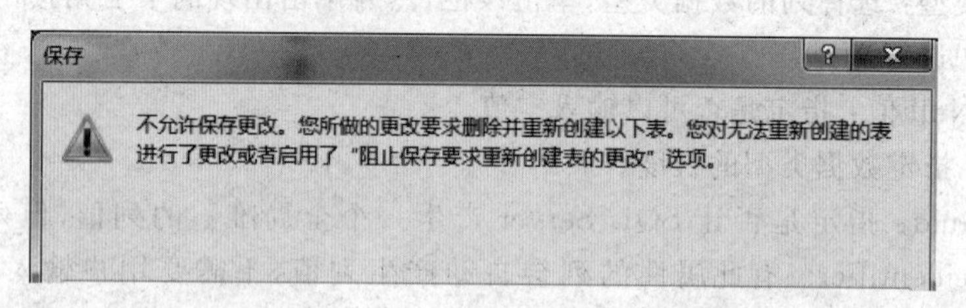

图 4.5　“保存”异常对话框

⑦ 依照上述步骤，再创建 teacher 表（教师表）、course 表（课程表）和 score 表（学生成绩表）。表的结构分别如图 4.7～图 4.9 所示。

说明：当用户创建一个表并存储到 SQL Server 系统中后，每个表对应 sysobjects 系统表中的一条记录，name 列包含表的名称，xtype 列指出存储对象的类型，当它为 U 时表示是一个表，用户可以通过查找该表中的记录判断某表是否已创建成功。

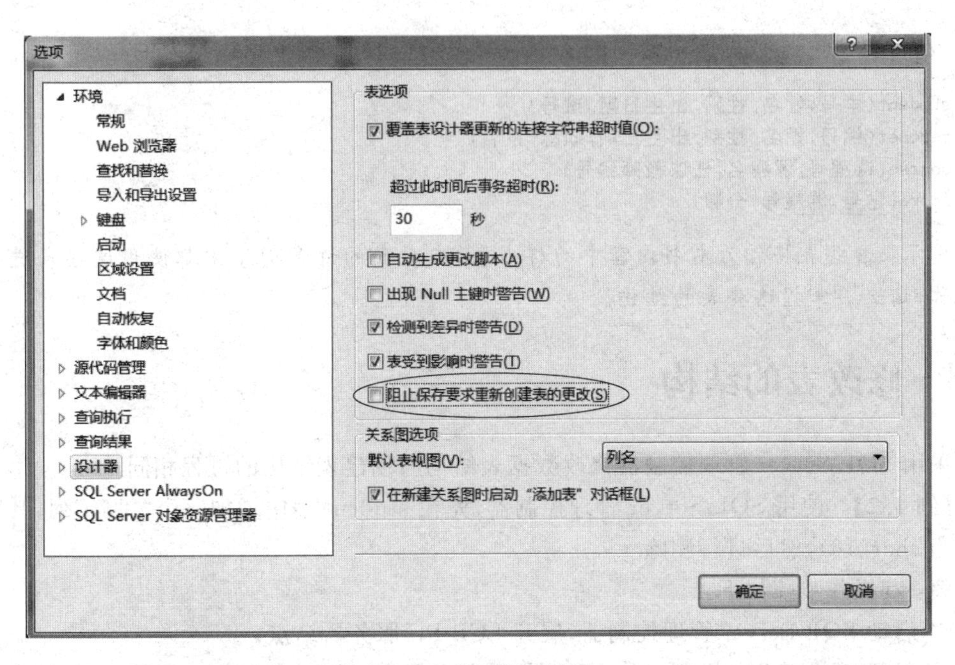

图 4.6 “选项”对话框

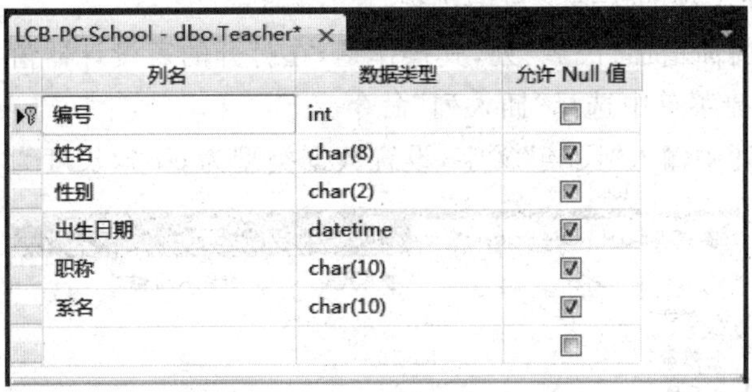

LCB-PC.School - dbo.Teacher*

列名	数据类型	允许 Null 值
编号	int	☐
姓名	char(8)	☑
性别	char(2)	☑
出生日期	datetime	☑
职称	char(10)	☑
系名	char(10)	☑
		☐

图 4.7 teacher 表的结构

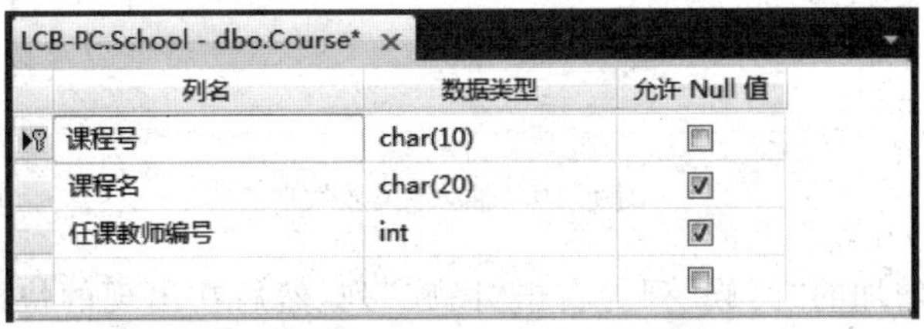

LCB-PC.School - dbo.Course*

列名	数据类型	允许 Null 值
课程号	char(10)	☐
课程名	char(20)	☑
任课教师编号	int	☑
		☐

图 4.8 course 表的结构

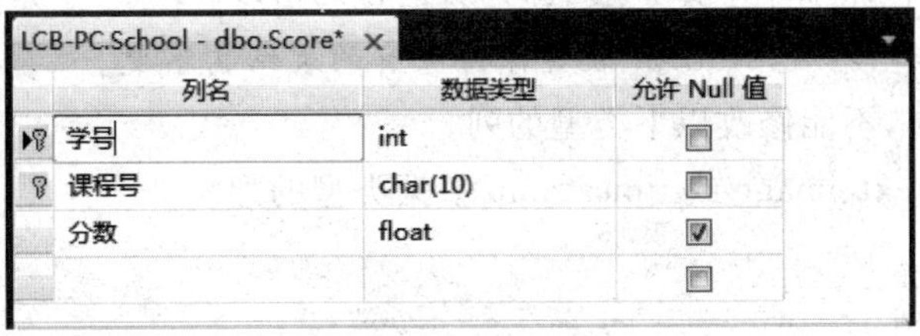

LCB-PC.School - dbo.Score*

列名	数据类型	允许 Null 值
学号	int	☐
课程号	char(10)	☐
分数	float	☑
		☐

图 4.9 score 表的结构

最后，在 school 数据库中建立的 4 个表的表结构如下（带下划线列为主键）。

```
student(学号,姓名,性别,出生日期,班号)
teacher(编号,姓名,性别,出生日期,职称,系名)
course(课程号,课程名,任课教师编号)
score(学号,课程号,分数)
```

提示：这些表将作为本书内容中的样本表，在后面的许多例子中都使用这些表进行数据操作，读者应掌握这些表的结构。

4.3 修改表的结构

采用 SQL Server 管理控制器修改数据表结构与创建表结构的过程相同。

【例 4.2】 使用 SQL Server 管理控制器，先在 student 表中增加一个“民族”列，其数据类型为 char(16)，然后进行删除。

解：其操作步骤如下。

① 启动 SQL Server 管理控制器，展开 LCB-PC 服务器结点。

② 展开“数据库”结点，选中 school 结点，将其展开，选中“表”结点，将其展开，选中并右击表 dbo. student，在出现的快捷菜单中选择“设计”命令。

③ 在“班号”列前面增加“民族”列，其操作是，在打开的表设计器窗口中，右击“班号”列名，然后在出现的快捷菜单中选择“插入列”命令。

④ 在新插入的列中输入“民族”文字，设置数据类型为 char，长度为 16，如图 4.10 所示。

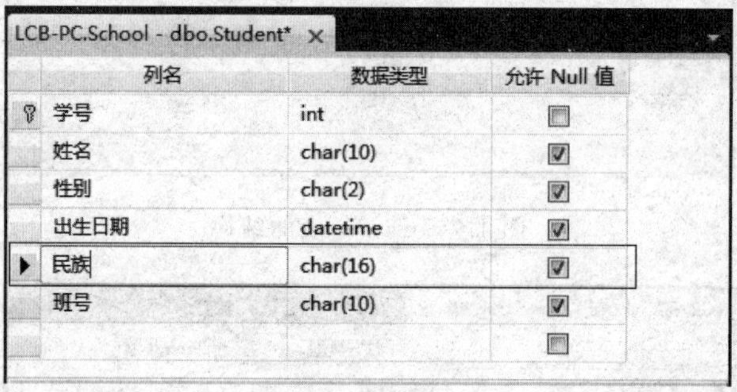

LCB-PC.School - dbo.Student*

列名	数据类型	允许 Null 值
学号	int	☐
姓名	char(10)	☑
性别	char(2)	☑
出生日期	datetime	☑
民族	char(16)	☑
班号	char(10)	☑
		☐

图 4.10 插入“民族”列

⑤ 现在删除刚增加的“民族”列。右击“民族”列，然后在出现的快捷菜单中选择“删除列”命令，这样就删除了“民族”列。

⑥ 单击工具栏中的“保存”按钮，保存所进行的修改。

说明：本例操作完毕后，student 表会保持原有的表结构不变。

在修改表结构时，不能修改以下类型的列。

- 具有 text、ntext、image 或 timestamp 数据类型的列。
- 计算列。
- 全局标识符列。
- 复制列。

- 用于索引的列。
- 用于主键约束、外键约束、CHECK 约束或 UNIQUE 约束的列。
- 绑定默认对象的列。

4.4 数据库关系图

一个数据库中可能有多个表，表之间可能存在着关联关系，建立这种关联关系的图示称为数据库关系图。

4.4.1 建立数据库关系图

这里通过一个示例说明建立数据库关系图的过程。

【例 4.3】 建立 school 数据库中 4 个表的若干外键关系。

解： 其操作步骤如下。

① 启动 SQL Server 管理控制器，展开 LCB-PC 服务器结点。

② 展开“数据库”结点，选中 school 数据库，将其展开。

③ 选中并右击“数据库关系图”结点，在出现的快捷菜单中选择“新建数据库关系图”命令，如图 4.11 所示。

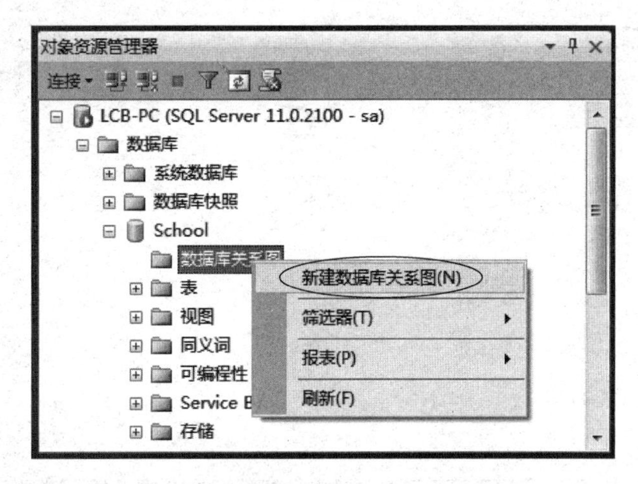

图 4.11　选择“新建数据库关系图”命令

④ 此时出现“添加表”对话框，由于要建立 school 数据库中 4 个表的关系，所以选中每一个表，并单击“添加”按钮，添加完毕后，单击“关闭”按钮返回 SQL Server 管理控制器。在“关系图”窗口中任意空白处右击，从出现的快捷菜单中选择“添加表”命令即可出现“添加表”对话框。

⑤ 此时 SQL Server 管理控制器右边出现如图 4.12 所示的“关系图”对话框。

⑥ 现在建立 student 表中“学号”列和 score 表中“学号”列之间的关系。选中 score 表中的“学号”列，按住鼠标左键将其拖动到 student 表的“学号”列上，放开鼠标左键；出现如图 4.13 所示的“表和列”对话框，表示要建立 student 表中“学号”列和 score 表中“学号”列之间的关系（用户可以从“主键表”和“外键表”组合框中选择其他表，也可以选择其他列名），

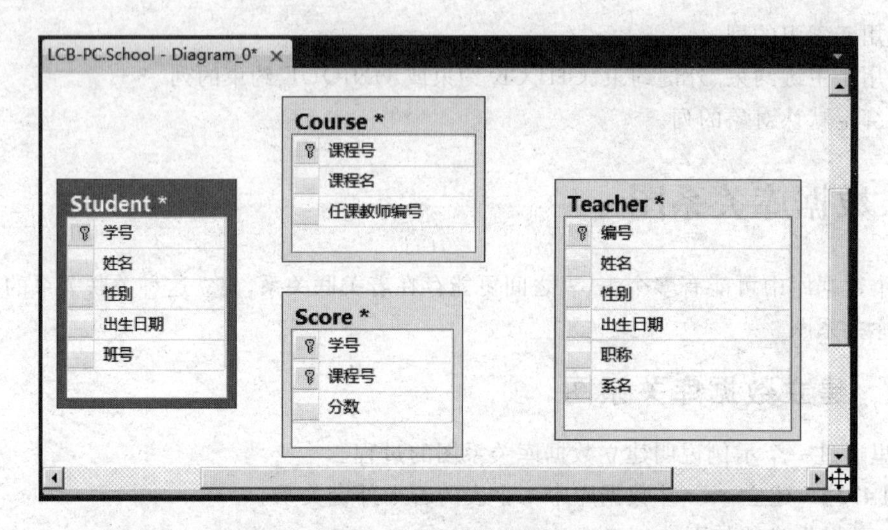

图 4.12 “关系图”对话框

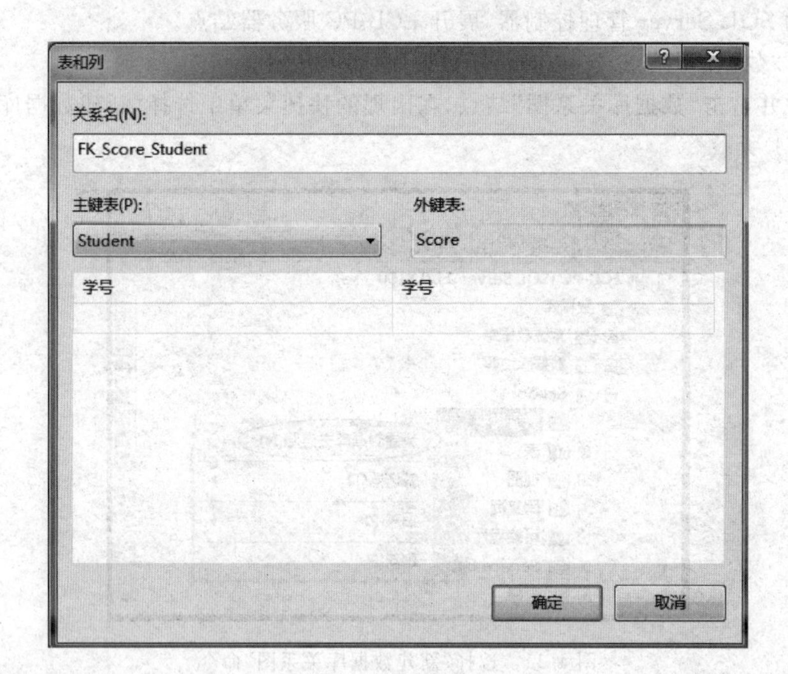

图 4.13 “表和列”对话框

这里保持表和列不变，关系名也取默认值，单击“确定”按钮；出现如图 4.14 所示的“外键关系”对话框，单击“确定”按钮返回 SQL Server 管理控制器，这时的“关系图”窗口如图 4.15 所示，student 表和 score 表之间增加了一条连线，表示它们之间建立了关联关系（外键关系）。

⑦ 采用同样的方法建立 course 表中“课程号”列（主键）和 score 表中“课程号”列（外键）之间的外键关系。

⑧ 采用同样的方法建立 teacher 表中“编号”列（主键）和 course 表中“任课教师编号”列（外键）之间的外键关系。

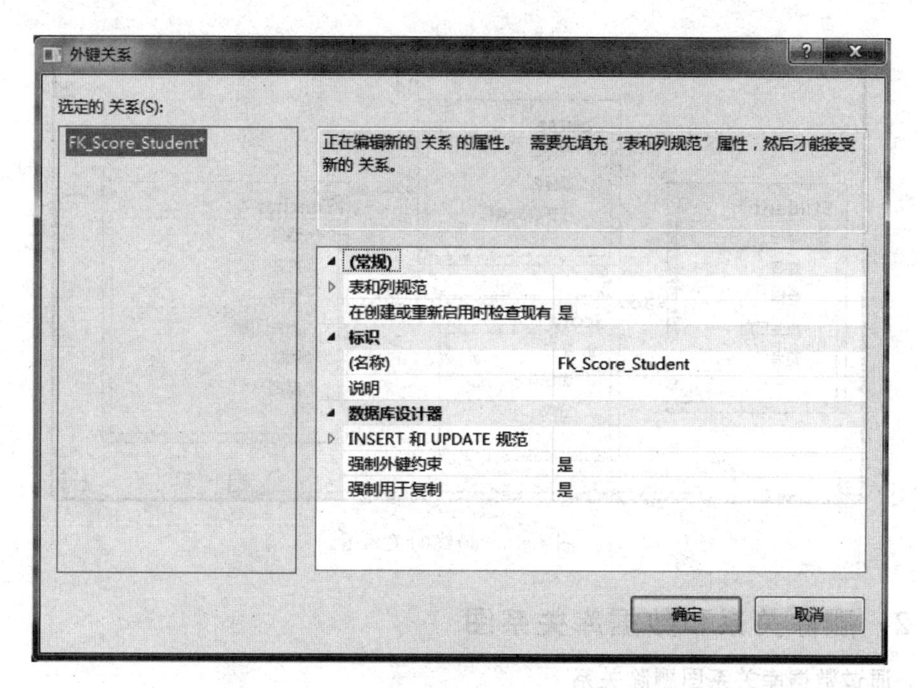

图 4.14 "外键关系"对话框

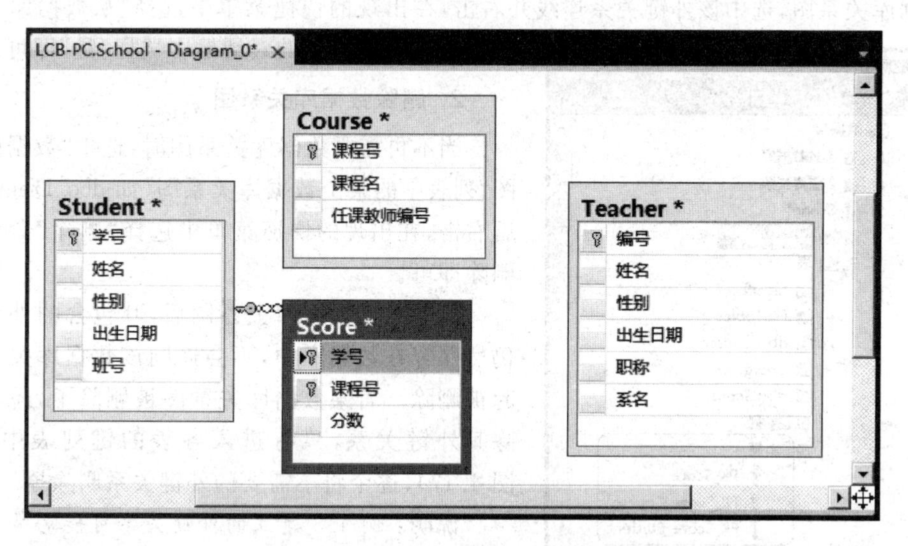

图 4.15 建立一个外键关系的关系图

⑨ 最终建好的关系图如图 4.16 所示。单击工具栏中的保存按钮来保存关系，此时出现"选择名称"对话框，保持默认名称(dbo.Diagram_0)，单击"确定"按钮返回 SQL Server 管理控制器，这样就建好了 school 数据库中 4 个表之间的关系。

通过数据库关系图建立的关系反映在各个表的键中，score 表的键列表如图 4.17 所示，其中，PK_Score 键是通过设置主键建立的，而 FK_Score_Course 和 FK_Score_Student 两个键是通过上述示例建立的。

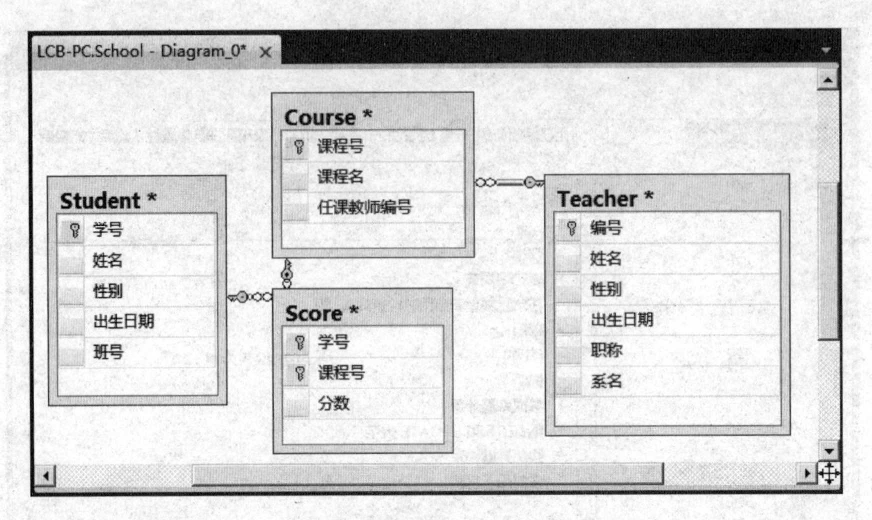

图 4.16　最终的关系图

4.4.2　删除关系和数据库关系图

1. 通过数据库关系图删除关系

当不再需要时,可以通过数据库关系图删除表之间的外键关系。进入建立该外键关系的数据库关系图,选中该外键关系连线并右击,在出现的快捷菜单中选择“从数据库中删除关系”命令,在出现的对话框中选择“是”即可。

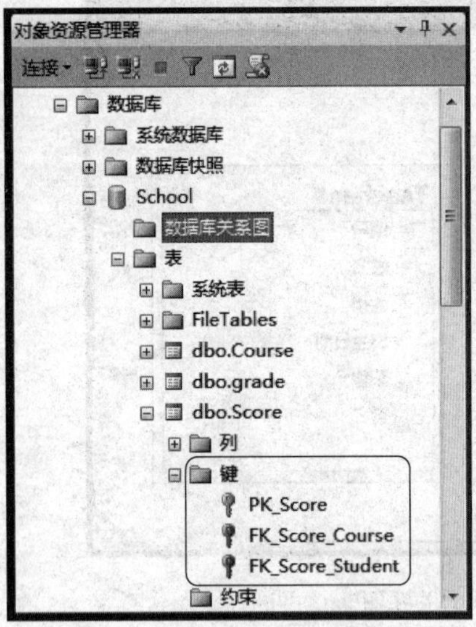

2. 删除数据库关系图

当不再需要数据库关系图时,选中“数据库关系图”列表中的某个数据库关系图(如 dbo. Diagram_0)后右击,在出现的快捷菜单中选择“删除”命令将其删除即可。

删除某个数据库关系图后,其包含的外键关系仍然保存在数据库中,不会连同该数据库关系图一起被删除。若某数据库关系图被删除了,还需要删除其外键关系,只有进入各表的键列表中(例如图 4.17),逐个将不需要的外键关系删除掉。

说明: 例 4.3 建立的外键关系可能影响后面示例中对 school 数据库的操作,如果有影响,可在该例完成后,将所有外键关系和数据库关系图一起删除。

图 4.17　score 表的键列表

4.5　表的更名和删除

4.5.1　表的更名

在有些情况下需要更改表的名称,被更名的表必须已经存在。使用 SQL Server 管理控制器更改表名十分容易。

【例 4.4】 将数据库 school 中的 abc 表(已创建)更名为 xyz。

解：其操作步骤如下。

① 启动 SQL Server 管理控制器,展开 LCB-PC 服务器结点。

② 展开"数据库"结点,展开 school 结点,选中"表"结点,将其展开。

③ 选中表 dbo. abc 并右击,在出现的快捷菜单中选择"重命名"命令。

④ 此时表名称变为可编辑状态,直接将其修改成 xyz。

4.5.2 删除表

有时需要删除表,如要实现新的设计或释放数据库的空间时。在删除表时,表的结构定义、数据、全文索引、约束和索引都永久地从数据库中删除,原来存放表及其索引的存储空间可用来存放其他表。

【例 4.5】 删除数据库 school 中的 xyz 表(已创建)。

解：其操作步骤如下。

① 启动 SQL Server 管理控制器,展开 LCB-PC 服务器结点。

② 展开"数据库"结点,展开 school 结点,选中"表"结点,将其展开。

③ 选中表 dbo. xyz 并右击,在出现的快捷菜单中选择"删除"命令。

④ 此时出现"删除对象"对话框,直接单击"确定"按钮将 xyz 表删除。

4.6 记录的新增和修改

记录的新增和修改与记录的表内容的查看操作过程是相同的,就是在打开表的内容窗口后,直接输入新的记录或者进行修改。

【例 4.6】 输入 school 数据库中 student、teacher、course 和 score 4 个表的相关记录。

解：其操作步骤如下。

① 启动 SQL Server 管理控制器,展开 LCB-PC 服务器结点。

② 展开"数据库"结点,选中 school 结点,将其展开；选中"表"结点,将其展开。

③ 选中表 dbo. student 并右击,在出现的快捷菜单中选择"编辑前 200 行"命令。

④ 此时出现 student 数据表编辑窗口,用户可以在其中各列直接输入或编辑相应的数据,这里输入 6 个学生记录,如图 4.18 所示。

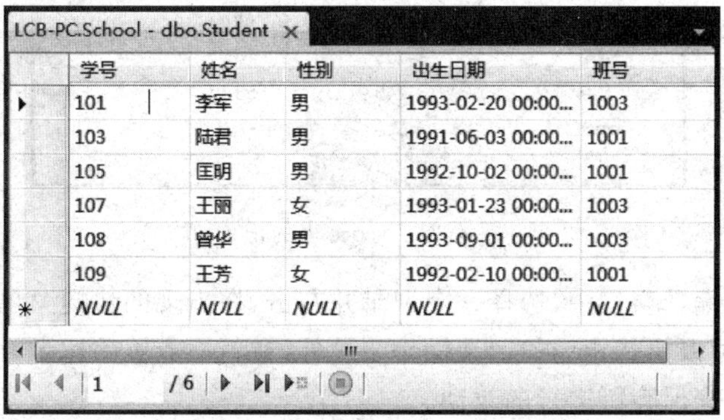

LCB-PC.School - dbo.Student

学号	姓名	性别	出生日期	班号
101	李军	男	1993-02-20 00:00...	1003
103	陆君	男	1991-06-03 00:00...	1001
105	匡明	男	1992-10-02 00:00...	1001
107	王丽	女	1993-01-23 00:00...	1003
108	曾华	男	1993-09-01 00:00...	1003
109	王芳	女	1992-02-10 00:00...	1001
NULL	NULL	NULL	NULL	NULL

1 /6

图 4.18　student 表的记录

⑤ 采用同样的方法输入 teacher、course 和 score 表中的数据记录，分别如图 4.19～图 4.21 所示。

LCB-PC.School - dbo.Teacher

编号	姓名	性别	出生日期	职称	系名
804	李诚	男	1968-12-02 00:00:00.000	教授	计算机系
825	王萍	女	1982-05-05 00:00:00.000	讲师	计算机系
831	刘冰	男	1987-08-14 00:00:00.000	助教	电子工程系
856	张旭	男	1979-03-12 00:00:00.000	教授	电子工程系
NULL	NULL	NULL	NULL	NULL	NULL

1 /4

图 4.19 teacher 表的记录

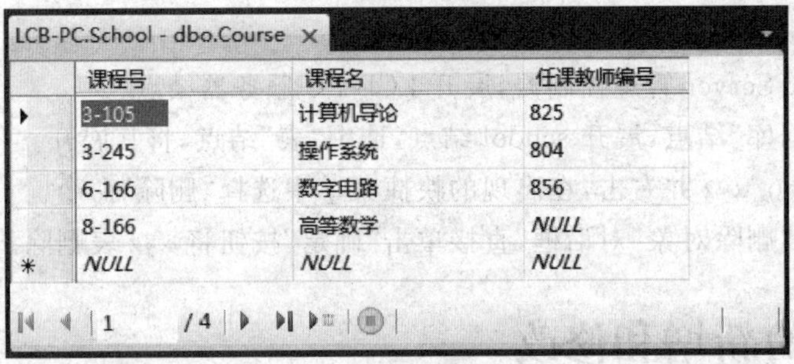

LCB-PC.School - dbo.Course

课程号	课程名	任课教师编号
3-105	计算机导论	825
3-245	操作系统	804
6-166	数字电路	856
8-166	高等数学	NULL
NULL	NULL	NULL

1 /4

图 4.20 course 表的记录

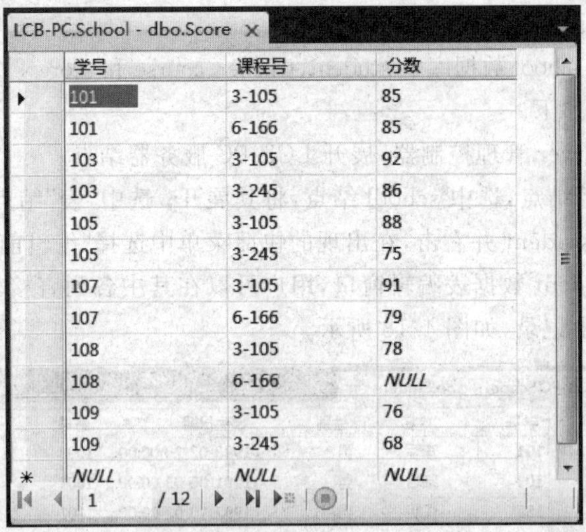

LCB-PC.School - dbo.Score

学号	课程号	分数
101	3-105	85
101	6-166	85
103	3-105	92
103	3-245	86
105	3-105	88
105	3-245	75
107	3-105	91
107	6-166	79
108	3-105	78
108	6-166	NULL
109	3-105	76
109	3-245	68
NULL	NULL	NULL

1 /12

图 4.21 score 表的记录

在该数据记录编辑窗口中，选择一个记录并右击，在出现的快捷菜单中选择“复制”、“粘贴”和“删除”命令可以执行相应的记录操作。另外，在新增或修改记录时，随时可以选择“文件|全部保存”命令来保存所进行的改动。

说明：本例中输入的数据将作为样本数据，本书后面的许多例子中都将用到。

4.7　表的几种特殊的列

本节介绍计算列和标识列两种特殊类型的列。

1. 计算列

计算列由可以使用同一表中其他列的表达式计算得来。表达式可以是非计算列的列名、常量、函数，也可以是用一个或多个运算符连接的上述元素的任意组合。表达式不能为子查询。

除非另行指定，否则计算列是未实际存储在表中的虚拟列。每当在查询中引用计算列时，都将重新计算它们的值。数据库引擎在 CREATE TABLE 和 ALTER TABLE 语句中使用 PERSISTED 关键字（持久的）来将计算列实际存储在表中。如果在计算列的计算更改时涉及任何列，将更新计算列的值。

【例 4.7】　在 school 数据库中设计一个含自动计算总分的计算列的表 stud1，并输入记录验证。

解：其操作步骤如下。

① 启动 SQL Server 管理控制器，在 school 数据库中创建 stud1 表，如图 4.22 所示，其中“总分”列是计算列，其值是由语文、数学、英语和综合四门课程分数累计的。

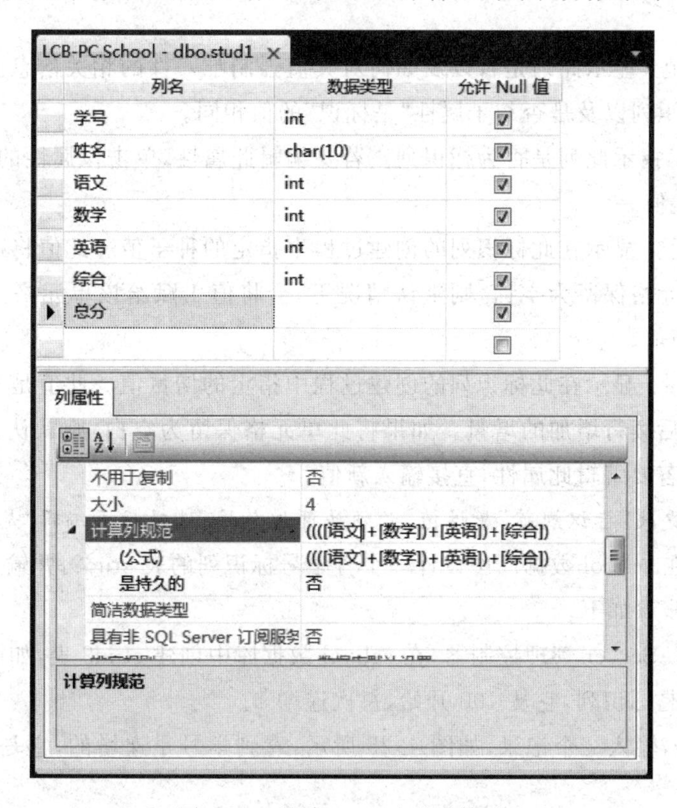

图 4.22　设计 stud1 表的计算列

② 打开该表,输入 6 个记录,SQL Server 会自动计算出总分,总分列呈现浅灰色,不可输入,如图 4.23 所示。

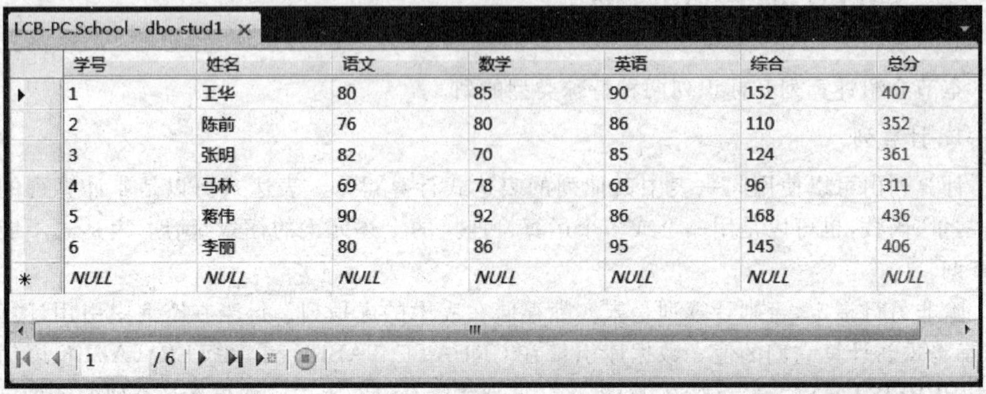

LCB-PC.School - dbo.stud1

	学号	姓名	语文	数学	英语	综合	总分
▸	1	王华	80	85	90	152	407
	2	陈前	76	80	86	110	352
	3	张明	82	70	85	124	361
	4	马林	69	78	68	96	311
	5	蒋伟	90	92	86	168	436
	6	李丽	80	86	95	145	406
*	NULL	NULL	NULL	NULL	NULL	NULL	NULL

1 /6

图 4.23 计算列的自动计算

2. 标识列

如果一个列包含有规律的数值,可以设计成标识列。标识列包含系统生成的连续值,用于唯一标识表中的每一行。因此,标识列不能包含默认值,不能为空值。

在 SQL Server 管理控制器中,将一个列设计成标识列的操作是,在“列属性”面板中设置以下属性。

(1) 标识规范:显示此列是否以及如何对其值强制唯一性的相关信息。此属性的值指示此列是否为标识列以及是否与子属性“是标识”的值相同。

(2) 是标识:指示此列是否为标识列。若要编辑此属性,单击该属性的值,展开下拉列表,然后选择其他值。

(3) 标识种子:显示在此标识列的创建过程中指定的种子值。此值将赋给表中的第一行。如果将此单元格保留为空白,则默认情况下,会将值 1 赋给该单元格。若要编辑此属性,可直接输入新值。

(4) 标识增量:显示在此标识列的创建过程中指定的增量值。此值是基于“标识种子”属性依次为每个后续行增加的增量。如果将此单元格保留为空白,则默认情况下会将值 1 赋给该单元格。若要编辑此属性,直接输入新值。

注意:*若要更改“标识规范”属性值,必须展开该属性,选择后再编辑“是标识”子属性。*

【例 4.8】 在 school 数据库中设计一个含学号标识列的表 stud2,并输入记录验证。

解:其操作步骤如下。

① 启动 SQL Server 管理控制器,在 school 数据库中创建 stud2 表,如图 4.24 所示,设置其中“学号”列是标识列,它从 100 开始,每次递增 1。

② 打开该表,输入 2 个记录,如图 4.25 所示,看到学号是递增的,它是自动计算的,不能编辑。

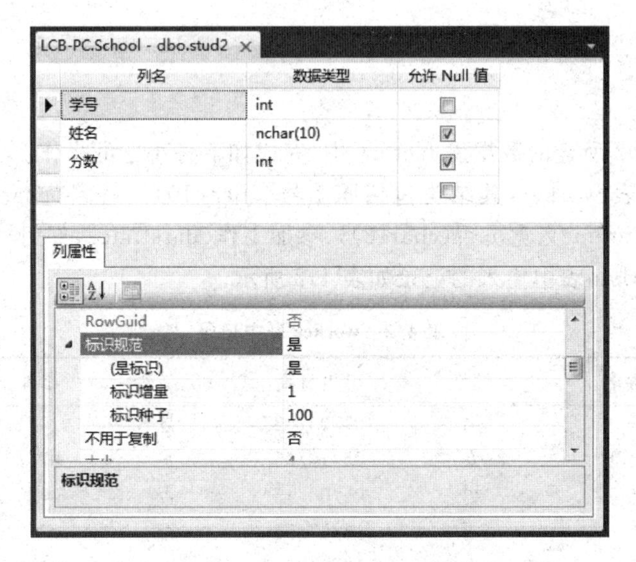

图 4.24　设计 stud2 表的标识列

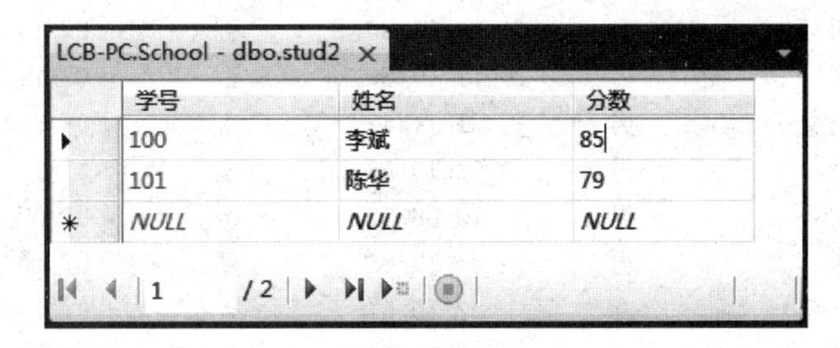

学号	姓名	分数
100	李斌	85
101	陈华	79
NULL	NULL	NULL

图 4.25　标识列自动计算

练习题 4

(1) 简述表的定义。

(2) 简述列属性包含的主要内容。

(3) 表关系有哪几种类型?

(4) 什么是约束? 为什么需要设计约束?

(5) 简述什么是外键约束,并举例说明。

(6) 简述在 SQL Server 管理控制器中创建和删除数据表的基本步骤。

(7) 简述在 SQL Server 管理控制器中输入表记录的基本步骤。

(8) 简述在 SQL Server 管理控制器中建立数据库关系图的基本步骤。

(9) 什么是计算列? 能否输入计算列的值? 如何指定计算列的表达式?

(10) 计算列可以用作 DEFAULT 或 FOREIGN KEY 约束定义吗? 计算列能否与 NOT NULL 约束定义一起使用?

(11) 什么是标识列? 标识列需要指定哪些标识规范属性?

(12) 标识列的数据类型是小数数值类型吗? 可以是字符类型吗? 标识列值可以重复吗?

上机实验题 3

在上机实验题 2 所建的数据库 factory 中，完成如下各小题的操作。

(1) 建立职工表 worker，其结构包括职工号(char(10))、姓名(char(10))、性别(char(2))、出生日期(datetime)、党员否(char(2))、参加工作(datetime)、部门号(int)。其中，"职工号"为主键。worker 表中输入的记录如表 4.2 所示。

表 4.2　worker 表中记录

职工号	姓名	性别	出生日期	党员否	参加工作	部门号
1	孙华	男	01/03/52	是	10/10/70	101
2	孙天奇	女	03/10/65	是	07/10/87	102
3	陈明	男	05/08/45	否	01/01/65	102
4	李华	男	08/07/56	否	07/20/83	103
5	余慧	男	12/04/80	否	07/10/02	103
6	欧阳少兵	男	12/09/71	是	07/20/92	103
7	程西	女	06/10/80	否	07/10/02	101
8	张旗	男	11/10/80	否	07/10/02	102
9	刘夫文	男	01/11/42	否	08/10/60	102
10	陈涛	男	02/10/58	是	07/12/84	102
11	刘欣	男	10/08/52	否	01/07/70	101
12	李涵	男	04/19/65	是	07/10/89	103
13	王小燕	女	02/10/64	否	07/15/89	101
14	李艺	女	02/10/63	否	07/20/90	103
15	魏君	女	01/10/70	否	07/10/93	103

(2) 建立部门表 depart，其结构包括部门号(int)、部门名(char(16))。其中，"部门号"为主键。depart 表中输入的记录如表 4.3 所示。

表 4.3　depart 表中记录

部门号	部门名
101	财务处
102	人事处
103	市场部

(3) 建立职工工资表 salary，其结构包括职工号(char(10))、姓名(char(10))、日期(datetime)、工资(float)。其中，"职工号"和"日期"为主键。salary 表中输入的记录如表 4.4 所示。

表 4.4　salary 表中记录

职工号	姓名	日期	工资
1	孙华	01/04/04	1201.5
2	孙天奇	01/04/04	900.0

续表

职　工　号	姓　　名	日　　期	工　　资
3	陈明	01/04/04	1350.6
4	李华	01/04/04	1500.5
5	余慧	01/04/04	725.0
6	欧阳少兵	01/04/04	1085.0
7	程西	01/04/04	750.8
8	张旗	01/04/04	728.0
9	刘夫文	01/04/04	2006.8
10	陈涛	01/04/04	1245.8
11	刘欣	01/04/04	1250.0
12	李涵	01/04/04	1345.0
13	王小燕	01/04/04	1200.0
14	李艺	01/04/04	1000.6
15	魏君	01/04/04	1100.0
1	孙华	02/03/04	1206.5
2	孙天奇	02/03/04	905.0
3	陈明	02/03/04	1355.6
4	李华	02/03/04	1505.5
5	余慧	02/03/04	730.0
6	欧阳少兵	02/03/04	1085.0
7	程西	02/03/04	755.8
8	张旗	02/03/04	733.0
9	刘夫文	02/03/04	2011.8
10	陈涛	02/03/04	1250.8
11	刘欣	02/03/04	1255.0
12	李涵	02/03/04	1350.0
13	王小燕	02/03/04	1205.0
14	李艺	02/03/04	1005.6
15	魏君	02/03/04	1105.0

(4) 建立 worker、depart 和 salary 表之间的关系。

CHAPTER 5

第5章 T-SQL基础

SQL(Structured Query Language,结构化查询语言)利用一些简单的句子构成基本的语法来存取数据库的内容,由于SQL简单易学,目前它已经成为关系数据库管理系统中使用最广泛的语言之一。T-SQL是Transact-SQL的简写,即事务-结构化查询语言,是Microsoft SQL Server提供的一种SQL语言,本章主要介绍T-SQL的使用和程序设计基础。

5.1 T-SQL语言概述

5.1.1 什么是T-SQL语言

T-SQL语言是应用于数据库的语言,本身是不能独立存在的。它是一种非过程性语言,与一般的高级语言(如C、Pascal)是大不相同的。一般的高级语言在存取数据库时,需要依照每一行程序的顺序处理许多动作。但是使用SQL时,只需告诉数据库需要什么数据、怎么显示就可以了,具体的内部操作则由数据库系统来完成。

例如,要从school数据库的student表中查找姓名为"李军"的学生记录,使用简单的一个命令即可,对应的命令如下。

```
SELECT * FROM student WHERE 姓名 = '李军';
```

其中,SELECT子句表示选择表中的列,"*"号表示选择所有列;FROM子句指定表名,这里从表student中获取数据;WHERE子句表示指定查询的条件,这里指定姓名条件。

说明:分号";"是T-SQL语句终止符。在SQL Server版本中,大部分语句可以用分号标识结尾,也可以不用,为了简便,本书只在必要时用分号标识结尾。

5.1.2 T-SQL语言的分类

T-SQL语言按照用途可以分为如下4类。

(1) DDL(Data Definition Language,数据定义语言)：用于建立和删除数据库对象等，包括CREATE、ALTER和DROP等。

(2) DML(Data Manipulation Language,数据操纵语言)：用于添加、修改和删除数据库中的数据,包括NSERT(插入)、DELETE(删除)和UPDATE(更新)等。

(3) DQL(Data Query Language,数据查询语言)：用于查询数据库中的数据,主要有SELECT。

(4) DCL(Data Control Language,数据控制语言)：用于数据库对象的权限管理和事务管理等,包括GRANT(授权)、REVOKE(收权)等。

5.1.3　T-SQL语言的特点

T-SQL语言是在标准SQL的基础上发展而来的,与标准SQL稍有区别,主要是做了一些增强,其主要特点如下。

(1) 它是一种交互式查询语言,功能强大,简单易学。

(2) 既可直接查询数据库,也可嵌入其他高级语言中执行。

(3) 非过程化程度高,语言的操作执行由系统自动完成。

(4) 所有T-SQL命令都可以在SQL Server管理控制器中执行。

5.2　T-SQL语句的执行

在SQL Server中,可以使用SQL Server管理控制器交互式地执行T-SQL语句,它在执行T-SQL语句方面提供如下主要功能。

(1) 用于输入T-SQL语句的自由格式文本编辑器,在T-SQL语句中使用不同的颜色，以提高复杂语句的易读性。

(2) 以网格(单击工具栏中的按钮▦,它也是默认的结果显示方式)或自由格式文本(单击工具栏中的按钮▤)的形式显示结果。

SQL Server管理控制器执行T-SQL语句的操作步骤如下。

① 启动SQL Server管理控制器。

② 在“对象资源管理器”窗口中展开“数据库”结点,右击school数据库,在出现的快捷菜单选择“新建查询”命令,或者单击工具栏中的 新建查询(N) 按钮,右边出现一个查询命令编辑窗口,如图5.1所示,在其中输入相应的T-SQL语句,然后单击工具栏中的 ! 执行(X) 按钮或按F5键,即在下方的结果窗格中显示相应的执行结果。

T-SQL语句的执行机制如图5.2所示,其基本步骤如下：

① 分析器扫描SELECT语句,并将其分成逻辑单元(如关键字、表达式、运算符和标识符)。

② 生成查询树,描述将源数据转换成结果集需要的格式所用的逻辑步骤。

③ 查询优化器分析访问源表的不同方法,然后选择返回速度最快且使用资源最少的一系列步骤；更新查询树,以确切地记录这些步骤。查询树的最终优化的版本称为“执行计划”。

④ 关系引擎开始执行生成的执行计划。在处理需要表中数据的步骤时,关系引擎请求存储引擎向上传递关系引擎请求的行集中的数据。

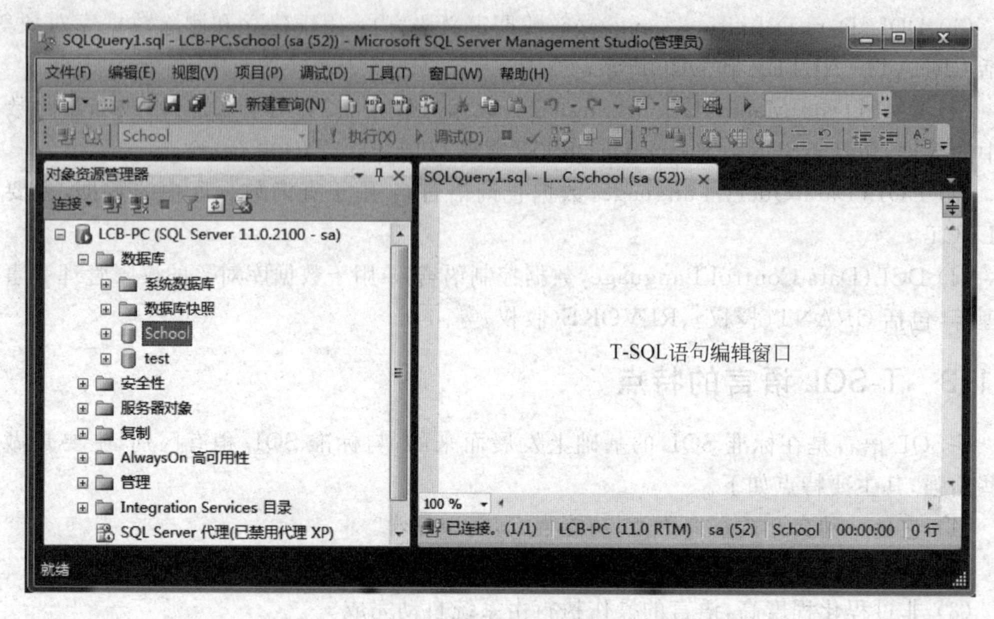

图 5.1　查询命令编辑窗口

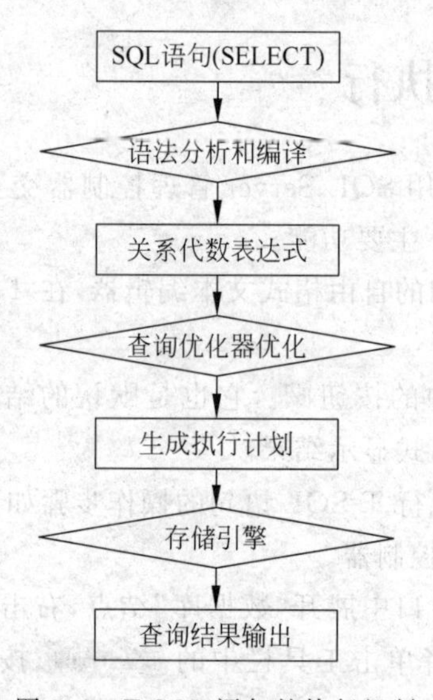

图 5.2　T-SQL 语句的执行机制

⑤ 关系引擎将存储引擎返回的数据处理成结果集定义的格式，然后将结果集返回客户机。

5.3　数据定义语言

前文介绍了 DDL，主要包括一些创建、修改和删除数据库对象的语句，本节主要介绍数据库和数据表的 DDL 语言。

5.3.1 数据库的操作语句

本书在第3章介绍了使用SQL Server管理控制器创建数据库的方法，使用T-SQL语句同样也可创建、修改和删除数据库。下面简单介绍有关数据库操作的T-SQL语句。

1. 创建数据库

创建数据库可以使用CREATE DATABASE语句，该语句简化的语法格式如下。

```
CREATE DATABASE 数据库名
[   [ON [filespec]]
    [LOG ON [filespec]]
]
```

其中，filespec定义如下。

```
( [ NAME = logical_file_name , ]
    FILENAME = 'os_file_name'
      [ , SIZE = size ]
      [ , MAXSIZE = { max_size | UNLIMITED } ]
      [ , FILEGROWTH = growth_increment ] )
```

各参数和子句的说明如下。

(1) ON子句显式定义用来存储数据库数据部分的磁盘文件(数据文件)。该关键字后跟以逗号分隔的filespec项列表，filespec参数用以定义主文件组中的数据文件。

(2) LOG ON子句显式定义用来存储数据库日志的磁盘文件(日志文件)。该关键字后跟以逗号分隔的filespec列表，filespec参数用以定义日志文件。如果没有指定LOG ON，将自动创建一个日志文件。

(3) FILENAME子句中，os_file_name参数指出操作系统创建filespec定义的物理文件时使用的路径名和文件名。

(4) SIZE子句中，size参数指定filespec中定义的文件的大小。如果主文件的filespec中没有提供SIZE参数，那么SQL Server将使用model数据库中的主文件大小。

(5) MAXSIZE子句中，max_size参数指出filespec中定义的文件可以增长到的最大大小。如果没有指定max_size，那么文件将增长到磁盘变满为止。

(6) FILEGROWTH子句中，growth_increment参数指出每次需要新的空间时为文件添加的空间大小，指定一个整数，不要包含小数位，0值表示不增长。如果指定%，则增量大小为发生增长时文件大小的指定百分比。

说明： *在语法格式中，约定[a]表示a是可选的，{a}表示a是必选的，|表示单选的，[…n]表示前面的项可以重复n次。*

使用一条CREATE DATABASE语句即可创建数据库以及存储该数据库的文件。SQL Server分如下两步实现CREATE DATABASE语句。

(1) SQL Server使用model数据库的副本初始化数据库及其元数据。

(2) SQL Server使用空页填充数据库的剩余部分，除了包含记录数据库中空间使用情况以外的内部数据页。

如果仅指定“CREATE DATABASE 数据库名称”语句而不带其他参数，那么数据库的大小将与 model 数据库的大小相等。

【例 5.1】 给出一个 T-SQL 语句，建立一个名称为 test 的数据库。

解：对应的语句如下。

```
CREATE DATABASE test
```

说明：由若干条 T-SQL 语句组成的程序，通常以.sql 为扩展名的文件存储。

执行该语句，系统提示“命令已成功完成”的消息，表示已成功创建 test 数据库，如图 5.3 所示。

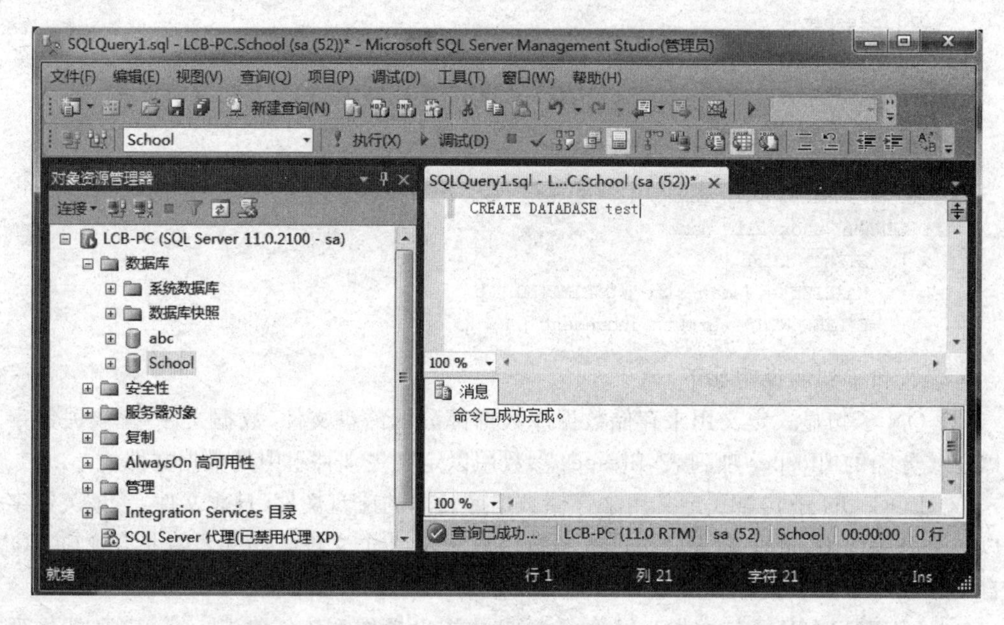

图 5.3　创建 test 数据库

展开 SQL Server 管理控制器左边的“数据库”结点，可看到新建立的数据库 test。如果看不到，执行“视图”菜单中的“刷新”命令，即可看到新建立的数据库 test。

【例 5.2】 创建一个名称为 test1 的数据库，并设定数据文件为“G:\SQL DB\测试数据 1.MDF”，大小为 10MB，最大为 50MB，每次增长 5MB；事务日志文件为“G:\SQL DB\测试数据 1 日志.MDF”，大小为 10MB，最大为 20MB，每次增长为 5MB。

解：对应的程序如下：

```
CREATE DATABASE test1
ON (
    NAME = 测试数据 1, FILENAME = 'G:\SQLDB\测试数据 1.MDF',
    SIZE = 10MB, MAXSIZE = 50MB, FILEGROWTH = 5MB
)
LOG ON (
    NAME = 测试数据 1 日志, FILENAME = 'G:\SQLDB\测试数据 1 日志.LDF',
    SIZE = 10MB, MAXSIZE = 20MB, FILEGROWTH = 5MB
)
```

执行该语句，系统提示相应的消息，如图 5.4 所示。

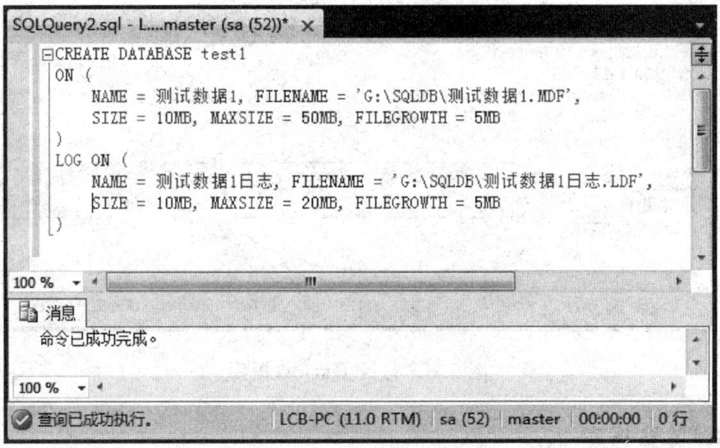

```
SQLQuery2.sql - L....master (sa (52))*
CREATE DATABASE test1
ON (
    NAME = 测试数据1, FILENAME = 'G:\SQLDB\测试数据1.MDF',
    SIZE = 10MB, MAXSIZE = 50MB, FILEGROWTH = 5MB
)
LOG ON (
    NAME = 测试数据1日志, FILENAME = 'G:\SQLDB\测试数据1日志.LDF',
    SIZE = 10MB, MAXSIZE = 20MB, FILEGROWTH = 5MB
)
100 %
消息
命令已成功完成。
100 %
查询已成功执行.  LCB-PC (11.0 RTM) | sa (52) | master | 00:00:00 | 0 行
```

图 5.4　创建 test1 数据库

2. 修改数据库

在建立数据库后,可根据需要修改数据库的设置。修改数据库可以使用 ALTER DATABASE 语句,该语句简化的语法格式如下。

```
ALTER DATABASE 数据库名
{ ADD FILE filespec
   | ADD LOG FILE filespec
   | REMOVE FILE logical_file_name
   | MODIFY FILE filespec
   | MODIFY NAME = new_dbname
}
```

其中,filespec 定义如下。

```
( [ NAME = logical_file_name , ]
    FILENAME = 'os_file_name'
    [ , SIZE = size ]
    [ , MAXSIZE = { max_size | UNLIMITED } ]
    [ , FILEGROWTH = growth_increment ] )
```

各参数和子句的说明如下。

(1) ADD FILE 子句指定要添加的文件。

(2) ADD LOG FILE 子句指定要添加的日志文件。

(3) REMOVE FILE 子句指定从数据库系统表中删除文件描述并删除物理文件。只有在文件为空时才能删除。

(4) MODIFY FILE 指定要更改的文件,更改选项包括 FILENAME、SIZE、FILEGROWTH 和 MAXSIZE。一次只能更改这些属性中的一种。

(5) MODIFY NAME = new_dbname 用于重命名数据库。

例如,为 test1 数据库新增一个逻辑名为“测试数据 2”的数据文件,其大小及其最大值分别为 5MB 和 50MB,每次增长 5MB。输入的 T-SQL 语句和执行结果如图 5.5 所示。

```
ALTER DATABASE test1
ADD FILE (
    NAME = 测试数据2, FILENAME = 'G:\SQLDB\测试数据2.MDF',
    SIZE = 5MB, MAXSIZE = 50MB, FILEGROWTH = 5MB
)
```

命令已成功完成。

图 5.5　修改 test1 数据库

3. 使用和删除数据库

使用数据库使用 USE 语句，其语法如下。

```
USE database 数据库名
```

说明：在“对象资源管理器”窗口中新建查询时，如果右击某个数据库，在出现的快捷菜单选择“新建查询”命令，则默认该数据库是当前操作的数据库。如果直接单击工具栏中的按钮 新建查询(N) 来新建查询，则需要使用 USE 语句指出当前操作的数据库名。

删除数据库使用 DROP 语句，其语法如下。

```
DROP DATABASE 数据库名
```

【例 5.3】 给出删除 test1 数据库的 T-SQL 语句。

解：对应的语句如下。

```
DROP DATABASE test1
```

执行结果如图 5.6 所示。

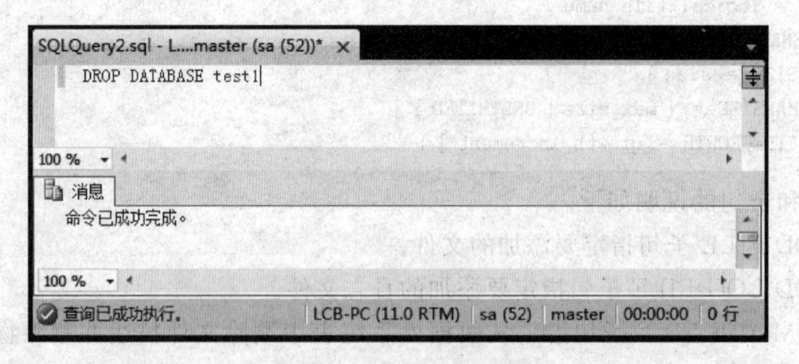

图 5.6　删除 test1 数据库

如果不知道目前的 SQL Server 服务器中包含哪些数据库，可以执行 sp_helpdb 存储过程，使用方式如下。

```
EXEC sp_helpdb
```

如果后面再加上数据库名，则表示查询特定的数据库。其中，EXEC 是执行存储过程或函数的关键字。

5.3.2 表的操作语句

第 4 章中介绍了使用 SQL Server 管理控制器创建数据表的方法，同样可以使用 SQL 语言创建、修改和删除表。

1. 创建表

使用 CREATE TABLE 语句可以创建表，其语法如下。

```
CREATE TABLE 表名
(    列名 1 数据类型 [NULL | NOT NULL] [PRIMARY_KEY | UNIQUE]
         [FOREIGN KEY [(列名)]]
         REFERENCES 关联表名称[(关联列名)]
     [列名 2 数据类型 … ]
     …
)
```

1）基本用法

【例 5.4】 说明以下程序的功能。

```
USE test
CREATE TABLE Emp
(    职工号 int,
     姓名 char(8),
     地址 char(50)
)
```

解：上述程序用于在 test 数据库中创建一个 Emp 表。其中，第 1 行表示使用 test 数据库，创建的表 Emp 中包含职工号、姓名和地址三个列。数据类型分别为整型、字符型（长度为 8）和字符型（长度为 50）。

提示：*一般情况下，USE 语句只要在第一行使用即可，则后续的 T-SQL 语句都是作用在该数据库中。若要使用其他数据库，需要再次执行 USE 语句。*

2）列属性参数

除了可以设置列的数据类型外，还可以利用一些列属性参数来对列做出限定。例如，将列设置为主键、限制列不能为空等。

常用的列属性参数如下。

(1) NULL 和 NOT NULL 用于限制列可以为 NULL(空)，或者不能为 NULL(空)。

(2) PRIMARY KEY 用于设置列为主键。

(3) UNIQUE 指定列具有唯一性。

【例 5.5】 说明以下程序的功能。

```
USE test
CREATE TABLE Dep
(    部门号 int NOT NULL PRIMARY KEY,
     部门名 char(8) NOT NULL,
     部门简介 char(40)
)
```

解：上述程序用于在 test 数据库中建立一个 Dep 表，并指定部门号为主键，而部门名为非空。

3）与其他表建立关联

表的列可能关联到其他表的列，这就需要将两个表建立关联。此时，就可以使用如下语法。

```
FOREIGN KEY REFERENCE 关联表名(关联列名)
```

【例 5.6】 说明以下程序的功能。

```
USE test
CREATE TABLE authors
(    作者编号 int NOT NULL PRIMARY KEY,
     作者姓名 char(20),
     作者地址 char(30)
)
CREATE TABLE book
(    图书编号 int NOT NULL PRIMARY KEY,
     书号 char(8) NOT NULL,
     作者编号 int FOREIGN KEY REFERENCES authors(作者编号)
)
```

解：上述程序首先创建一个 authors 表，然后创建 book 表，并将作者编号列关联到 authors 表的作者编号列。右击 authors 表，在出现的快捷菜单中选择“查看依赖关系”命令，其结果如图 5.7 所示。

图 5.7 authors 和 book 表的依赖关系

提示：在创建 book 表时，由于将 authorid 列关联到了 authors 表，因此 authors 表必须存在。这也是上面首先创建 authors 表的原因。

2. 由其他表创建新表

可以使用 SELECT INTO 语句创建一个新表，并用 SELECT 的结果集填充该表，新表的结构由选择列表中表达式的特性定义。其语法如下。

```
SELECT 列名表 INTO 表 1 FROM 表 2
```

该语句的功能是由“表 2”的“列名表”来创建新表“表 1”。

【例 5.7】 说明以下程序的功能。

```
USE school
SELECT 学号,姓名,班号 INTO student1
FROM student
```

解：该程序从 student 表创建 student1 表，它包含 student 表的“学号”、“姓名”和“班号”3 个列和对应的记录。

3. 修改表结构

SQL 语言提供了 ALTER TABLE 语句来修改表的结构，基本语法如下。

```
ALTER TABLE 表名
  ADD [列名数据类型]
      [PRIMARY KEY | CONSTRAIN]
      [FOREIGN KEY (列名)
      REFERENCES 关联表名(关联列名)]
  DROP [CONSTRAINT] 约束名称 | COLUMN 列名
```

其中,各参数含义如下。

(1) ADD 子句用于增加列,后面为属性参数设置。

(2) DROP 子句用于删除约束或者列。CONSTRAINT 表示删除约束；COLUMN 表示删除列。

【例 5.8】 说明以下程序的功能。

```
USE school
ALTER TABLE student1 ADD 民族 char(10)
```

解：该程序给 school 数据库中的 student1 表增加了一个“民族”列,其数据类型为 char(10)。

4. 删除关联和表

使用 SQL 语言删除表要比使用 SQL Server 管理控制器容易得多。删除表的语法如下。

```
DROP TABLE 表名
```

【例 5.9】 给出删除 school 数据库中 student1 表的程序。

解：对应的程序如下。

```
USE school
DROP TABLE student1
```

5.4 数据操纵语言

DML 主要用于在数据表中插入、修改和删除记录等。

5.4.1 INSERT 语句

INSERT 语句用于向数据表或视图中插入一行数据。其基本格式如下。

```
INSERT [INTO]表或视图名称[(列名表)] VALUES(数据值)
```

在使用 INSERT 语句插入数据时应注意以下几点。

(1) 必须用逗号将各个数据项分隔,字符型和日期型数据要用单引号括起来。

(2) 若 INTO 子句中没有指定列名,则新插入的记录必须在每个列上均有值,且 VALUES 子句中值的排列次序要和表中各列的排列次序一致。

(3) VALUES 子句中的值将按照 INTO 子句中指定列名的次序插入表中。

(4) 对于 INTO 子句中没有出现的列,新插入的记录在这些列上取空值。

【例 5.10】 给出向 student 表中插入一个学生记录('200','曾雷','女','1993-2-3','1004')的 T-SQL 程序。

解：对应的程序如下。

```
USE school                                  -- 打开数据库 school
INSERT INTO student VALUES('200','曾雷','女','1993 - 2 - 3','1004')
```

5.4.2 UPDATE 语句

UPDATE 语句用于修改数据表或视图中特定记录或列的数据。其基本格式如下。

```
UPDATE 表或视图名
SET 列名 1 = 数据值 1[,…n]
[WHERE 条件]
```

其中,SET 子句给出要修改的列及其修改后的数据值；WHERE 子句指定要修改的行应当满足的条件,当 WHERE 子句省略时,则修改表中所有行。

【例 5.11】 给出将 student 表中例 5.10 插入的学生记录性别修改为"男"的 T-SQL 程序。

解：对应的程序如下。

```
USE school                                  -- 打开数据库 school
UPDATE student
SET 性别 = '男'
WHERE 学号 = '200'
```

5.4.3 DELETE 语句

DELETE 语句用于删除表或视图中的一行或多行记录。其基本格式如下。

```
DELETE 表或视图名[WHERE 条件表达式]
```

其中,WHERE 子句指定要删除的行应当满足的条件表达式,当 WHERE 子句省略时,则删除表中所有行。

【例 5.12】 给出删除学号为 200 的学生记录的 T-SQL 程序。

解：对应的程序如下。

```
USE school                                  -- 打开数据库 school
DELETE studentWHERE 学号 = '200'
```

5.5 数据查询语言

数据库存在的意义在于将数据组织在一起,以方便查询。"查询"的功能就是描述从数据库中获取数据和操纵数据的过程。

SQL 语言中最主要、最核心的部分是它的查询功能。查询语言用来对已经存在于数据库中的数据按照特定的组合、条件表达式或者一定次序进行检索。其基本格式是由

SELECT子句、FROM子句和WHERE子句组成的SQL查询语句。

```
SELECT 列名表
FROM 表或视图名
WHERE 查询限定条件
```

SELECT子句指定了要查看的列(列),FROM子句指定这些数据来自哪里(表或者视图),WHERE子句则指定了要查询哪些行(记录)。

提示:在SQL语言中,除了进行查询外,其他很多功能也都离不开SELECT子句。例如,创建视图是利用查询语句来完成的;插入数据时,在很多情况下是从另外一个表或者多个表中选择符合条件的数据。所以,掌握查询语句是掌握SQL语言的关键。

SELECT语句的一般用法如下。

```
SELECT [DISTINCT] 列名表
FROM 表或视图名
[WHERE 查询限定条件]
[GROUP BY 分组表达式]
[HAVING 分组条件]
[ORDER BY 次序表达式[ASC|DESC]]
```

其中,带有方括号的子句均是可选子句。其执行次序如下。

(1) 源(表或视图)。

(2) WHERE。

(3) GROUP BY。

(4) HAVING。

(5) SELECT。

(6) DISTINCT。

(7) ORDER BY。

下面以前文建立的school数据库为例,来介绍各个子句的使用。先在对象资源管理器的数据库列表中选择school数据库,再在T-SQL语句的编辑入窗口中输入相应的SELECT语句。

5.5.1 投影查询

1. 查询列

使用SELECT语句可以选择查询表中的任意列,其中,"列表名"指出要检索的列的名称,可以为一个或多个列。当为多个列时,中间要用","分隔。FROM子句指出从什么表中提取数据,如果从多个表中取数据,每个表的表名都要写出,表名之间用","分隔开。

【例5.13】 给出功能为"查询student表中所有记录的姓名、性别和班号列"的程序及其执行结果。

解:对应的程序如下。

```
SELECT 姓名,性别,班号 FROM student
```

上述语句的功能是,先打开school数据库,然后从student表中选择所有记录的姓名、性别和班号列数据，并显示在输出窗口中。本例执行结果如图 5.8 所示。

结果 消息

	姓名	性别	班号
1	李军	男	1003
2	陆君	男	1001
3	匡明	男	1001
4	王丽	女	1003
5	曾华	男	1003
6	王芳	女	1001

图 5.8　程序执行结果

2. 去除重复列

如果要去掉重复的显示行，可以在列名前加上 DISTINCT 关键字来实现。

【例 5.14】 给出功能为“查询教师的所有单位，即不重复的单位列”的程序及其执行结果。

解：对应的程序如下。

```
SELECT DISTINCT 系名 FROM teacher
```

执行结果如图 5.9 所示。

3. 更改列名

当显示查询结果时，选择的列通常以原表中的列名作为标题显示。这些列名在建表时，出于节省空间的考虑通常较短，含义也模糊。为了改变查询结果中显示的标题，可在列名后添加“AS 标题名”（其中 AS 可以省略），在显示时便以该标题名代替列名来显示。

注意：AS 子句中的标题名可以用双引号或单引号括起来；如果不加任何引号，则当成是查询结果集的列名。

【例 5.15】 给出功能为“查询 student 表的所有记录，用 AS 子句显示相应的列名”的程序及其执行结果。

解：对应的程序如下。

```
SELECT 学号 AS 'SNO',姓名 AS 'SNAME',
   性别 AS 'SSEX',出生日期 AS 'SBIRTHDAY',
   班号 AS 'SCLASS'
FROM student
```

执行结果如图 5.10 所示。

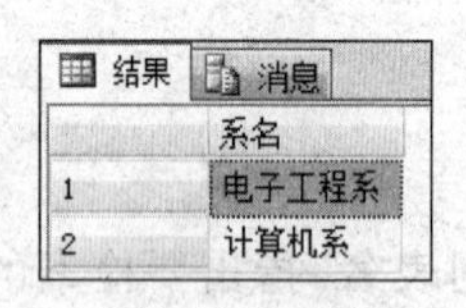
结果 消息

	系名
1	电子工程系
2	计算机系

图 5.9　程序执行结果

结果 消息

	SNO	SNAME	SSEX	SBIRTHDAY	SCLASS
1	101	李军	男	1993-02-20 00:00:00.000	1003
2	103	陆君	男	1991-06-03 00:00:00.000	1001
3	105	匡明	男	1992-10-02 00:00:00.000	1001
4	107	王丽	女	1993-01-23 00:00:00.000	1003
5	108	曾华	男	1993-09-01 00:00:00.000	1003
6	109	王芳	女	1992-02-10 00:00:00.000	1001

图 5.10　程序执行结果

5.5.2 选择查询

选择查询就是指定查询条件，只从表中提取或显示满足该查询条件的记录。为了选择表中满足查询条件的某些行，可以使用 SQL 命令中的 WHERE 子句。WHERE 子句的查询条件是一个逻辑表达式，它是由多个关系表达式通过逻辑运算符（AND、OR、NOT）连接而成的。

【例 5.16】 给出功能为"查询 score 表中成绩在 60～80 之间的所有记录"的程序及其执行结果。

解：对应的程序如下。

```
SELECT *
FROM score
WHERE 分数 BETWEEN 60 AND 80
```

BETWEEN m AND n 指定范围为 $m \sim n$ 内。执行结果如图 5.11 所示。

结果　消息

	学号	课程号	分数
1	101	3-105	64
2	105	3-245	75
3	107	6-166	79
4	108	3-105	78
5	109	3-105	76
6	109	3-245	68

图 5.11　程序执行结果

5.5.3　排序查询

通过在 SELECT 命令中加入 ORDER BY 子句可以控制选择行的显示顺序。ORDER BY 子句可以按升序(默认或 ASC)、降序(DESC)排列各行，也可以按多个列来排序。也就是说，ORDER BY 子句用于对查询结果进行排序。

注意：ORDER BY 子句必须是 SQL 命令中的最后一个子句(除指定目的的子句外)。

【例 5.17】 给出功能为"以班号降序显示 student 表的所有记录"的程序及其执行结果。

解：对应的程序如下。

```
SELECT * FROM student
ORDER BY 班号 DESC
```

该语句先执行 SELECT * FROM student 语句选择出 student 表中的所有记录，然后按班号递减排序后输出。执行结果如图 5.12 所示。

【例 5.18】 给出功能为"以课程号升序、分数降序显示 score 表的所有记录"的程序及其执行结果。

解：对应的程序如下。

```
SELECT * FROM score
ORDER BY 课程号,分数 DESC
```

执行结果如图 5.13 所示。

结果　消息

	学号	姓名	性别	出生日期	班号
1	101	李军	男	1993-02-20 00:00:00.000	1003
2	107	王丽	女	1993-01-23 00:00:00.000	1003
3	108	曾华	男	1993-09-01 00:00:00.000	1003
4	109	王芳	女	1992-02-10 00:00:00.000	1001
5	103	陆君	男	1991-06-03 00:00:00.000	1001
6	105	匡明	男	1992-10-02 00:00:00.000	1001

图 5.12　程序执行结果

结果　消息

	学号	课程号	分数
1	103	3-105	92
2	107	3-105	91
3	105	3-105	88
4	108	3-105	78
5	109	3-105	76
6	101	3-105	64
7	103	3-245	86
8	105	3-245	75
9	109	3-245	68
10	101	6-166	85
11	107	6-166	79
12	108	6-166	NULL

图 5.13　程序执行结果

当输出的记录太多时，可以通过 OFFSET-FETCH 子句从结果集中仅提取某个时间范围或某一页的结果，OFFSET 指定在从查询表达式中开始返回行之前将跳过的行数。FETCH 指定在处理 OFFSET 子句后将返回的行数。OFFSET-FETCH 子句只能与 ORDER BY 子句一起使用。

【例 5.19】 给出以下程序的执行结果。

```
SELECT * FROM score
ORDER BY 课程号,分数 DESC
OFFSET 2 ROWS FETCH NEXT 4 ROWS ONLY
```

解：该程序输出 score 表中选修 3-105 课程且分数为第 2 名到第 5 名的成绩记录，执行结果如图 5.14 所示。

结果 消息

	学号	课程号	分数
1	105	3-105	88
2	108	3-105	78
3	109	3-105	76
4	101	3-105	64

图 5.14 程序执行结果

5.5.4 使用聚合函数

1. 聚合函数的基本用法

聚合函数可以实现数据统计等功能，用于对一组值进行计算，并返回一个单一的值。除 COUNT 函数外，聚合函数忽略空值。聚合函数常与 SELECT 语句的 GROUP BY 子句一起使用。常用的聚合函数如表 5.1 所示。

表 5.1 常用的聚合函数

函数名	功能
AVG	计算一个数值型表达式的平均值
COUNT	计算指定表达式中选择的项数，COUNT(*)用于统计查询输出的行数
MIN	计算指定表达式中的最小值
MAX	计算指定表达式中的最大值
SUM	计算指定表达式中的数值总和
STDEV	计算指定表达式中所有数据的标准差
STDEVP	计算总体标准差

聚合函数参数的一般格式如下。

```
[ALL|DISTINCT] expr
```

其中，ALL 表示对所有值进行聚合函数运算，它是默认值；DISTINCT 指定每个唯一值都被考虑；expr 指定进行聚合函数运算的表达式。

【例 5.20】 给出功能为“查询 1003 班的学生人数”的程序及其执行结果。

解：对应的程序如下。

```
SELECT COUNT(*)AS '1003 班人数'
FROM student
WHERE 班号 = '1003'
```

执行结果如图 5.15 所示。

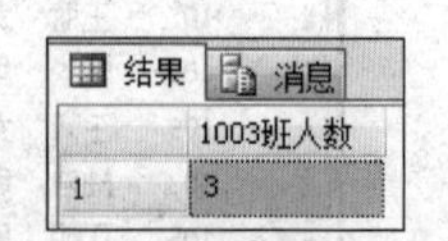

	1003班人数
1	3

图 5.15 程序执行结果

【例 5.21】 给出功能为“计算至少选修一门课程的人数”的程序及其执行结果。

解：对应的程序如下。

```
SELECT COUNT(DISTINCT 学号) AS '至少选修一门课程的人数'
FROM score
```

	至少选修一门课程的人数
1	6

图 5.16　程序执行结果

执行结果如图 5.16 所示。

上述例子中使用了聚合函数。通常一个聚合函数的范围是满足 WHERE 子句指定的条件的所有记录。加上 GROUP BY 子句后，SQL 命令把查询结果按指定列分成集合组，当一个聚合函数和一个 GROUP BY 子句一起使用时，聚合函数的范围变成为每组的所有记录。换句话说，就是一个结果是由组成一组的每个记录集合产生的。

使用 HAVING 子句可以对这些组进一步加以控制，用这一子句定义这些组所必须满足的条件，以便将其包含在结果中。

当 WHERE 子句、GROUP BY 子句和 HAVING 子句同时出现在一个查询中时，SQL 的执行顺序如下。

(1) 执行 WHERE 子句，从表中选取行。

(2) 由 GROUP BY 子句对选取的行进行分组。

(3) 执行聚合函数。

(4) 执行 HAVING 子句，选取满足条件的分组。

【例 5.22】　给出功能为"查询 score 表中各门课程的最高分"的程序及其执行结果。

解：对应的程序如下。

```
SELECT 课程号, MAX(分数)AS '最高分'
FROM score
GROUP BY 课程号
```

其执行过程中先对 score 表中的所有记录按课程号分类成若干组，再计算出每组中的最高分。执行结果如图 5.17 所示。

【例 5.23】　给出功能为"查询 score 表中至少有 5 名学生选修的课程号以 3 开头的平均分数"的程序及其执行结果。

解：对应的程序如下。

```
SELECT 课程号,AVG(分数)AS '平均分' FROM score
WHERE 课程号 LIKE '3%'
GROUP BY 课程号
HAVING COUNT(*)>5
```

执行结果如图 5.18 所示。

	课程号	最高分
1	3-105	92
2	3-245	86
3	6-166	85

图 5.17　程序执行结果

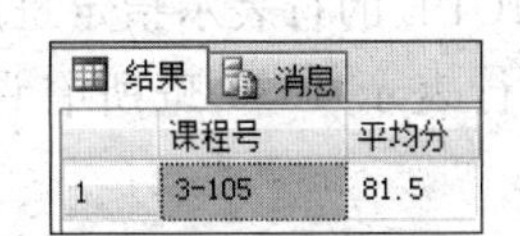

	课程号	平均分
1	3-105	81.5

图 5.18　程序执行结果

2. GROUP BY 子句

GROUP BY 子句用来为结果集中的每一行产生聚合值。如果聚合函数没有使用

GROUP BY 子句，则只为 SELECT 语句报告一个聚合值。指定 GROUP BY 时，选择列表中任一非聚合表达式内的所有列都应包含在 GROUP BY 列表中，或者 GROUP BY 表达式与选择列表表达式完全匹配。

GROUP BY 子句的基本语法格式如下。

```
[GROUP BY [ALL]分组表达式[,…n]
  [WITH {CUBE | ROLLUP }]]
```

其中，各参数含义如下。

(1) ALL：包含所有组和结果集，甚至包含那些任何行都不满足 WHERE 子句指定的搜索条件的组和结果集。如果指定了 ALL，将对组中不满足搜索条件的汇总列返回空值。不能用 CUBE 或 ROLLUP 运算符指定 ALL。

(2) CUBE：指定在结果集内，不仅包含由 GROUP BY 提供的正常行，还包含汇总行，在结果集内返回每个可能的组和子组组合的 GROUP BY 汇总行。GROUP BY 汇总行在结果中显示为 NULL，但可用来表示所有值。使用 GROUPING 函数可以确定结果集内的空值是否是 GROUP BY 汇总值。

(3) ROLLUP：指定在结果集内不仅包含由 GROUP BY 提供的正常行，还包含汇总行。按层次结构顺序，从组内的最低级别到最高级别汇总组。组的层次结构取决于指定分组列时所使用的顺序，更改分组列的顺序会影响在结果集内生成的行数。

注意：使用 CUBE 或 ROLLUP 运算符时，不支持区分聚合，如 AVG(DISTINCT column_name)、COUNT(DISTINCT column_name)和 SUM(DISTINCT column_name)。如果使用这类聚合函数，SQL Server 将返回错误信息，并取消查询。

【例 5.24】 给出以下程序的执行结果。

```
SELECT student.班号,course.课程名,AVG(score.分数) AS '平均分'
FROM student,course,score
WHERE student.学号 = score.学号 AND course.课程号 = score.课程号
GROUP BY student.班号,course.课程名 WITH CUBE
ORDER BY student.班号
```

解：该程序在 GROUP BY 子句上增加了 CUBE 参数，执行结果如图 5.19 所示。

本例的结果中，没有 NULL 的行表示指定班指定课程的平均分，而班号为 NULL 的行表示所有班指定课程的平均分，例如以下行表示所有班"操作系统"课程的平均分为 76.3333333333333。

```
NULL    操作系统        76.3333333333333
```

课程为 NULL 的行表示指定班所有课程的平均分，例如以下行表示 1033 班所有课程的平均分为 79.4。

```
1033    NULL            79.4
```

班号和课程号均为 NULL 的行表示所有班全部课程的平均分。

结果 | 消息

	班号	课程名	平均分
1	NULL	操作系统	76.3333333333333
2	NULL	计算机导论	81.5
3	NULL	数字电路	82
4	NULL	NULL	80.1818181818182
5	1001	NULL	80.8333333333333
6	1001	计算机导论	85.3333333333333
7	1001	操作系统	76.3333333333333
8	1003	计算机导论	77.6666666666667
9	1003	数字电路	82
10	1003	NULL	79.4

图 5.19 程序执行结果

带 ROLLUP 参数会依据 GROUP BY 后面所列的第一个列做汇总运算。

【例 5.25】 给出以下程序的执行结果。

```
SELECT student.班号,AVG(score.分数) AS '平均分'
FROM student,course,score
WHERE student.学号 = score.学号
GROUP BY student.班号 WITH ROLLUP
ORDER BY student.班号
```

结果　消息

	班号	平均分
1	NULL	80.1818181818182
2	1001	80.8333333333333
3	1003	79.4

图 5.20　程序执行结果

解：该程序检索各班的平均分和所有课程的平均分，执行结果如图 5.20 所示，从中看到，所有课程的平均分为 80.2。

3. HAVING 子句

在 SELECT 查询中，在给定分组 GROUP BY 子句后，可以通过在 HAVING 子句中使用聚合函数来进行分组条件判断。

【例 5.26】 给出功能为"查询最低分大于 70、最高分小于 90 的学号列"的程序及其执行结果。

解：对应的程序如下。

```
SELECT 学号 FROM score
GROUP BY 学号
HAVING MIN(分数)> 70 and MAX(分数)< 90
```

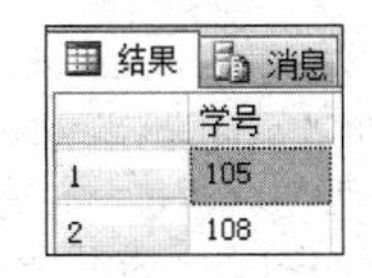

结果　消息

	学号
1	105
2	108

图 5.21　程序执行结果

执行结果如图 5.21 所示，其求解过程如图 5.22 所示。

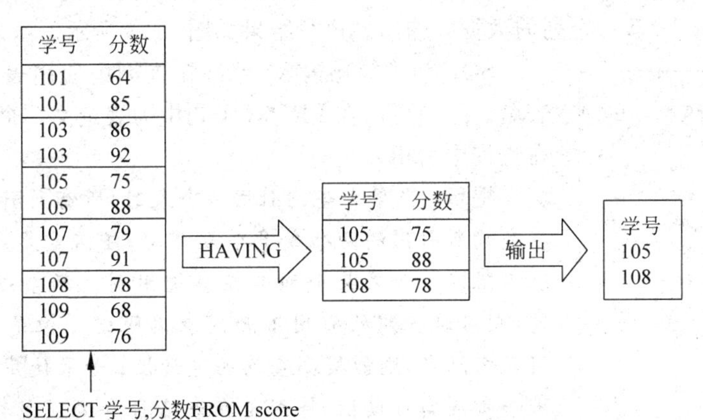

图 5.22　SELECT 查询的求解过程

5.5.5　连接查询

1. 简单连接查询

在数据查询中，经常涉及提取两个或多个表的数据，这就需要使用表的连接来实现若干个表数据的联合查询。

在一个查询中，当需要对两个或多个表连接时，可以指定连接列，在WHERE子句中给出连接条件，在FROM子句中指定要连接的表，其格式如下。

```
SELECT 列名 1,列名 2,…
FROM 表 1,表 2,…
WHERE 连接条件
```

连接的多个表通常存在公共列，为了区别是哪个表中的列，可在连接条件中通过表名前缀指定连接列。例如，“teacher.编号”表示teacher表的“编号”列，“student.学号”表示student表的“学号”列，由此来区别连接列所在的表。

下面介绍等值连接、非等值连接和自连接等简单连接类型。

1）等值连接

所谓等值连接，是指表之间通过“等于”关系连接起来，产生一个连接临时表，然后对该临时表进行处理后生成最终结果。

【例5.27】 给出功能为“查询所有学生的姓名、课程号和分数列”的程序及其执行结果。

解：对应的程序如下。

```
SELECT student.姓名,score.课程号,score.分数
FROM student,score
WHERE student.学号 = score.学号
```

该SELECT语句属于等值连接方式，先按照student.学号＝score.学号连接条件将student和score两个表连接起来，产生一个临时表；再从其中挑选出student.姓名、score.课程号和score.分数3个列的数据并输出。执行结果如图5.23所示。

结果 | 消息

	姓名	课程号	分数
1	李军	3-105	64
2	李军	6-166	85
3	陆君	3-105	92
4	陆君	3-245	86
5	匡明	3-105	88
6	匡明	3-245	75
7	王丽	3-105	91
8	王丽	6-166	79
9	曾华	3-105	78
10	曾华	6-166	NULL
11	王芳	3-105	76
12	王芳	3-245	68

图5.23　程序执行结果

SQL为了简化输入，允许在查询中使用表的别名，以缩写表名。用户可以在FROM子句中为表定义一个临时别名，然后在查询中引用。

提示：当单个查询引用多个表时，所有列引用都必须明确。在查询所引用的两个或多个表之间，任何重复的列名都必须用表名限定。如果某个列名在查询用到的两个或多个表中不重复，则对这一列的引用不必用表名限定。但是，如果所有列都用表名限定，则能提高查询的可读性；如果使用表的别名，则会进一步提高可读性，特别是在表名自身必须由数据库和所有者名称限定时。

【例5.28】 给出功能为“查询1003班所选课程的平均分”的程序及其执行结果。

解：对应的程序如下。

```
SELECT y.课程号,avg(y.分数)AS '平均分'
FROM student x,score y
WHERE x.学号 = y.学号 and x.班号 = '1003'
GROUP BY y.课程号
```

该 SELECT 语句采用等值连接方式。执行结果如图 5.24 所示。

2）非等值连接

所谓非等值连接，是指表之间的连接关系不是“等于”，而是其他关系。通过指定的非等值关系将两个表连接起来，产生一个连接临时表，然后对该临时表进行处理后生成最终结果。

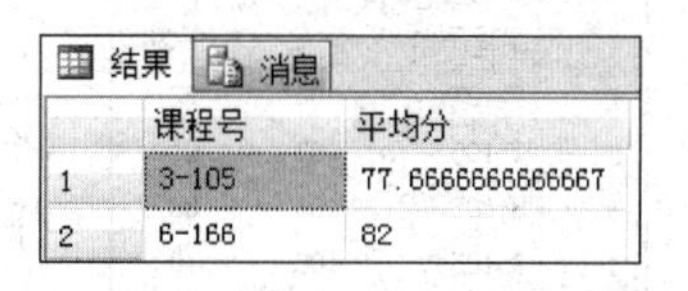

	课程号	平均分
1	3-105	77.6666666666667
2	6-166	82

图 5.24　程序执行结果

【例 5.29】　假设使用如下命令在 school 数据库中建立了一个 grade 表。

```
CREATE TABLE grade(low int,upp int,rank char(1))
INSERT INTO grade VALUES(90,100,'A')
INSERT INTO grade VALUES(80,89,'B')
INSERT INTO grade VALUES(70,79,'C')
INSERT INTO grade VALUES(60,69,'D')
INSERT INTO grade VALUES(0,59,'E')
```

给出功能为“查询所有学生的学号、课程号和 rank 列（显示为等级）的程序及其执行结果。

解：对应的程序如下。

```
SELECT 学号,课程号,rank AS '等级'
FROM score,grade
WHERE 分数 BETWEEN low AND upp
ORDER BY rank
```

	学号	课程号	等级
1	103	3-105	A
2	107	3-105	A
3	101	6-166	B
4	103	3-245	B
5	105	3-105	B
6	105	3-245	C
7	107	6-166	C
8	108	3-105	C
9	109	3-105	C
10	101	3-105	D
11	109	3-245	D

图 5.25　程序执行结果

该语句中使用 BETWEEN…AND 条件式，即条件的范围不是等值比例，而是限定在一个范围内，其中 WHERE 子句等价为“WHERE 分数＞＝low AND 分数＜＝upp”，属于非等值连接方式。执行结果如图 5.25 所示。

3）自连接

在数据查询中，有时需要将同一个表进行连接，这种连接称为自连接。进行自连接就如同两个分开的表一样，可以把一个表的某行与同一表中的另一行连接起来。

【例 5.30】　给出功能为“查询选学 3-105 课程的成绩高于 109 号学生成绩的所有学生记录，并按成绩从高到低排列”的程序及其执行结果。

解：对应的程序如下。

```
SELECT x.课程号,x.学号,x.分数
FROM score x,score y
WHERE x.课程号 = '3 - 105' AND x.分数> y.分数
    AND y.学号 = '109' AND y.课程号 = '3 - 105'
ORDER BY x.分数 DESC
```

该 SELECT 语句中 score 表进行自连接，分别使用 x 和 y 作为别名，执行结果如图 5.26 所示。

	课程号	学号	分数
1	3-105	103	92
2	3-105	107	91
3	3-105	105	88
4	3-105	108	78

图 5.26　程序执行结果

2. 复杂连接查询

在 SELECT 语句的 FROM 子句中指定连接条件，有助于将这些连接条件与 WHERE 子句中可能指定的其他搜索条件分开，其连接语法如下。

```
FROM 第一个表名 连接类型 第二个表名 [ON (连接条件)]
```

根据连接条件，复杂连接查询分为内连接、外连接和交叉连接等类型。

1）内连接

内连接是用比较运算符比较要连接的列的值的连接。内连接使用 INNER JOIN 关键字。

【例 5.31】 给出以下程序的执行结果。

```
SELECT course.课程名,teacher.姓名
FROM course INNER JOIN teacher ON (course.任课教师编号 = teacher.编号)
```

解：该 SELECT 语句采用内连接输出所有课程的任课教师姓名，执行结果如图 5.27 所示。内连接操作是查找两个表的交集，如图 5.28 所示，图中阴影部分表示 course 和 teacher 表的内连接查询你获取的行。

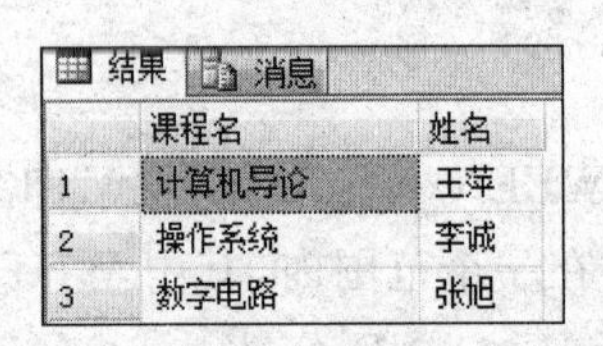

	课程名	姓名
1	计算机导论	王萍
2	操作系统	李诚
3	数字电路	张旭

图 5.27　程序执行结果

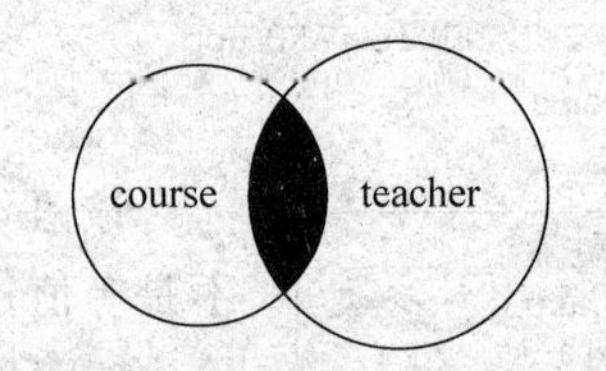

图 5.28　内连接操作示意图

2）外连接

仅当至少有一个分属两表的行符合连接条件时，内连接才返回行，内连接可消除与另一个表中的任何行不匹配的行。而外连接会返回 FROM 子句中提到的至少一个表或视图的所有行，只要这些行符合任何 WHERE 或 HAVING 搜索条件。外连接分为左外连接、右外连接和全外连接。

SQL Server 对在 FROM 子句中指定外连接使用以下关键字。

- LEFT OUTER JOIN 或 LEFT JOIN(左外连接)。
- RIGHT OUTER JOIN 或 RIGHT JOIN(右外连接)。
- FULL OUTER JOIN 或 FULL JOIN(全外连接)。

(1) 左外连接：简称为左连接，其结果包括第一个表（“左”表，出现在 JOIN 子句的最左边）中的所有行，不包括右表中的不匹配行。

【例 5.32】 给出以下程序的执行结果。

```
SELECT course.课程名,teacher.姓名
FROM course LEFT JOIN teacher ON (course.任课教师编号 = teacher.编号)
```

解：该程序采用左连接输出所有课程的任课教师姓名，执行结果如图 5.29 所示。通过

左连接，可以查询哪门课程没有任课教师，上述结果中，高等数学课程没有任课教师。图 5.30 所示为左外连接的情况。

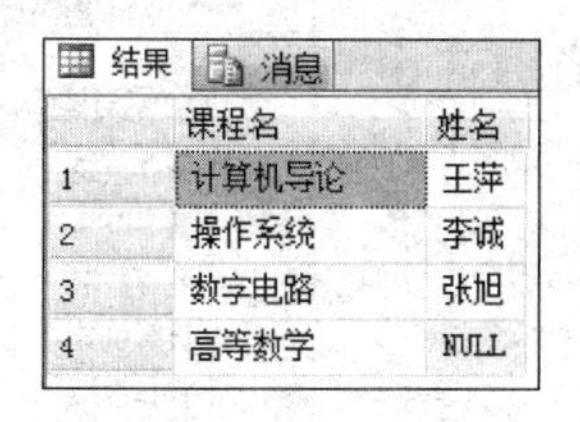

	课程名	姓名
1	计算机导论	王萍
2	操作系统	李诚
3	数字电路	张旭
4	高等数学	NULL

图 5.29　程序执行结果

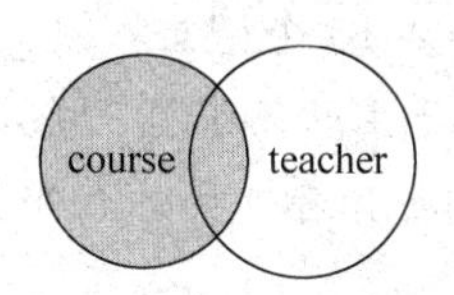

图 5.30　左外连接示意图

(2) 右外连接：简称为右连接，其结果中包括第二个表（“右”表，出现在 JOIN 子句的最右边）中的所有行，不包括左表中的不匹配行。

【例 5.33】 给出以下程序的执行结果。

```
SELECT course.课程名,teacher.姓名
FROM course RIGHT JOIN teacher ON (course.任课教师编号 = teacher.编号)
```

解：该程序采用右连接，执行结果如图 5.31 所示。通过右连接，可以查询哪个教师没有带课，上述结果中，刘冰老师没有带课。图 5.32 所示为右外连接的情况。

	课程名	姓名
1	操作系统	李诚
2	计算机导论	王萍
3	NULL	刘冰
4	数字电路	张旭

图 5.31　程序执行结果

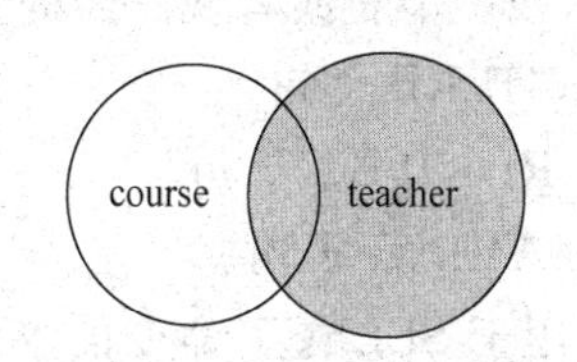

图 5.32　右外连接示意图

(3) 全外连接：若要通过在连接结果中包括不匹配的行保留不匹配信息，可以使用全外连接。SQL Server 提供全外连接运算符 FULL OUTER JOIN，不管另一个表是否有匹配的值，输出结果都包括两个表中的所有行。

【例 5.34】 给出以下程序的执行结果。

```
SELECT course.课程名,teacher.姓名
FROM course FULL JOIN teacher ON (course.任课教师编号 = teacher.编号)
```

解：该程序采用全外连接，执行结果如图 5.33 所示。从中看到，它包含了左、右连接的结果。

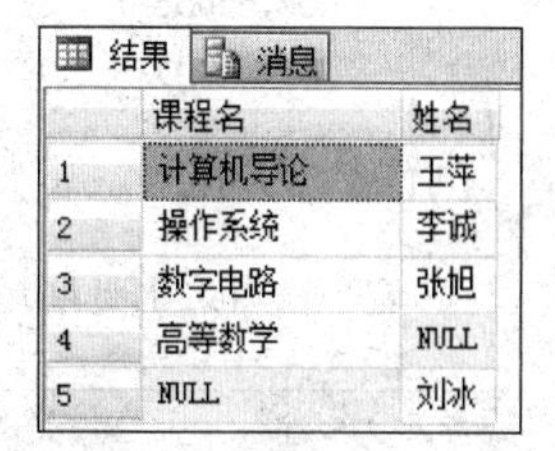

	课程名	姓名
1	计算机导论	王萍
2	操作系统	李诚
3	数字电路	张旭
4	高等数学	NULL
5	NULL	刘冰

图 5.33　程序执行结果

3) 交叉连接

在这类连接的结果集内，两个表中每两个可能成对的行占一行，使用 CROSS JOIN 关键字。交叉连接不使用 WHERE 子句。在数学上描述，就是表的笛卡儿积，第一个表的行数乘以第二个表的行数等于笛卡儿积结果集的大小。

【例 5.35】 给出以下程序的执行结果。

```
SELECT course.课程名,teacher.姓名
```

```
FROM course CROSS JOIN teacher
```

解：该程序使用交叉连接产生课程和教师所有可能的组合，执行结果如图 5.34 所示，course 和 teacher 各有 4 个记录，结果输出 4×4 共 16 个记录。

提示：交叉连接产生的结果集一般是没有意义的，但在数据库的数学模式上却有着重要的作用。

	课程名	姓名
1	计算机导论	李诚
2	操作系统	李诚
3	数字电路	李诚
4	高等数学	李诚
5	计算机导论	王萍
6	操作系统	王萍
7	数字电路	王萍
8	高等数学	王萍
9	计算机导论	刘冰
10	操作系统	刘冰
11	数字电路	刘冰
12	高等数学	刘冰
13	计算机导论	张旭
14	操作系统	张旭
15	数字电路	张旭
16	高等数学	张旭

图 5.34　程序执行结果

5.5.6　子查询

1. 简单子查询

当一个查询是另一个查询的条件时，称为子查询。子查询可以使用几个简单命令构造功能强大的复合命令。子查询可以嵌套，嵌套查询的过程中，首先执行内部查询，它查询出来的数据并不被显示出来，而是传递给外层语句（亦称为主查询），并作为外层语句的查询条件来使用。

嵌套在外部 SELECT 语句中的子查询包括以下组件。

- 包含标准选择列表组件的标准 SELECT 查询。
- 包含一个或多个表或者视图名的标准 FROM 子句。
- 可选的 WHERE 子句。
- 可选的 GROUP BY 子句。
- 可选的 HAVING 子句。

子查询主要用于 SELECT 命令的 WHERE 子句中，通过简单关系运算符（如=、<=、>=等）连接的子查询称为简单子查询，这类子查询一般返回一个值。子查询的 SELECT 查询总是用圆括号括起来，如果同时指定 TOP 子句，则可能只包括 ORDER BY 子句。

【例 5.36】　给出功能为"查询与学号为 101 的学生同年出生的所有学生的学号、姓名和出生日期列"的程序及其执行结果。

解：对应的程序如下。

```
SELECT 学号,姓名,出生日期 FROM student
WHERE year(出生日期) =
    (SELECT year(出生日期)
     FROM student
     WHERE 学号 = '101')
```

执行结果如图 5.35 所示。实际上，本例的执行过程是先执行以下子查询。

```
SELECT year(出生日期) FROM student WHERE 学号 = '101'
```

其返回结果为 1993，再执行如下主查询。

```
SELECT 学号,姓名,出生日期 FROM student
WHERE year(出生日期) = 1993
```

进而得到本例的结果。

	学号	姓名	出生日期
1	101	李军	1993-02-20 00:00:00.000
2	107	王丽	1993-01-23 00:00:00.000
3	108	曾华	1993-09-01 00:00:00.000

图 5.35　程序执行结果

【例 5.37】　给出功能为"查询分数高于平均分的

所有学生成绩记录”的程序及其执行结果。

解：对应的程序如下。

```
SELECT 学号,课程号,分数
FROM score
WHERE 分数>
    (SELECT AVG(分数)
    FROM score)
```

执行结果如图 5.36 所示。

结果 | 消息

	学号	课程号	分数
1	101	6-166	85
2	103	3-105	92
3	103	3-245	86
4	105	3-105	88
5	107	3-105	91

图 5.36　程序执行结果

2．相关子查询

在前文的例子中，子查询都仅执行一次，并将得到的值代入外部查询的 WHERE 子句中进行计算，这样的子查询称为非相关子查询。非相关子查询是独立于外部查询的子查询。而有些查询中，子查询依靠外部查询获得值，这意味着子查询是重复执行的，为外部查询可能选择的每一行均执行一次，这样的子查询称为相关子查询(也称为重复子查询)。

例如，要输出比该课程平均成绩高的成绩表，其主查询如下。

```
USE school
SELECT 学号,课程号,分数 FROM score
WHERE 分数>(待选学生所修课程的平均分)
```

该子查询如下。

```
SELECT AVG(分数)FROM score
WHERE 课程号 = (主查询待选行的课程号)
```

这样，主查询在判断每个待选行时，必须“唤醒”子查询，告诉它该学生选修的课程号，并由子查询计算课程的平均成绩；然后将该学生的分数与平均成绩进行比较，找出相应的符合条件的行，这种子查询就是相关子查询。

【例 5.38】 给出功能为“查询比该课程平均成绩低的学生成绩表”的程序及其执行结果。

解：对应的程序如下。

```
USE school
SELECT 学号,课程号,分数
FROM score a
WHERE 分数<
    (SELECT AVG(分数)
     FROM score b
     WHERE a.课程号 = b.课程号)
```

结果 | 消息

	学号	课程号	分数
1	101	3-105	64
2	108	3-105	78
3	109	3-105	76
4	109	3-245	68
5	105	3-245	75
6	107	6-166	79

图 5.37　程序执行结果

执行结果如图 5.37 所示。

理解上述相关子查询的关键是别名，它出现在主查询 FROM score a 和子查询 FROM score b 中。这样同一个表相当于两个表，当在子查询中使用“a.课程号”时，它访问待选行的课程号，这时是一个常量，从而在 b 别名中找出该常量课程的平均分。

上例中相关子查询和主查询都操作同一个表，实际中，可能是不同的表。由于相关子查询的执行过程很费时,因此不要频繁地使用。

3. 复杂子查询

如果一个子查询返回的不止一个值,将其称为复杂子查询,常用的复杂子查询主要有如下三种。

(1) 使用 IN 或 NOT IN 引入子查询。其基本格式如下。

```
WHERE 表达式[NOT] IN (子查询)
```

(2) 使用 ANY 或 ALL。其基本格式如下,其中,ANY 表示任意一个,ALL 表示所有的。

```
WHERE 表达式 比较运算符[ANY | ALL] (子查询)
```

(3) 使用 EXISTS 引入存在测试。其基本格式如下。

```
WHERE [NOT] EXISTS (子查询)
```

1) 使用 IN 或 NOT IN

通过 IN(或 NOT IN)引入的子查询返回结果是一个集合,该集合可以为空或者含有多个值。子查询返回结果之后,外部查询将利用这些结果。

【例 5.39】 给出以下程序的执行结果。

```
SELECT student.学号,student.姓名 FROM student
WHERE student.学号 IN
   (SELECT score.学号 FROM score
    WHERE score.课程号 = '6 - 166')
```

解:该程序查询选修 6-166 课程号的学生学号和姓名,执行结果如图 5.38 所示。

如果要查询没有选修 6-166 课程号的学生学号和姓名,则可以使用 NOTIN 关键字。

```
USE school
SELECT student.学号,student.姓名 FROM student
WHERE student.学号 NOT IN
   (SELECT score.学号 FROM score
    WHERE score.课程号 = '6 - 166')
```

执行结果如图 5.39 所示。

结果 | 消息

	学号	姓名
1	101	李军
2	107	王丽
3	108	曾华

图 5.38 程序执行结果

结果 | 消息

	学号	姓名
1	103	陆君
2	105	匡明
3	109	王芳

图 5.39 程序执行结果

提示:使用连接与使用子查询处理该问题及类似问题的一个不同之处在于,连接可以在结果中显示多个表中的列,而子查询却不可以。

2) 使用 ANY 或 ALL

ANY 或 ALL 通常与关系运算符连用,这时子查询的返回结果是一个集合,如"> ANY(子查询)"表示大于该集合中任意一个值时为真,而"> ALL(子查询)"表示大于该集合中所有值时为真。

【例 5.40】 给出功能为“查询课程号为 3-105 的学生的课程号、学号和分数，只输出分数至少高于课程号为 3-245 的学生分数之一的记录，并要求按分数从高到低次序排列”的程序及其执行结果。

解：求选修课程号为 3-245 的学生分数的语句如下。

```
SELECT 分数 FROM score
WHERE 课程号 = '3-245'
```

其返回的结果是一个分数集合(86,75,68)，本例对应的完整程序如下。

```
SELECT 课程号,学号,分数
FROM score
WHERE 课程号 = '3 - 105' and 分数> ANY
      (SELECT 分数 FROM score
       WHERE 课程号 = '3 - 245')
ORDER BY 分数 DESC
```

结果　消息

	课程号	学号	分数
1	3-105	103	92
2	3-105	107	91
3	3-105	105	88
4	3-105	108	78
5	3-105	109	76

图 5.40　程序执行结果

其执行结果如图 5.40 所示。ANY 相当于取子查询返回集合中所有值的最小值，在已知子查询返回集合为(86,75,68)时，上面的程序等价于如下程序。

```
SELECT 课程号,学号,分数
FROM score
WHERE 课程号 = '3 - 105' and 分数> 68
ORDER BY 分数 DESC
```

【例 5.41】 给出功能为“查询课程号为 3-105 的学生的课程号、学号和分数，只输出分数高于课程号为 3-245 的所有学生分数的记录，并要求按分数从高到低次序排列”的程序及其执行结果。

解：将上例中的 ANY 改为 ALL 即可，本例对应的程序如下。

```
SELECT 课程号,学号,分数
FROM score
WHERE 课程号 = '3 - 105' and 分数> ALL
      (SELECT 分数 FROM score
       WHERE 课程号 = '3 - 245')
ORDER BY 分数 DESC
```

执行结果如图 5.41 所示。ALL 相当于取子查询返回集合中所有值的最大值，在已知子查询返回集合为(86,75,68)时，上面的程序等价于如下程序。

```
SELECT 课程号,学号,分数
FROM score
WHERE 课程号 = '3 - 105' and 分数> 86
ORDER BY 分数 DESC
```

结果　消息

	课程号	学号	分数
1	3-105	103	92
2	3-105	107	91
3	3-105	105	88

图 5.41　程序执行结果

3) 使用 EXISTS 的子查询

EXISTS 后紧跟一个 SQL 子查询，可构成一个条件，当该子查询至少存在一个返回值时，这个条件为真，否则为假。NOT EXISTS 与之相反，当该子查询至少存在一个返回值时，这个条件为假，否则为真。

注意：使用 EXISTS 引入的子查询在以下几方面与其他子查询略有不同。

(1) EXISTS 关键字前面没有列名、常量或其他表达式。

(2) 由 EXISTS 引入的子查询的选择列表通常都由星号(＊)组成。由于只是测试是否存在符合子查询中指定条件的行，所以可以不给出列名。

【例 5.42】 给出功能为"查询所有任课教师的姓名和所在系名"的程序及其执行结果。

解：对应的程序如下。

```
SELECT 姓名,系名
FROM teacher WHERE EXISTS
   (SELECT *
     FROM course WHERE teacher.编号 = course.任课教师编号)
```

执行结果如图 5.42 所示，其中有一个相关子查询，执行过程是从头到尾扫描 teacher 表的行，对于每个行执行子查询，此时，teacher.tno 是一个常量，子查询便是在 course 表中查找任课教师编号等于该常量的行，如果存在这样的行，EXISTS 子句便返回真，主查询输出 teacher 表中的当前行；如果子查询未找到这样的行，EXISTS 子句返回假，主查询不输出 teacher 表中的当前行。

【例 5.43】 给出功能为"查询所有未讲课的教师的姓名和所在系名"的程序及其执行结果。

解：只需利用 NOT EXISTS 引入子查询即可，对应的程序如下。

```
SELECT 姓名,系名
FROM teacher WHERE NOT EXISTS
   (SELECT *
     FROM course WHERE teacher.编号 = course.任课教师编号)
```

执行结果如图 5.43 所示。本例的执行过程与上例基本相同，只是将 EXISTS 子句的结果取反，当子查询找到了这样的行，WHERE 条件为假；当子查询未找到这样的行，则 WHERE 条件为真，所示查询结果与例 5.42 正好相反。

结果 | 消息

	姓名	系名
1	李诚	计算机系
2	王萍	计算机系
3	张旭	电子工程系

图 5.42　程序执行结果

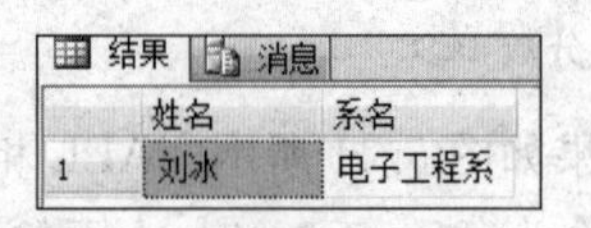
结果 | 消息

	姓名	系名
1	刘冰	电子工程系

图 5.43　程序执行结果

4. 多层嵌套

子查询可以嵌套在外部 SELECT、INSERT、UPDATE 或 DELETE 语句的 WHERE 或 HAVING 子句内，或者其他子查询中。尽管根据可用内存和查询中其他表达式的复杂程度不同，嵌套限制也有所不同，但一般均可以嵌套到 32 层。

【例 5.44】 给出以下程序的执行结果。

```
SELECT 姓名,班号
FROM student
WHERE 学号 =
    (SELECT 学号
     FROM score
     WHERE 分数 =
        (SELECT MAX(分数)
         FROM score)
    )
```

解：该程序使用多层嵌套子查询来查询最高分的学生姓名及班号。多层嵌套子查询从里向外计算，先求出最高分，再求出最高分的学号，最后求出相应的姓名和班号。执行结果如图 5.44 所示。

5. 查询结果的并

T-SQL 命令还提供了 UNION 子句，它可以将多个 SELECT 命令连接起来查询到单个 SQL 无法做到的结果集合。

【例 5.45】 给出功能为"查询所有女教师和女学生的姓名、性别和出生日期"的程序及其执行结果。

解：对应的程序如下。

```
SELECT 姓名,性别,出生日期
FROM teacher WHERE 性别 = '女'
UNION
SELECT 姓名,性别,出生日期
FROM student WHERE 性别 = '女'
```

执行结果如图 5.45 所示。

结果　消息

	姓名	班号
1	陆君	1001

图 5.44　程序执行结果

结果　消息

	姓名	性别	出生日期
1	王芳	女	1992-02-10 00:00:00.000
2	王丽	女	1993-01-23 00:00:00.000
3	王萍	女	1982-05-05 00:00:00.000

图 5.45　程序执行结果

6. 数据来源是一个查询的结果

在查询语句中，FROM 指定数据来源，它可以是一个或多个表。实际上，由 FROM 指定的数据来源也可以是一个 SELECT 查询的结果。

【例 5.46】 给出以下程序的执行结果。

```
SELECT 课程号,avgs AS '平均分'
FROM (SELECT 课程号,AVG(分数) avgs
      FROM score
      GROUP BY 课程号) T
ORDER BY avgs DESC
```

解：该程序中，FROM 指定的数据来源是一个 SELECT 查询的结果，该查询求出所有课程的平均分，整个查询再从中以递减方式输出所有课程名和平均分。执行结果如图 5.46 所示。

【例 5.47】 给出以下程序的执行结果。

```
SELECT 班号,学号,姓名,MAX(分数) 最分数
FROM (SELECT s.学号,s.姓名,s.班号,c.课程名,sc.分数
      FROM student s,course c,score sc
      WHERE s.学号 = sc.学号 AND c.课程号 = sc.课程号 AND 分数 IS NOT NULL) T
GROUP BY 班号,学号,姓名
ORDER BY 班号,学号
```

解：该程序中，FROM 指定的数据来源是求出的所有具有分数的学生的学号、姓名、班号、课程名和分数，整个查询再对该结果以班号和学号分组，每组求出最高分(其功能就是求出每个学生最高分分数)，执行结果如图 5.47 所示。

结果 | 消息

	课程号	平均分
1	6-166	82
2	3-105	81.5
3	3-245	76.3333333333333

图 5.46　程序执行结果

结果 | 消息

	班号	学号	姓名	最分数
1	1001	103	陆君	92
2	1001	105	匡明	88
3	1001	109	王芳	76
4	1003	101	李军	85
5	1003	107	王丽	91
6	1003	108	曾华	78

图 5.47　程序执行结果

5.5.7　空值及其处理

1. 什么是空值

空值从技术上来说就是“未知的值”。但空值并不包括零、一个或者多个空格组成的字符串以及零长度的字符串。

从实际中应用中，空值说明还没有向数据库中输入相应的数据，或者某个特定的记录行不需要使用该列。在实际的操作中，有下列几种情况可使得一列成为 NULL。

(1) 其值未知。

(2) 其值不存在。

(3) 列对表行不可用。

2. 检测空值

因为空值是代表未知的值，所以并不是所有空值都相等。例如，student 表中有两个学生的出生日期未知，但无法证明这两个学生的年龄相等。这样就不能用“=”运算符来检测空值，所以 T-SQL 引入了一个特殊的操作符 IS 来检侧特殊值之间的等价性。检测空值的查询语句语法如下。

```
WHERE 表达式 IS NULL
```

检测非空值的查询语句语法如下。

```
WHERE 表达式 IS NOT NULL
```

【例 5.48】 给出功能为“查询所有未参加考试的学生成绩记录”的程序及其执行结果。

解：对应的程序如下。

```
USE school
SELECT * FROM score
WHERE 分数 IS NULL
```

	学号	课程号	分数
1	108	6-166	NULL

图 5.48　程序执行结果

执行结果如图 5.48 所示。

3. 处理空值

为了将空值转换为一个有效的值，以便于理解，或者防止表达式出错。SQL Server 专门提供了 ISNULL 函数将空值转换为有效的值，其使用语法格式如下。

```
ISNULL(check_expr,repl_value)
```

其中，check_expr 是被检查是否为 NULL 的表达式，可以是任何数据类型。repl_value 在 check_expr 为 NULL 时用其值替换 NULL 值，需与 check_expr 具有相同的类型。

【例 5.49】 给出功能为“查询所有学生成绩记录，并将空值作为 0 处理”的程序及其执行结果。

解：对应的程序如下。

```
USE school
SELECT 学号,课程号,ISNULL(分数,0) AS '分数'
FROM score
```

其中，如果分数不为空，ISNULL 函数将会返回原值；只有分数为 NULL 值时，ISNULL 函数才会对其进行处理，用数值 0 替代。执行结果如图 5.49 所示。

	学号	课程号	分数
1	101	3-105	64
2	101	6-166	85
3	103	3-105	92
4	103	3-245	86
5	105	3-105	88
6	105	3-245	75
7	107	3-105	91
8	107	6-166	79
9	108	3-105	78
10	108	6-166	0
11	109	3-105	76
12	109	3-245	68

图 5.49　程序执行结果

5.6 T-SQL 程序设计基础

T-SQL 虽然和高级语言不同，但是它本身也具有运算和控制等功能，用户也可以利用 T-SQL 语言进行编程，因此读者需要了解 T-SQL 语言的基础知识。本节主要介绍 T-SQL 语言程序设计的基础概念。

5.6.1 标识符

在 SQL Server 中，标识符就是指用来定义服务器、数据库、数据库对象和变量等的名称，可以分为常规标识符和分隔标识符。

1. 常规标识符

常规标识符就是在 T-SQL 语句中使用时不需要使用分隔标识符进行分隔的标识符。常规标识符符合标识符的格式规则。

例如，以下 T-SQL 语句中 book 和 bname 就是两个常规标识符。

```
SELECT * FROM book WHERE bname = 'C 程序设计'
```

2. 分隔标识符

在 T-SQL 语句中,对不符合所有标识符规则的标识符必须进行分隔;符合标识符格式规则的标识符可以分隔,也可以不分隔。在 SQL Server 中,T-SQL 所使用的分隔标识符类型有下面两种。

(1) 被引用的标识符,用双引号(")分隔开,例如 SELECT * FROM "student"。

(2) 括在括号中的标识符,用方括号([])分隔,例如 SELECT * FROM [student]。

当使用 SET QUOTED_IDENTIFIERON 命令后,双引号分隔标识符才有效(默认值),此时,双引号只能用于分隔标识符,不能用于分隔字符串。如果使用 SET QUOTED_IDENTIFIER OFF 命令关闭了该选项,双引号不能用于分隔标识符,而是用方括号作为分隔符。

3. 使用标识符和同义词

1) 标识符

数据库对象(简称为对象)的名称被看成是该对象的标识符。SQL Server 中的每个内容都可带有标识符,服务器、数据库和对象(例如表、视图、列、索引、触发器、存储过程、约束及规则等)都有标识符。大多数对象要求带有标识符,但对有些对象(如约束)的标识符是可选项。

在 SQL Server 中,一个对象的全称语法格式如下。

```
服务器名.数据库名.架构名.对象名
```

架构(Schema)是指包含表、视图、存储过程等的容器,它位于数据库内部,而数据库位于服务器内部。架构被单个拥有者(可以是用户或角色)所拥有,并构成唯一命名空间。

例如,服务器 MyServer 上 test 数据库中 dbo 架构下的 sysusers 表的全称如下。

```
MyServer.test.dbo.sysusers
```

在实际使用时,使用全称比较烦琐,因此经常使用简写格式。可用的简写格式包含下面几种。

- 服务器名.数据库名..对象名
- 服务器名..架构.对象名
- 服务器名...对象名
- 数据库名.架构对象名
- 数据库名..对象名
- 架构.对象名
- 对象名

在上面的简写格式中,没有指明的部分使用如下默认设置值。

- 服务器:本地服务器。
- 数据库:当前数据库。
- 架构:默认的架构。

说明:dbo 架构是数据库的默认架构。

2) 同义词

前面看到,一个数据库对象的全称由 4 部分组成,例如,名为 Server1 的服务器上有 db

数据库的 tb 表，若要从另一服务器 Server2 引用此表，则客户端应用程序必须使用由 4 个部分构成的名称 Server1. db. dbo. tb。为了简化，SQL Server 引入了同义词的概念。同义词是架构范围内的对象的另一名称(别名)。通过使用同义词，客户端应用程序可以使用由一部分组成的名称来引用基对象，而不必使用由两部分、3 部分或 4 部分组成的名称。

可以使用 CREATE SYNONYM 语句来定义同义词，例如，以下语句定义了一个同义词。

```
CREATE SYNONYM Mytb FOR Server1.db.dbo.tb
```

这样，客户端应用程序只需使用由一个部分构成的名称(即 Mytb)来引用 Server1. db . dbo. tb 表。

如果更改了表 tb 的位置(例如，更改为另一服务器)，则必须修改客户端应用程序以反映此更改。由于不存在 ALTER SYNONYM 语句，因此必须首先删除同义词 Mytb，然后重新创建同名的同义词，但是要将同义词指向 tb 的新位置。

需要注意的是，同义词从属于架构，并且与架构中的其他对象一样，其名称必须是唯一的。

5.6.2 数据类型

数据类型是指列、存储过程参数、表达式和局部变量的数据特征，它决定了数据的存储格式，代表了不同的信息类型。包含数据的对象都具有一个相关的数据类型，此数据类型定义对象所能包含的数据种类(字符、整数、二进制数等)。

SQL Server 提供了各种系统数据类型。除了系统数据类型外，还可以自定义数据类型。

提示：在 SQL Server 中，所有系统数据类型名称都是不区分大小写的。另外，用户定义的数据类型是在已有的系统数据类型基础上生成的，而不是定义一个存储结构的新类型。

在 SQL Server 中，以下对象可以具有数据类型。

- 表和视图中的列。
- 存储过程中的参数。
- 变量。
- 返回一个或多个特定数据类型数据值的 T-SQL 函数。
- 具有一个返回代码的存储过程(返回代码总是具有 integer 数据类型)。

1. 系统数据类型

可以按照存放在数据库中的数据的类型对 SQL Server 提供的系统数据类型进行分类，如表 5.2 所示。

表 5.2 SQL Server 提供的系统数据类型

分　类	数据类型定义符
整数型	bigint、int、smallint、tinyint
逻辑数值型	bit
小数数据类型	decimal、numeric

续表

分　类	数据类型定义符
货币型	money、smallmoney
近似数值型	float、real
字符型	char、varchar、text
Unicode 字符型	nchar、nvarchar、ntext
二进制数据类型	binary、varbinary、image
日期时间类型	datetime、smalldatetime
其他数据类型	cursor、sal_variant、table、timestamp、uniqueidentifier

1）整数型

整数型数据由负整数或正整数组成，如－15、0、5 和 2509。在 SQL Server 中，整数型数据使用 bigint、int、smallint 和 tinyint 数据类型存储，各种类型能存储的数值的范围如下。

- bigint 数据类型：大整数型，长度为 8 个字节，可以存储 $-2^{63} \sim 2^{63}-1$ 范围内的数字。
- int 数据类型：整数型，长度为 4 个字节，可存储范围是 $-2^{31} \sim 2^{31}-1$。
- smallint 数据类型：短整数型，长度为 2 个字节，可存储范围是 $-2^{15} \sim 2^{15}-1$。
- tinyint 数据类型：微短整数型，长度为 1 个字节，只能存储 0～255 范围内的数字。

【例 5.50】 给出以下程序的功能及执行结果。

```
USE test
CREATE TABLE Int_table
(   c1 tinyint,
    c2 smallint,
    c3 int,
    c4 bigint
)
INSERT Int_table VALUES(50,5000,50000,500000)
SELECT * FROM Int_table
```

解：该程序创建了一个表 Int_table，其中的 4 个列分别使用了 4 种不同的整型，然后插入一个记录，最后输出该记录，执行结果如图 5.50 所示。

图 5.50　程序执行结果

2）小数数据类型

也称为精确数据类型，由两部分组成，其数据精度保留到最低有效位，所以它们能以完整的精度存储十进制数。

在声明小数数据类型时，可以定义数据的精度和小数位，声明格式如下。

```
decimal[(p[,s])]
```

或

```
numeric[(p[,s])]
```

其中，p 指定精度，取值范围从 1 ～38；s 指定小数位数，取值范围从 0～ p。其存储大小为 19 字节。

【例 5.51】 给出以下程序的执行结果。

```
USE test
CREATE TABLE Decimal_table
(
    cl decimal(3,2)
)
INSERT Decimal_table VALUES(4.5678)
SELECT * FROM Decimal_table
```

解：该程序的执行结果如图 5.51 所示。

在为小数数值型数据赋值时，应保证所赋数据整数部分的位小于或者等于定义的长度，否则会出现溢出错误。

【例 5.52】 给出以下程序的执行错误。

```
USE test
INSERT Decimal_table VALUES(49.678)
```

解：执行上述程序时会出现如图 5.52 所示的错误消息。这是由于 table 表 cl 列定义为 decimal(3,2)，而 49.678 的整数部分超出了其长度，出现了数据溢出。

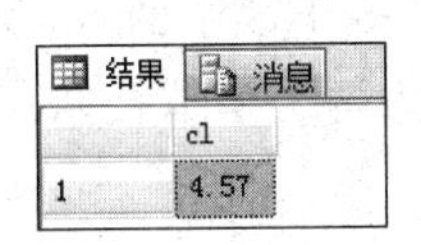

图 5.51 程序执行结果

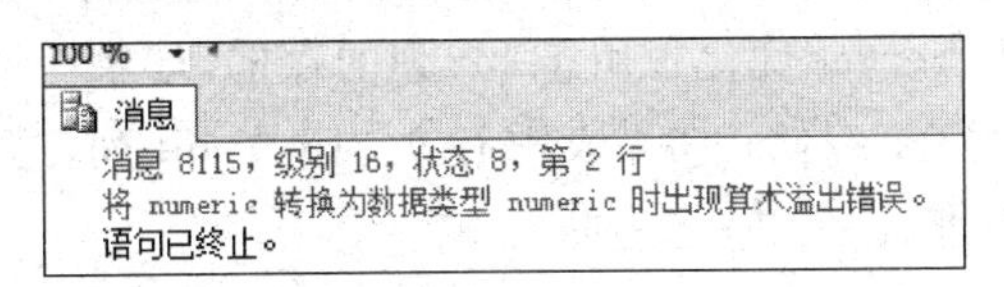

图 5.52 错误消息

在 SQL Server 中，小数数据使用 decimal 或 numeric 数据类型存储。存储 decimal 或 numeric 数值所需的字节数取决于该数据的数字总数和小数点右边的小数位数。例如，存储数值 19283.29383 比存储 1.1 需要更多的字节。

3) 近似数值型

SQL Server 提供了用于表示浮点型数据的近似数值数据类型。近似数值数据类型不能精确记录数据的精度，它们所保留的精度由二进制数字系统的精度决定。SQL Server 提供了如下两种近似数值数据类型。

(1) float：-1.79E308～1.79E308 之间的浮点型数据，存储大小为 8 字节。

(2) real 数据类型：-3.40E38～3.40E38 之间的浮点型数据，存储大小为 4 字节。

4) 字符型

字符串存储时采用字符型数据类型。字符数据由字母、符号和数字组成。例如，"928"、"Johnson"和" (0*&(%B99nh jkJ"都表示有效的字符数据。

提示：字符常量必须包括在单引号(')或双引号(")中。建议用单引号括住字符常量，因为当 QUOTED IDENTIFIER 选项设为 ON 时，有时不允许用双引号括住字符常量。当使用单引号分隔一个包括嵌入单引号的字符常量时，用两个单引号表示嵌入的一个单引号。

在 SQL Server 中，字符数据使用 char、varchar 和 text 数据类型存储，它们的定义方式如下。

(1) char[(n)]：长度为 n 个字节的固定长度且非 Unicode 的字符数据。n 的取值范围是 1～8000。存储大小为 n 个字节。

(2) varchar[(n)]：长度为 n 个字节的可变长度且非 Unicode 的字符数据。n 的取值范围是 1～8000。存储大小为输入数据的字节的实际长度，而不是 n 个字节。所输入的数据字符长度可以为零。

(3) text 数据类型：用来声明变长的字符数据。在定义过程中，不需要指定字符的长度。最大长度为 $2^{31}-1$(2 147 483 647)个字符。当服务器的当前代码页使用双字节字符时，存储量仍是 2 147 483 647 个字节。存储大小可能小于 2 147 483 647 字节(取决于字符串)。SQL Server 会根据数据的长度自动分配空间。

说明：在 SQL Server 中，字符串编码格式有多种，Unicode 就是其中一种国际编码格式，nchar[(n)]是长度为 n 个字节的固定长度且为 Unicode 的字符数据类型，nvarchar[(n)]是长度为 n 个字节的可变长度且为 Unicode 的字符数据类型。例如，N'string'表示 string 是个 Unicode 字符串，N 前缀必须是大写字母。Unicode 常量有相应的排序规则，主要用于控制比较和区分大小写。

5) 逻辑数值型

SQL Server 支持逻辑数据类型 bit，它可以存储整型数据 1、0 或 NULL。如果输入 0 以外的其他值，SQL Server 均将它们当作 1 看待。

SQL Server 优化了用于 bit 列的存储，如果一个表中有不多于 8 个的 bit 列，这些列将作为一个字节存储；如果表中有 9～16 个 bit 列，这些列将作为两个字节存储；更多列的情况依此类推。

注意：不能对 bit 类型的列建立索引。

【例 5.53】 给出以下程序的执行结果。

```
USE test
CREATE TABLE Bit_table
(    c1 bit,
     c2 bit,
     c3 bit
)
INSERT Bit_table VALUES(12,1,0)
SELECT * FROM Bit_table
```

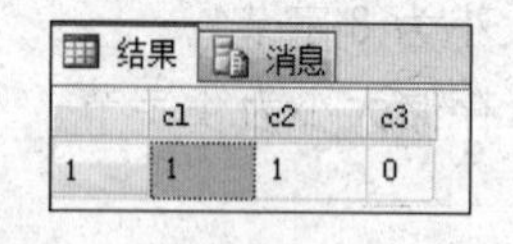

	c1	c2	c3
1	1	1	0

图 5.53　程序执行结果

解：该程序用于建立 Bit_table 表，含有 3 个 bit 类型的列；然后插入一个记录，由 SQL Server 将它们转换成位值。其执行结果如图 5.53 所示。

6) 货币型

货币数据表示正的或负的货币值。SQL Server 中使用 money 和 smallmoney 数据类型存储货币数据，货币数据存储的精确度为 4 位小数。

money 和 smallmoney 数据类型存储范围和占用字节如下。

(1) money 数据类型：可存储的货币数据值介于 -2^{63}～$2^{63}-1$ 之间，精确到货币单位的万分之一，存储大小为 8 个字节。

(2) smallmoney 数据类型：可存储的货币数据值介于 -2^{15}～$+2^{15}-1$ 之间，精确到货币单位的万分之一，存储大小为 4 个字节。

7）二进制数据类型

二进制数据由十六进制数表示。例如，十进制数 245 等于十六进制数 F5。在 SQL Server 中，二进制数据使用 binary、varbinary 和 image 数据类型存储。

（1）binary[(n)]：*n* 个字节固定长度的二进制数据，*n* 的取值范围是 1～8000。存储空间大小为 *n*+4 个字节。

（2）varbinary[(n)]：*n* 个字节变长二进制数据，*n* 的取值范围是 1～8000。存储空间大小为实际输入数据长度+4 个字节，而不是 *n* 个字节。输入的数据长度可能为 0 字节。

（3）image：可变长度二进制数据在 0～$2^{31}-1$ 字节之间。

二进制常量以 0x(一个零和小写字母 x)开始，后面跟着位模式的十六进制表示。例如，0x2A 表示十六进制的值 2A，它等于十进制的数 42 或单字节位模式 00101010。

【例 5.54】 给出以下程序的执行结果。

```
USE test
CREATE TABLE Binary_table
(    c1 binary(10),
     c2 varbinary(20),
     c3 image
)
INSERT Binary_table VALUES (0x123,0xffff,0x14ffff)
SELECT * FROM Binary_table
```

解： 执行结果如图 5.54 所示。

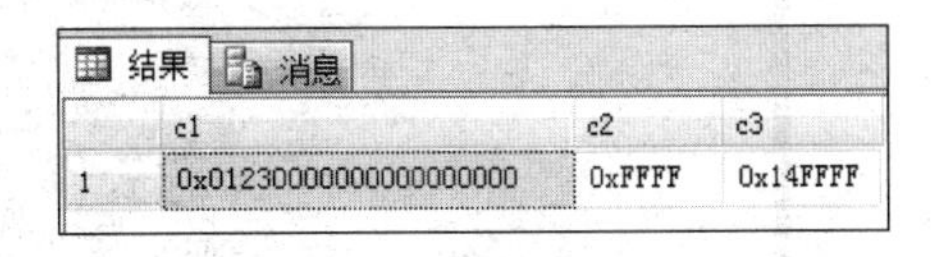

图 5.54　程序执行结果

8）日期时间类型

SQL Server 提供了专门的日期时间类型。日期和时间数据由有效的日期或时间组成。例如，4/01/2015 12:15:00:00:00 PM 和 1:28:29:15:01 AM 8/17/2015 都是有效的日期和时间数据。日期和时间数据使用 datetime 和 smalldatetime 数据类型存储。

（1）datetime：从 1753 年 1 月 1 日到 9999 年 12 月 31 日之间的日期和时间数据，精确度为 3‰s(等于 3ms 或 0.003s)，存储大小为 8 个字节。

（2）smalldatetime：从 1900 年 1 月 1 日到 2079 年 6 月 6 日之间的日期和时间数据，精确到分钟，存储大小为 4 个字节。

2. 用户定义的数据类型

用户定义的数据类型总是根据基本数据类型进行定义。SQL Server 提供了一种机制，可以将一个名称用于一个数据类型，这个名称更能清楚地说明该对象中保存的值的类型，程序员和数据库管理员能更容易地理解以该数据类型定义的对象的意图。

用户定义的数据类型使表结构对于程序员更有意义，并有助于确保包含相似数据类型的列具有相同的基本数据类型。创建用户定义的数据类型时必须提供以下 3 个参数。

（1）名称。

（2）新数据类型所依据的系统数据类型。

（3）为空性(数据类型是否允许空值)。如果为空性未明确定义，系统将依据数据库或连接的 ANSI NULL 默认设置进行指派。

如果用户定义的数据类型是在model数据库中创建的，它将作用于所有用户定义的新数据库。如果数据类型在用户定义的数据库中创建，则该数据类型只作用于此用户定义的数据库。

1）通过SQL Server管理控制器来创建用户定义的数据类型

使用SQL Server管理控制器创建用户定义的数据类型的操作步骤如下。

① 启动SQL Server管理控制器，在“对象资源管理器”窗口中展开LCB-PC\SQLEXPRESS服务器结点。

② 展开“数据库”结点，再展开要在其中创建用户定义数据类型的数据库，例如test。

③ 展开“可编程性”结点，再展开“类型”结点。

④ 右击“用户定义的数据类型”选项，然后选择“新建用户定义数据类型”命令。

⑤ 此时打开“新建用户定义数据类型”对话框，如图5.55所示。

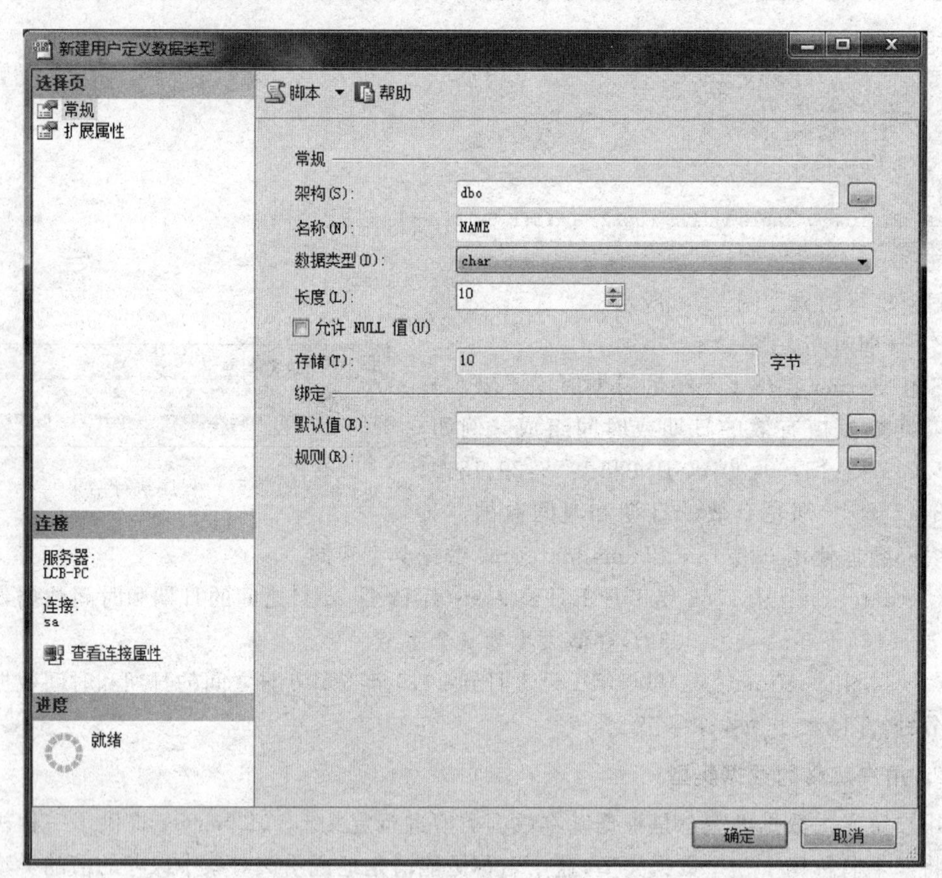

图5.55 “新建用户定义数据类型”对话框

在“名称”文本框中输入新建数据类型的名称(如NAME)；在“数据类型”下拉列表中选择基数据类型(如char)。如“长度”选项处于活动状态，若要更改此数据类型可存储的最大数据长度，请输入另外的值(如10)。长度可变的数据类型有binary、char、nchar、nvarchar、varbinary和varchar。若要允许此数据类型接受空值，请勾选“允许NULL值”复选框。在“规则”和“默认值”选项中选择一个规则或默认值(若有)，以将其绑定到用户定义的数据类型上。

⑥ 设置完成后单击“确定”按钮，即可创建一个用户定义的数据类型 NAME。

2）通过 T-SQL 语句来创建用户定义的数据类型

上述操作等同于执行如下程序。

```
USE [school]
GO
/* 对象: UserDefinedDataType [dbo].[NAME]脚本日期: 10/19/2014 15:08:01 */
CREATE TYPE [dbo].[NAME] FROM [char](10) NOT NULL
```

若要删除用户定义的数据类型，右击该用户定义的数据类型，然后选择“删除”命令，在打开的“除去对象”对话框中单击“全部除去”按钮，即可删除用户定义数据类型。

5.6.3　变量

在 SQL Server 中，变量分为局部变量和全局变量。全局变量名称前面有两个@符号(@@)，由系统定义和维护。局部变量前面有一个@符号(@)，由用户定义和使用，用于存放单个数据值的变量称为标量变量。

1. 局部变量

局部变量是由用户定义的，局部变量的名称前面为@。局部变量仅在声明它的批处理、存储过程或者触发器中有效，当批处理、存储过程或者触发器执行结束后，局部变量将变成无效。

局部变量的定义可以使用 DECLARE 语句，其语法格式如下。

```
DECLARE {@局部变量名 数据类型} [,…n]
```

注意：局部变量名必须以符号@开头，且符合标识符规则。定义的变量不能是 text、ntext 或 image 数据类型。

在 SQL Server 中，一次可以定义多个变量，例如如下语句。

```
DECLARE @f float,@cn char(8)
```

如果要给变量赋值，可以使用 SET 和 SELECT 语句，其基本语法格式如下。

```
SET @局部变量名 = 表达式                    -- 直接赋值
SELECT {@局部变量名 = 表达式} [,…n]         -- 在查询语句中为变量赋值
```

归纳起来，给变量赋值的方式有如下几种。

1）直接赋值

将一个常量或常量表达式直接赋给对应的变量。

【例 5.55】 给出以下程序的执行结果。

```
USE school
DECLARE @f float,@cn char(8)                -- 声明变量
SET @f = 85                                 -- 给变量@f 赋值 85
SELECT @cn = '3 - 105'                      -- 给变量@cn 赋值'3 - 105'
SELECT * FROM score WHERE 课程号 = @cn AND 分数 >= @f
```

解：该程序先定义了两个变量，并分别使用 SET 和 SELECT 为其赋值，然后使用这两个变量查询 score 表中选修课程号为 3-105 且成绩高于 85 的记录，执行结果如图 5.56 所示。

2）在查询语句中为变量赋值

“SELECT @局部变量名＝列名”语句通常用于将单个值赋给变量。如果 SELECT 语句返回多个值，则将返回的最后一个值赋予变量。如果 SELECT 语句没有返回值，变量将保留当前值。

【例 5.56】 给出以下程序的执行结果。

```
USE school
DECLARE @no char(5),@name char(10)
SELECT @no = 学号,@name = 姓名
FROM student WHERE 班号 = '1003'
PRINT @no + '  ' + @name
```

解：由于 student 表中 1003 班的最后一个学生是曾华，所以该程序的执行结果如图 5.57 所示。其中 PRINT 是屏幕输出语句，其功能是在程序运行过程中或程序调试时，显示一些中间结果。

结果 | 消息

	学号	课程号	分数
1	101	3-105	85
2	103	3-105	92
3	105	3-105	88
4	107	3-105	91

图 5.56 程序执行结果

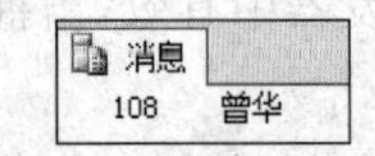

图 5.57 程序执行结果

3）使用排序规则在查询语句中为变量赋值

这种情况下，仍只将返回的结果集中的最后一个值赋予变量。

【例 5.57】 给出以下程序的执行结果。

```
USE school
DECLARE @no char(5),@name char(10)
SELECT @no = 学号,@name = 姓名 FROM student
WHERE 班号 = '1003'
ORDER BY 学号 DESC
PRINT @no + '  ' + @name
```

解：按学号递减排序后，student 表中 1003 班的最后一个学生是李军，所以该程序的执行结果如图 5.58 所示。

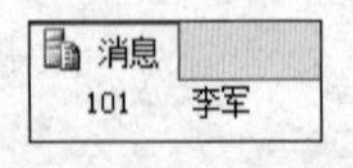

图 5.58 程序执行结果

4）使用聚合函数为变量赋值

这种情况下，直接将聚合函数的结果赋给变量。

【例 5.58】 给出以下程序的执行结果。

```
USE school
DECLARE @f float
SELECT @f = MAX(分数) FROM score WHERE 分数 IS NOT NULL
PRINT '最高分'
```

```
PRINT @f
```

解：该程序先声明@f 变量，在查询语句中为变量赋值，该程序的执行结果如图 5.59 所示。

5）使用子查询结果为变量赋值

这种情况下，直接将子查询的结果赋给变量。

【例 5.59】 给出以下程序的执行结果。

图 5.59 程序执行结果

```
USE school
DECLARE @f float
SELECT @f = (SELECT MAX(分数) FROM score WHERE 分数 IS NOT  NULL)
PRINT '最高分'
PRINT @f
```

解：该程序的结果与例 5.58 相同。

2. 全局变量

全局变量记录了 SQL Server 的各种状态信息。全局变量的名称前面为@@。在 SQL Server 中，系统定义的全局变量如表 5.3 所示。

表 5.3 SQL Server 中的全局变量

变量名称	说明
@@CONNECTIONS	返回自 SQL Server 本次启动以来，所接受的连接或试图连接的次数
@@CPU_BUSY	返回自 SQL Server 本次启动以来，CPU 工作的时间，单位为 ms
@@CURSOR_ROWS	返回游标打开后，游标中的行数
@@DATEFIRST	返回 SET DATEFIRST 参数的当前值
@@DBTS	返回当前数据库的当前 timestamp 数据类型的值
@@ERROR	返回上次执行的 SQL Transact 语句产生的错误编号
@@FETCH_STATUS	返回 FETCH 语句游标的状态
@@identity	返回最新插入的 identity 列值
@@IDLE	返回自 SQL Server 本次启动以来，CPU 空闲的时间，单位为 ms
@@IO_BUSY	返回自 SQL Server 本次启动以来，CPU 处理输入和输出操作的时间，单位为 ms
@@LANGID	返回本地当前使用的语言标识符
@@LANGUAGE	返回当前使用的语言名称
@@LOCK_TIMEOUT	返回当前的锁定超时设置，单位为 ms
@@MAX_CONNECTIONS	返回 SQL Server 允许同时连接的最大用户个数
@@MAX PRECISION	返回当前服务器设置的 decimal 和 numeric 数据类型使用的精度
@@NESTLEVEL	返回当前存储过程的嵌套层数
@@OPTIONS	返回当前 SET 选项信息
@@PACK_RECEIVED	返回自 SQL Server 本次启动以来，通过网络读取的输入数据包个数
@@PACK_SENT	返回自 SQL Server 本次启动以来，通过网络发送的输出数据包个数
@@PACKET_ERRORS	返回自 SQL Server 本次启动以来，SQL Server 中出现的网络数据包的错误个数
@@PROCID	返回当前的存储过程标识符
@@REMSERVER	返回注册记录中显示的远程数据服务器的名称

续表

变量名称	说　明
@@ROWCOUNT	返回上一个语句所处理的行数
@@SERVERNAME	返回运行 SQL Server 的本地服务器名称
@@SERVICENAME	返回 SQL Server 运行时的注册键名称
@@SPID	返回服务器处理标识符
@@TEXTSIZE	返回当前 TESTSIZE 选项的设置值
@@TIMETICKS	返回一个计时单位的微秒数，操作系统的一个计时单位是 31.25ms
@@TOTAL_ERRORS	返回自 SQL Server 本次启动以来，磁盘的读写错误次数
@@TOTAL_READ	返回自 SQL Server 本次启动以来，读磁盘的次数
@@TOTAL_WRITE	返回自 SQL Server 本次启动以来，写磁盘的次数
@@TRANCOUNT	返回当前连接的有效事务数
@@ VERSION	返回当前 SOL Server 服务器的日期、版本和处理器类型

SQL Server 的全局变量有以下特点。

- 全局变量是系统定义的，用户不能声明，不能赋值。
- 用户只能使用系统预计义的全局变量。
- 可以提供当前的系统信息。
- 同一时刻的同一个全局变量在不同会话(用不同登录名登录的同一实例)中的值不同。
- 局部变量的名称不能与全局变量的名称相同。

【例 5.60】 给出以下程序的执行结果。

```
PRINT @@version
PRINT @@LANGUAGE
```

解：该程序中的两个语句分别输出 SQL Server 版本信息和当前的语言，执行结果如图 5.60 所示。

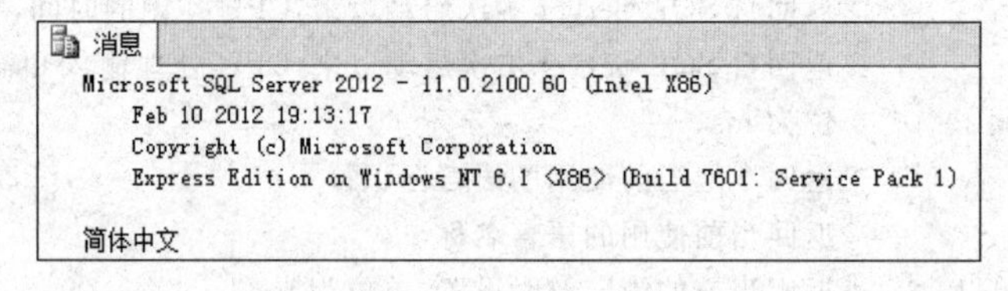

图 5.60　T-SQL 的消息

5.6.4　运算符

运算符是一种符号，用来指定要在一个或多个表达式中执行的操作。SQL Server 提供的运算符有算术运算符、赋值运算符、按位运算符、比较运算符、逻辑运算符、字符串连接运算符和一元运算符。

1. 算术运算符

算术运算符在两个表达式上执行数学运算，这两个表达式可以是数字数据类型分类的任何数据类型。在 SQL Server 中，算术运算符包括+(加)、-(减)、*(乘)、/(除)和

%(取模)。

取模运算返回一个除法的整数余数。例如,16%3=1,这是因为 16 除以 3 余数为 1。

另外,加(+)和减(-)运算符也可用于对 datetime 及 smalldatetime 值执行算术运算,其使用格式如下。

```
日期 ± 整数
```

2. 赋值运算符

赋值运算符(=)用于将表达式的值赋予另外一个变量,也可以用在列标题和为列定义值的表达式之间建立关系。

【例 5.61】 给出以下程序的执行结果。

```
USE school
SELECT 学号 = '学生',姓名,班号 FROM student
```

解:上面的 T-SQL 语句是将 school 数据库中 student 表的学号均以"学生"显示,执行结果如图 5.61 所示。

3. 按位运算符

按位运算符可以对两个表达式进行位操作,这两个表达式可以是整型数据或者二进制数据。按位运算符包括 &(按位与)、|(按位或)和^(按位异或)。

T-SQL 程序首先把整数数据转换为二进制数据,然后再对二进制数据进行按位运算。

【例 5.62】 给出以下程序的执行结果。

```
DECLARE @a INT,@b INT
SET @a = 3
SET @b = 8
SELECT @a&@b AS 'a&b',@a|@b AS 'a|b',@a^@b AS 'a^b'
```

解:该程序对两个变量进行按位运算,执行结果如图 5.62 所示。

	学号	姓名	班号
1	学生	李军	1003
2	学生	陆君	1001
3	学生	匡明	1001
4	学生	王丽	1003
5	学生	曾华	1003
6	学生	王芳	1001

图 5.61　程序执行结果

<table><tr><th></th><th>a&b</th><th>a|b</th><th>a^b</th></tr><tr><td>1</td><td>0</td><td>11</td><td>11</td></tr></table>

图 5.62　程序执行结果

注意:按位运算符的两个操作数不能为 image 数据类型。

4. 比较运算符

比较运算符用来比较两个表达式,表达式可以是字符、数字或日期数据,并可用在查询的 WHERE 或 HAVING 子句中。比较运算符的计算结果为布尔数据类型,根据测试条件的输出结果返回 TRUE 或 FALSE。

SQL Server 提供的比较运算符有>(大于)、<(小于)、=(等于)、<=(小于或等于)、

>=(大于或等于)、!=(不等于)、<>(不等于)、!<(不小于)及!>(不大于)几种。

【例 5.63】 给出以下程序的执行结果。

```
USE school
SELECT * FROM score WHERE 分数>88
```

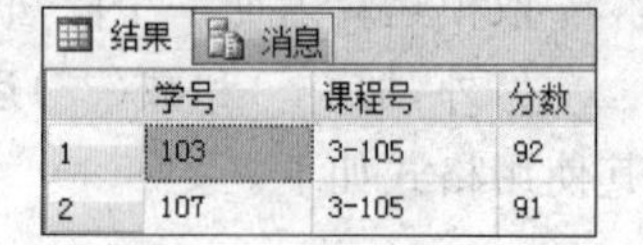

	学号	课程号	分数
1	103	3-105	92
2	107	3-105	91

图 5.63 程序执行结果

解：该程序查询 score 表中成绩高于 88 分的成绩记录，执行结果如图 5.63 所示。

5. 逻辑运算符

逻辑运算符用来判断条件是为 TRUE 或者 FALSE。SQL Server 总共提供了 10 个逻辑运算符，如表 5.4 所示。

表 5.4 逻辑运算符

逻辑运算符	含　义
ALL	当一组比较关系的值都为 TRUE 时，才返回 TRUE
AND	当要比较的两个布尔表达式的值都为 TRUE 时，才返回 TRUE
ANY	只要一组比较关系中有一个值为 TRUE，就返回 TRUE
BETWEEN	只有操作数在定义的范围内，才返回 TRUE
EXISTS	如果在子查询中存在，就返回 TRUE
IN	如果操作数在所给的列表表达式中，则返回 TRUE
LIKE	如果操作数与模式相匹配，则返回 TRUE
NOT	对所有其他布尔运算取反
OR	只要比较的两个表达式中有一个为 TRUE，就返回 TRUE
SOME	如果一组比较关系中有一些为 TRUE，则返回 TRUE

由于 LIKE 使用部分字符串来查询记录，因此，在部分字符串中可以使用通配符。SQL Server 中可以使用的通配符及其含义如表 5.5 所示。

表 5.5 通配符及其含义

通　配　符	含　义	示　例
%	包含零个或更多字符的任意字符串	WHERE 姓名 LIKE'%华%'，将查找姓名中含有"华"字的所有学生
_(下划线)	任何单个字符	WHERE 姓名 LIKE '王__'(有两个下划线)，将查找姓王的，姓名包含 3 个字的学生
[]	指定范围([a～f])或集合([abcdef])中的任何单个字符	WHERE sanme LIKE'[刘，王]__'，将查找姓刘的和姓王的，姓名包含 3 个字的学生
[^]	不属于指定范围([^a～f])或集合([^abcdef])的任何单个字符	WHERE 姓名 LIKE '[^刘，王]__'，将查找除姓刘的和姓王的，姓名包含 3 个字的学生以外的其他学生

提示：在使用通配符时，对于汉字，一个汉字也算一个字符。另外，当使用 LIKE 进行字符串比较时，模式字符串中的所有字符都有意义，包括起始或尾随空格。如果查询中的比较要返回包含"abc "(abc 后有一个空格)的所有行，则将不会返回包含"abc"(abc 后没有空格)的所有行。因此，对于 datetime 数据类型的值，应当使用 LIKE 进行查询，因为 datetime 项可能包含各种日期部分。

【例5.64】 给出以下程序的执行结果。

```
USE school
SELECT  student.学号,student.姓名,score.课程号,score.分数
FROM student,score
WHERE student.学号 = score.学号 AND student.姓名 LIKE '王%' AND
    score.分数 BETWEEN 70 AND 80
```

解:该程序查询姓“王”的考试分数在70~80之间的学生学号、姓名、课程号和分数,执行结果如图5.64所示。

6. 字符串连接运算符

字符串连接运算符为加号(+)。可以将两个或多个字符串合并或连接成一个字符串。还可以连接二进制字符串。

【例5.65】 给出以下程序的执行结果。

```
SELECT ('abc' + 'def') AS '串连接'
```

解:该程序将两个字符串连接在一起,执行结果如图5.65所示。

结果 | 消息

	学号	姓名	课程号	分数
1	107	王丽	6-166	79
2	109	王芳	3-105	76

图5.64 程序执行结果

	串联接
1	abcdef

图5.65 程序执行结果

注意:其他数据类型,如datetime和smalldatetime,在与字符串连接之前必须使用CAST转换函数将其转换成字符串。

7. 一元运算符

一元运算符是指只有一个操作数的运算符。SQL Server提供的一元操作符包含+(正)、-(负)和~(位反)。

正和负运算符表示数据的正和负,可以对所有数据类型进行操作。位反运算符返回一个数的补数,只能对整数数据进行操作。

【例5.66】 给出以下程序的执行结果。

```
DECLARE @Num1 INT
SET @Num1 = 5
SELECT ~@Num1 AS '位反运算'
```

解:该程序首先声明一个变量,并对变量赋值,然后对变量取负,执行结果如图5.66所示。

8. 运算符优先级

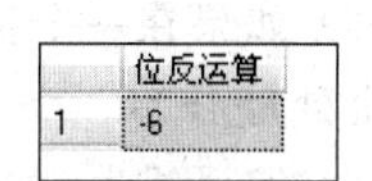

	位反运算
1	-6

图5.66 程序执行结果

当一个复杂的表达式有多个运算符时,运算符优先级决定执行运算的先后次序,执行的顺序可能严重地影响所得到的结果值。

在SQL Server中,运算符的优先级如下。

① +(正)、-(负)、~(按位 NOT)。

② *(乘)、/(除)、%(模)。

③ +(加)、+(连接)、-(减)。

④ =、>、<、>=、<=、<>、!=、!>和!<比较运算符。

⑤ ^(位异或)、&(位与)、|(位或)。

⑥ NOT。

⑦ AND。

⑧ ALL、ANY、BETWEEN、IN、LIKE、OR、SOME。

⑨ =(赋值)。

当一个表达式中的两个运算符有相同的运算符优先级时，将基于它们在表达式中的位置来对其从左到右先后进行求值。

5.6.5 批处理

批处理是包含一个或多个 T-SQL 语句的组，并以 GO 作为结束语句，从应用程序一次性地发送到 SQLServer 执行。SQL Server 将批处理语句编译成一个可执行单元，由客户机一次性地发送给服务器，SQL Server 服务器对批处理脚本的处理方式如图 5.67 所示。

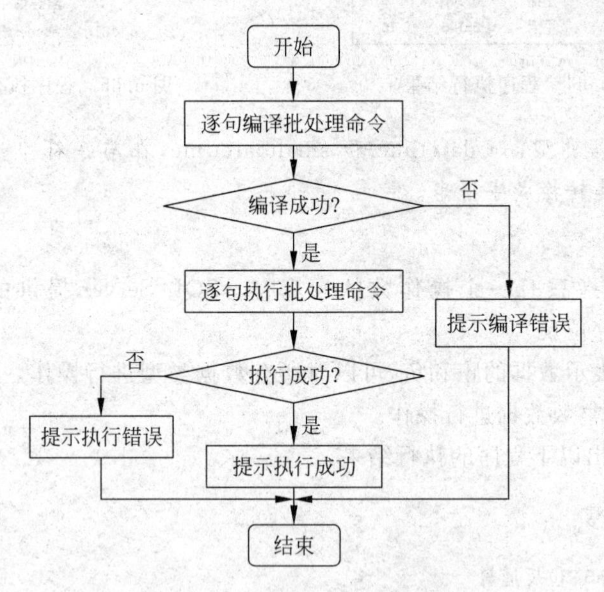

图 5.67 批处理程序的处理方式

(1) 用户定义的局部变量的作用域限制在一个批处理中，所以不能在 GO 语句后引用。

(2) 如果在一个批处理中存在语法错误，则该批处理的全部语句都不再执行，执行从下一个批处理开始。

(3) 编译错误(如语法错误)使执行计划无法编译，从而导致批处理中的任何语句均无法执行。

(4) 运行时错误(如算术溢出或违反约束)会产生以下两种影响之一。

① 大多数运行时错误将停止执行批处理中当前语句和它之后的语句。

② 少数运行时错误(如违反约束)仅停止执行当前语句,而继续执行批处理中的其他所有语句。

在遇到运行时错误之前执行的语句不受影响。唯一的例外是,如果批处理在事务中,而且错误导致事务回滚,将回滚运行时错误之前所进行的未提交的数据修改。

假定在批处理中有 10 条语句,如果第 5 条语句有一个语法错误,则不执行批处理中的任何语句;如果编译了批处理,而第 2 条语句在执行时失败,则第 1 条语句的结果不受影响,因为它已经执行。

在建立一个批处理的时候,应该遵循如下规则。

(1) CREATE DEFAULT、CREATE PROCEDURE、CREATE RULE、CREATE TRIGGER 和 CREATE VIEW 语句不能在批处理中与其他语句组合使用。批处理必须以 CREATE 语句开始,所有跟在该批处理后的其他语句将被解释为第一个 CREATE 语句定义的一部分。

(2) 不能在同一个批处理中更改表结构后再引用新添加的列。

(3) 如果 EXECUTE 语句是批处理中的第一句,则不需要 EXECUTE 关键字。如果 EXECUTE 语句不是批处理中的第一条语句,则需要 EXECUTE 关键字。

【例 5.67】 指出以下程序的错误。

```
USE school
GO                                          --第 1 个批处理结束
DECLARE @name char(5)
SELECT @name = 姓名 FROM student
WHERE 学号 = '103'
GO                                          --第 2 个批处理结束
PRINT @name
GO                                          --第 3 个批处理结束
```

解:在批处理中声明的局部变量,其作用域只是声明它的批处理语句中。上述程序中有 3 个批处理语句,而@name 局部变量是在第 2 个批处理中声明并赋值的,在第 3 个批处理中无效,所以会出现如图 5.68 所示的错误消息,表示在第 3 个批处理中没有声明@name 变量。

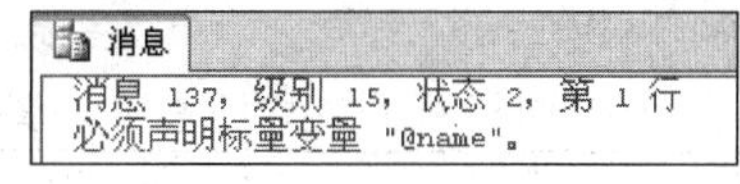

图 5.68 错误消息

改正的方法是将第 2 个和第 3 个批处理合并,程序如下。

```
USE school
GO                                          --第 1 个批处理结束
DECLARE @name char(5)
SELECT @name = 姓名 FROM student
WHERE 学号 = '103'
PRINT @name
GO                                          --第 2 个批处理结束
```

改正后的程序执行正确,其输出结果是陆君。

5.6.6 注释

注释是指程序代码中不执行的文本字符串,也称为注解。使用注释对代码进行说明,可使程序代码更易于维护。注释通常用于记录程序名称、作者姓名和主要代码更改的日期，也可用于描述复杂计算或解释编程方法。

SQL Server 支持如下两种类型的注释字符。

(1) --(双连字符)：这些注释字符可与要执行的代码处在同一行，也可另起一行。从双连字符开始到行尾均为注释。对于多行注释，必须在每个注释行的开始使用双连字符。

(2) /*…*/(正斜杠-星号对)：这些注释字符可与要执行的代码处在同一行，也可另起一行，甚至在可执行代码内。从开始注释对(/*)到结束注释对(*/)之间的全部内容均视为注释部分。对于多行注释，必须使用开始注释字符对(/*)开始注释，使用结束注释字符对(*/)结束注释。注释行上不应出现其他注释字符。

注意：多行"/*…*/"注释不能跨越批处理。整个注释必须包含在一个批处理内。

5.6.7 控制流语句

T-SQL 提供了称为控制流的特殊关键字，用于控制 T-SQL 语句、语句块和存储过程的执行流。这些关键字可用于 T-SQL 语句、批处理和存储过程中。

控制流语句就是用来控制程序执行流程的语句，使用控制流语句可以在程序中组织语句的执行流程，提高编程语言的处理能力。SQL Server 提供的控制流语句如表 5.6 所示。

表 5.6 控制流语句

控制流语句	说明
BEGIN…END	定义语句块
IF…ELSE	条件处理语句，如果条件成立，执行 IF 语句；否则执行 ELSE 语句
CASE	分支语句
WHILE	循环语句
GOTO	无条件跳转语句
WAITFOR	延迟语句
BREAK	跳出循环语句
CONTINUE	重新开始循环语句

1. BEGIN…END 语句

BEGIN…END 语句用于将多个 T-SQL 语句组合为一个逻辑块(类似于 C 语言中的复合语句或块语句)。在执行时，该逻辑块作为一个整体被执行，语法格式如下。

```
BEGIN
{
    T-SQL 语句|语句块
}
END
```

其中，"T-SQL 语句|语句块"是任何有效的 T-SQL 语句或以语句块定义的语句分组。

当控制流语句必须执行一个包含两条或两条以上 T-SQL 语句的语句块时，都可以使用 BEGIN…END 语句。它们必须成对使用，任何一条语句均不能单独使用。

BEGIN 语句行后为 T-SQL 语句块，END 语句行指示语句块结束。

BEGIN…END 语句可以嵌套使用。

【例 5.68】 给出以下程序的执行结果。

```
BEGIN
    DECLARE @MyVar float
    SET @MyVar = 456.256
    BEGIN
        PRINT '变量@MyVar 的值为：'
        PRINT CAST(@MyVar AS varchar(12))
    END
END
```

解：执行结果如图 5.69 所示。

图 5.69 程序执行结果

下面几种情况经常要用到 BEGIN…END 语句。

- WHILE 循环需要包含语句块。
- CASE 函数的元素需要包含语句块。
- IF 或 ELSE 子句需要包含语句块。

注意：在上述情况下，如果只有一条语句，则不需要使用 BEGIN…END 语句。

2. IF…ELSE 语句

使用 IF…ELSE 语句，可以有条件地执行语句。其语法格式如下。

```
IF 布尔表达式
    {T-SQL 语句|语句块}
[ELSE
    {T-SQL 语句|语句块}]
```

其中，布尔表达式可以返回 TRUE 或 FALSE。如果布尔表达式中含有 SELECT 语句，必须用圆括号将 SELECT 语句括起来。

IF…ELSE 语句的执行方式是，如果布尔表达式的值为 TRUE，则执行 IF 后面的语句块；否则执行 ELSE 后面的语句块。

【例 5.69】 给出以下程序的执行结果。

```
USE school
IF (SELECT AVG(分数) FROM score WHERE 课程号 = '3-108')> 80
    BEGIN
        PRINT '课程:3-108'
        PRINT '考试成绩还不错'
    END
ELSE
    BEGIN
        PRINT '课程:3-108'
        PRINT '考试成绩一般'
    END
```

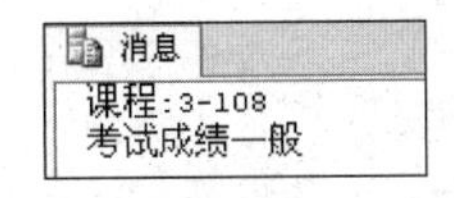

图 5.70 程序执行结果

解：执行结果如图 5.70 所示。

注意：在 IF…ELSE 语句中，IF 和 ELSE 后面的子句都允许嵌套，嵌套层数不受限制。

3. CASE 语句

使用 CASE 语句可以进行多个分支的选择。CASE 具有如下两种格式。

- 简单 CASE 格式：将某个表达式与一组简单表达式进行比较以确定结果。
- 搜索 CASE 格式：计算一组布尔表达式以确定结果。

1）简单 CASE 格式

其语法格式如下。

```
CASE 计算的表达式
    WHEN 匹配的表达式 THEN 匹配成功返回的表达式
    [ … ]
    [ELSE 匹配不成功返回的表达式]
END
```

【例 5.70】 给出以下程序的执行结果。

```
USE school
SELECT 姓名,系名,
    CASE 职称
        WHEN '教授' THEN '高级职称'
        WHEN '副教授' THEN '高级职称'
        WHEN '讲师' THEN '中级职称'
        WHEN '助教' THEN '初级职称'
    END AS '职称类型'
FROM teacher
```

解：执行结果如图 5.71 所示。

	姓名	系名	职称类型
1	李诚	计算机系	高级职称
2	王萍	计算机系	中级职称
3	刘冰	电子工程系	初级职称
4	张旭	电子工程系	高级职称

图 5.71 程序执行结果

2）搜索 CASE 格式

其语法格式如下。

```
CASE
    WHEN 布尔表达式 THEN 匹配成功返回的表达式
    [ … ]
    [ELSE 匹配不成功返回的表达式]
END
```

搜索 CASE 格式的执行方式为，当布尔表达式的值为 TRUE 时，返回 THEN 后面的表达式，然后跳出 CASE 语句；否则继续测试下一个 WHEN 后面的布尔表达式；如果所有 WHEN 后面的布尔表达式均为 FALSE，则返回 ELSE 后面的表达式；如果没有 ELSE 子句，则返回 NULL。

【例 5.71】 给出以下程序的执行结果。

```
USE school
SELECT 学号,课程号,
    CASE
        WHEN 分数 >= 90 THEN 'A'
        WHEN 分数 >= 80 THEN 'B'
        WHEN 分数 >= 70 THEN 'C'
        WHEN 分数 >= 60 THEN 'D'
        WHEN 分数< 60 THEN  'E'
```

```
    END AS '成绩'
FROM score ORDER BY 学号
```

解：执行结果如图 5.72 所示。

	学号	课程号	成绩
1	101	3-105	D
2	101	6-166	B
3	103	3-105	A
4	103	3-245	B
5	105	3-105	B
6	105	3-245	C
7	107	3-105	A
8	107	6-166	C
9	108	3-105	C
10	108	6-166	NULL
11	109	3-105	C
12	109	3-245	D

图 5.72　程序执行结果

4. WHILE 语句

WHILE 语句可以设置重复执行 T-SQL 语句或语句块的条件。只要指定的条件为真，就重复执行语句。使用 BREAK 和 CONTINUE 关键字可以在循环内部控制 WHILE 循环中语句的执行。其语法格式如下。

```
WHILE 布尔表达式
    {T-SQL 语句|语句块}
    [BREAK]
    {T-SQL 语句|语句块}
    [CONTINUE]
```

其中，BREAK 子句导致从最内层的 WHILE 循环中退出。CONTINUE 子句使 WHILE 循环重新开始执行，忽略 CONTINUE 关键字后的任何语句。

WHILE 语句的执行方式是，如果布尔表达式的值为 TRUE，则反复执行 WHILE 语句后面的语句块；否则将跳过后面的语句块。

【例 5.72】 给出以下程序的执行结果。

```
DECLARE @s int,@i int
SET @i = 0
SET @s = 0
WHILE @i<=100
    BEGIN
        SET @s = @s+@i
        SET @i = @i+1
    END
PRINT '1+2+...+100='+CAST(@s AS char(25))
```

解：该程序是计算从 1 到 100 的数值相加，执行结果如图 5.73 所示。

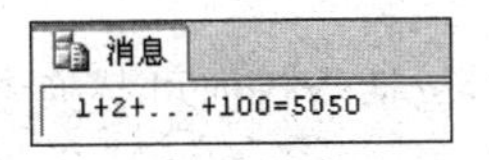

图 5.73　程序执行结果

5. GOTO 语句

GOTO 语句可以实现无条件的跳转，其语法格式如下。

```
GOTO lable
```

其中，lable 为要跳转到的语句标号。其名称要符合标识符的规定。

GOTO 语句的执行方式为，遇到 GOTO 语句后，直接跳转到 lable 标号处继续执行，而 GOTO 后面的语句将不被执行。

【例 5.73】 给出以下程序的执行结果。

```
DECLARE @avg float
USE school
IF (SELECT COUNT(*) FROM score WHERE 学号 = '108') = 0
    GOTO label1
BEGIN
```

```
        PRINT '108 学号学生的平均成绩:'
        SELECT @avg = AVG(分数) FROM score WHERE 学号 = '108' AND 分数 IS NOT NULL
        PRINT @avg
        RETURN
    END
    label1:
        PRINT '108 学号的学生无成绩'
```

解：该程序输出 108 学号学生的平均成绩，若没有该学生成绩，则显示相应的提示信息，执行结果如图 5.74 所示。

图 5.74　程序执行结果

5.6.8　异常处理

1. TRY…CATCH 构造

T-SQL 代码中的错误可使用 TRY…CATCH 构造处理，也称为异常处理。TRY…CATCH 构造包括一个 TRY 块和一个 CATCH 块两部分。如果在 TRY 块内的 T-SQL 语句中检测到错误条件，则控制将被传递到 CATCH 块(可在此块中处理此错误)。

CATCH 块处理该异常错误后，控制将被传递到 END CATCH 语句后面的第一个 T-SQL 语句。如果 END CATCH 语句是存储过程或触发器中的最后一条语句，则控制将返回调用该存储过程或触发器的代码，将不执行 TRY 块中生成错误的语句后面的 T-SQL 语句。

如果 TRY 块中没有错误，控制将传递到关联的 END CATCH 语句后紧跟的语句。如果 END CATCH 语句是存储过程或触发器中的最后一条语句，控制将传递到调用该存储过程或触发器的语句。

TRY 块以 BEGIN TRY 语句开头，以 END TRY 语句结尾，在 BEGIN TRY 和 END TRY 语句之间可以指定一个或多个 T-SQL 语句。

CATCH 块必须紧跟 TRY 块。CATCH 块以 BEGIN CATCH 语句开头，以 END CATCH 语句结尾。在 T-SQL 中，每个 TRY 块仅与一个 CATCH 块相关联。

TRY…CATCH 使用下列错误函数来捕获错误信息，可以从 TRY…CATCH 构造的 CATCH 块的作用域中的任何位置检索错误信息。

- ERROR_NUMBER()：返回错误号。
- ERROR_MESSAGE()：返回错误消息的完整文本。此文本包括为任何可替换参数(如长度、对象名或时间)提供的值。
- ERROR_SEVERITY()：返回错误严重性。
- ERROR_STATE()：返回错误状态号。
- ERROR_LINE()：返回导致错误的例程中的行号。
- ERROR_PROCEDURE()：返回出现错误的存储过程或触发器的名称。

【例 5.74】 给出以下程序执行时输出的错误消息。

```
BEGIN TRY
    SELECT 1/0;
END TRY
BEGIN CATCH
   PRINT ERROR_NUMBER()
```

```
    PRINT ERROR_MESSAGE()
END CATCH;
GO
```

解：该程序存在除零异常，通过 CATCH 捕捉到并输出相应的错误号和错误消息的完整文本，如图 5.75 所示。

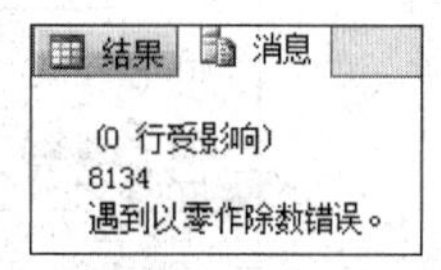

图 5.75　错误消息

说明：使用 TRY…CATCH 构造时，每个 TRY…CATCH 构造都必须位于一个批处理、存储过程或触发器中。例如，不能将 TRY 块放置在一个批处理中，而将关联的 CATCH 块放置在另一个批处理中。

2. THROW 语句

THROW 语句是 SQL Server 新增的，它用于引发异常，并将执行转移到 TRY…CATCH 构造的 CATCH 块。其基本语法格式如下。

```
THROW [ error_number,message,state ]
```

各参数的含义如下。

- error_number：表示异常的常量，取值范围为 50000～2147483647。
- message：描述异常的字符串。
- state：在 0～255 之间的常量，指示与消息关联的状态。

使用 THROW 语句需要注意以下几点。

- THROW 语句前的语句必须后跟分号(;)，即语句终止符。
- 如果 TRY…CATCH 构造不可用，则会话结束，设置引发异常的行号和过程，将严重性设置为 16。
- 未使用任何参数的 THROW 语句必须出现在 CATCH 块内。
- 如果 THROW 语句出现任何错误，都将导致该语句所在的批处理结束。

【例 5.75】 给出以下程序执行时输出的错误消息。

```
USE test
GO
IF OBJECT_ID('tb','U') IS NOT NULL
    DROP TABLE tb
GO
CREATE TABLE tb(ID int PRIMARY KEY)
BEGIN TRY
    INSERT INTO tb(ID) VALUES(1);
    INSERT INTO tb(ID) VALUES(1);
END TRY
BEGIN CATCH
    PRINT '在 CATCH 中:';                          --必须用;结尾
    THROW
    PRINT 'OK'
END CATCH
```

解：该程序先在数据库 test 中建立 tb 表，它含一个唯一性列 ID。在 CATCH 块内插入两个 1 的记录，违背唯一性，被 CATCH 块捕捉到。CATCH 块内的 THROW 语句未使用任何参数，这将导致引发已捕获异常，并结束批处理。THROW 语句显示的错误消息如图 5.76 所示。

图 5.76　程序执行时由 THROW 语句造成的错误消息

3. RAISERROR 语句

RAISERROR 语句用于生成错误消息，并启动会话的错误处理。它可以引用 sys.messages 系统目录视图中存储的用户定义消息，也可以动态建立消息。该消息作为服务器错误消息返回调用应用程序，或返回 TRY…CATCH 构造的关联 CATCH 块。其基本使用格式如下。

```
RAISERROR({错误号|用户定义的错误消息}{,severity,state})
```

其中，severity 是用户定义的与该消息关联的严重级别。state 在多个位置引发相同的用户定义错误，针对每个位置使用唯一的状态号。

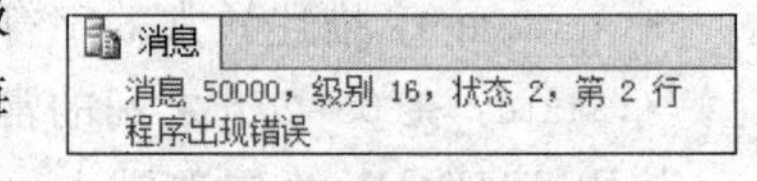

图 5.77　错误消息

例如，执行以下语句显示的错误消息如图 5.77 所示。

```
RAISERROR('程序出现错误',16,2)
```

5.6.9　函数

编程语言中的函数用于封装经常执行的逻辑的子例程。任何代码若必须执行函数所包含的逻辑，都可以调用该函数，而不必重复所有函数逻辑。SQL Server 支持内置函数和用户定义函数两种函数类型。

1. 内置函数

SQL Server 提供了丰富的具有执行某些运算功能的内置函数，可分为 12 类，如表 5.7 所示。其中除了聚合函数和行集函数外，其余均属标量函数。标量函数接受一个或多个参数后进行处理和计算，并返回一个单一的值，它们可以应用于任何有效的表达式中。

表 5.7　SQL Server 提供的内置函数

函数分类	说明
聚合函数	执行的操作是将多个值合并为一个值，例如 COUNT、SUM、MIN 和 MAX
行集函数	返回行集，这些行集可用在 T-SQL 语句中引用表所在的位置
配置函数	返回当前配置信息
游标函数	返回有关游标状态的信息
日期和时间函数	操作 datetime 和 smalldatetime 值
数学函数	执行三角、几何和其他数字运算

续表

函数分类	说明
元数据函数	返回数据库和数据库对象的特性信息
安全性函数	返回有关用户和角色的信息
字符串函数	操作 char、varchar、nchar、nvarchar、binary 和 varbinary 值
系统函数	对系统级别的各种选项和对象进行操作或报告
系统统计函数	返回有关 SQL Server 性能的信息
文本和图像函数	操作 text 和 image 值

下面详细介绍常用的几种标量函数，包括字符串函数、日期和时间函数、数学函数、系统函数，对于其他未介绍的函数，读者可以自行参阅 SQL Server 的联机帮助。

1）字符串函数

字符串函数可以对二进制数据、字符串和表达式执行不同的运算，大多数字符串函数只能用于 char 和 varchar 数据类型以及明确转换成 char 和 varchar 的数据类型，少数几个字符串函数也可以用于 binary 和 varbinary 数据类型。此外，某些字符串函数还能够处理 text、ntext、image 数据类型的数据。常见的字符串函数如表 5.8 所示。

表 5.8 常见的字符串函数

函数	参数	功能
ASCII	(char_expr)	返回第一个字符的 ASCII 值
CHAR	(integer_expr)	返回相同 ASCII 代码值的字符
CHARINDEX	('pattern',expr[,n])	返回指定模式的起始位置
DIFFERENCE	(char_exprl,char_expr2)	比较两个字符串
LTRIM	(char_expr)	删除数据前面的空格
LOWER	(char_expr)	转换成小写字母
PATINDEX	('%pattem%','expr)	在给定的表达式中指定模式的起始位置
REPLICATE	(char_expr,expr,integer_expr)	按照给定的次数重复表达式的值
RIGHT	(char_expr,integer_expr)	返回字符串中从右开始到指定位置的部分字符
REVERSE	(char_expr)	反向表达式
RTRIM	(char_expr)	去掉字符串后面的空格
SOUNDEX	(char_expr)	返回一个 4 位数代码，比较两个字符串的相似性
SPACE	(integer_expr)	返回长度为指定数据的空格
STUFF	(char_expri,star,length,char_expr2)	在 char_expr1 中，把从位置 star 开始、长度为 length 的字符串用 char_expr2 代替
SUBSTRING	(expr,start,length)	返回指定表达式的一部分
STR	(float_expr[,length[,decimal]])	把数值变成字符串返回，length 是总长度，decimal 是小数点右边的位数
UPPER	(char_expr)	把给定的字符串变成大写字母

【例 5.76】 给出以下程序的执行结果。

```
USE school
SELECT * FROM student
WHERE CHARINDEX('王',姓名)>0
```

解：WHERE 子句指出的条件是姓名中是否含有“王”，执行结果如图 5.78 所示。

结果 消息

	学号	姓名	性别	出生日期	班号
1	107	王丽	女	1993-01-23 00:00:00.000	1003
2	109	王芳	女	1992-02-10 00:00:00.000	1001

图 5.78　程序执行结果

2）日期和时间函数

日期和时间函数用于对日期和时间数据进行各种不同的处理和运算，并返回一个字符串、数值或日期和时间值。与其他函数一样，可以在 SELECT 语句的 SELECT 和 WHERE 子句以及表达式中使用日期和时间函数。常用的日期和时间函数如表 5.9 所示。

表 5.9　常用的日期和时间函数

函　数	参　数	功　能
DATEADD	(datepart,number,date)	以 datepart 指定的方式，返回 date 加上 number 之和
DATEDIFF	(datepart,datel ,date2)	以 datepart 指定的方式，返回 date2 与 datel 之差
DATENAME	(datepart,date)	返回日期 date 中 datepart 指定部分所对应的字符串
DATEPART	(datepart,date)	返回日期 date 中 datepart 指定部分所对应的整数值
DAY	(date)	返回指定日期的天数
GETDATE	()	返回当前的日期和时间
MONTH	(date)	返回指定日期的月份数
YEAR	(date)	返回指定日期的年份数

3）数学函数

数学函数用于对数字表达式进行数学运算并返回运算结果。数学函数可以对 SQL Server 提供的数值数据（decimal、integer、float、real、money、smallmoney、smallint 和 tinyint）进行运算。常用的数学函数如表 5.10 所示。

表 5.10　常用的数学函数

函　数	参　数	功　能
ABS	(numeric_expr)	返回绝对值
ASIN、ACOS、ATAN	(float_expr)	返回反正弦、反余弦、反正切
SIN、ACOS、TAN	(float_expr)	返回正弦、余弦、正切
ATAN2	(float_expr)	返回 4 个象限的反正切弧度值
DEGREES	(numeric_expr)	把弧度转化为角度
RADIANS	(numeric_expr)	把角度转化为弧度
EXP	(float_expr)	返回给定数据的指数值
LOG	(float_expr)	返回给定值的自然对数
LOG10	(float_expr)	返回底为 10 的对数值
SQRT	(float_expr)	返回给定值的平方根
CEILING	(numeric_expr)	返回大于或者等于给定值的最小整数
FLOOR	(numeric_exp)	返回小于或者等于给定值的最大整数
ROUND	(numeric_expr,length)	将给定的数值四舍五入到指定的长度
SIGN	(numeric_expr)	根据给定的数值是正、负或零对应返回 1、-1 或 0
PI	()	常量，3.141592653589793
RAND	([seed])	返回 0 和 1 之间的一个随机数

4）系统函数

系统函数用于返回有关 SQL Server 系统、用户、数据库和数据库对象的信息。系统函数可以让用户在得到信息后，使用条件语句，根据返回的信息进行不同的操作。与其他函数一样，可以在 SELECT 语句的 SELECT 和 WHERE 子句以及表达式中使用系统函数。常用的系统函数如表 5.11 所示。

表 5.11 常用的系统函数

函　数	参　数	功　能
CAST 和 CONVERT		转换函数
COALESCE		返回第一个非空表达式
COL_NAME	(数据表 ID,列 ID)	返回表中指定列的名称，即列名
COL_LENGTH	('数据表名称','列名称')	返回指定列的长度值
DB_ID	('数据库名称')	返回数据库 ID
DB_NAME	(数据库 ID)	返回数据库的名称
HOST_ID	()	返回服务器端计算机的 ID 号
HOST_NAME	()	返回服务器端计算机的名称
ISDATE	(expr)	检查给定的表达式是否为有效的日期格式
ISNULL	(expr)	用指定值替换表达式中的指定空值
ISNUMERIC	(expr)	检查给定的表达式是否为有效的数字格式
NULLIF	(expr1,expr2)	如果两个表达式相等，则返回 NULL 值
OBJECT_ID	('数据库对象名称')	返回数据库对象的 ID
OBJECT_NAME	(数据库对象的 ID)	返回数据库对象的名称
SUSER_ID	('登录名')	返回指定登录名的服务器用户 ID
SUSER_NAME	(服务器用户 ID)	返回服务器用户 ID 的登录名
USER_ID	('用户名')	返回数据库用户 ID 号
USER_NAME	([数据库用户 ID 号])	返回数据库用户名

【例 5.77】 给出以下程序的执行结果。

```
USE school
DECLARE @i int
SET @i = 0
WHILE @i <= 5
BEGIN
    PRINT COL_NAME(OBJECT_ID('student'),@i)
    SET @i = @i + 1
END
```

解：该程序使用 WHILE 循环输出 student 表中所有列的列名称，执行结果如图 5.79 所示。

消息

学号
姓名
性别
出生日期
班号

图 5.79 程序执行结果

2. 用户定义函数

函数是由一个或多个 T-SQL 语句组成的子程序，可用于封装代码以便重新使用。SQL Server 并不将用户限制在定义为 T-SQL 语言一部分的内置函数上，允许用户创建自己的用户定义函数。

可使用 CREATE FUNCTION 语句创建、使用 ALTER FUNCTION 语句修改以及使用 DROP FUNCTION 语句除去用户定义函数。每个完全合法的用户定义函数名必须唯一。

说明：当用户创建一个自定义函数被存储到 SQL Server 系统中后，每个自定义函数对应 sysobjects 系统表中的一条记录，该表中 name 列包含自定义函数的名称，xtype 列指出存储对象的类型('FN'值表示是标量函数，'IF'值表示是内联函数，'TF'值表示是表值函数)。用户可以通过查找该表中的记录判断某自定义函数是否被创建。

用户定义的函数始终返回一个值。基于所返回值的类型，每个用户定义的函数均属于以下三个类别之一。

(1) 标量值函数：可以返回整数或时间戳等标量值的用户定义函数。如果函数返回标量值，则可以在查询中能够使用列名的任何地方使用该函数。

(2) 内联函数：是返回表(TABLE)数据类型的用户定义函数的子集。RETURNS 子句只包含关键字 TABLE，不必定义返回变量的格式，因为它由 RETURN 子句中的 SELECT 语句的结果集的格式设置。函数体不用 BEGIN 和 END 分隔。RETURN 子句在括号中包含单个 SELECT 语句，该 SELECT 语句的结果集构成函数所返回的表。

(3) 表值函数：返回表数据类型的用户定义函数都称为表值函数，从这个意义上讲，表值函数包括内联函数。在表值函数中，RETURN 子句为函数返回的表定义局部返回变量名(局部返回变量名的作用域位于函数体内)，还定义表的格式。函数体中的 T-SQL 语句生成行，并将其插入 RETURN 子句定义的返回变量中。当执行 RETURN 语句时，插入变量的行将作为函数的表格输出返回。RETURN 语句不能有参数。

所有用户定义函数接受 0 个或多个输入参数，并返回单个值或单个表值，用户定义函数最多可以有 1024 个输入参数。当内联函数或表值函数返回表时，可以在另一个查询的 FROM 子句中使用该函数。

建立用户定义函数的操作是：展开服务器结点，选择"数据库|School|可编程性|函数|新建"命令，在出现的子菜单中选择相应的函数类型，如图 5.80 所示。在选择了函数类型后，T-SQL 语句编辑窗口会显示相应类型的函数模板。

【例 5.78】 给出以下程序的执行结果。

```
USE school
GO
IF EXISTS(SELECT * FROM sysobjects_   -- 如果存在这样的函数，则删除
    WHERE name = 'CubicVolume' AND type = 'FN')
  DROP FUNCTION CubicVolume
GO
CREATE FUNCTION CubicVolume
    (@CubeLength decimal(4,1), @CubeWidth decimal(4,1),   -- 输入参数
    @CubeHeight decimal(4,1))
RETURNS decimal(12,3)                  -- 返回立方体的体积，返回单个值，这是标量值函数的特征
AS
BEGIN
    RETURN(@CubeLength * @CubeWidth * @CubeHeight)
```

```
END
GO
PRINT '长、宽、高分别为 6、4、3 的立方体的体积' +
    CAST(dbo.CubicVolume(6,4,3) AS char(10))
GO
```

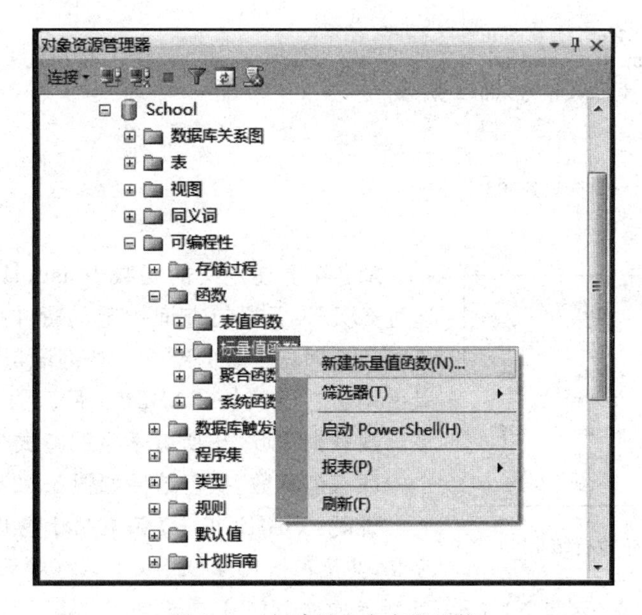

图 5.80 创建用户自定义函数

解：上述 T-SQL 语句在 test 数据库中定义了一个 CubicVolume 用户定义函数，然后使用该函数计算一个长方体的体积。该函数是一个标量值函数，执行结果如图 5.81 所示。

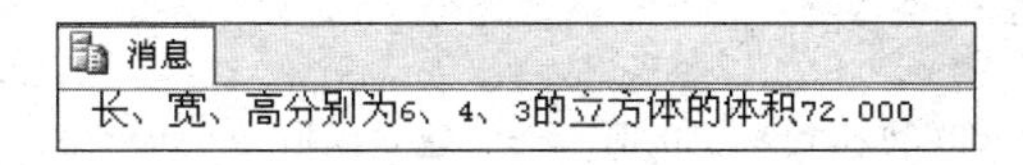

图 5.81 程序执行结果

说明：当不需要上述 CubicVolume 函数时，在 SQL Server 管理控制器中展开 test 数据库，展开"可编程性"结点，展开"函数"结点，展开"标量值函数"结点，右击 CubicVolume 结点，在出现的快捷菜单中选择"删除"命令即可，也可以使用 DROP FUNCTION CubicVolume 命令将其删除。

例 5.78 中的函数是一个标量值函数，它返回单个值。SQL Server 还支持返回 table 数据类型的用户定义函数。内联表值函数的特点是返回 table 变量，自动将其中的 SELECT 语句（只能有一个 SELECT 语句，因而不需要 BEGIN…END 括起来）的查询结果插入该变量中，然后将该变量作为返回值返回。

【例 5.79】 给出以下程序的执行结果。

```
USE school
GO
IF OBJECT_ID('funstud1', 'IF') IS NOT NULL    -- 如果存在这样的函数则删除
```

```
DROP FUNCTION funstud1
GO
CREATE FUNCTION funstud1(@bh char(10))      -- 建立函数 funstud1
    RETURNS TABLE                           -- 返回表,没有指定表结构,这是内联函数的特征
AS
RETURN
(   SELECT s.学号,s.姓名,sc.课程号,sc.分数
    FROM student s,score sc
    WHERE s.学号 = sc.学号 AND s.班号 = @bh
)
GO
SELECT * FROM funstud1('1003')
GO
```

	学号	姓名	课程号	分数
1	101	李军	3-105	64
2	101	李军	6-166	85
3	107	王丽	3-105	91
4	107	王丽	6-166	79
5	108	曾华	3-105	78
6	108	曾华	6-166	NULL

图 5.82 程序执行结果

解：在上述定义的函数 funstud1 中，返回一个表，通过 SELECT 语句查询指定的行并插入该表中，调用该函数返回这个表的结果。外部语句唤醒调用该函数，以引用由它返回的 TABLE。最后的 T-SQL 语句使用该函数查询 1003 班所有学生的考试成绩记录。这是一个内联表值函数，执行结果如图 5.82 所示。

说明：OBJECT_ID 函数用于查找指定的对象是否存在，其使用格式为 OBJECT_ID（对象名[，对象类型]），若指定的对象不存在，返回 NULL；否则返回非 NULL。

【例 5.80】 给出以下程序的执行结果。

```
USE school
GO
IF OBJECT_ID('funstud2', 'TF') IS NOT NULL  -- 如果存在这样的函数则删除
    DROP FUNCTION funstud2
GO
CREATE FUNCTION funstud2(@xh char(10))      -- 建立函数 funstud2
    RETURNS @st TABLE                       -- 返回表@st,下面定义其表结构
    (   姓名 char(10),                       -- 指定表结构,这是表值函数的特征
        平均分 float
    )
   AS
    BEGIN
      INSERT @st                            -- 向@st 中插入满足条件的记录
      SELECT student.姓名,AVG(score.分数)
      FROM student,score
      WHERE score.学号 = @xh AND student.学号 = score.学号 AND 分数 IS NOT NULL
      GROUP BY student.姓名
      RETURN
    END
GO
SELECT * FROM funstud2('103')
GO
```

解：在上述定义的函数 funstud2 中，返回的本地变量名是@st。函数中的语句在@st

变量中插入行，以生成由该函数返回的 TABLE 结果。外部语句唤醒调用该函数，以引用由该函数返回的 TABLE。最后的 SELECT 语句使用该函数查询学号为 103 的平均分。这是一个多语句表值函数，执行结果如图 5.83 所示。

表值函数与内联函数相似，也是返回一个 TABLE 变量。它们的区别是表值函数需定义返回表的类型，并用 INSERT 语句向返回表变量中插入记录行，而且表值函数需要使用 BEGIN…END，其中可以包含多个 T-SQL 语句，也可以包含聚合函数。

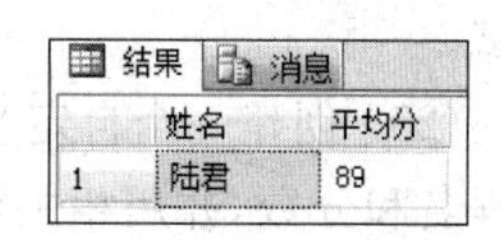

图 5.83　程序执行结果

练习题 5

(1) 从功能上划分，T-SQL 语言分为哪 4 类?

(2) NULL 代表什么含义? 将其与其他值进行比较会产生什么结果? 如果数值型列中存在 NULL，会产生什么结果?

(3) 使用 T-SQL 语句向表中插入数据应注意什么?

(4) LIKE 匹配字符有哪几种? 如果要检索的字符中包含匹配字符，那么该如何处理?

(5) 在 SELECT 语句中，DISTINCT、ORDER BY、GROUP BY 和 HAVING 子句的功能各是什么?

(6) 在一个 SELECT 语句中，当 WHERE 子句、GROUP BY 子句和 HAVING 子句同时出现在一个查询中时，T-SQL 的执行顺序如何?

(7) 进行连接查询时应注意什么?

(8) 什么是交叉连接?

(9) 内连接、外连接有什么区别?

(10) 外连接分别左外连接、右外连接和全外连接，它们有什么区别?

(11) 什么是批处理? 使用批处理有何限制?

(12) 什么是局部变量? 什么是全局变量? 如何标识它们?

(13) 什么是同义词? 为什么使用同义词?

(14) 在默认情况下，T-SQL 脚本文件的后缀是什么? T-SQL 脚本执行的结果有哪几种形式?

(15) 编写一个程序，输出没有选修 3-245 课程学生姓名和班号。

(16) 编写一个程序，查询所有学生的学号、姓名、班号、课程号、课程名和分数，并按课程号有序排列。

(17) 编写一个程序，输出每班人数，并按人数递减排序。

(18) 编写一个程序，输出所有学生的学号、姓名和平均分，并以平均分递增排序。

(19) 编写一个程序，查询 1003 班中最高分的学生的学号、姓名、班号、课程号和分数。

(20) 编写一个程序，查询具有最高分的课程名。

(21) 编写一个程序，查询平均分高于所有平均分的课程号。

(22) 给出功能为"查询没有选修过李诚老师讲授课程的所有学生姓名"的程序及其执行结果。

(23) 编写一个程序,判断 school 数据库是否存在 student 表,并用 PRINT 子句输出相应的信息。

(24) 创建一个自定义函数 maxfun,用于计算给定课程号的最高分,并用相关数据进行测试。

(25) 创建一个自定义函数 maxfun1,用于计算给定班号中最高分的学生的学号、姓名、课程名和分数,并用相关数据进行测试。

(26) 创建一个自定义函数 maxfun2,用于计算所有成绩中最高分的学生的学号和姓名,并用相关数据进行测试。

上机实验题 4

在上机实验题 3 中建立的 factory 数据库的基础上,完成如下各题的程序,要求以文本格式显示结果。

(1) 显示所有职工的年龄,并按职工号递增排序。

(2) 求出各部门的党员人数。

(3) 显示所有职工的姓名和 2004 年 1 月份工资数。

(4) 显示所有职工的职工号、姓名和平均工资。

(5) 显示所有职工的职工号、姓名、部门名和 2004 年 2 月份工资,并按部门名顺序排列。

(6) 显示各部门名和该部门所有职工的平均工资。

(7) 显示所有平均工资高于 1200 的部门名和对应的平均工资。

(8) 显示所有职工的职工号、姓名和部门类型,其中财务部和人事部属管理部门,市场部属市场部门。

(9) 若存在职工号为 10 的职工,则显示其工作部门名称,否则显示相应提示信息。

(10) 求出男女职工的平均工资,若男职工平均工资高出女职工平均工资 50%,则显示信息“男职工比女职工的工资高多了”;若男职工平均工资与女职工平均工资比率在 1.5~0.8 之间,则显示信息“男职工跟女职工的工资差不多”;否则显示信息“女职工比男职工的工资高多了”。

CHAPTER 6

第6章 T-SQL 高级应用

第 5 章介绍了 T-SQL 的基本查询语句，并介绍了 T-SQL 的编程基础知识。本章将在前面内容的基础上介绍 SQL Server 事务处理、游标、数据锁定和分布式查询的概念。

6.1 事务处理

事务是 SQL Server 中的单个逻辑单元，一个事务内的所有 SQL 语句作为一个整体执行，要么全部执行，要么都不执行。

一个逻辑工作单元必须有四个特性，称为 ACID(原子性、一致性、隔离性和持久性)属性，只有这样才能称为一个事务。这些特性说明如下。

(1) 原子性(Atomicity)。事务必须是原子工作单元，对于其数据修改，要么全都执行，要么全都不执行。

(2) 一致性(Consistency)。事务在完成时，必须使所有数据都保持一致状态。在相关数据库中，所有规则都必须应用于事务的修改，以保持所有数据的完整性。事务结束时，所有内部数据结构都必须是正确的。

(3) 隔离性(Isolation)。由并发事务所做的修改必须与任何其他并发事务所做的修改隔离。事务查看数据时数据所处的状态，要么是另一并发事务修改它之前的状态，要么是另一事务修改它之后的状态，事务不会查看中间状态的数据。这称为可串行性，因为它能够重新装载起始数据，并且重播一系列事务，以使数据结束时的状态与原始事务执行的状态相同。

(4) 持久性(Durability)。事务完成之后，它对于系统的影响是永久性的。该修改即使出现系统故障也将一直保持。

6.1.1 事务分类

按事务的启动和执行方式，可以将事务分为如下 3 类。

(1) 显式事务：指显式定义了其启动和结束的事务，称为用户定义或用户指定的事务，即可以显式地定义启动和结束的事务。分布式事务是一种特殊的显式事务，当数据库系统分布在不同的服务器上时，要保证所有服务器数据的一致性和完整性，就要用到分布式事务。

(2) 自动提交事务：是 SQL Server 的默认事务管理模式。每个 T-SQL 语句在完成时，都被提交或回滚。如果一个语句成功完成，则提交该语句；如果遇到错误，则回滚该语句。

(3) 隐式事务：当连接以隐式事务模式进行操作时，SQL Server 将在提交或回滚当前事务后自动启动新事务。无须描述事务的开始，只需提交或回滚每个事务。隐式事务模式会生成连续的事务链。

6.1.2 显式事务

显式事务从 T-SQL 命令 BEGIN TRANSACTION 开始，到 COMMIT TRANSACTION 或 ROLLBACK TRANSACTION 命令结束。也就是说，显式事务需要显式地定义事务的启动和提交。

1. 启动事务

启动事务使用 BEGIN TRANSACTION 语句，执行该语句会将@@TRANCOUNT 加 1。其语法格式如下。

```
BEGIN TRAN[SACTION] [事务名| @事务变量名[WITH MARK ['desp']]]
```

其中，WITH MARK ['desp']用于在日志中标记事务，其中，desp 为描述该标记的字符串，可使用标记事务替代日期和时间。如果使用了 WITH MARK，则必须指定事务名。WITH MARK 允许将事务日志还原到命名标记。

BEGIN TRANSACTION 代表一个事务点，该事务点的数据在逻辑和物理上都是一致的。如果遇上错误，在 BEGIN TRANSACTION 之后的所有数据改动都能进行回滚，以将数据返回到已知的一致状态。每个事务继续执行，直到它无误地完成，并且用 COMMIT TRANSACTION 对数据库做永久地改动；或者遇上错误，并且用 ROLLBACK TRANSACTION 语句擦除所有改动。

2. 提交事务

如果没有遇到错误，可使用 COMMIT TRANSACTION 语句成功提交事务。该事务中的所有数据修改在数据库中都将永久有效，事务占用的资源将被释放。

COMMIT TRANSACTION 语句的语法格式如下。

```
COMMIT [TRAN[SACTION] [事务名| @事务变量名]]
```

其中各参数含义与 BEGIN TRANSACTION 中的相同。

3. 回滚事务

如果事务中出现错误，或者用户决定取消事务，可回滚该事务。回滚事务是通过 ROLLBACK 语句来完成的。其语法格式如下。

```
ROLLBACK [TRAN[SACTION]
  [事务名| @事务变量名|保存点名| @保存点变量名]]
```

ROLLBACK TRANSACTION 清除自事务的起点或到某个保存点所做的所有数据修改。ROLLBACK 还释放由事务控制的资源。

事务处理的基本结构如图 6.1 所示。

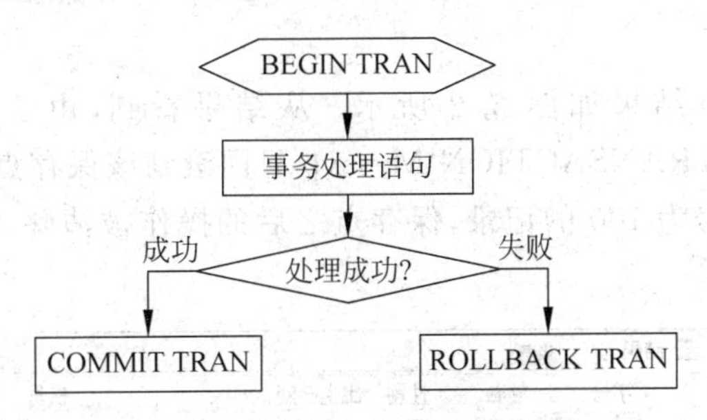

图 6.1　事务处理的基本结构

注意：*在定义事务的时候，BEGIN TRANSACTION 语句要和 COMMIT TRANSACTION 或者 ROLLBACK TRANSACTION 语句成对出现。*

【例 6.1】　给出以下程序的执行结果。

```
USE school
GO
BEGIN TRANSACTION                                          --启动事务
    INSERT INTO student VALUES('100','陈浩','男','1992/03/05','1003')
                                                           --插入一个学生记录
ROLLBACK                                                   --回滚事务
GO
SELECT * FROM student                                      --查询 student 表的记录
GO
```

解：该程序启动一个事务向 student 表中插入一个记录，然后回滚该事务。正是由于回滚了该事务，所以 student 表中没有真正插入该记录。

4. 在事务内设置保存点

设置保存点使用 SAVE TRANSACTION 语句，其语法格式如下。

```
SAVE TRAN[SACTION] {保存点名| @保存点变量名}
```

用户可以在事务内设置保存点或标记，保存点允许应用程序在遇到小错误时回滚一个事务的一部分。保存点和数据库没有任何关系，只是设置了能回滚一个事务的断点。

【例 6.2】　给出以下程序的执行结果。

```
USE school
GO
BEGIN TRANSACTION                                          --启动事务
   INSERT INTO student
     VALUES('100','陈浩','男','1992/03/05','1004')         --插入一个学生记录
   SAVE TRANSACTION Mysavp                                 --设置保存点
   INSERT INTO student
```

```
    VALUES('200','王浩','男','1992/10/05','1005')          --插入一个学生记录
ROLLBACK TRANSACTION Mysavp                                --回滚事务到保存点
COMMIT TRANSACTION                                         --提交事务
GO
SELECT * FROM student                                      --查询 student 数据库
GO
DELETE student WHERE 学号 = '100'                           --删除插入的记录
GO
```

解：该程序的执行结果如图 6.2 所示。从结果看到，由于在事务内设置保存点 Mysavp，ROLLBACK TRANSACTION Mysavp 只回滚到该保存点为止，所以只插入保存点前的一个记录，即学号为 100 的记录，保存点之后的操作被清除，即没有插入学号为 200 的记录。

结果 | 消息

	学号	姓名	性别	出生日期	班号
1	100	陈浩	男	1992-03-05 00:00:00.000	1004
2	101	李军	男	1993-02-20 00:00:00.000	1003
3	103	陆君	男	1991-06-03 00:00:00.000	1001
4	105	匡明	男	1992-10-02 00:00:00.000	1001
5	107	王丽	女	1993-01-23 00:00:00.000	1003
6	108	曾华	男	1993-09-01 00:00:00.000	1003
7	109	王芳	女	1992-02-10 00:00:00.000	1001

图 6.2　程序执行结果

提示：如果回滚到事务开始位置，则全局变量@@TRANCOUNT 的值减去 1。如果回滚到指定的保存点，则全局变量@@TRANCOUNT 的值不变。

5. 不能用于事务的操作

在事务处理中，并不是所有 T-SQL 语句都可以取消执行，一些不能撤销的操作（如创建、删除和修改数据库的操作），即使 SQL Server 取消了事务执行或者对事务进行了回滚，这些操作对数据库造成的影响也是不能恢复的。因此，这些操作不能用于事务处理。这些操作如表 6.1 所示。

表 6.1　不能用于事务的操作

操　作	相应的 SQL 语句
创建数据库	CREATE DATABASE
修改数据库	ALTER DATABASE
删除数据库	DROP DATABASE
恢复数据库	RESTORE DATABASE
加载数据库	LOAD DATABASE
备份日志文件	BACKUP LOG
恢复日志文件	RESTORE LOG
更新统计数据	UPDATE STATISTICS
授权操作	GRANT
复制事务日志	DUMP TRANSACTION
磁盘初始化	DISK INIT
更新使用 sp_configure 系统存储过程更改的配置选项的当前配置值	RECONFIGURE

6.1.3 自动提交事务

SQL Server 使用 BEGIN TRANSACTION 语句启动显式事务，或隐性事务模式设置为打开之前以自动提交模式进行操作。当提交或回滚显式事务，或者关闭隐性事务模式时，SQL Server 将返回自动提交模式。

说明： 除非 BEGIN TRANSACTION 语句启动一个显式事务，否则 SQL Serve 连接以自动提交模式运行。

在自动提交模式下，有时看起来 SQL Server 好像回滚了整个批处理，而不是仅仅一个 SQL 语句。这种情况只有在遇到的错误是编译错误而不是运行时错误时才会发生。编译错误将阻止 SQL Server 建立执行计划，这样批处理中的任何语句都不会执行。尽管看起来好像是产生错误之前的所有语句都被回滚了，但实际情况是该错误使批处理中的任何语句都没有执行。

在如下示例中，由于编译错误，第三个批处理中的任何 INSERT 语句都没有执行(没有返回显示结果)，在执行时显示的错误消息如图 6.3 所示。

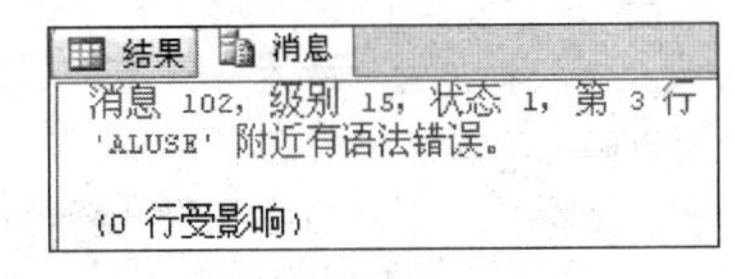

图 6.3 错误消息

```
USE test
GO
CREATE TABLE table1(c1 INT PRIMARY KEY,c2 CHAR(3))
GO
INSERT INTO table1 VALUES (1,'aaa')
INSERT INTO table1 VALUES (2,'bbb')
INSERT INTO table1 ALUSE (3,'ccc')                    --符号错误,ALUSE 应为 VALUES
GO
SELECT * FROM table1                                  --不会返回任何结果
GO
```

6.1.4 隐式事务

在隐式事务模式设置为打开之后，当 SQL Server 首次执行某些 T-SQL 语句时，都会自动启动一个事务，而不需要使用 BEGIN TRANSACTION 语句。这些 T-SQL 语句包括 ALTER TABLE、INSERT、OPEN、CREATE、DELETE、REVOKE、DROP、SELECT、FETCH、TRUNCATE TABLE、GRANT 及 UPDATE。

在发出 COMMIT 或 ROLLBACK 语句之前，该事务将一直保持有效。在第一个事务被提交或回滚之后，下次当连接执行这些语句中的任何语句时，SQL Server 都将自动启动一个新事务，不断地生成一个隐式事务链，直到隐式事务模式关闭为止。

隐式事务模式可以通过使用 SET 语句来打开或者关闭，或通过数据库 API 函数和方法进行设置。SET 语句语法格式如下。

```
SET IMPLICIT_TRANSACTIONS {ON | OFF}
```

当设置为 ON 时，SET IMPLICIT_TRANSACTIONS 将连接设置为隐式事务模式；当设置为 OFF 时，则使连接返回自动提交事务模式。

对于因为该设置为 ON 而自动打开的事务，用户必须在该事务结束时将其显式提交或回滚；否则当用户断开连接时，事务及其所包含的所有数据更改将回滚。在事务提交后，执行上述任一语句即可启动新事务，隐式事务模式将保持有效，直到连接执行 SET IMPLICIT_TRANSACTIONS OFF 语句使连接返回自动提交模式。在自动提交模式下，如果各个语句成功完成，则提交。

【例 6.3】 给出以下程序的执行结果。

```
USE test
GO
SET NOCOUNT ON                                          --不显示受影响的行数
CREATE table table2(a int)                              --建立表 table2
GO
INSERT INTO table2 VALUES(1)                            --插入一个记录
GO
PRINT '使用显式事务'
BEGIN TRAN                                              --开始一个事务
   INSERT INTO table2 VALUES(2)
   PRINT '事务内的事务数目:'+ CAST(@@TRANCOUNT AS char(5))
COMMIT TRAN                                             --事务提交
PRINT '事务外的事务数目:'+ CAST(@@TRANCOUNT AS char(5))
GO
PRINT '设置 IMPLICIT_TRANSACTIONS 为 ON'
GO
SET IMPLICIT_TRANSACTIONS ON                            --开启隐式事务
GO
PRINT '使用隐式事务'
GO
--这里不需要 BEGIN TRAN 语句来定义事务的启动
INSERT INTO table2 VALUES(4)                            --插入一个记录
PRINT '事务内的事务数目:'+ CAST(@@TRANCOUNT AS char(5))
COMMIT TRAN                                             --事务提交
PRINT '事务外的事务数目: '+ CAST(@@TRANCOUNT AS char(5))
GO
```

解：该程序演示了在将 IMPLICIT_TRANSACTIONS 设置为 ON 时显式或隐式启动事务，使用@@TRANCOUNT 函数演示打开的事务和关闭的事务，执行结果如图 6.4 所示。

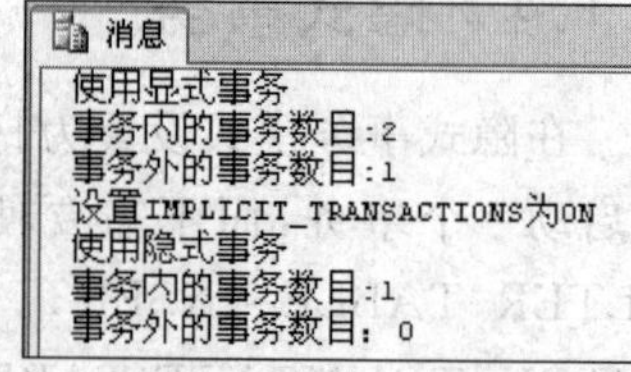

图 6.4 程序执行结果

6.1.5 事务和异常处理

当对表进行更新的时候，可以将事务和异常处理相结合，如果某个 T-SQL 语句执行失败，为了保持数据的完整性，可将整个事务进行回滚。

【例 6.4】 给出以下程序的功能和执行结果。

```
USE test
GO
CREATE TABLE table3(no char(5) UNIQUE)                  --no 列具有唯一性
GO
BEGIN TRY
      BEGIN TRANSACTION Mytrans
```

```
        INSERT INTO table3 VALUES ('aaa')
        INSERT INTO table3 VALUES ('aaa')
    COMMIT TRANSACTION Mytrans
END TRY
BEGIN CATCH
    SELECT ERROR_NUMBER() AS '错误号',ERROR_MESSAGE() AS '错误文字'
    ROLLBACK TRANSACTION Mytrans                          -- 回滚事务
END CATCH
GO
```

解：该程序在 test 数据库中建立一个表 table3，含一个唯一值的列 no。事务 Mytrans 用于插入两个相同的记录，由 CATCH 捕捉到错误，然后执行事务回滚。程序执行时显示的出错消息如图 6.5 所示。该程序执行后，会建立 table3 表，但表中没有任何记录。

结果　消息

	错误号	错误文字
1	2627	违反了 UNIQUE KEY 约束“UQ__table3__3213D081B321312F”。...

图 6.5　出错消息

如果不采用事务和异常处理相结合的方法，在建立 table3 表后直接执行如下程序。

```
USE test
GO
INSERT INTO table3 VALUES ('aaa')
INSERT INTO table3 VALUES ('aaa')
GO
```

在程序执行后，显示的出错消息如图 6.6 所示，但会在 table3 表中插入第一个记录，这便是两者的差别。

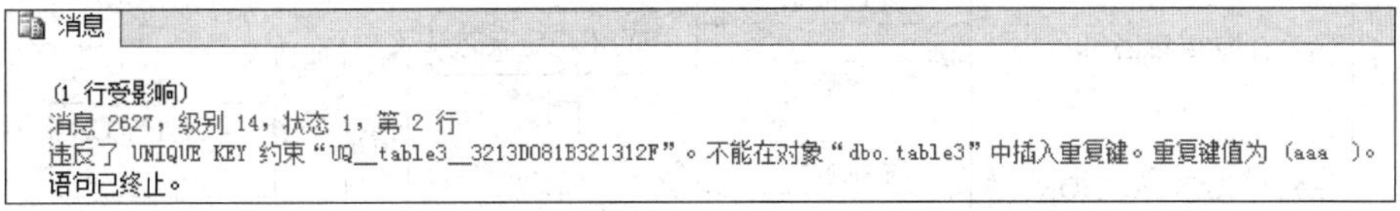

消息

(1 行受影响)
消息 2627，级别 14，状态 1，第 2 行
违反了 UNIQUE KEY 约束“UQ__table3__3213D081B321312F”。不能在对象“dbo.table3”中插入重复键。重复键值为 (aaa)。
语句已终止。

图 6.6　出错消息

6.2　数据的锁定

锁定是 SQL Server 数据库引擎用来同步多个用户同时对同一个数据块的访问的一种机制，确保事务完整性和数据库一致性。通过锁定(加锁)，可以防止用户读取正在由其他用户更改的数据，并可以防止多个用户同时更改相同数据。如果不使用锁定，数据库中的数据可能在逻辑上不正确，并且对数据的查询可能会产生意想不到的结果。

应用程序一般不直接请求锁，锁由数据库引擎的一个部件(称为锁管理器)在内部管理。当数据库引擎实例处理 T-SQL 语句时，数据库引擎查询处理器会决定将要访问哪些资源，并根据访问类型和事务隔离级别设置来确定保护每一资源所需的锁的类型，然后向锁管理器请求适当的锁。如果与其他事务所持有的锁不会发生冲突，锁管理器将授予该锁。这称为 SQL Server 的自动锁定。除此之外，应用程序中也可以自定义锁定。本节介绍自动锁定和自定义锁定两方面的内容。

6.2.1 SQL Server 中的自动锁定

1. SQL Server 中的锁机制

在对数据库表进行数据更新的事务处理中，表会从一个稳定状态进入另一个稳定状态，在此期间，表处于不稳定状态，如图 6.7 所示。当事务处理开始，表由稳定状态变为不稳定状态，系统将表锁定，如果此时有其他事务对此表进行更新操作，系统会使其处于等待状态，直到第一个事务处理结束，表由不稳定状态进入新的稳定状态，当解除表锁以后，其他事务才能操作此表。如图 6.8 所示，首先执行事务 T1，将表加锁，处理 T1 的请求，表由稳定状态变为不稳定状态，此时若执行事务 T2 的请求，它只能等待，在响应事务 T1 的请求后，事务 T1 解除表锁，此后才可响应事务 T2 的请求。

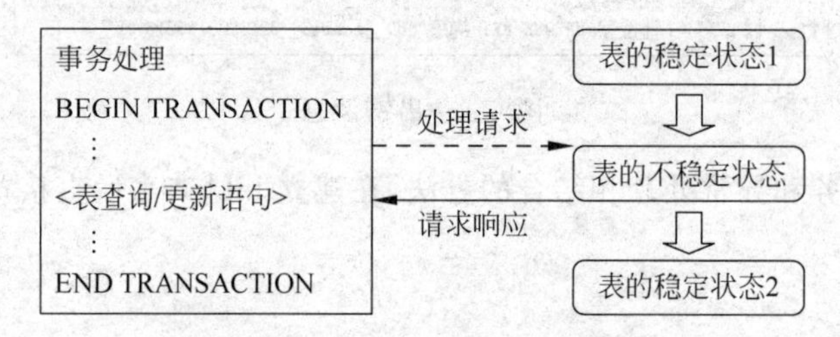

图 6.7 事务处理与表的状态

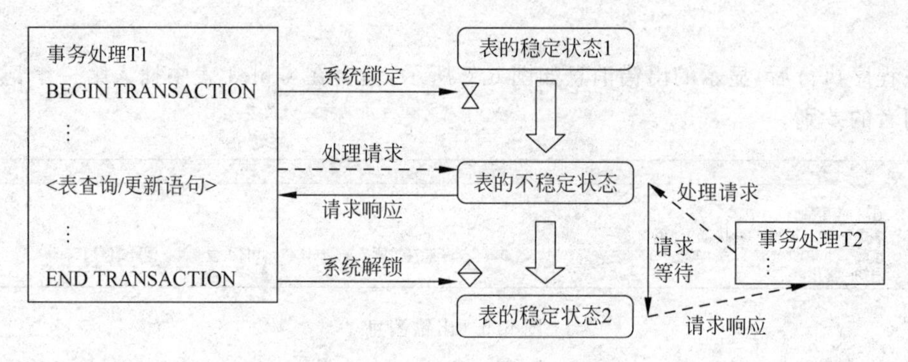

图 6.8 SQL Server 锁机制

SQL Server 自动锁定所需的数据，可以保护事务的所有操作，包括数据操纵语言、数据定义语言和所需隔离级别上的查询语句。SQL Server 自动锁定数据行和所有相关的索引页，可以确保最大限度的并发性能。随着事务锁定更多的资源，锁的粒度将自动增大到整个表，以便减少锁的维护工作量。

默认情况下，行级锁定用于数据页，页级锁定用于索引页。为保留系统资源，当超过行锁数的可配置阈值时，锁管理器将自动执行锁升级。在锁管理器中，可以为每个会话分配的最大锁数是 262143。

执行 EXEC sp_lock 语句可以看到有关锁的信息，其结果集中各列的含义如下。

- spid 列为请求锁的进程的数据库引擎会话 ID 号。
- dbid 列为保留锁的数据库的标识号，可以使用 DB_NAME()函数来显示数据库名。

- ObjId 列为持有锁的对象的标识号，可以在相关数据库中使用 OBJECT_NAME() 函数来显示指定的对象名。
- IndId 列为持有锁的索引的标识号。
- Type 列为锁的类型。
- Resource 列标识被锁定资源的值，其值取决于 Type 列标识的资源类型，如 Type 为 TAB 或 DB 时，Resource 列没有提供信息，因为已在 ObjId 列中标识了表或数据库。
- Mode 列为所请求的锁模式。
- Status 列为锁的请求状态，为 GRANT 时指已获取锁；为 WAIT 时指锁被另一个持有锁(模式相冲突)的进程阻塞(等待)。

【例 6.5】 给出以下程序的功能和执行结果。

```
USE school
GO
BEGIN TRANSACTION
SELECT 姓名 FROM student WHERE 学号 = '101'
GO
EXEC sp_lock
GO
COMMIT TRANSACTION
SELECT DB_NAME() AS '数据库',OBJECT_NAME(1525580473) AS '表名'
```

解：该程序在执行一个查询事务后，通过 sp_lock 系统调用显示锁定情况，并输出锁定的数据库和表名称。执行结果如图 6.9 所示，其中 1525580473 是 student 表的对象标识号。

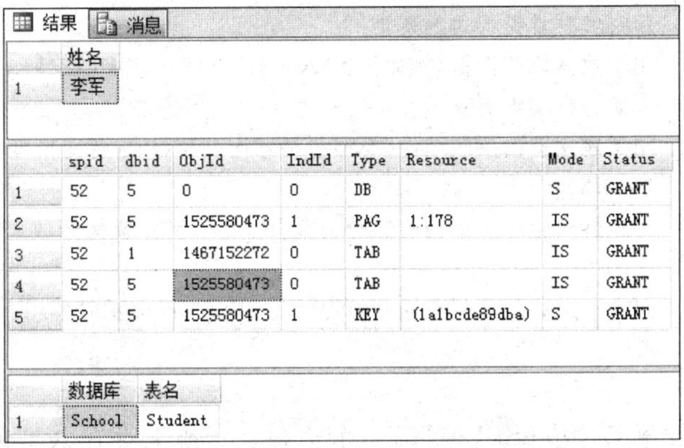

结果　消息

	姓名
1	李军

	spid	dbid	ObjId	IndId	Type	Resource	Mode	Status
1	52	5	0	0	DB		S	GRANT
2	52	5	1525580473	1	PAG	1:178	IS	GRANT
3	52	1	1467152272	0	TAB		IS	GRANT
4	52	5	1525580473	0	TAB		IS	GRANT
5	52	5	1525580473	1	KEY	(1a1bcde89dba)	S	GRANT

	数据库	表名
1	School	Student

图 6.9　程序执行结果

2. 锁的资源和粒度

SQL Server 具有多粒度锁定，并允许一个事务锁定不同类型的资源。

锁定粒度指发生锁定的级别，包括行、表、页和数据库。在较小粒度(如行级)上锁定会提高并发性，但开销更多，因为如果锁定许多行，则必须持有更多的锁。在较大粒度(如表级)上锁定会降低并发性，因为锁定整个表会限制其他事务对该表任何部分的访问。但是，此级别上的锁定开销较少，因为维护的锁较少。

在 sp_lock 的结果集中,由 Type 列指示锁定资源的类型,SQL Server 可以锁定的基本资源如表 6.2 所示(按粒度增加的顺序排列)。在图 6.9 中,对象标识号 ObjId 为 1525580473 的有两行,除表示 student 表锁定外,另一行表示对 student 表的主键索引进行了锁定。

表 6.2 SQL Server 可以锁定的基本资源

资源	描述
RID	行标识符,用于单独锁定表中的一行
键(KEY)	索引中的行锁,用于保护可串行事务中的键范围
页(PAG)	8 KB 数据页或索引页
扩展盘区(EXT)	相邻的 8 个数据页或索引页构成的一组
表(TAB)	包括所有数据和索引在内的整个表
DB	数据库

3. 锁模式

SQL Server 使用不同的锁定模式来锁资源,如表 6.3 所示,这些锁模式确定了并发事务访问资源的方式。sp_lock 的结果集中由 Mode 列指示锁模式。在图 6.9 中,student 表的锁模式为 IS(意向共享)。

表 6.3 SQL Server 使用的锁模式

锁模式	描述
共享(S)	用于不更改或不更新数据的操作(只读操作),如 SELECT 语句
更新(U)	用于可更新的资源中,防止当多个会话在读取、锁定以及随后可能进行的资源更新时发生常见形式的死锁
排他(X)	用于数据修改操作,例如 INSERT、UPDATE 或 DELETE,确保不会同时对同一资源进行多重更新
意向	用于建立锁的层次结构,类型包括意向共享(IS)、意向排他(IX)以及意向排他共享(SIX)
架构	在执行依赖于表架构的操作时使用,类型包括架构修改(Sch-M)和架构稳定性(Sch-S)
大容量更新(BU)	向表中大容量复制数据并指定了 TABLOCK 提示时使用

1) 共享锁

共享锁允许并发事务读取(SELECT)一个资源。资源上存在共享锁时,任何其他事务都不能修改数据。一旦已经读取数据,便立即释放资源上的共享锁,除非将事务隔离级别设置为可重复读或更高级别,或者在事务生存周期内用锁定提示保留共享锁。

例如,考虑 3 个并发事务,事务 T1 对表 tablea 进行查询操作,系统对 tablea 设置共享锁 S1。在 S1 未解锁之前,若事务 T2 对表 tablea 进行查询操作,由于 T2 只对表 tablea 读取,不会影响 T1 的读取结果,因此系统允许立即响应 T2 的请求,同时对 tablea 设置了另一把共享锁 S2。在 S1 或 S2 中的一个未解锁之前,如果事务 T3 对 tablea 进行更新操作,由于操作影响 T1 或 T2 的读取结果,因此系统使 T3 处于等待状态,直到 T1 和 T2 查询结束,S1 和 S2 均解锁,才会响应 T3 的操作请求,如图 6.10 所示。

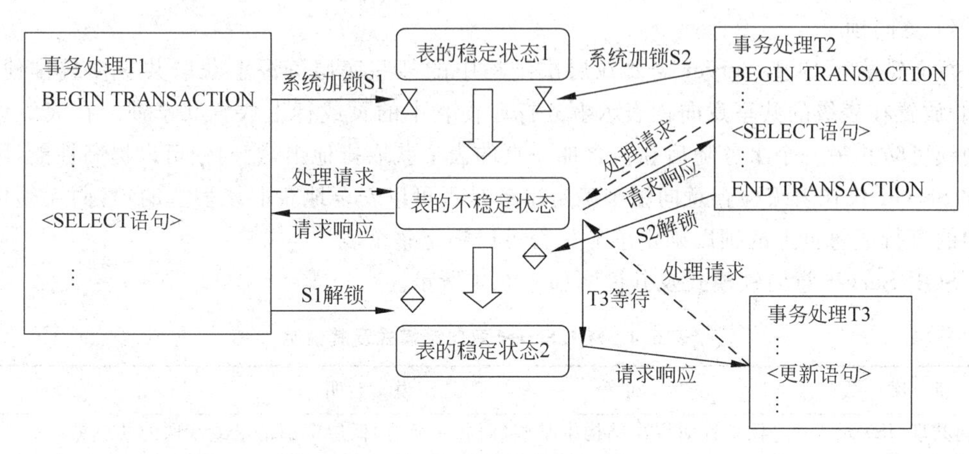

图 6.10　共享锁控制机制

2）排他锁

排他锁可以防止并发事务对资源进行访问，其他事务不能读取或修改排他锁锁定的数据。

例如，3 个并发事务 T1（对表 tablea 进行更新操作）、T2（对表 tablea 进行查询操作）和 T3（对表 tablea 进行更新操作）；当系统首先处理 T1 时，对 tablea 设置排他锁 X1，此时 tablea 表的资源完全被 T1 独占；T2 和 T3 的处理请求必须等待 T1 处理完成，并且 X1 解锁后才能响应，如图 6.11 所示。

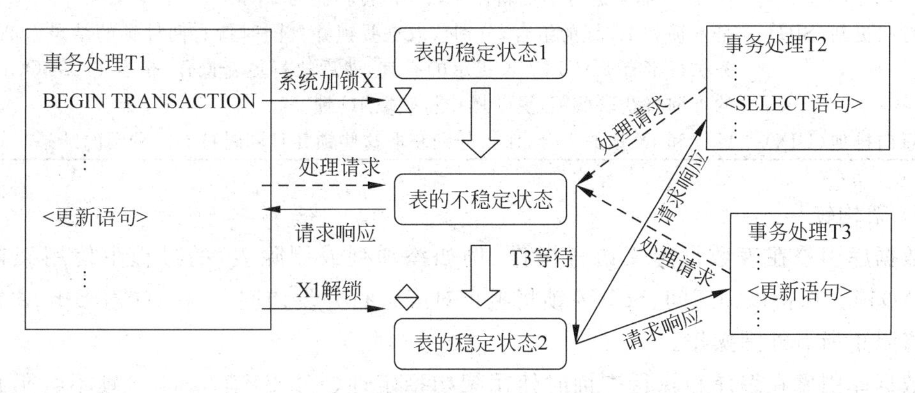

图 6.11　排他锁控制机制

3）更新锁

更新锁可以防止通常形式的死锁。一般更新模式由一个事务组成，此事务读取记录，获取资源（页或行）的共享锁，然后修改行，此操作要求锁转换为排他锁。如果两个事务获得了资源上的共享模式锁，然后试图同时更新数据，则一个事务会尝试将锁转换为排他锁。共享模式到排他锁的转换必须等待一段时间，因为一个事务的排他锁与其他事务的共享模式锁不兼容，发生锁等待。第二个事务也试图获取排他锁以进行更新。由于两个事务都要转换为排他锁，并且每个事务都等待另一个事务释放共享模式锁，因此发生死锁。

若要避免这种潜在的死锁问题，可以使用更新锁。一次只有一个事务可以获得资源的更新锁。如果事务修改资源，则更新锁转换为排他锁；否则，更新锁转换为共享锁。

4）意向锁

意向锁表示 SQL Server 需要在层次结构中的某些底层资源上获取共享锁或排他锁。例如，放置在表级的共享意向锁表示事务打算在表中的页或行上放置共享锁。在表级设置意向锁可防止另一个事务随后在包含那一页的表上获取排他锁，意向锁可以提高性能，因为 SQL Server 仅在表级检查意向锁来确定事务是否可以安全地获取该表上的锁，而无须检查表中的每行或每页上的锁以确定事务是否可以锁定整个表。

SQL Server 意向锁模式及其说明如表 6.4 所示。

表 6.4 SQL Server 意向锁模式及其说明

锁 模 式	说 明
意向共享(IS)	保护针对层次结构中某些（而并非所有）低层资源请求或获取的共享锁
意向排他(IX)	保护针对层次结构中某些（而并非所有）低层资源请求或获取的排他锁。IX 是 IS 的超集，它也保护针对低层级别资源请求的共享锁
意向排他共享(SIX)	保护针对层次结构中某些（而并非所有）低层资源请求或获取的共享锁以及针对某些（而并非所有）低层资源请求或获取的意向排他锁。顶级资源允许使用并发 IS 锁。例如，获取表上的 SIX 锁也将获取正在修改的页上的意向排他锁以及修改的行上的排他锁。虽然每个资源在一段时间内只能有一个 SIX 锁，以防止其他事务对资源进行更新，但是其他事务可以通过获取表级的 IS 锁来读取层次结构中的低层资源
意向更新(IU)	保护针对层次结构中所有低层资源请求或获取的更新锁。仅在页资源上使用 IU 锁。如果进行了更新操作，IU 锁将转换为 IX 锁
共享意向更新(SIU)	是 S 锁和 IU 锁的组合，分别获取这些锁并且同时持有两种锁的结果。例如，事务执行带有 PAGLOCK 提示的查询，然后执行更新操作，带有 PAGLOCK 提示的查询将获取 S 锁，更新操作将获取 IU 锁
更新意向排他(UIX)	U 锁和 IX 锁的组合，作为分别获取这些锁并且同时持有两种锁的结果

5）架构锁

数据库引擎在表数据定义语言操作（例如添加列或删除表）的过程中使用架构修改(Sch-M)锁。保持该锁期间，Sch-M 锁将阻止对表进行并发访问。这意味着 Sch-M 锁在释放前将阻止所有外围操作。

数据库引擎在编译和执行查询时使用架构稳定性(Sch-S)锁。Sch-S 锁不会阻止某些事务锁，其中包括排他(X)锁。因此，在编译查询的过程中，其他事务（包括那些针对表使用 X 锁的事务）将继续运行，但是无法针对表执行获取 Sch-M 锁的并发 DDL 操作和并发 DML 操作。

6）大容量更新锁

当将数据大容量复制到表，且指定了 TABLOCK 提示或者使用 sp_tableoption 设置了 table lock on bulk 表选项时，将使用大容量更新锁。大容量更新锁允许进程将数据并发地大容量复制到同一表，同时防止其他不进行大容量复制数据的进程访问该表。

4. 锁兼容性

只有兼容的锁模式才可以放置在已锁定的资源上。例如，当控制排他锁时，在第一个事务结束并释放排他锁之前，其他事务不能在该资源上获取任何类型的（共享、更新或排他）

锁。另一种情况下,如果共享锁已应用到资源,其他事务还可以获取该项目的共享锁或更新锁,即使第一个事务尚未完成。但是,在释放共享锁之前,其他事务不能获取排他锁。

资源锁模式有一个兼容性矩阵,显示了与在同一资源上可获取的其他锁相兼容的锁,如表 6.5 所示。

表 6.5 资源锁模式的兼容性矩阵

请求模式	现有的授权模式					
	IS	S	U	IX	SIX	X
意向共享(IS)	是	是	是	是	是	否
共享(S)	是	是	是	否	否	否
更新(U)	是	是	否	否	否	否
意向排他(IX)	是	否	否	是	否	否
与意向排他共享(SIX)	是	否	否	否	否	否
排他(X)	否	否	否	否	否	否

注意:SIX 锁与 IX 锁模式兼容,因为 IX 表示打算更新一些行而不是所有行,还允许其他事务读取或更新部分行,只要这些行不是其他事务当前所更新的行即可。

架构锁和大容量更新锁的兼容性如下所述。

- 架构稳定性锁与除了架构修改锁模式之外的所有锁模式相兼容。
- 架构修改锁与所有锁模式都不兼容。
- 大容量更新锁只与架构稳定性锁及其他大容量更新锁相兼容。

6.2.2 SQL Server 中的自定义锁定

尽管 SQL Server 提供了自动锁定功能,开发者还可以采用以下方式来改变 SQL Server 默认的锁行为。

- 死锁处理。
- 设置锁超时时间。
- 设置事务隔离级别。
- 将表级锁定提示与 SELECT、INSERT、UPDATE 和 DELETE 语句配合使用。

1. 死锁及其处理

封锁机制的引入能解决并发用户访问数据的不一致性问题,但是,却会引起死锁。所谓死锁,是指两个或两个以上的进程在执行过程中争夺资源而造成的一种互相等待的现象,若无外力作用,它们都将无法推进下去。此时称系统处于死锁状态或系统产生了死锁,这些永远互相等待的进程称为死锁进程。

引起死锁的主要原因是两个进程已经各自锁定一个资源,但是又要访问对方锁定的资源,因而会形成等待圈,导致死锁。

例如,运行事务 1 的线程 T1 具有表 A 上的排他锁,运行事务 2 的线程 T2 具有表 B 上的排他锁,并且之后需要表 A 上的锁;事务 2 无法获得这一锁,因为事务 1 已拥有它,事务 2 被阻塞,等待事务 1;然后,事务 1 需要表 B 的锁,但无法获得锁,因为事务 2 将它锁定了,如图 6.12 所示。事务在提交或回滚之前不能释放持有的锁,但事务需要对方控制的锁才能继续操作，以至于它们不能提交或回滚，于是形成阻塞。

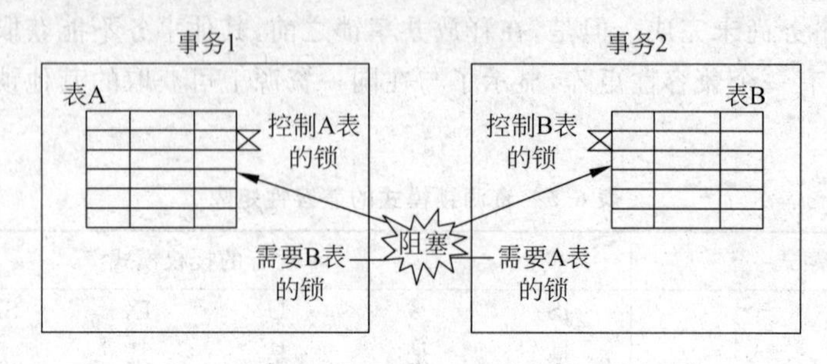

图 6.12 死锁

【例 6.6】 回答以下问题。

启动 SQL Server 管理控制器，新建并执行如下程序，在 test 数据库中建立两个表 tb1、tb2，并各插入一条记录。

```
CREATE TABLE tb1(C1 int default(0))
CREATE TABLE tb2(C1 int default(0))
INSERT INTO tb1 VALUES(1)
INSERT INTO tb2 VALUES(1)
```

新建如下查询 SQLQuery1。

```
BEGIN TRANSACTION
  UPDATE tb1 SET C1 = C1 + 1
  WAITFOR DELAY '00:01:00'                    -- 等待 1 分钟
  SELECT * FROM tb2
COMMIT TRANSACTION
```

再开一个查询窗口新建如下查询 SQLQuery2。

```
BEGIN TRANSACTION
  UPDATE tb2 SET C1 = C1 + 1
  WAITFOR DELAY '00:01:00'                    -- 等待 1 分钟
  SELECT * FROM tb1
COMMIT TRANSACTION
```

先执行 SQLQuery1，紧接着再执行 SQLQuery2，它们的执行时间超过 1 分钟，在此期间执行以下程序。

```
USE test
GO
EXEC sp_lock
```

问会出现什么结果？

解：会看到如图 6.13 所示的结果，第 3 行～第 5 行表示在 tb1 表(TAB)和页(PAG)上加有意向排他锁，在 tb1 表的行(RID)上加有排他锁。第 7 行和第 9 行表示在 tb2 表(TAB)和页(PAG)上加有意向排他锁，在 tb1 表的行(RID)上加有排他锁。

SQLQuery1 中，持有 tb1 表中第一行(表中只有一行数据)的行排他锁(RID:X)，并持有该行所在页的意向排他锁(PAG:IX)、该表的意向排他锁(TAB:IX)。SQLQuery2 中，持

	spid	dbid	ObjId	IndId	Type	Resource	Mode	Status
1	53	4	0	0	DB		S	GRANT
2	54	6	0	0	DB		S	GRANT
3	54	6	658101385	0	PAG	1:163	IX	GRANT
4	54	6	658101385	0	RID	1:163:0	X	GRANT
5	54	6	658101385	0	TAB		IX	GRANT
6	55	6	690101499	0	RID	1:165:0	X	GRANT
7	55	6	690101499	0	TAB		IX	GRANT
8	55	6	0	0	DB		S	GRANT
9	55	6	690101499	0	PAG	1:165	IX	GRANT
10	56	6	0	0	DB		S	GRANT
11	56	1	1467152272	0	TAB		IS	GRANT

图 6.13　sp_lock 结果集

有 tb2 表中第一行(表中只有一行数据)的行排他锁(RID:X)，并持有该行所在页的意向排他锁(PAG:IX)、该表的意向排他锁(TAB:IX)。

SQLQuery1 执行完 WAITFOR 后查询 Lock2，请求在资源上加 S 锁，但该行已经被 SQLQuery2 加上了 X 锁；当 SQLQuery2 查询 tb1 时，请求在资源上加 S 锁，但该行已经被 SQLQuery1 加上了 X 锁。于是两个查询持有资源互不相让，构成死锁。

此时 SQL Server 并不会袖手旁观让这两个进程无限等待下去，而是选择一个更加容易回滚的事务作为“牺牲品”，使得另一个事务得以正常执行。这里将 SQLQuery1 事务作为牺牲品，它执行后出现的消息如图 6.14 所示，打开 tb1 表可以发现 C1 列依然为 1，而 tb2 表的 C1 列变为 2。

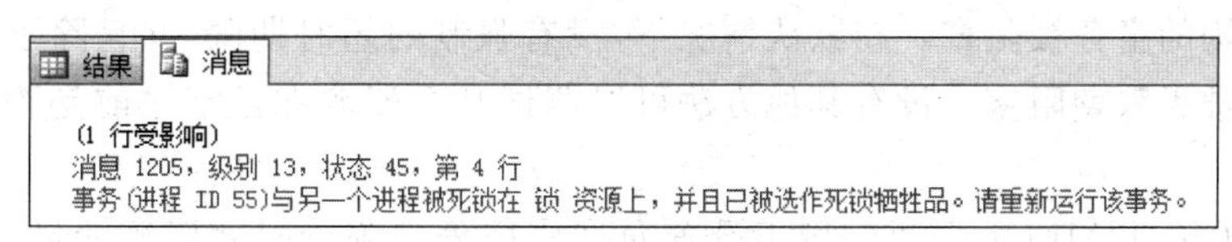

图 6.14　SQLQuery1 的消息

从中可以看到，SQL Server 能自动发现并解除死锁。当发现死锁时，它会选择其进程累计的 CPU 时间最少者对应的用户作为“牺牲品”，以便让其他进程能继续执行，回滚事务并，将 1205 号错误消息返回应用程序。

由于可以选择任何提交 T-SQL 查询的应用程序作为死锁牺牲品，应用程序应该有能够捕获 1205 号错误消息的错误处理程序。如果应用程序没有捕获到错误，则会继续处理而未意识到已经回滚其事务且已发生错误。

通过实现捕获 1205 号错误消息的错误处理程序，应用程序得以处理该死锁情况并采取补救措施(例如，可以自动重新提交陷入死锁中的查询)。通过自动重新提交查询，用户不必知道发生了死锁。

应用程序在重新提交其查询前应短暂暂停。这样会给死锁涉及的另一个事务一个机会来完成并释放构成死锁循环部分的该事务的锁。这将把重新提交的查询请求其锁时重新发生死锁的可能性降到最低。

提示：SQL Server 通常只执行定期死锁检测，而不使用急切模式。因为系统中遇到的死锁数通常很少，定期死锁检测有助于减少系统中死锁检测的开销。

虽然不能完全避免死锁，但可以使死锁的数量减至最少。将死锁减至最少可以增加事务的吞吐量并减少系统开销。为了最大程度地避免死锁，可以采取以下措施。

(1) 按同一顺序访问对象。如果所有并发事务按同一顺序访问对象，则发生死锁的可能性会降低。

(2) 避免事务中的用户交互。因为没有用户干预的批处理的运行速度远快于用户必须手动响应查询的速度。

(3) 保持事务简短并在一个批处理中。在同一数据库中并发执行多个需要长时间运行的事务时通常会发生死锁。事务的运行时间越长，它持有排他锁或更新锁的时间也就越长，从而可能会阻塞其他活动并导致死锁。

(4) 使用低隔离级别，确定事务是否能在较低的隔离级别上运行，实现已提交读允许事务读取另一个事务已读取(未修改)的数据，而不必等待第一个事务完成。使用较低的隔离级别(例如已提交读)比使用较高的隔离级别(例如可序列化)持有共享锁的时间更短，这样就减少了锁争用的几率。

(5) 使用绑定连接，同一应用程序打开的两个或多个连接可以相互合作，可以像主连接获取的锁那样持有次级连接获取的任何锁，反之亦然，这样它们就不会互相阻塞。

2. 自定义锁超时

当由于另一个事务已拥有一个资源的冲突锁，而导致 SQL Server 无法将锁授权给该资源的某个事务时，该事务被阻塞以等待该资源的操作完成。如果这导致了死锁，则 SQL Server 将终止其中参与的一个事务(不涉及超时)；如果没有出现死锁，则在其他事务释放锁之前，请求锁的事务被阻塞。在默认情况下，没有强制的超时期限，并且除了试图访问数据外(有可能被无限期阻塞)，没有其他方法可以测试某个资源在锁定之前是否已经锁定或被锁定。

SET LOCK_TIMEOUT 语句用于设置允许应用程序等待阻塞资源的最长时间，其语法格式如下。

```
SET LOCK_TIMEOUT 时间
```

当一个语句等待的时间大于 LOCK_TIMEOUT 设置时，系统将自动取消阻塞的语句，并给应用程序返回“已超过了锁请求超时时段”的错误信息。

若要查看当前 LOCK_TIMEOUT 的值，可以使用@@LOCK_TIMEOUT 全局变量。

3. 自定义事务隔离级别

隔离性指的是各个同时运行的事务所做的修改之间相互没有影响。每个事务都必须是独立的，其所做的任何修改都不能被其他事务读取。不过 SQL Server 可以允许用户对隔离级别进行控制，从而在业务需求和性能需求之间取得平衡。

之所以考虑隔离性，是因为在数据库并发操作过程中很可能出现不确定情况，归纳起来有以下几种。

(1) 更新丢失：两个事务都同时更新一行数据，但是第二个事务却中途失败退出，导致对数据的两个修改都失效。这是因为系统没有执行任何锁操作，因此并发事务并没有被隔离开。

(2) 脏读：一个事务开始读取某行数据，但是另外一个事务已经更新了此数据但没有及时提交。这是相当危险的，因为很可能导致所有操作都被回滚。

(3) 不可重复读：一个事务对同一行数据重复读取两次但是却得到了不同结果。例如在两次读取中途有另外一个事务对该行数据进行了修改和提交。

(4) 幻读(幻像或幻影)：事务在操作过程中进行两次查询，第二次查询结果包含了第一次查询中未出现的数据(这里并不要求两次查询 SQL 语句相同)，这是因为在两次查询过程中有另外一个事务插入数据造成的。

这些情况发生的根本原因都是在并发访问的时候，没有一个机制避免交叉存取。而隔离级别的设置正是为了避免这些情况的发生。

事务准备接受不一致数据的级别称为隔离级别，隔离级别是一个事务必须与其他事务进行隔离的程度，主要控制以下内容。

(1) 读取数据时是否占用锁及所请求的锁模式。

(2) 占用读取锁的时间。

(3) 引用其他事务修改的行的读取操作，控制是否在该行上的排他锁被释放之前阻塞其他事务，检索在启动语句或事务时存在行的已提交版本，读取未提交的数据修改。

较低的隔离级别可以增加并发，但代价是降低数据的正确性。相反，较高的隔离级别可以确保数据的正确性，但可能对并发产生负面影响。

事务隔离级别并不影响为保护数据修改而获取的锁。也就是说，不管设置的是什么事务隔离级别，事务总是在其修改的任何数据上获取排他锁，并在事务完成之前都会持有该锁。在读取操作中，不同的事务隔离级别主要定义不同的保护粒度和保护级别，以防受到其他事务所做更改的影响。SQL Server 定义了如下事务隔离级别。

(1) 未提交读(READ UNCOMMITTED)：允许脏读取，但不允许更新丢失。如果一个事务已经开始写数据，则另外一个事务不允许同时进行写操作，但允许其他事务读此行数据。该隔离级别可以通过排他写锁实现。

(2) 已提交读(READ COMMITTED)：允许不可重复读取，但不允许脏读取。这可以通过瞬间共享读锁和排他写锁实现，读取数据的事务允许其他事务继续访问该行数据，但是未提交的写事务将会禁止其他事务访问该行。

(3) 可重复读(REPEATABLE READ)：禁止不可重复读取和脏读取，但是有时可能出现幻影数据。这可以通过共享读锁和排他写锁实现，读取数据的事务将会禁止写事务(但允许读事务)，写事务则禁止任何其他事务。

(4) 快照(SNAPSHOT)：指定事务中任何语句读取的数据都将是与事务开始时便存在的数据一致的版本。事务只能识别在其开始之前提交的数据修改。在当前事务中执行的语句将看不到在当前事务开始以后由其他事务所做的数据修改。其效果就好像事务中的语句获得了已提交数据的快照，因为该数据在事务开始时就存在。除非正在恢复数据库，SNAPSHOT 事务不会在读取数据时请求锁。读取数据的 SNAPSHOT 事务不会阻止其他事务写入数据，写入数据的事务也不会阻止 SNAPSHOT 事务读取数据。在数据库恢复的回滚阶段，如果尝试读取由其他正在回滚的事务锁定的数据，则 SNAPSHOT 事务将请求一个锁。在事务完成回滚之前，SNAPSHOT 事务会一直被阻塞；当事务取得授权之后，便会立即释放锁。

(5) 可序列化(SERIALIZABLE)：提供严格的事务隔离，要求事务序列化执行，事务只能一个接着一个地执行，不能并发执行。如果仅仅通过行级锁是无法实现事务序列化的，必须通过其他机制保证新插入的数据不会被刚执行查询操作的事务访问到。

这些种事务隔离级别在数据库并发操作中出现异常的可能性如表 6.6 所示，从中可以看到可序列化级别最高，而未提交读级别最低。

表 6.6 各种事务隔离级别出现异常的可能性

隔离级别	更新丢失	脏读取	重复读取	幻读
未提交读	×	√	√	√
提交读	×	×	√	√
可重复读	×	×	×	√
快照	×	×	×	×
可序列化	×	×	×	×

默认情况下，SQL Server 将在“已提交读”隔离级别运行。但是，应用程序可能需要在其他隔离级别上运行。若要在应用程序中使用更严格或较宽松的隔离级别，可以使用 SET TRANSACTION ISOLATION LEVEL 语句设置会话的隔离级别，为整个会话自定义锁定。

SET TRANSACTION ISOLATION LEVEL 语句的语法格式如下。

```
SET TRANSACTION ISOLATION LEVEL
{   READ COMMITTED
    | READ UNCOMMITTED
    | REPEATABLE READ
    | SNAPSHOT
    | SERIALIZABLE
}
```

这些选项分别代表了一个事务隔离级别，一次只能设置这些选项中的一个。而且默认一个连接中只能同时存在一个事务隔离级别，设置的选项将一直对那个连接保持有效，直到显式更改该选项为止。

【例 6.7】 回答以下问题。

启动 SQL Server 管理控制器，在 test 数据库中建立一个表 tb3 并插入一条记录，程序如下。

```
CREATE TABLE tb3(C1 int default(0))
INSERT INTO tb3 VALUES(1)
```

新建如下查询 SQLQuery1。

```
USE test
GO
BEGIN TRANSACTION
  UPDATE tb3 SET C1 = 2
```

再开一个查询窗口新建如下查询 SQLQuery2。

```
USE test
GO
SET TRANSACTION ISOLATION LEVEL READ UNCOMMITTED          --未提交读
SELECT * FROM tb3
```

先执行 SQLQuery1，紧接着再执行 SQLQuery2。问 SQLQuery2 查询的执行结果如何？

解：注意，SQLQuery1 中的更新事务并未提交，SQLQuery2 的执行结果如图 6.15 所示。这是因为 SQLQuery2 中设置了未提交读的事务隔离级别，允许脏读取，所以输出尚未提交的修改结果。

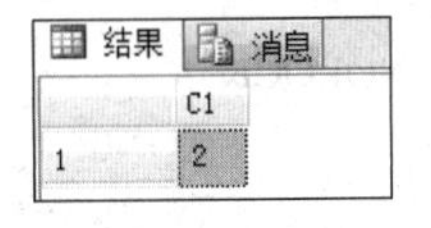

图 6.15　SQLQuery2 的执行结果

【例 6.8】 回答以下问题。

启动 SQL Server 管理控制器，在 test 数据库中建立一个表 tb4 并插入一条记录，程序如下。

```
CREATE TABLE tb4(C1 int default(0))
INSERT INTO tb4 VALUES(1)
```

新建如下查询 SQLQuery1。

```
USE test
GO
BEGIN TRANSACTION
  UPDATE tb4 SET C1 = 2
```

再开一个查询窗口新建如下查询 SQLQuery2。

```
USE test
GO
SET TRANSACTION ISOLATION LEVEL SERIALIZABLE          --可系列化
SELECT * FROM tb4
```

先执行 SQLQuery1，紧接着再执行 SQLQuery2。问 SQLQuery2 查询的执行情况如何？

解：同样 SQLQuery1 中的更新事务并未提交，由于 SQLQuery2 中设置了可序列化的事务隔离级别，必须等待 SQLQuery1 中的事务提交后才能执行 SQLQuery2 中的 SELECT 语句，不允许脏读取，所以 SQLQuery2 会陷入长期等待，被系统阻塞。

说明：上述两个实例展示了未提交读和可序列化事务隔离级别的差别。

4. 锁定提示(或表提示)

使用 SELECT、INSERT、UPDATE 和 DELETE 语句的 WITH 子句可以指定表级锁定提示的范围，以引导 SQL Server 使用所需的锁模式(亦称为手动加锁)。也就是说，当需要对对象所获得的锁模式进行更精细的控制时，可以使用表级锁定提示，这些锁定提示取代了会话的当前事务隔离级别。其语法格式如下。

```
WITH(锁定提示关键字)
```

可使用的锁定提示关键字及其功能如表 6.7 所示。所有锁定提示将传播到查询计划访问的所有表和视图,其中包括在视图中引用的表和视图。另外,SQL Server 还将执行对应的锁一致性检查。

表 6.7　锁定提示关键字及其功能

提示关键字	功　　能
HOLDLOCK	将共享锁保留到事务完成,而不是在相应的表、行或数据页不再需要时就立即释放锁。HOLDLOCK 等同于 SERIALIZABLE
NOLOCK	不要发出共享锁,并且不要提供排他锁。当此选项生效时,可能会读取未提交的事务或一组在读取中间回滚的页面;有可能发生脏读。仅应用于 SELECT 语句
PAGLOCK	在通常使用单个表锁的地方采用页锁
READCOMMITTED	用与运行在提交读隔离级别的事务相同的锁语义执行扫描。在默认情况下,SQL Server 在此隔离级别上操作
READPAST	跳过锁定行。此选项导致事务跳过由其他事务锁定的行(这些行平常会显示在结果集内),而不是阻塞该事务,使其等待其他事务释放在这些行上的锁。READPAST 锁定提示仅适用于运行在提交读隔离级别的事务,并且只在行级锁之后读取。仅适用于 SELECT 语句
READUNCOMMITTED	等同于 NOLOCK
REPEATABLEREAD	用与运行在可重复读隔离级别的事务相同的锁语义执行扫描
ROWLOCK	使用行级锁,而不使用粒度更粗的页级锁和表级锁
SERIALIZABLE	用与运行在可序列化隔离级别的事务相同的锁语义执行扫描。等同于 HOLDLOCK
TABLOCK	使用表锁代替粒度更细的行级锁或页级锁。在语句结束前,SQL Server 一直持有该锁。但是,如果同时指定 HOLDLOCK,那么在事务结束之前,锁将被一直持有
TABLOCKX	使用表的排他锁。该锁可以防止其他事务读取或更新表,并在语句或事务结束前一直持有
UPDLOCK	读取表时使用更新锁,而不使用共享锁,并将锁一直保留到语句或事务的结束。UPDLOCK 的优点是允许读取数据(不阻塞其他事务),并在以后更新数据,同时确保自从上次读取数据后数据没有被更改
XLOCK	使用排他锁,并一直保持到由语句处理的所有数据上的事务结束时。可以使用 PAGLOCK 或 TABLOCK 指定该锁,这种情况下排他锁适用于适当级别的粒度

对于 FROM 子句中的每个表,SQL Server 不允许存在多个来自以下各个组的表提示。

(1) 粒度提示: PAGLOCK、NOLOCK、READCOMMITTEDLOCK、ROWLOCK、TABLOCK 或 TABLOCKX。

(2) 隔离级别提示: HOLDLOCK、NOLOCK、READCOMMITTED、REPEATABLEREAD、SERIALIZABLE。

【例 6.9】 回答以下问题。

启动 SQL Server 管理控制器,在 test 数据库中建立一个表 tb5 并插入一条记录,程序如下。

```
CREATE TABLE tb5(C1 int default(0))
```

```
INSERT INTO tb5 VALUES(1)
```

新建并执行如下查询。

```
USE test
GO
UPDATE tb5 WITH(TABLOCK)
SET C1 = C1 + 1
GO
EXEC sp_lock
```

问该查询的执行结果如何?

解:该查询对 tb5 表采用共享锁,并保持到 UPDATE 语句结束,执行结果如图 6.16 所示。

结果 | 消息

	spid	dbid	ObjId	IndId	Type	Resource	Mode	Status
1	52	6	0	0	DB		S	GRANT
2	52	1	1467152272	0	TAB		IS	GRANT
3	53	6	0	0	DB		S	GRANT

图 6.16 程序执行结果

【例 6.10】 回答以下问题。

启动 SQL Server 管理控制器,在 test 数据库中建立一个表 tb6 并插入 3 条记录,程序如下。

```
USE test
GO
CREATE TABLE tb6(C1 int default(0))
INSERT INTO tb6 VALUES(1)
INSERT INTO tb6 VALUES(2)
INSERT INTO tb6 VALUES(3)
GO
```

新建如下查询 SQLQuery1。

```
USE test
GO
BEGIN TRANSACTION
  UPDATE tb6 WITH(TABLOCK) SET C1 = 5 WHERE C1 = 1          -- 对 tb6 加表锁
  WAITFOR DELAY '00:00:20'                                  -- 等待 20s
  EXEC sp_lock
  SELECT OBJECT_NAME(110623437) AS '表名'
COMMIT TRANSACTION
```

再开一个查询窗口新建如下查询 SQLQuery2。

```
USE test
GO
BEGIN TRANSACTION
  SELECT * FROM tb6 WITH(HOLDLOCK) WHERE C1 = 3             -- 对 tb6 加共享锁
```

```
    WAITFOR DELAY '00:00:10'                              --等待10s
    EXEC sp_lock
    SELECT OBJECT_NAME(110623437) AS '表名'
COMMIT TRANSACTION
```

先执行 SQLQuery1,紧接着再执行 SQLQuery2(两者相差 2s)。问两个查询的执行结果如何?假设不考虑 SELECT、UPDATE 语句的执行时间,问 SQLQuery2 共执行多长时间?

解:执行 SQLQuery1,当 UPDATE 执行时,系统对表 tb6 加了意向排他锁(IX),其执行结果如图 6.17 所示。过 2s 后执行 SQLQuery2 时,tb6 表已经有意向排他锁存在,就直接等待,所以 SQLQuery2 的总执行时间为 20+10-2=28 秒,执行结果如图 6.18 所示。

结果 | 消息

	spid	dbid	ObjId	IndId	Type	Resource	Mode	Status
1	51	6	0	0	DB		S	GRANT
2	52	6	0	0	DB		S	GRANT
3	52	6	110623437	0	TAB		IS	WAIT
4	53	1	1467152272	0	TAB		IS	GRANT
5	53	6	110623437	0	TAB		X	GRANT
6	53	6	0	0	DB		S	GRANT

	表名
1	tb6

图 6.17 SQLQuery1 的执行结果

结果 | 消息

	C1
1	3

	spid	dbid	ObjId	IndId	Type	Resource	Mode	Status
1	51	6	0	0	DB		S	GRANT
2	52	6	0	0	DB		S	GRANT
3	52	6	110623437	0	TAB		S	GRANT
4	52	1	1467152272	0	TAB		IS	GRANT
5	53	6	0	0	DB		S	GRANT

	表名
1	tb6

图 6.18 SQLQuery2 的执行结果

6.3 游标

数据库中的操作会对整个行集产生影响。由 SELECT 语句返回的行集包括所有满足该语句 WHERE 子句条件的行。由语句所返回的这一完整的行集称为结果集。应用程序,特别是交互式联机应用程序,并不总能将整个结果集作为一个单元来有效处理,这些应用程序需要一种机制,以便每次处理一行或一部分行。游标就是用来提供这种机制的结果集扩展。

6.3.1 游标的概念

游标包括以下两个部分。

(1) 游标结果集(Cursor Result Set)：由定义该游标的 SELECT 语句返回的行的集合。

(2) 游标位置(Cursor Position)：指向这个集合中某一行的指针。

游标使得 T-SQL 语言可以逐行处理结果集中的数据，具有以下优点。

(1) 允许定位在结果集的特定行。

(2) 从结果集的当前位置检索一行或多行。

(3) 支持对结果集中当前位置的行进行数据修改。

(4) 为由其他用户对显示在结果集中的数据库数据所做的更改提供不同级别的可见性支持。

(5) 提供脚本、存储过程和触发器中使用的访问结果集中的数据的 T-SQL 语句。

SQL Server 支持以下 3 种游标实现。

(1) T-SQL 游标：基于 DECLARE CURSOR 语法，主要用于 T-SQL 脚本、存储过程和触发器中。T-SQL 游标在服务器上实现，由从客户端发送到服务器的 T-SQL 语句管理。它们还可能包含在批处理、存储过程或触发器中。

(2) 应用程序编程接口(API)服务器游标：支持 OLE DB 和 ODBC 中的 API 游标函数。API 服务器游标在服务器上实现。每次客户端应用程序调用 API 游标函数时，SQL Server 本地客户端 OLE DB 访问接口或 ODBC 驱动程序会把请求传输到服务器，以便对 API 服务器游标进行操作。

(3) 客户端游标：由 SQL Server 本地客户端 ODBC 驱动程序和实现 ADO API 的 DLL 在内部实现。客户端游标通过在客户端高速缓存所有结果集行来实现。每次客户端应用程序调用 API 游标函数时，SQL Server 本地客户端 ODBC 驱动程序或 ADO DLL 会对客户端上高速缓存的结果集行执行游标操作。

6.3.2 游标的基本操作

游标的基本操作包括声明游标、打开游标、提取数据、关闭游标和释放游标。

1. 声明游标

声明游标使用 DECLARE CURSOR 语句，其语法格式如下。

```
DECLARE 游标名称 [INSENSITIVE] [SCROLL]
 [STATIC | KEYSET | DYNAMIC | FAST_FORWORD] CURSOR
  FOR select 语句
  [FOR {READ ONLY | UPDATE [ OF 列名[, …n]]}]
```

其中，各参数含义如下所述。

(1) INSENSITIVE 子句定义一个游标，以创建将由该游标使用的数据的临时副本。对游标的所有请求都从 tempdb 中的该临时表中得到应答，因此，在对该游标进行提取操作时返回的数据中不反映对基表所做的修改，并且该游标不允许修改。

(2) SCROLL 子句指定所有提取选项。使用该选项声明的游标具有以下提取数据功能。

- FIRST：提取第一行。
- LAST：提取最后一行。
- PRIOR：提取前一行。
- NEXT：提取后一行。
- RELATIVE：按相对位置提取数据。
- ABSOLUTE：按绝对位置提取数据。

如果在声明中未指定 SCROLL，则 NEXT 是唯一支持的提取选项。

(3) SQL Server 支持如下 4 种游标类型，已经扩展了 DECLARE CURSOR 语句，这样就可以指定 T-SQL 游标的 4 种游标类型。这些游标检测结果集变化的能力和消耗资源(如在 tempdb 中所占的内存和空间)的情况各不相同。

① STATIC(静态游标)：静态游标的完整结果集在游标打开时建立在 tempdb 中。静态游标总是按照游标打开时的原样显示结果集。

② DYNAMIC(动态游标)：动态游标与静态游标相对，当滚动游标时，动态游标反映结果集中所做的所有更改，结果集中的行数据值、顺序和成员在每次提取时都会改变。所有用户做的全部 UPDATE、INSERT 和 DELETE 语句均通过游标可见。

③ FAST_FORWARD(只进游标)：只进游标不支持滚动，它只支持游标从头到尾顺序提取。行只在从数据库中提取出来后才能检索。

④ KEYSET(键集驱动游标)：打开游标时，键集驱动游标中的成员和行顺序是固定的。键集驱动游标由一套称为键集的唯一标识符(键)控制，键由以唯一方式在结果集中标识行的列构成，键集是游标打开时来自所有适合 SELECT 语句的行中的一系列键值。键集驱动游标的键集在游标打开时建立在 tempdb 中。

(4) select 语句是定义游标结果集的标准 SELECT 语句。

(5) READ ONLY 子句表示该游标只能读，不能修改。即在 UPDATE 或 DELETE 语句的 WHERE CURRENT OF 子句中不能引用游标。该选项替代要更新的游标的默认功能。

(6) UPDATE [OF 列名[,…n]]定义游标内可更新的列。如果指定“OF 列名[,…n]”参数，则只允许修改所列出的列；如果在 UPDATE 中未指定列的列表，则可以更新所有列。

2. 打开游标

打开游标使用 OPEN 语句，其语法格式如下。

```
OPEN 游标名
```

当打开游标时，服务器执行声明时使用的 SELECT 语句。

注意：“打开游标”操作只能打开已经声明但还没有打开的游标。如果在一个事务内打开了一个游标，该游标便位于该事务的作用域内。如果事务中止，该游标便不再存在。若要在取消事务后继续使用游标，需在该事务的作用域外创建游标。SQL Server 不支持分布式事务。

3. 从打开的游标中提取行

游标声明且被打开以后，游标位置位于第一行，使用 FETCH 语句可以从游标结果集中提取数据。其语法格式如下：

```
FETCH [ [NEXT | PRIOR | FIRST | LAST
     | ABSOLUTE {n | @nvar} | RELATIVE {n | @nvar} ]
     FROM ] 游标名
  [INTO @variable_name[, …n]]
```

其中,各参数的含义如下所述。

(1) NEXT:返回紧跟当前行之后的结果行,并且当前行递增为结果行。如果 FETCH NEXT 为对游标的第一次提取操作,则返回结果集中的第一行。NEXT 为默认的游标提取选项。

(2) PRIOR:返回紧临当前行前面的结果行,并且当前行递减为结果行。如果 FETCH PRIOR 为对游标的第一次提取操作,则没有行返回,并且游标置于第一行之前。

(3) FIRST:返回游标中的第一行,并将其作为当前行。

(4) LAST:返回游标中的最后一行,并将其作为当前行。

(5) ABSOLUTE {n | @nvar}:如果 *n* 或@nvar 为正数,返回从游标头开始的第 *n* 行,并将返回的行变成新的当前行;如果 *n* 或@nvar 为负数,返回游标尾之前的第 *n* 行并将返回的行变成新的当前行;如果 *n* 或@nvar 为 0,则没有行返回。*n* 必须为整型常量,且@@nvar 必须为 smallint、tinyint 或 int。

(6) RELATIVE {n! @nvar}:如果 *n* 或@nvar 为正数,返回当前行之后的第 *n* 行,并将返回的行变成新的当前行;如果 *n* 或@nvar 为负数,返回当前行之前的第 *n* 行,并将返回的行变成新的当前行;如果 *n* 或@nvar 为 0,返回当前行。如果在对游标的第一次提取操作时将 FETCH RELATIVE 的 *n* 或@nvar 指定为负数或 0,则没有行返回。*n* 必须为整型常量,且@nvar 必须为 smallint、tinyint 或 int。

(7) 游标名:要从中提取数据的游标的名称。如果存在同名称的全局和局部游标,则游标名前指定 GLOBAL 表示操作的是全局游标,未指定 GLOBAL 表示操作的是局部游标。

(8) INTO @variable_name [,…n]:允许将提取操作的列数据放到局部变量中。列表中的各个变量从左到右与游标结果集中的相应列相关联,各变量的数据类型必须与相应的结果列的数据类型匹配,或是结果列数据类型所支持的隐性转换。变量的数目必须与游标选择列表中的列的数目一致。

@@FETCH_STATUS()函数可以报告上一个 FETCH 语句的状态,其取值和含义如表 6.8 所示。

表 6.8　@@FETCH_STATUS()函数的取值及其含义

取　值	含　义
0	FETCH 语句成功
−1	FETCH 语句失败或此行不在结果集中
−2	被提取的行不存在

另外一个用来提供游标活动信息的全局变量为@@ROWCOUNT,它返回受上一语句影响的行数,若为 0,表示没有行更新。

4. 关闭游标

关闭游标使用 CLOSE 语句,其语法格式如下。

```
CLOSE 游标名
```

关闭游标后可以再次打开。在一个批处理中,可以多次打开和关闭游标。

5. 释放游标

释放游标即释放所有分配给此游标的资源。释放游标使用 DEALLOCATE 语句,其语法格式如下。

```
DEALLOCATE 游标名
```

关闭游标并不改变游标的定义,可以再次打开该游标。但是,释放游标就释放了与该游标有关的一切资源,也包括游标的声明,将不能再次使用该游标。

6.3.3 使用游标

1. 使用游标的过程

游标主要用在存储过程、触发器和 T-SQL 脚本中,它们使结果集的内容对其他 T-SQL 语句同样可用。

使用游标的典型过程如下所述,处理过程如图 6.19 所示。

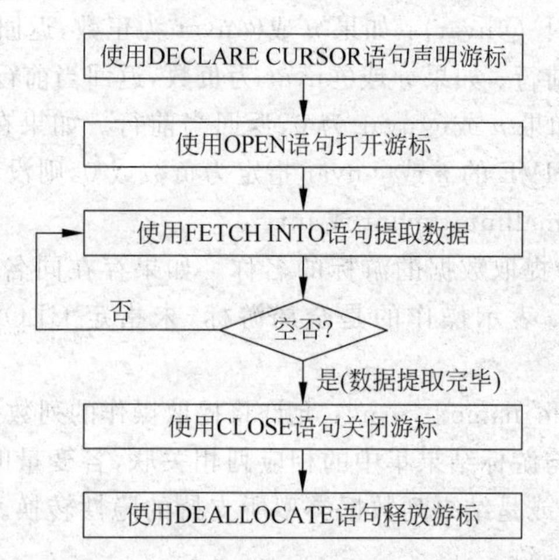

图 6.19 游标的典型使用过程

① 声明 T-SQL 变量包含游标返回的数据。为每一结果集列声明一个变量,声明足够大的变量,以保存由列返回的值,并声明可从列数据类型以隐性方式转换得到的数据类型。

② 使用 DECLARE CURSOR 语句把 T-SQL 游标与一个 SELECT 语句相关联。DECLARE CURSOR 语句同时定义游标的特征,如游标名以及游标是否为只读或只写特性。

③ 使用 OPEN 语句执行 SELECT 语句并生成游标。

④ 使用 FETCH INTO 语句提取单个行,并把每列中的数据转移到指定的变量中;然后,其他 T-SQL 语句可以引用这些变量来访问已提取的数据值。T-SQL 不支持提取行块。

⑤ 结束游标时使用 CLOSE 语句。关闭游标可以释放某些资源,如游标结果集和对当前行的锁定。但是如果重新发出一个 OPEN 语句,则该游标结构仍可用于处理。由于游标仍然存在,此时还不能重新使用游标的名称。DEALLOCATE 语句则完全释放分配给游标

的资源，包括游标名。在游标被释放后，必须使用DECLARE语句来重新生成游标。

【例6.11】 给出以下程序的执行结果。

```
USE school
GO
--声明游标
DECLARE st_cursor CURSOR FOR SELECT 学号,姓名,班号 FROM student
--打开游标
OPEN st_cursor
--提取第一行数据
FETCH NEXT FROM st_cursor
--关闭游标
CLOSE st_cursor
--释放游标
DEALLOCATE st_cursor
GO
```

解：这是一个简单的游标使用示例，从student表中读出所有学生记录的学号、姓名和班号，并通过FETCH语句取出第一个学生记录，执行结果如图6.20所示。

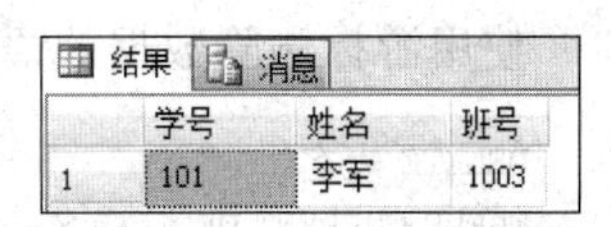

图6.20 程序执行结果

【例6.12】 给出以下程序的执行结果。

```
USE school
GO
SET NOCOUNT ON
--声明变量
DECLARE @sno int,@sname char(10),@sclass char(10),@savg float
--声明游标
DECLARE st_cursor CURSOR
   FOR SELECT student.学号,student.姓名,student.班号,AVG(score.分数)
       FROM student,score
       WHERE student.学号 = score.学号 AND score.分数>0
       GROUP BY student.学号,student.姓名,student.班号
       ORDER BY student.班号,student.学号
--打开游标
OPEN st_cursor
--提取第一行数据
FETCH NEXT FROM st_cursor INTO @sno,@sname,@sclass,@savg
--打印表标题
PRINT '学号    姓名      班号          平均分'
PRINT '--------------------------------'
WHILE @@FETCH_STATUS = 0
BEGIN
   --打印一行数据
     PRINT CAST(@sno AS char(8)) + @sname + @sclass + '  ' +
         CAST(@savg AS char(5))
   --提取下一行数据
   FETCH NEXT FROM st_cursor INTO @sno,@sname,@sclass,@savg
END
--关闭游标
```

```
CLOSE st_cursor
--释放游标
DEALLOCATE st_cursor
GO
```

解：该程序使用游标打印一个简单的学生信息表，执行结果如图 6.21 所示。

2. 使用游标更新和删除数据

要使用游标进行数据更新，其前提条件是该游标必须声明为可更新游标。只要在声明游标时没有带 READ ONLY，游标都是可更新游标。

使用游标更新数据的语句格式如下。

```
UDATE 表名
SET 列名 = 表达式 [...]
WHERE CURRENT OF 游标名
```

学号	姓名	班号	平均分
103	陆君	1001	89
105	匡明	1001	81.5
109	王芳	1001	72
101	李军	1003	74.5
107	王丽	1003	85
108	曾华	1003	78

图 6.21　程序执行结果

使用游标删除数据的语句格式如下：

```
DELETE 表名
WHERE CURRENT OF 游标名
```

说明：UPDATE 和 DELETE 只对当前行进行相应的更新和删除操作。

【例 6.13】 给出以下程序的执行结果。

```
USE school
ALTER TABLE score ADD 等级 char(2)
GO
DECLARE st_cursor CURSOR
   FOR SELECT 分数 FROM score WHERE 分数 IS NOT NULL
DECLARE @fs int,@dj char(1)
OPEN st_cursor
FETCH NEXT FROM st_cursor INTO @fs
WHILE @@FETCH_STATUS = 0
BEGIN
  SET @dj = CASE
    WHEN @fs >= 90 THEN 'A'
    WHEN @fs >= 80 THEN 'B'
    WHEN @fs >= 70 THEN 'C'
    WHEN @fs >= 60 THEN 'D'
    ELSE 'E'
  END
  UPDATE score
  SET 等级 = @dj
  WHERE CURRENT OF st_cursor
  FETCH NEXT FROM st_cursor INTO @fs
END
CLOSE st_cursor
DEALLOCATE st_cursor
GO
SELECT * FROM score ORDER BY 学号
```

```
GO
ALTER TABLE score DROP COLUMN 等级
GO
```

解：上述程序先在score表中增加一个等级列，然后采用游标方式根据分数计算出等级列，并显示score表中的所有记录，最后删除score表中的等级列。执行结果如图6.22所示，从结果中可以看到等级列值已正确计算出来。

	学号	课程号	分数	等级
1	101	3-105	64	D
2	101	6-166	85	B
3	103	3-105	92	A
4	103	3-245	86	B
5	105	3-105	88	B
6	105	3-245	75	C
7	107	3-105	91	A
8	107	6-166	79	C
9	108	3-105	78	C
10	108	6-166	NULL	NULL
11	109	3-105	76	C
12	109	3-245	68	D

图6.22　程序执行结果

练习题6

(1) 什么是事务？事务的特点是什么？

(2) 对事务的管理包括哪几方面？

(3) 事务中能否包含CREATE DATABASE语句？

(4) 简述事务保存点的概念。

(5) 在应用程序中如何控制事务？

(6) 什么是锁定？

(7) 什么是死锁？

(8) 简述游标的概念。

(9) 给出以下程序的执行结果。

```
USE school
GO
BEGIN TRANSACTION Mytran                                    --启动事务
  INSERT INTO teacher
      VALUES('999','张英','男','1960/03/05','教授','计算机系')
                                                            --插入一个教师记录
SAVE TRANSACTION Mytran                                     --保存点
  INSERT INTO teacher
      VALUES('888','胡丽','男','1982/8/04','副教授','电子工程系')
                                                            --插入一个教师记录
ROLLBACK TRANSACTION Mytran
COMMIT  TRANSACTION
```

```
GO
SELECT * FROM teacher                                   -- 查询 teacher 表的记录
GO
DELETE teacher WHERE 编号 = '999'                        -- 删除插入的记录
GO
```

（10）编写一个程序，采用游标方式输出所有课程的平均分。

（11）编写一个程序，采用游标方式输出所有学号、课程号和成绩等级。

（12）编写一个程序，采用游标方式输出各班各课程的平均分。

上机实验题 5

在上机实验题 4 建立的 factory 数据库的基础上，完成如下各题（所有 SELECT 语句的查询结果以文本格式显示）。

（1）删除 factory 数据库上各个表之间建立的关系。

（2）按部门名、按平均工资递减顺序列出所有职工的部门名、职工号、姓名和平均工资信息。

（3）按性别和部门名的组合方式列出相应的平均工资。

（4）在 worker 表中使用以下语句插入一个职工记录。

```
INSERT INTO worker VALUES(20,'陈立','女','55/03/08',1,'75/10/10',4)
```

在 depart 表中使用以下语句插入一个部门记录。

```
INSERT INTO depart VALUES(5,'设备处')
```

再对 worker 和 depart 表进行全外连接显示职工的职工号、姓名和部门名，然后删除这两个插入的记录。

（5）显示最高工资职工的职工号、姓名、部门名、工资发放日期和工资。

（6）显示最高工资职工的部门名。

（7）显示所有平均工资低于全部职工平均工资的职工的职工号和姓名。

（8）采用游标方式实现⑥的功能。

（9）采用游标方式实现⑦的功能。

（10）先显示 worker 表中的职工人数，开始一个事务，插入一个职工记录，再显示 worker 表中的职工人数，回滚该事务，最后显示 worker 表中的职工人数。

CHAPTER 7

第7章 索　引

数据库的索引类似于书的目录，书的内容类似于表的数据，书的目录通过页码指向书的内容。书的目录使读者可以很快找到想看的内容，而不必翻遍书中的每一页。同样，索引中记录了表中的键值，同时提供了指向表中记录的存储地址。在数据库中，索引能够使数据库程序不用浏览整个表，就可以找到表中的数据。数据库中的表并不是都必须创建索引，但通过对频繁访问的表创建索引，可以提高数据的访问速度，改善系统性能。本章主要介绍索引概念和索引操作等。

7.1 索引概述

7.1.1 索引的作用

索引是对数据库表中一个或多个列的值进行排序的结构，它具有下述作用。

(1) 提高查询速度。

(2) 强制实施行的唯一性，通过创建唯一性索引，可以保证表中每一行数据的唯一性。

(3) 提高连接、ORDER BY 排序和 GROUP BY 分组执行的速度。

(4) 加速表之间的连接，特别是在实现数据的参照完整性方面很有意义。

(5) 查询优化器依靠索引起作用，提高系统的性能。

一般来说，对表的查询都是通过主键来进行的，因此，首先应该考虑在主键上建立索引。另外，对于连接中要频繁使用的列(包括外键)，也应作为建立索引的考虑选项。

由于建立索引需要一定的开销，而且当使用 INSERT 或者 UPDATE 语句对数据进行插入和更新操作时，维护索引也是需要花费时间和空间的。因此，没有必要对表中的所有列建立索引。如下情况则不考虑建立索引。

(1) 从来不或者很少在查询中引用的列。

(2) 只有两个或者若干个值的列，例如性别(男或女)。

(3) 记录数目很少的表。

7.1.2 索引的结构

索引是与表或视图关联的磁盘上的结构,可以加快从表或视图中检索行的速度。索引包含由表或视图中的一列或多列生成的键。这些键存储在一个结构(B 树)中,使 SQL Server 可以快速有效地查找与键值关联的行。

在 SQL Server 中,索引是按 B 树结构进行组织的。索引 B 树中的每一页称为一个索引结点,B 树的顶端结点称为根结点,索引中的底层结点称为叶结点,根结点与叶结点之间的任何索引级别统称为中间级。在聚集索引中,叶结点包含基础表的数据页;根结点和中间级结点包含存有索引行的索引页;每个索引行包含一个键值和一个指针,该指针指向 B 树上的某一中间级页或叶级索引中的某个数据行;每级索引中的页均被链接在双向链接列表中。因为 B 树的结构非常适合于检索数据,所以在 SQL Server 中采用该结构来建立索引页和数据页。

7.1.3 索引的类型

数据库中的索引主要按照索引结构和存放位置分为聚集索引和非聚集索引两类。SQL Server 还提供了唯一索引、全文索引和 XML 索引等。

1. 聚集索引

聚集索引采用 B 树索引结构实现,如图 7.1 所示,聚集索引在 sys. partitions 系统表中有一行,其中索引使用的每个分区的 index_id=1;对于某个聚集索引,sys. system_internals_

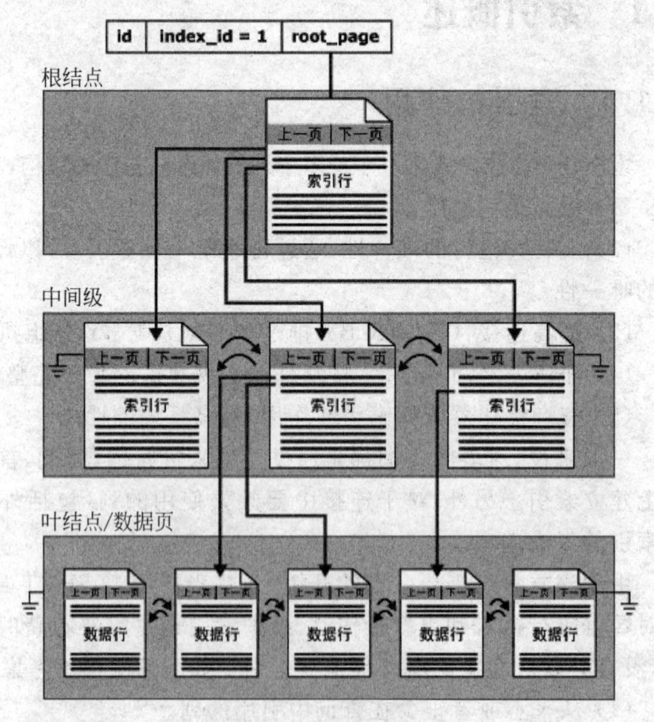

图 7.1 聚集索引的结构

allocation_units 系统视图中的 root_page 列指向该聚集索引某个特定分区的顶部。

默认情况下，聚集索引有单个分区。当聚集索引有多个分区时，每个分区都有一个包含该特定分区相关数据的 B 树结构。例如，如果聚集索引有四个分区，就有四个 B 树结构，每个分区中有一个 B 树结构。

聚集索引对表在物理数据页中的数据按列值进行排序，然后再重新存储到磁盘上，即聚集索引与数据是混为一体的，它的叶结点中存储的是实际的数据。也就是说在聚集索引中，数据表中记录的物理顺序与索引顺序相同，即索引顺序决定了表中记录行的存储顺序，因为记录行是经过排序的，所以每个表只能有一个聚集索引。

由于聚集索引的顺序与记录行存放的物理顺序相同，所以聚集索引最适用于范围查找，找到一个范围内开始的行后，可以很快地取出后面的行。

如果表中没有创建其他聚集索引，则在表的主键列上会自动创建聚集索引，如图 7.2 所示是 student 表中主键对应的聚集索引 PK_student。

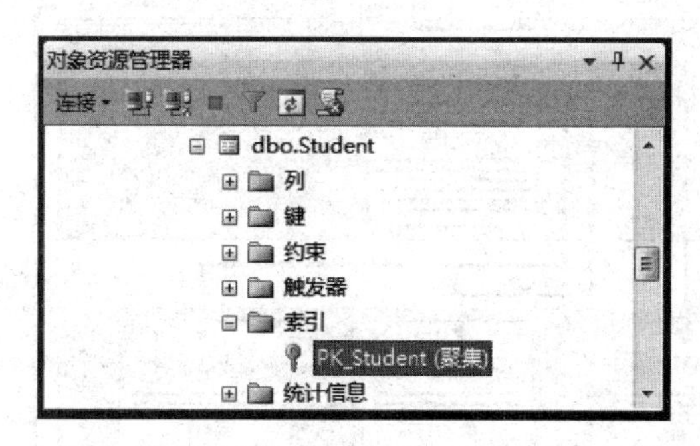

图 7.2 student 表中主键对应的聚集索引 PK_student

在创建聚集索引之前，应该先了解数据是如何被访问的，可考虑将聚集索引用于如下几种情况。

(1) 包含大量非重复值的列。

(2) 使用运算符 BETWEEN、＞、＞＝、＜和＜＝返回一个范围值的查询。

(3) 被连续访问的列。

(4) 返回大型结果集的查询。

(5) 经常被使用连接或 GROUP BY 子句的查询访问的列。一般来说，这些是外键列。对 ORDER BY 或 GROUP BY 子句中指定的列进行索引，可以使 SQL Server 不必对数据进行排序，因为这些行已经排序，这样可以提高查询性能。

(6) OLTP(联机事务处理)类型的应用程序要求进行非常快速的单行查找(一般通过主键)，应在主键上创建聚集索引。

对于要频繁更改的列，不适合创建聚集索引。因为这将导致整行移动(因为 SQL Server 必须按物理顺序保存行中的数据值)，而在大数据量事务处理系统中，这样操作很容易丢失数据。

2. 非聚集索引

一个数据表中只能有一个聚集索引，而表中的每一列上都可以建立自己的非聚集索引。非聚集索引与书的索引类似，每个索引行都包含非聚集键值和行定位符，此定位符指向聚集索引或堆中包含该键值的数据行。索引中的行按索引键值的顺序存储,但是不保证数据行按任何特定顺序存储,除非对表创建聚集索引。

非聚集索引与聚集索引具有相同的 B 树结构,如图 7.3 所示(对于索引使用的每个分区,非聚集索引在 index_id>0 的 sys. partitions 系统表中都有对应的一行),它们之间的显著差别在于以下两点。

(1) 基础表的数据行不按非聚集键的顺序排序和存储。

(2) 非聚集索引的叶层是由索引页组成,而不是由数据页组成,该索引页的索引行中包含指向数据页的数据行。而聚集索引中,叶层结点存储的是数据行。由于非聚集索引中不包含任何数据,它对数据的存储和排序不产生影响,所以在单个表上可以创建多个非聚集索引。

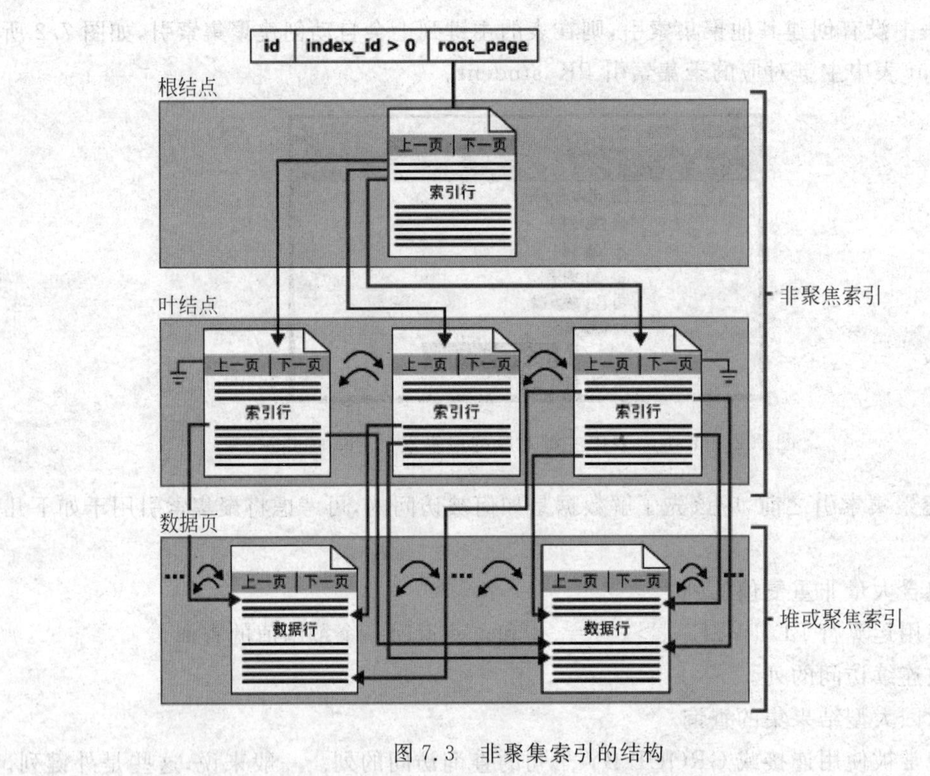

图 7.3 非聚集索引的结构

在创建非聚集索引之前,同样需要了解数据是如何被访问的。非聚集索引应用的一般情况如下所述。

(1) 包含大量非重复值的列。如果只有很少的非重复值,如只有 1 和 0,则大多数查询将不使用索引,因为此时表扫描通常更有效。

(2) 不返回大型结果集查询。

(3) 返回精确匹配查询的搜索条件(WHERE 子句)中经常使用的列。

(4) 经常需要连接和分组的决策支持系统应用程序。应在连接和分组操作中使用的列上创建多个非聚集索引,在任何外键列上创建一个聚集索引。

(5) 在特定的查询中覆盖一个表中的所有列。这将完全消除对表或聚集索引的访问。

3. 唯一索引

唯一索引确保索引键不包含重复的值,多列唯一索引能够保证索引键中值的每个组合都是唯一的。只要每个列中的数据是唯一的,就可以为同一个表创建一个唯一聚集索引和多个唯一非聚集索引。也就是说,从索引结构上看,唯一索引属于聚集索引或非聚集索引类型之一。

唯一索引的实现方式主要有如下两种。

(1) 在建表时采用 PRIMARY KEY 或 UNIQUE 约束。使用 PRIMARY KEY 约束时,如果不存在该表的聚集索引,且未指定唯一非聚集索引,则将自动对一列或多列创建唯一聚集索引。使用 UNIQUE 约束时,默认情况下将创建唯一非聚集索引,以便强制 UNIQUE 约束,如果不存在该表的聚集索引,则可以指定唯一聚集索引。

(2) 采用 CREATE INDEX 语句建立独立于约束的索引,可以为一个表定义多个唯一非聚集索引。

7.1.4 几个相关的概念

1. 分区

SQL Server 支持表和索引分区,已分区索引与已分区表是相关联的。

已分区表的数据划分为分布于一个数据库中多个文件组的单元。数据是按水平方式分区的,因此多组行可以通过分区函数映射到单个的分区,如将 student 表中 1001 班的所有行映射到分区 1,将 1003 班的所有行映射到分区 2;再通过分区方案将各个分区映射到文件组中,如将 student 表的分区 1 的数据存放到文件组 st1 中,将分区 2 的数据存放到文件组 st2 中。

单个索引或表的所有分区都必须位于同一个数据库中,对数据进行查询或更新时,表或索引将被视为单个逻辑实体。这样设计的目的是可以快速、高效地传输或访问数据的子集,同时又能维护数据收集的完整性,还可以更快地对一个或多个分区执行维护操作。

说明:如果创建表时不指定分区,则表数据和索引只有一个默认的分区。

2. 堆结构

堆结构是没有聚集索引的表,即数据行不按任何特殊的顺序存储,数据页也没有任何特殊的顺序。堆结构中数据按照插入的先后次序存放,好像堆积货物一样,新的数据顺序堆放。

堆的 sys. partitions 系统表中具有一行,对于堆使用的每个分区,都有 index_id=0。默认情况下,一个堆有一个分区。当堆有多个分区时,每个分区有一个堆结构,其中包含该特定分区的数据。例如,如果一个堆有四个分区,则有四个堆结构,每个分区有一个堆结构。

在堆结构中,sys. system_internals_allocation_units 系统视图中的列 first_iam_page 指向管理特定分区中堆的分配空间的一系列 IAM 页(索引分配映射页,IAM 页将映射分配单元使用的数据库文件中 4GB 部分中的区,其中类型为 IN_ROW_DATA 的 IAM 页用于存储堆分区或索引分区)的第一页。SQL Server 使用 IAM 页在堆中移动,数据页之间唯一的逻辑连接是记录在 IAM 页内的信息。

堆结构执行插入操作很容易,但查询的效率不高。

7.2 创建索引

SQL Server 提供了如下三种方法来创建索引。

- 使用 SQL Server 控制管理器创建索引。
- 使用 CREATE INDEX 语句创建索引。
- 使用 CREATE TABLE 语句创建索引

在创建索引时,需要指定索引的特征,这些特征如下所述。

- 聚集还是非聚集索引。
- 唯一还是不唯一索引。
- 单列还是多列索引。
- 索引中的列顺序为升序还是降序。
- 覆盖还是非覆盖索引。

用户还可以自定义索引的初始存储特征,通过设置填充因子优化其维护,并使用文件和文件组自定义其位置以优化性能。

本节主要介绍直接创建索引的方法,包括使用 SQL Server 控制管理器和 SQL 语言创建索引。

7.2.1 使用 SQL Server 控制管理器创建索引

使用 SQL Server 控制管理器可以对索引进行全面的管理,包括创建索引、查看索引、删除索引和重新组织索引等。

【例 7.1】 使用 SQL Server 管理控制器,在 school 数据库 student 表中的"班号"列上创建一个升序的非聚集索引 IQ_bh。

解:其操作步骤如下。

① 启动 SQL Server 管理控制器,在"对象资源管理器"窗口中展开 LCB-PC 服务器结点。

② 展开"数据库|school|表|dbo. Student|索引"结点,右击结点,在出现的快捷菜单中选择"新建索引|非聚集索引"命令(因为 student 表上已建立了一个聚集索引,所以不能再建聚集索引)。

③ 此时,打开"新建索引"对话框,首先进入"选择页"的"常规"选项卡,如图 7.4 所示。其中各项说明和设置如下。

- 表名:指出表的名称,用户不可更改。
- 索引名称:输入所建索引的名称,由用户设定。这里输入索引名称为 IQ_bh。
- 索引类型:这里默认为"非聚集"。对于其下的"唯一"复选框,勾选表示创建唯一性索引。这里不勾选。

④ 设置完成后,单击"添加"按钮开始创建一个新的索引,出现如图 7.5 所示的"从'dbo. Student'中选择列"对话框,勾选要建立索引的列,一次可以选择一列或多列。这里勾选"班号"列,单击"确定"按钮。

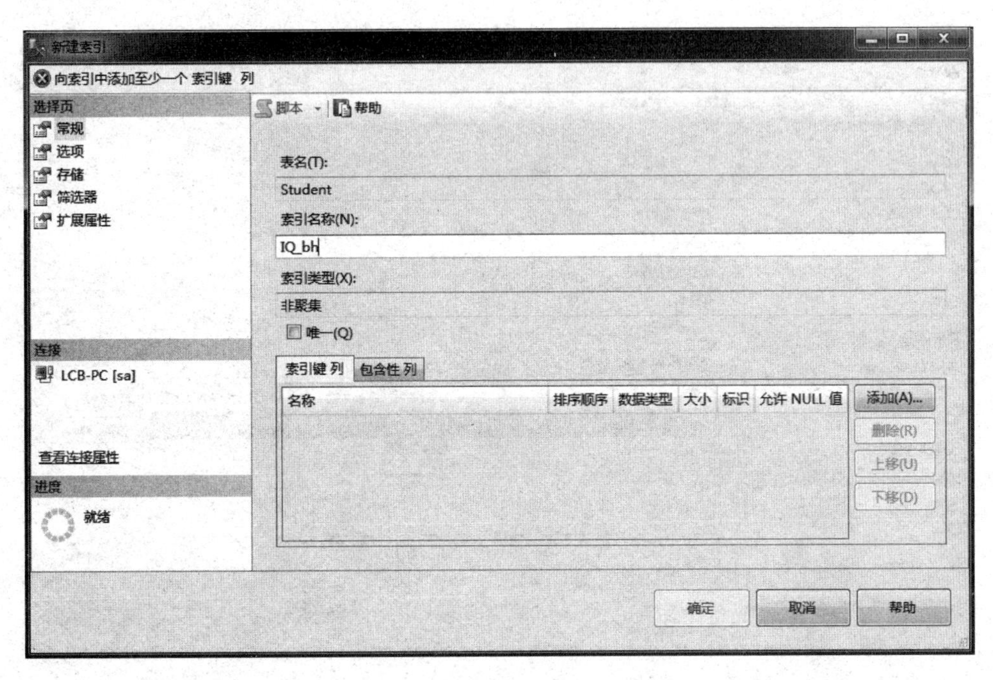

图 7.4　“新建索引”的“常规”选项卡

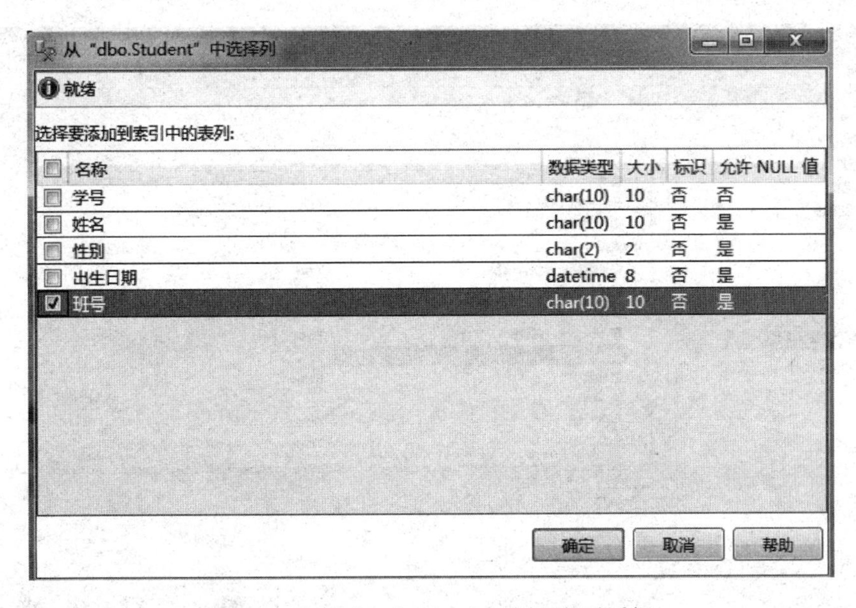

图 7.5　“从‘dbo. Student’中选择列”对话框

⑤ 这时返回“常规”选项卡，从“排序顺序”下拉列表中选择索引键的排序顺序，如图 7.6 所示。这里选择“升序”项。

⑥ 切换到“选择页”的“选项”选项卡，如图 7.7 所示，这里只将“填充因子”修改为 80。填充因子表示 SQL Server 对索引的叶级页填充的程度，索引采用 B 树结构，当叶级页填充的程度达到指定的填充因子时就进行分裂，填充因子的值可以为 1～100，频繁分裂会降低存储性能，所以设置填充因子应稍大一些。

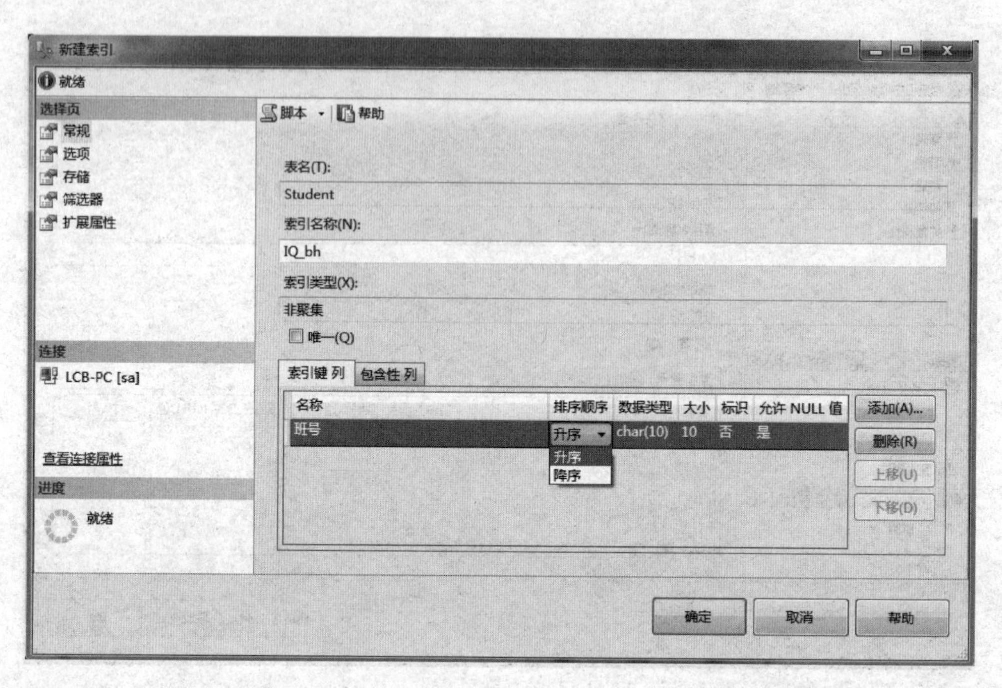

图 7.6　设置排序顺序

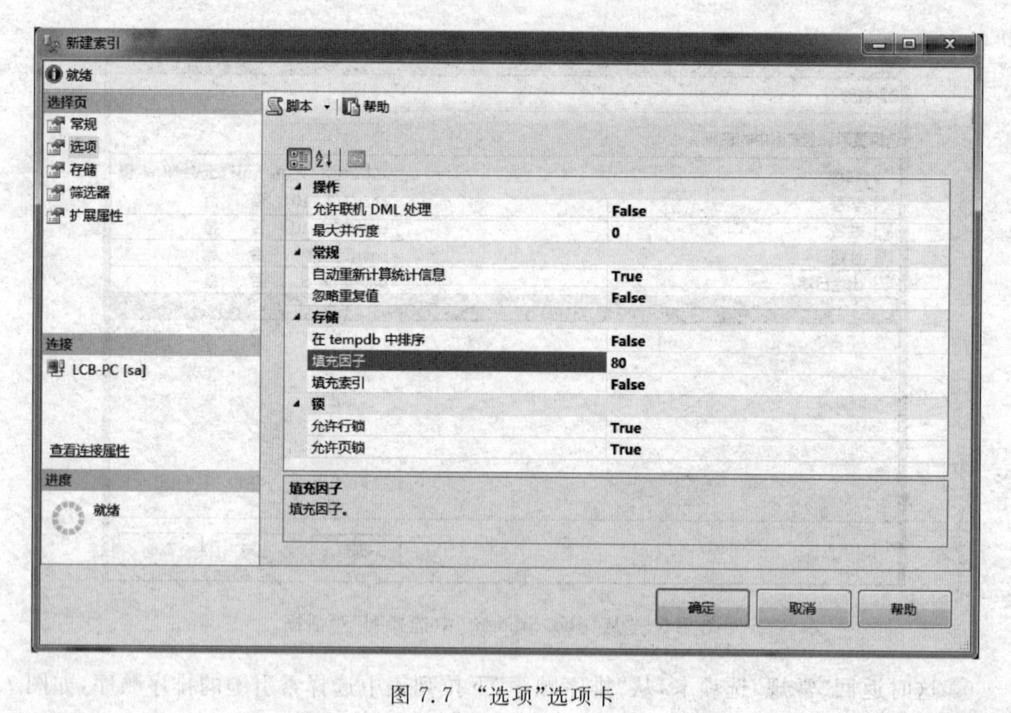

图 7.7　“选项”选项卡

⑦ 切换到“选择页”的“存储”选项卡，如图 7.8 所示，该选项卡用于设置索引的文件组和分区属性。选择文件组为 PRIMARY(主文件组)。

⑧ 单击“确定”按钮返回 SQL Server 管理控制器，这样就建立了 IQ_bh 非聚集索引。此时可以在 student 表的“索引”结点下面看到新增了 IQ_bh(不唯一，非聚集)项，如图 7.9 所示。

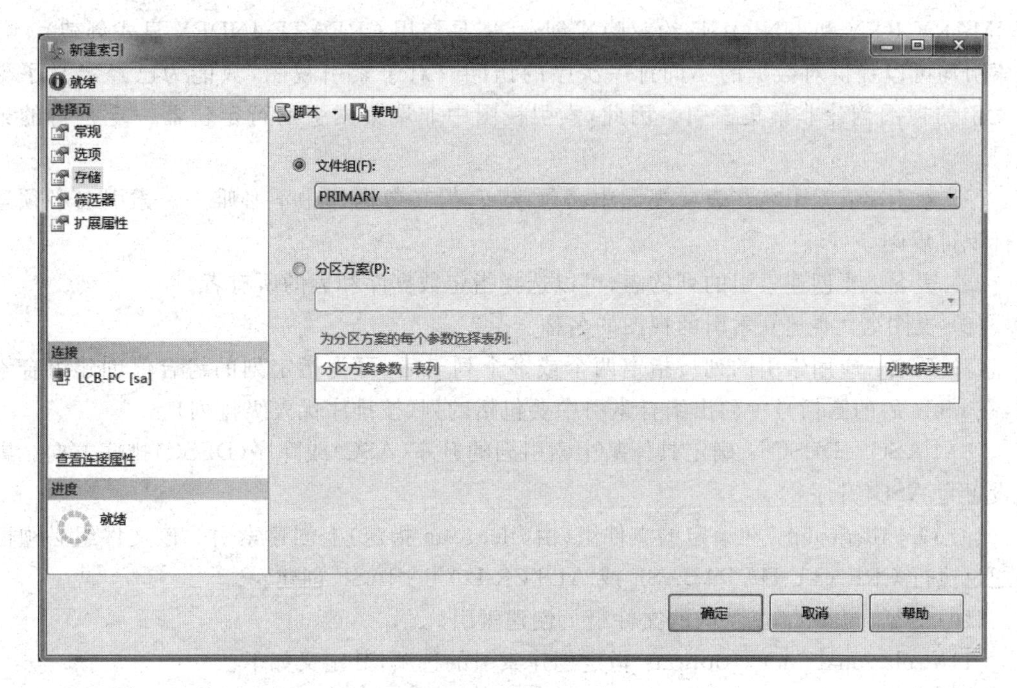

图 7.8 "存储"选项卡

说明：当用户创建一个索引并存储到 SQL Server 系统中后，每个索引对应 sysindexes 系统表中的一条记录，该表中的 name 列包含索引的名称。用户可以通过查找该表中的记录判断某索引是否被创建。

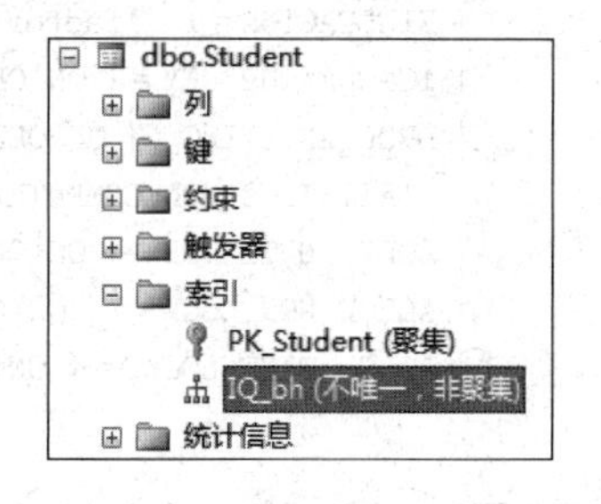

图 7.9 新建的 IQ_bh 索引

7.2.2 使用 CREATE INDEX 语句创建索引

直接使用 CREATE INDEX 语句可以创建索引，其基本语法格式如下。

```
CREATE [UNIQUE] [CLUSTERED | NONCLUSTERED] INDEX 索引名
  ON { 表名 | 视图名} ( 列名 [ASC | DESC][,…n])
  [WHERE 条件表达式 ]
  [WITH relational_index_option [,…n]]
  [ON [ filegroup | default ]]
```

其中，各选项的含义如下。

(1) UNIQUE：为表或视图创建唯一性索引(不允许存在索引值相同的两行)。视图上的聚集索引必须是 UNIQUE 索引。

(2) CLUSTERED：创建聚集索引。如果没有指定 CLUSTERED，则创建非聚集索引。具有聚集索引的视图称为索引视图。必须先为视图创建唯一聚集索引，然后才能为该视图定义其他索引。注意：如果指定了 CLUSTERED 选项，即表示建立聚集索引，所以该索引将对磁盘上的数据进行物理排序。

(3) NONCLUSTERED：创建一个指定表的逻辑排序的对象，即非聚集索引。每个表最多可以有 249 个非聚集索引(无论这些非聚集索引的创建方式如何，无论是使用

PRIMARY KEY 和 UNIQUE 约束隐式创建，还是使用 CREATE INDEX 显式创建）。每个索引均可以提供对数据的不同排序次序的访问。对于索引视图，只能为已经定义了聚集索引的视图创建非聚集索引。因此，索引视图中非聚集索引的行定位器一定是行的聚集键。

(4) 索引名：索引名在表或视图中必须唯一，但在数据库中不必唯一。索引名必须遵循标识符规则。

(5) 表名：要创建索引的列的表，可以选择指定数据库和表的所有者。

(6) 视图名：要建立索引的视图的名称。

(7) 列名：应用索引的列。指定两个或多个列名后，可为指定列的组合值创建组合索引，在 table 后的圆括号中列出组合索引中要包括的列(按排序优先级排列)。

(8) [ASC | DESC]：确定具体某个索引列的升序(ASC)或降序(DESC)排序方向。默认设置为 ASC(升序)。

(9) ON filegroup：在给定的文件组(由 filegroup 指定)上创建索引。该文件组必须已经通过执行 CREATE DATABASE 或 ALTER DATABASE 创建。

(10) ON default：在默认的文件组上创建索引。

(11) relational_index_option：指定创建索引的选项，其定义如下。

```
{ PAD_INDEX = { ON|OFF }                              --是否指定索引的填充,默认值为 OFF
  | FILLFACTOR = fillfactor |                         --指定填充因子值
  | IGNORE_DUP_KEY = { ON|OFF }                       --指定是否忽略重复的值
  | DROP_EXISTING = { ON|OFF }                        --指定是否删除并重新生成已命名的索引
  | STATISTICS_NORECOMPUTE = {ON |OFF }               --指定是否重新计算统计信息
  | SORT_IN_TEMPDB  { ON|OFF }                        --指定是否在 tempdb 中存储临时排序结果
  | ALLOW_ROW_LOCKS = { ON|OFF }                      --指定是否允许行锁,默认值为 ON
  | ALLOW_PAGE_LOCKS = { ON|OFF }                     --指定是否允许页锁,默认值为 ON
}
```

【例 7.2】 给出在 school 数据库 teacher 表中的“编号”列上创建一个非聚集索引的程序。

解：对应的程序如下。

```
USE school
--判断是否存在 IDX_tno 索引,若存在,则删除
IF EXISTS(SELECT name FROM sysindexes WHERE name = 'IDX_tno')
   DROP INDEX teacher.IDX_tno
GO
--创建 IDX_tno 索引
CREATE INDEX IDX_tno ON teacher(编号)
GO
```

该程序的执行过程是先打开 school 数据库，查找是否存在名称为 IDX_tno 的索引，若有，则删除它；然后在 teacher 表的“编号”列上创建名称为 IDX_tno 的索引。

说明：在 teacher 表上有主键编号列对应的聚集索引 PK_teacher，所以这里不能再建立聚集索引，但可以建立编号列上的非聚集索引。

【例 7.3】 给出为 student 表的“班号”和“姓名”列创建非聚集索引 IDX_bhname，并且强制唯一性的程序。

解：对应的程序如下。

```
USE school
--判断是否存在 IDX_tno 索引,若存在,则删除
IF EXISTS(SELECT name FROM sysindexes WHERE name = 'IDX_bhname')
   DROP INDEX score.IDX_bhname
GO
--创建 IDX_tno 索引
CREATE UNIQUE NONCLUSTERED INDEX IDX_bhname ON student(班号,姓名)
GO
```

【例 7.4】 给出以下程序的功能。

```
USE school
IF EXISTS (SELECT name FROM sysindexes WHERE name = 'IDX_bhname')
   DROP INDEX student.IDX_bhname
GO
CREATE INDEX IDX_bhname
   ON student(班号,姓名)
   WITH (PAD_INDEX = ON, FILLFACTOR = 80)
GO
```

解：该程序先打开数据库 school，若存在 IDX_bhname 索引，则用 DROP INDEX 语句删除它；再次打开数据库 school，用 CREATE INDEX 语句建立 IDX_bhname 索引，其中使用了 FILLFACTOR 子句，将其设置为 80。FILLFACTOR 为 80 表示将以 80%程度填充每个叶索引页。

7.2.3 使用 CREATE TABLE 语句创建索引

使用 CREATE TABLE(或 ALTER TABLE)语句创建表时，如果指定 PRIMARY KEY 约束或者 UNIQUE 约束，则 SQL Server 自动为这些约束创建索引。其语法可参见第 4 章，这里不再介绍。

7.3 索引的查看与使用

7.3.1 查看索引信息

为了查看索引信息，可使用存储过程 sp_helpindex。其使用语法如下。

```
EXEC sp_helpindex 对象名
```

在这里指定“对象名”为需查看其索引的表。

【例 7.5】 采用 sp_helpindex 存储过程查看 student 表上所创建的索引。

解：对应的程序如下。

```
USE school
GO
EXEC sp_helpindex student
GO
```

执行结果如图 7.10 所示。

	index_name	index_description	index_keys
1	IDX_bhname	nonclustered located on PRIMARY	班号, 姓名
2	IQ_bh	nonclustered located on PRIMARY	班号
3	PK_Student	clustered, unique, primary key located on PRIMARY	学号

图 7.10 程序执行结果

数据库引擎可以使用统计信息对象中的任何数据计算基数估计。使用 DBCC SHOW_STATISTICS 命令可以显示表或索引视图的当前查询优化统计信息。其基本的语法格式如下。

```
DBCC SHOW_STATISTICS (表名或索引视图名,统计信息的索引,统计信息或列的名称)
```

【例 7.6】 采用 DBCC SHOW_STATISTICS 命令查看 student 表上 IDX_bhname 索引的统计信息。

解：对应的程序如下。

```
USE school
GO
DBCC SHOW_STATISTICS('student',IDX_bhname)
GO
```

执行结果如图 7.11 所示。

	Name	Updated	Rows	Rows Sampled	Steps	Density	Average key length	String Index	Filter Expression	Unfiltered Rows
1	IDX_bhname	08 31 2014 2:34PM	6	6	2	0	30	YES	NULL	6

	All density	Average Length	Columns
1	0.5	10	班号
2	0.1666667	20	班号, 姓名
3	0.1666667	30	班号, 姓名, 学号

	RANGE_HI_KEY	RANGE_ROWS	EQ_ROWS	DISTINCT_RANGE_ROWS	AVG_RANGE_ROWS
1	1001	0	3	0	1
2	1003	0	3	0	1

图 7.11 程序执行结果

这些统计信息包括表中行数、索引列平均长度等的统计标题信息以及统计密度信息和统计直方图信息 3 部分。

7.3.2 索引的使用

索引的使用是由 SQL Server 系统自动执行的，其使用情况可以通过查看查询的执行情况得知。

【例 7.7】 查看以下查询的执行情况。

```
USE school
GO
```

```
SELECT * FROM student ORDER BY 学号
GO
```

解：在执行该程序后，执行"查询|显示估计的执行计划"菜单命令，输出结果如图 7.12 所示，SQL Server 为每个计划打分，从中可以看到，该查询使用 PK_student 主索引的执行计划的分数为 100%，应为最佳执行计划。

生成估计的执行计划时，T-SQL 查询或批处理并不执行。生成的执行计划显示的是如果实际执行查询 SQL Server 数据库引擎最有可能使用的查询执行计划。若要查看其他信息，将鼠标指针悬停在逻辑和物理运算符图标上，可以查看显示的工具提示中有关运算符的说明和属性，如图 7.13 所示是鼠标指针悬停在图标上看到的结果。

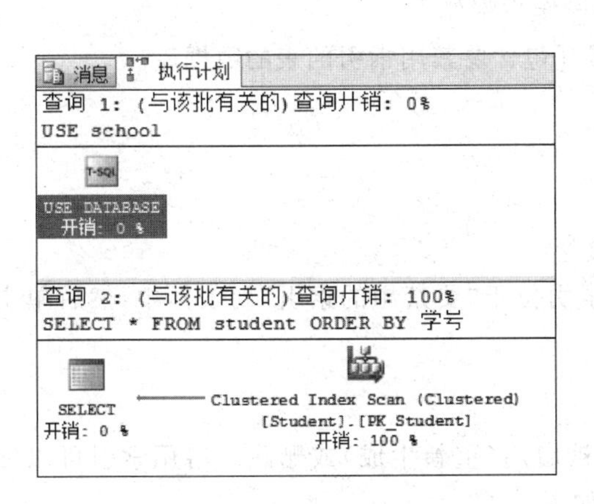

图 7.12　显示估计的执行计划 1

Clustered Index Scan (Clustered)

整体扫描聚集索引或只扫描一定范围。

物理运算	Clustered Index Scan
Logical Operation	Clustered Index Scan
估计的执行模式	Row
存储	RowStore
Estimated I/O Cost	0.003125
Estimated Operator Cost	0.0032886 (100%)
Estimated Subtree Cost	0.0032886
Estimated CPU Cost	0.0001636
Estimated Number of Executions	1
Estimated Number of Rows	6
Estimated Row Size	47 字节
Ordered	True
节点 ID	0

对象

[School].[dbo].[Student].[PK_Student]

Output List

[School].[dbo].[Student].学号, [School].[dbo].[Student].姓名, [School].[dbo].[Student].性别, [School].[dbo].[Student].出生日期, [School].[dbo].[Student].班号

图 7.13　显示估计的执行计划 2

如果执行以下查询，相应的结果如图 7.14 所示。

```
USE school
GO
SELECT * FROM student ORDER BY 性别
GO
```

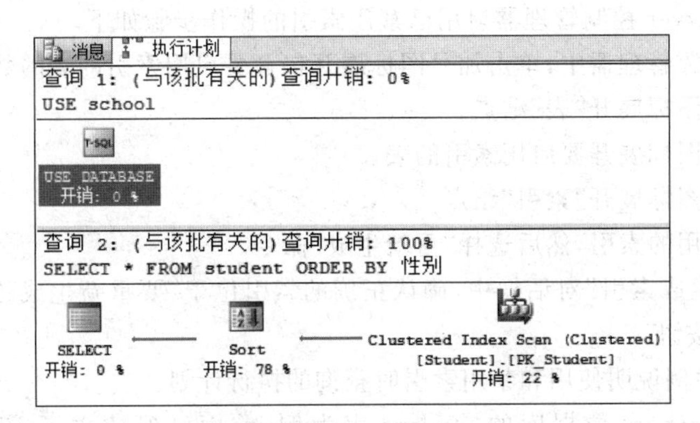

图 7.14　显示估计的执行计划 3

从中可以看到,该查询使用 PK_student 主索引的执行计划的分数为 22%,显然不如上一个执行计划好。

7.3.3 索引的禁用和启用

1. 索引的禁用

禁用索引可以防止用户访问索引,而对于聚集索引,则可以防止用户访问基础表数据。索引定义保留在元数据中,非聚集索引的索引统计信息仍保留。

禁用索引可以使用 ALTER INDEX 语句,其基本使用格式如下。

```
ALTER INDEX 索引名 ON 表名 DISABLE
```

如果要禁用表的所有索引,可以使用如下语句。

```
ALTER INDEX ALL ON 表名 DISABLE
```

使用 SQL Server 控制管理器禁用索引的操作步骤如下。

① 在对象资源管理器中,单击加号图标展开包含要禁用索引的表的数据库。

② 单击加号图标展开“表”结点。

③ 单击加号图标展开要禁用索引的表。

④ 单击加号图标展开“索引”结点。

⑤ 右击要禁用的索引,然后选择“禁用”命令。

⑥ 在“禁用索引”对话框中,确认正确的索引位于“要禁用的索引”列表框中,然后单击“确定”按钮。

2. 索引的启用

索引被禁用后一直保持禁用状态,直到它被启用(重新生成)或删除。启用索引可以使用 ALTER REBUILD 语句,其基本使用格式如下。

```
ALTER INDEX 索引名 ON 表名 REBUILD
```

如果要启用表的所有索引,可以使用以下语句。

```
ALTER INDEX ALL ON 表名 REBUILD
```

说明:创建一个新的聚集索引,其行为与 ALTER INDEX ALL REBUILD 相同。

使用 SQL Server 控制管理器启用已禁用索引的操作步骤如下。

① 在对象资源管理器中,单击加号图标展开包含要启用索引的表的数据库。

② 单击加号图标展开“表”结点。

③ 单击加号图标展开要启用索引的表。

④ 单击加号图标展开“索引”结点。

⑤ 右击要启用的索引,然后选择“重新生成”命令。

⑥ 在“重新生成索引”对话框中,确认正确的索引位于“要重新生成的索引”列表框中,然后单击“确定”按钮。

【例 7.8】 举例说明使用和禁用索引时查询的执行计划。

解:以查询 school 数据库的 student 表为例,前面已经建立了 PK_student、IDX_

bhname 和 IQ_bh 索引，执行以下程序。

```
USE school
GO
SELECT 姓名,班号 FROM student ORDER BY 班号,姓名
GO
```

其中查询语句的执行计划如图 7.15 所示，从中可以看到，使用 IDX_bhname 索引充分提高了执行效率。如果禁用 IDX_bhname 索引，执行以下程序。

```
USE school
GO
ALTER INDEX IDX_bhname ON student DISABLE
GO
SELECT 姓名,班号 FROM student ORDER BY 班号,姓名
GO
```

其中查询语句的执行计划如图 7.16 所示，从中可以看到，它改用了 PK_student 索引，还需要排序，其执行效率显然不如使用 IDX_bhname 索引高。

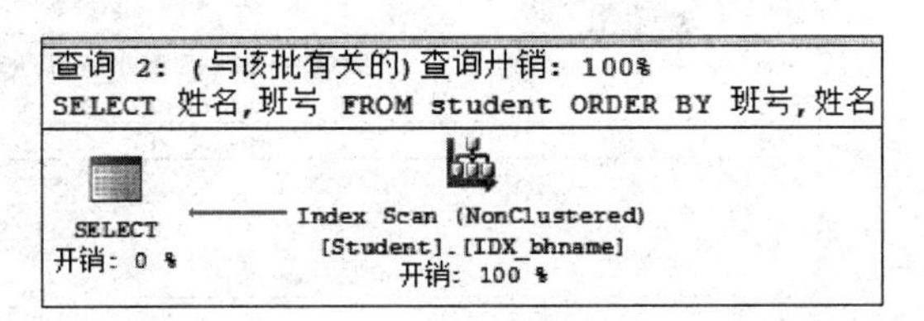

图 7.15　使用 IDX_bhname 的执行计划

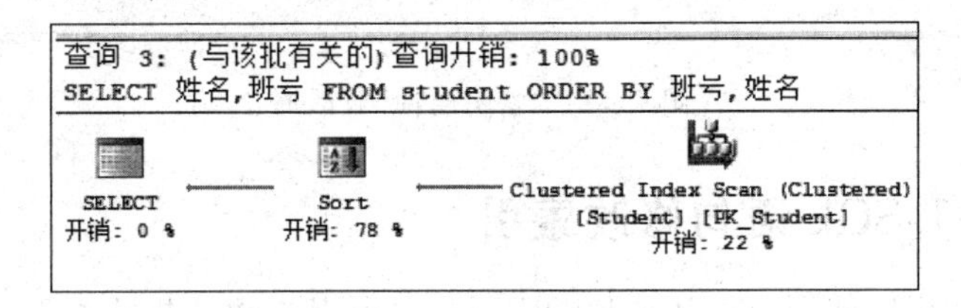

图 7.16　禁用 IDX_bhname 的执行计划

7.4　修改索引

在索引创建好后，有时需要查看和修改，其方法主要有两种，即使用 SQL Server 控制管理器和 T-SQL 语句。

7.4.1　使用 SQL Server 控制管理器修改索引

使用 SQL Server 控制管理器可以十分容易地修改索引。

【例 7.9】 使用 SQL Server 管理控制器查看 school 数据库中的 student 表上已建立的索引 IDX_bhname。

解：其操作步骤如下。

① 启动 SQL Server 管理控制器。在“对象资源管理器”窗口中展开 LCB-PC 服务器

结点。

② 展开“数据库”|school|表|dbo. student|索引结点，列出所有已建的索引，有 PK_student(聚集)、IQ_bh(非聚集)和 IDX_bhname(非聚集)3 个索引。

③ 因为要修改 IDX_bhname 索引的属性，选中并右击 IDX_bhname 索引项，在出现的快捷菜单中选择“属性”命令，出现如图 7.17 所示的“索引属性”对话框，在其中对索引的各选项进行修改，与“新建索引”对话框的操作类似。

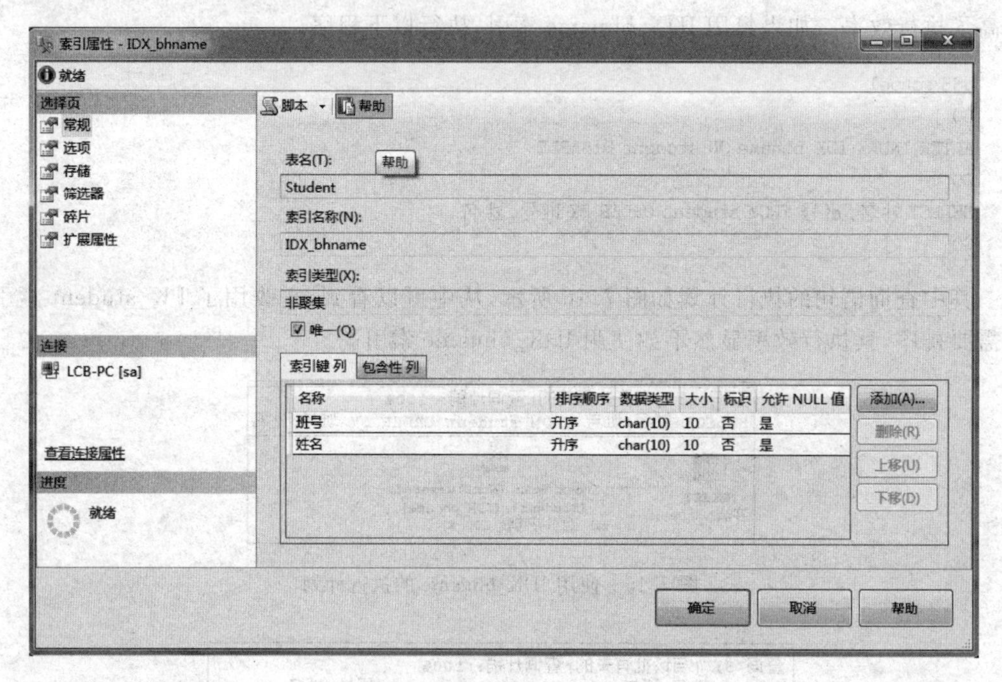

图 7.17 “索引属性”对话框

7.4.2 使用 T-SQL 语句修改索引

修改索引属性可以使用 ALTER INDEX 语句，其基本语法格式如下。

```
ALTER INDEX { 索引名 | ALL } ON 表或视图名
    REBUILD [ WITH ( rebuild_index_option ) ]
```

其中，各参数的含义说明如下。

- ALL：指定与表或视图相关联的所有索引，而不考虑是什么索引类型。
- REBUILD：表示重建索引。
- rebuild_index_option：指出重建索引的选项，它与 CREATE INDEX 语句中 relational_index_option 类似。

说明：ALTER INDEX 语句不能用于对索引重新分区或将索引移到其他文件组，不能用于修改索引定义，如添加或删除列，或更改列的顺序。

【例 7.10】 修改例 7.4 创建的索引 IDX_bhname，将 FILLFACTOR 改为 90。

解：对应的程序如下。

```
USE school
GO
ALTER INDEX IDX_bhname ON student
    REBUILD WITH (PAD_INDEX = ON, FILLFACTOR = 90)
GO
```

7.5 删除索引

删除索引的方法也有两种，即使用SQL Server控制管理器和T-SQL语句。

7.5.1 使用SQL Server控制管理器删除索引

使用SQL Server控制管理器可以十分容易地删除索引。

【例7.11】 使用SQL Server管理控制器删除student表上已建立的IQ_bh索引。

解：其操作步骤如下。

① 启动SQL Server管理控制器，在“对象资源管理器”窗口中展开LCB-PC服务器结点。

② 展开“数据库|school|表|dbo.student|索引”结点，列出所有已建的索引，选中并右击IQ_bh索引，在出现的快捷菜单中选择“删除”命令。

③ 出现“删除对象”对话框，单击“确定”按钮即可删除IQ_bh索引。

7.5.2 使用T-SQL语句删除索引

删除索引可以使用DROP INDEX语句，其基本语法格式如下。

```
DROP INDEX 表名.索引名
```

删除非聚集索引时，将从元数据中删除索引定义，并从数据库文件中删除索引数据页(B树)。删除聚集索引时，将从元数据中删除索引定义，并且存储于聚集索引叶级别的数据行将存储到生成的未排序表(堆)中，将重新获得以前由索引占有的所有空间，此后可将该空间用于任何数据库对象。

说明：DROP INDEX语句不适用于删除通过定义PRIMARY KEY或UNIQUE约束创建的索引。若要删除该约束和相应的索引，请使用带有DROP CONSTRAINT子句的ALTER TABLE语句。

【例7.12】 使用DROP INDEX语句删除前面创建的索引IDX_bhname。

解：对应的程序如下。

```
USE school
GO
DROP INDEX student.IDX_bhname
GO
```

练习题7

(1) 什么是索引？创建索引有什么优、缺点？

(2) 聚集索引和非聚集索引各有什么特点？

(3) 哪些列上适合创建索引？哪些列上不适合创建索引？

(4) 创建索引时须考虑哪些事项？

(5) 如何创建升序和降序索引？

(6) 如何建立唯一索引？唯一索引一定是聚集索引吗？

(7) 什么是分区？分区有哪些好处？

(8) 什么是堆结构？

(9) 叙述使用 SQL Server 管理控制器建立索引的过程。

(10) 给出在 teacher 表的“系名”列上建立升序索引的 T-SQL 语句。

(11) 如何查看索引的消息？

(12) 什么是执行计划？

(13) 如何禁用和启用索引？

上机实验题 6

在上机实验题 5 建立的 factory 数据库的基础上，使用 T-SQL 语句完成如下各小题的功能。

(1) 在 worker 表中的“部门号”列上创建一个非聚集索引，若该索引已存在，则删除后重建。

(2) 在 salary 表的“职工号”和“日期”列创建聚集索引，并且强制唯一性。

CHAPTER 8

第8章 视　图

视图是一个虚拟表，其内容由查询定义。同真实的表一样，视图包含一系列带有名称的列和行数据。但是，视图并不在数据库中以存储的数据集形式存在。行和列数据来自由定义视图的查询所引用的表，并且在引用视图时动态生成。本章主要介绍视图的基本概念、创建和查询视图的操作等。

8.1 视图概述

视图是从一个或者多个表中使用 SELECT 语句导出的。那些用来导出视图的表称为基表，视图也可以从一个或者多个其他视图中产生。

8.1.1 视图及其作用

对其所引用的基表来说，视图的作用类似于筛选。定义视图的筛选可以来自当前或其他数据库的一个或多个表，或者其他视图。所以说，视图是一种 SQL 查询。在数据库中，存储的是视图的定义，而不是视图的查询的数据。通过这个定义，对视图的查询最终转换为对基表的查询。

提示： SQL Server 处理视图的过程为首先在数据库中找到视图的定义，然后将其对视图的查询转换为对基表的查询等价的查询语句，并且执行这个等价查询语句。通过这种方法，SQL Server 可以保持表的完整性。

视图通常用来集中、简化和自定义每个用户对数据库的不同认识。视图可用作安全机制，方法是允许用户通过视图访问数据，而不授予用户直接访问视图基表的权限。从(或向)SQL Server 复制数据时，也可使用视图来提高性能，并分区数据。视图具有如下作用。

- 将数据集中显示。
- 简化数据操作。
- 自定义数据。
- 重新组织数据以便导入/导出。
- 组合分区数据。

查询和视图虽然很相似,但还是有很多区别,两者的主要区别如下。

- 存储方式。视图存储为数据库设计的一部分,而查询则不是。
- 更新结果。对视图和查询的结果集更新限制是不同的。
- 排序结果。查询结果可以任意排序,但只有包括 TOP 子句时才能对视图排序。
- 参数设置。可以为查询创建参数,但不能为视图创建参数。
- 加密。可以加密视图,但不能加密查询。

8.1.2 视图类型

除了基本用户定义的基本视图外,SQL Server 还提供了下列类型的视图,这些视图在数据库中起着特殊的作用。

(1) 索引视图:索引视图是被具体化了的视图。这意味着已经对视图定义进行了计算,并且生成的数据像表一样存储。

(2) 分区视图:分区视图在一台或多台服务器间水平连接一组成员表中的分区数据。这样,数据看上去如同来自于一个表。连接同一个 SQL Server 实例中成员表的视图是一个本地分区视图。

(3) 系统视图:系统视图公开目录元数据。可以使用系统视图返回与 SQL Server 实例或在该实例中定义的对象有关的信息。例如,可以查询 sys. databases 目录视图,以便返回与实例中提供的用户定义数据库有关的信息。

8.2 创建视图

要使用视图,首先必须创建视图。视图在数据库中是作为一个独立的对象进行存储的。一般情况下,不必在创建视图时指定列名,SQL Server 使视图中的列与定义视图的查询所引用的列具有相同的名称和数据类型。但是如下情况必须指定列名。

- 视图中包含任何从算术表达式、内置函数或常量派生出的列。
- 视图中两列或多列具有相同名称(通常由于视图定义包含联接,而来自两个或多个不同表的列具有相同的名称)。
- 希望使视图中的列名与它的源列名不同(也可以在视图中重命名列)。无论重命名与否,视图列都会继承其源列的数据类型。

提示:*若要创建视图,数据库所有者必须具有创建视图的权限,并且对视图定义中所引用的表或视图要有适当的权限。*

8.2.1 使用 SQL Server 管理控制器创建视图

视图保存在数据库中而查询不是,因此创建新视图的过程与创建查询的过程不同。通过 SQL Server 管理控制器,不但可以创建数据库和表,也可以创建视图。

【例 8.1】 使用 SQL Server 管理控制器,在 school 数据库中创建一个名称为 st_score 的视图,包含学生姓名、课程名和分数,按姓名升序排列。

解:其操作步骤如下。

① 启动 SQL Server 管理控制器,在“对象资源管理器”窗口中展开 LCB-PC 服务器

结点。

② 展开"数据库"结点,选中数据库 school,展开该数据库结点。

③ 选中并右击"视图"结点,在出现的快捷菜单中选择"新建视图"命令,如图 8.1 所示。

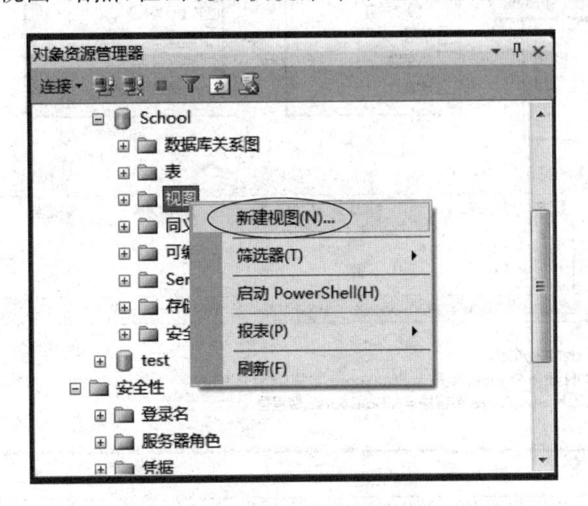

图 8.1　选择"新建视图"命令

④ 此时,打开"添加表"对话框,如图 8.2 所示。在此对话框中,可以选择表、视图或者函数等,然后单击"添加"按钮,就可将其添加到视图的查询中。这里分别选择 Student、Course 和 Score 三个表,并单击"添加"按钮,最后单击"关闭"按钮。

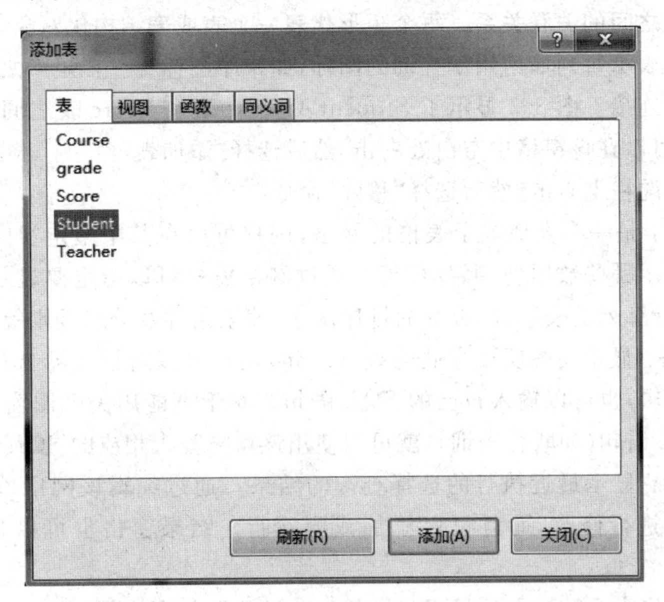

图 8.2　"添加表"对话框

提示: 在选择时,可以使用 Ctrl 键或者 Shift 键来选择多个表、视图或者函数等。

⑤ 返回 SQL Server 管理控制器,如图 8.3 所示,这三个表已在第 4 章建立了关联关系,图中反映了这种关系(如果已删除了表之间的关联关系,可以手动建立图 8.3 中表之间的关联关系)。该窗口包括以下 4 个窗格。

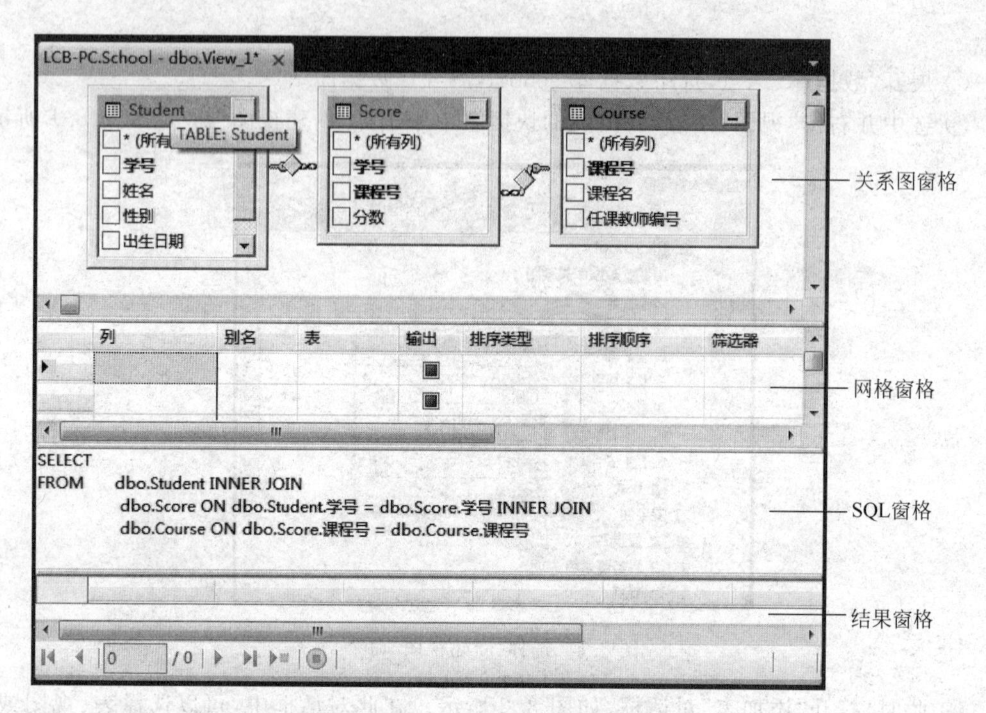

图 8.3　视图设计器

- 关系图窗格：以图形方式显示正在查询的表和其他表结构化对象，如视图。同时也显示它们之间的关联关系。每个矩形代表一个表或表结构化对象，并显示可用的数据列以及表示每列如何用于查询的图标，如排序图标等。在矩形之间连线表示两个表之间的连接。图 8.3 显示了 Student、Course 表和 Score 表之间的连接。如果要添加表，可以在该窗格中空白处右击，然后选择“添加表”命令。若要删除表，则可以在表的标题栏上右击，然后选择“移除”命令。
- 网格窗格：是一个类似电子表格的网格，用户可以在其中指定视图的选项，如要在视图中显示哪些数据列、哪些行等。通过网格窗格可以指定要显示列的别名、列所属的表、计算列的表达式、查询的排序次序、搜索条件及分组准则等。
- SQL 窗格：显示视图所要存储的查询语句，用户可以对设计器自动生成的 SQL 语句进行编辑，也可以输入自己的 SQL 语句。对于不能用关系图窗格和网格窗格创建的 SQL 语句(如联合查询)，就可以使用该窗格写入相应的 SQL 语句。
- 结果窗格：显示最近执行的选择查询的结果。通过编辑该网格单元中的值，可以对数据库进行修改，而且可以添加或删除行。结果窗格也可以显示视图的定义信息。

⑥ 在网格窗格中为该视图选择要包含的列。设置第一列为 student. 学号，从“列”组合框中选择，不指定别名，不设置筛选器值等，再将其“排序类型”设置为“升序”，如图 8.4 所示；并依次选择第 2 列为 course. 课程名，第 3 列为 score. 分数，如图 8.5 所示，同时在 SQL 窗格中显示对应的 SELECT 语句如下。

```
SELECT TOP(100) PERCENT dbo.Student.学号, dbo.Course.课程名, dbo.Score.分数
FROM dbo.Student INNER JOIN
```

```
        dbo.Score ON dbo.Student.学号 = dbo.Score.学号 INNER JOIN
        dbo.Course ON dbo.Score.课程号 = dbo.Course.课程号
ORDER BY dbo.Student.学号
```

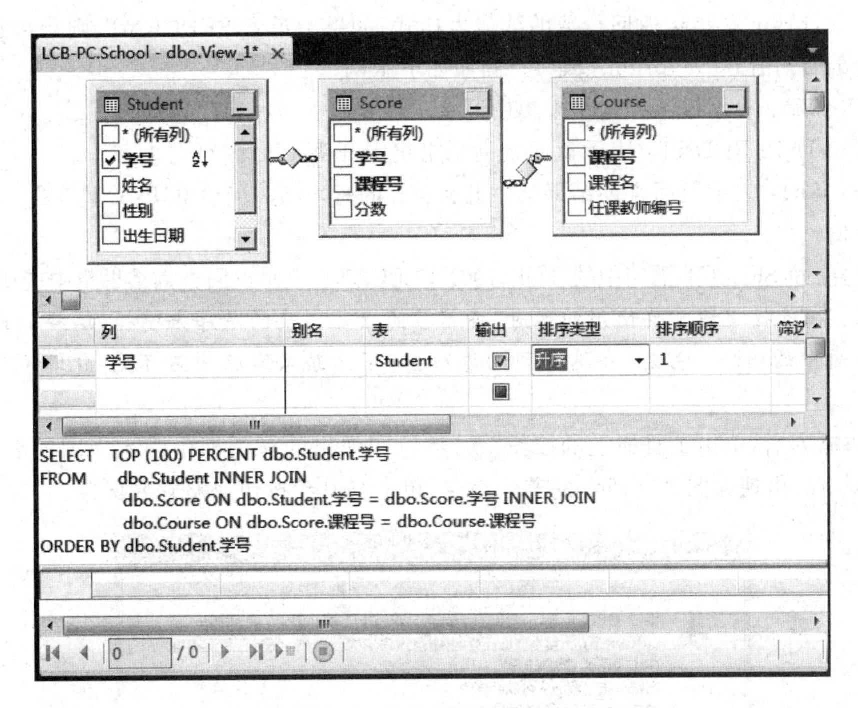

图 8.4　选择视图包含的列

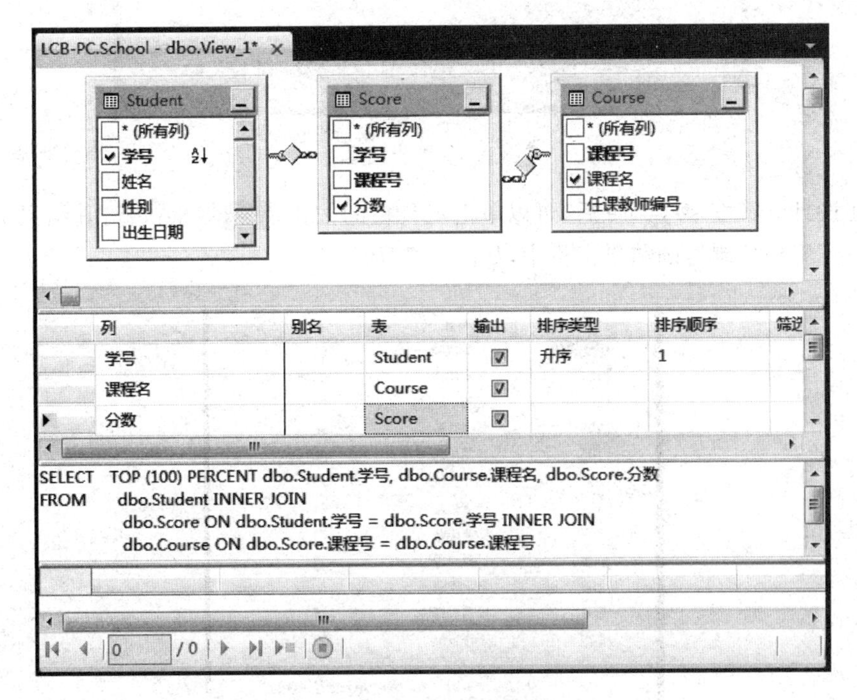

图 8.5　选择所有列

上述 SELECT 语句中,TOP 子句用于限制结果集中返回的行数,其基本用法如下。

```
TOP (exprion) [PERCENT]
```

其中,exprion 是指定返回行数的数值表达式,如果指定了 PERCENT,则是指定返回的结果集行的百分比(由 exprion 指定)。例如如下示例。

TOP(100):表示返回查询结果集中开头的 100 行。

TOP(15) PERCENT:表示返回查询结果集中开头 15%的行。

TOP(@n):表示返回查询结果集中开头@n 的行,n 是一个 BIGINT 型变量,之前需要说明和赋值。

因此,前面 SELECT 语句中的 TOP(100) PERCENT 表示返回查询结果集中的所有行。

提示:在选择视图需要使用的列时,可以按照自己想要的顺序来选择,这样的选择顺序就是在视图中的顺序。另外,在选择列的过程中,下方结果窗格中显示的 SELECT 语句也随着变化。

⑦ 选择列后,单击工具栏上的按钮,然后在弹出的对话框中输入视图的名称,这里输入 st_score,出现如图 8.6 所示的警告消息,单击"确定"按钮忽略它并保存。

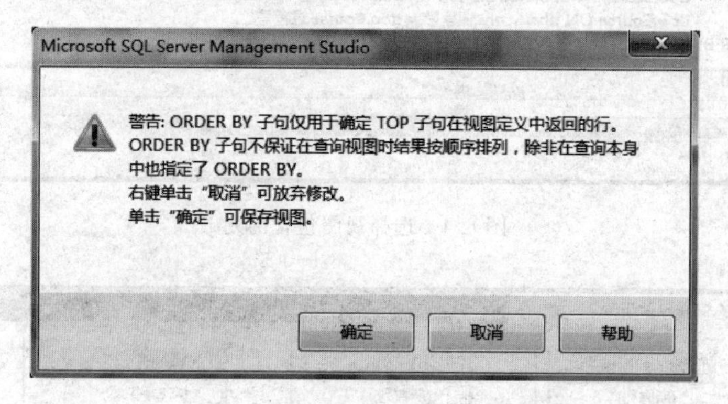

图 8.6　警告消息

⑧ 在设计好视图 st_score 后,可以单击工具栏的按钮 执行(X) 来执行,其结果会显示在 SQL Server 管理控制器的结果窗格中,如图 8.7 所示。

学号	课程名	分数
101	计算机导论	64
101	数字电路	85
103	计算机导论	92
103	操作系统	86
105	计算机导论	88
105	操作系统	75
107	计算机导论	91
107	数字电路	79
108	计算机导论	78
108	数字电路	NULL
109	计算机导论	76
109	操作系统	68

1 /12 单元格是只读的。

图 8.7　视图执行结果

说明：当用户创建一个视图并存储到 SQL Server 系统中后，每个视图对应 sysobjects 系统表中的一条记录，该表中 name 列包含视图的名称，type 列指出存储对象的类型，当它为 V 时表示是一个视图。用户可以通过查找该表中的记录判断某视图是否被创建。

8.2.2 使用 SQL 语句创建视图

使用 CREATE VIEW 语句可以创建视图，基本语法格式如下。

```
CREATE VIEW [数据库名.][所有者名.]视图名[(列名[,…n])]
  [WITH view_attribute[,…n]]
  AS select 语句
  [WITH CHECK OPTION]
```

view_attribute 定义如下。

```
{ENCRYPTION | SCHEMABINDING | VIEW_METADATA}
```

其中，各子句的含义如下。

- WITH CHECK OPTION：强制视图上执行的所有数据修改语句都必须符合由 SELECT 语句设置的准则。通过视图修改行时，WITH CHECK OPTION 语句可确保提交修改后仍可通过视图看到修改的数据。
- WITH ENCRYPTION：表示 SQL Server 加密包含 CREATE VIEW 语句文本的系统表列。使用 WITH ENCRYPTION 语句可防止将视图作为 SQL Server 复制的一部分发布。
- SCHEMABINDING：将视图绑定到架构上。指定 SCHEMABINDING 时，SELECT 语句必须包含所引用的表、视图或用户定义函数的两部分名称，即所有者.对象。
- VIEW_METADATA：指定为引用视图的查询请求浏览模式的元数据时，SQL Server 将向 DBLIB、ODBC 和 OLE DB API 返回有关视图的元数据信息，而不是返回基表。

创建视图的有关说明如下。

- 通常只能在当前数据库中创建视图。
- CREATE VIEW 必须是查询批处理中的第一条语句。
- 通过视图进行查询时，数据库引擎将进行检查，以确保语句中任何位置被引用的所有数据库对象都存在、这些对象在语句的上下文中有效以及数据修改语句没有违反任何数据完整性规则。如果检查失败，将返回错误消息；如果检查成功，则将操作转换为对基表的操作。

【例 8.2】 给出一个程序，创建一个名称为 st1_score 的视图，其中包括所有学生的姓名、课程名和成绩。

解：对应的程序如下。

```
USE school
GO
CREATE VIEW st1_score                                    -- 创建视图
AS
    SELECT student.姓名,course.课程名,score.分数
```

```
    FROM student,course,score
    WHERE student.学号 = score.学号 AND course.课程号 = score.课程号
GO
```

上面的程序创建了一个名称为 st1_score 的视图，其中包括所有学生的姓名、课程和成绩，该视图与例 8.1 建立的 st_score 视图相似，只是这里是采用命令方式建立的。

8.3 使用视图

通过视图可以查询基表中的数据，也可以修改基表中的数据，例如插入、删除和修改记录。

8.3.1 使用视图进行数据查询

视图是基于基表生成的，因此可以用来将需要的数据集中在一起，而不需要的数据则不显示。使用视图来查询数据，可以像对表一样进行操作。对视图数据进行查询，既可以使用 SQL Server 管理控制器，也可以使用 SELECT 语句。

1. 使用 SQL Server 管理控制器查询视图数据

使用 SQL Server 管理控制器可以查询视图中的数据，其操作方式与表查询相类似。

【例 8.3】 使用 SQL Server 管理控制器来查询 st1_score 视图数据。

解：对应的操作步骤如下。

① 启动 SQL Server 管理控制器。在“对象资源管理器”窗口中展开 LCB-PC 服务器结点。

② 展开“数据库”结点，选中数据库 school，展开 school 数据库，展开“视图”结点。

③ 选中并右击 st1_score 视图，在出现的快捷菜单中选择“选择前 1000 行”命令，结果如图 8.8 所示。

结果 | 消息

	姓名	课程名	分数
1	匡明	计算机导论	88
2	匡明	操作系统	75
3	陆君	计算机导论	92
4	陆君	操作系统	86
5	王芳	计算机导论	76
6	王芳	操作系统	68
7	李军	计算机导论	64
8	李军	数字电路	85
9	王丽	计算机导论	91
10	王丽	数字电路	79
11	曾华	计算机导论	78
12	曾华	数字电路	NULL

图 8.8 通过视图检索数据

2. 使用 SELECT 语句查询视图数据

将视图看成是表，可以直接使用 SELECT 语句查询其中的数据。

【例 8.4】 给出以下程序的执行结果。其中，st1_score 视图是例 8.2 中创建的。

```
USE school
GO
SELECT * FROM st1_score
GO
```

解：通过 SECECT 语句直接查询 st1_score 视图，即可以看到所有学生的成绩。执行结果与图 8.8 类似。

8.3.2 可更新的视图

只要满足下列条件，即可通过视图更新基表的数据。

(1) 任何更新(包括 UPDATE、INSERT 和 DELETE 语句)都只能引用一个基表的列。

(2) 视图中被修改的列必须直接引用表列中的基础数据,不能通过任何其他方式对这些列进行派生,例如通过以下方式。

- 聚合函数: AVG、COUNT、SUM、MIN、MAX、GROUPING、STDEV、STDEVP、VAR 和 VARP。
- 计算: 不能从使用其他列的表达式中计算该列。使用集合运算符 UNION、UNION ALL、CROSSJOIN、EXCEPT 和 INTERSECT 形成的列将计入计算结果,且不可更新。

(3) 被修改的列不受 GROUP BY、HAVING 或 DISTINCT 子句的影响。

(4) TOP 在视图的 SELECT 语句中的任何位置都不会与 WITH CHECK OPTION 子句一起使用。

上述限制应用于视图的 FROM 子句中的任何子查询,就像其应用于视图本身一样。通常情况下,数据库引擎必须能够明确跟踪从视图定义到一个基表的修改。

1. 通过视图向基表中插入数据

通过视图插入基表的某些行时,SQL Server 将把它转换为对基表的某些行的操作。对于简单的视图来说,可能比较容易实现,但是对于比较复杂的视图,可能就不能通过视图进行插入。

在视图上使用 INSERT 语句添加数据时,要满足前面的可更新条件。另外,INSERT 语句必须为不允许空值并且没有 DEFAULT 定义的基表中的所有列指定值。而那些表中并未引用的列,必须知道在没有指定取值的情况下如何填充数据,因此视图中未引用的列必须具备下列条件之一。

- 该列允许空值。
- 该列设有默认值。
- 该列是标识列,可根据标识种子和标识增量自动填充数据。
- 该列的数据类型为 timestamp 或 uniqueidentifier。

【例 8.5】 给出以下程序的执行结果。

```
USE test
GO
IF OBJECT_ID ('table4','U') IS NOT NULL
    DROP TABLE table4                          -- 如果表 table4 存在,则删除
GO
IF OBJECT_ID ('view1','V') IS NOT NULL
    DROP VIEW view1                            -- 如果视图 view1 存在,则删除
GO
CREATE TABLE table4(col1 int NOT NULL, col2 varchar(30),col3 int default(5))
GO                                             -- 创建表 table4
CREATE VIEW view1 AS SELECT col2, col1 FROM table4
GO                                             -- 创建视图 view1
INSERT INTO view1 VALUES ('第 1 行',1)          -- 通过视图 view1 插入一个记录
GO
INSERT INTO view1 VALUES ('第 2 行',2)
SELECT * FROM table4                           -- 查看插入的记录
GO
```

解：该程序在 test 数据库中创建一个表 table4 和基于该表的视图 view1，表 table4 的 col3 列设置有默认值，并利用视图 view1 向其基表 table4 中插入了两个记录，最后显示基表 table4 中的所有行。执行结果如图 8.9 所示。

	col1	col2	col3
1	1	第1行	5
2	2	第2行	5

图 8.9 程序执行结果

2. 通过视图修改基表中的数据

在视图上使用 UPDATE 语句修改数据时，要满足前面的可更新条件。另外，在基表的列中修改的数据必须符合对这些列的约束，例如为 NULL 性、约束及 DEFAULT 定义等。

【例 8.6】 给出以下程序的执行结果。

```
USE test
GO
IF OBJECT_ID ('table4','U') IS NOT NULL
    DROP TABLE table4                                   -- 如果表 table4 存在,则删除
GO
IF OBJECT_ID ('view2','V') IS NOT NULL
    DROP VIEW view2                                     -- 如果视图 view2 存在,则删除
GO
CREATE TABLE table4(col1 int, col2 varchar(30),col3 int default(0))
GO                                                      -- 创建表 table4
INSERT INTO table4(col1,col2) VALUES (1,'第 1 行')
                                                        -- 向表 table4 中插入两个记录
INSERT INTO table4(col1,col2) VALUES (2,'第 2 行')
GO
SELECT * FROM table4                                    -- 查看 table4 表记录
GO
CREATE VIEW view2 AS SELECT col2, col1 FROM table4
GO                                                      -- 创建视图 view2
UPDATE view2 SET col2 = '第 3 行' WHERE col1 = 2
GO                                                      -- 通过视图修改基表数据
SELECT * FROM table4                                    -- 再次查看 table4 的记录
GO
```

解：该程序先在 test 数据库中创建一个表 table4，并插入两个记录；然后创建表 table4 的视图 view2，并利用视图 view2 修改基表 table4 的第 2 个记录，最后显示基表 table4 中的所有行。执行结果如图 8.10 所示。

	col1	col2	col3
1	1	第1行	0
2	2	第2行	0

	col1	col2	col3
1	1	第1行	0
2	2	第3行	0

图 8.10 程序执行结果

3. 通过视图删除基表中的数据

在视图上同样也可以使用 DELETE 语句删除基表中的相关记录。在删除时，相关表中的所有基础 FOREIGN KEY 约束必须仍然得到满足，删除操作才能成功。

【例 8.7】 给出以下程序的执行结果。

```
USE test
GO
```

```
IF OBJECT_ID('book','U') IS NOT NULL
    DROP TABLE book                                    --如果表 book 存在,则删除
IF OBJECT_ID('authors','U') IS NOT NULL
    DROP TABLE authors                                 --如果表 authors 存在,则删除
GO
IF OBJECT_ID('view3','V') IS NOT NULL
    DROP VIEW view3                                    --如果视图 view3 存在,则删除
GO
USE test
CREATE TABLE authors                                   --创建表 authors
(   作者编号 int NOT NULL PRIMARY KEY,
    作者姓名 char(20),
    作者地址 char(30)
)
CREATE TABLE book                                      --创建表 book
(   图书编号 int NOT NULL PRIMARY KEY,
    书号 char(8) NOT NULL,
    作者编号 int FOREIGN KEY REFERENCES authors(作者编号)
)
GO
INSERT INTO authors VALUES(1,'李华','东一')            --向表 authors 中插入两个记录
INSERT INTO authors VALUES(2,'陈斌','西五')
GO
INSERT INTO book VALUES(101,'C',1)                     --向表 book 中插入两个记录
INSERT INTO book VALUES(102,'DS',2)
GO
-----------------------------------------------------------------------------
CREATE VIEW view3 AS SELECT 作者编号,作者姓名 FROM authors
GO                                                     --创建视图 view3
DELETE view3 WHERE 作者编号 = 2
GO
```

解:该程序先在 test 数据库中创建两个存在外键关系的表 authors 和 book,各插入两个记录;然后创建表 authors 的视图 view3,并利用视图 view3 删除基表 authors 中的一个记录。但是在删除后外键关系不再满足,出现如图 8.11 所示的出错消息。

```
消息 547,级别 16,状态 0,第 1 行
DELETE 语句与 REFERENCE 约束"FK__book__作者编号__53D770D6"冲突。该冲突发生于数据库"test",表"dbo.book", column '作者编号'。
语句已终止。
```

图 8.11 出错消息

改正的方法是,先删除 book 表中关联的行。将以上程序中虚线下方的代码改为以下代码即可。

```
DELETE book WHERE 作者编号 = 2
GO
CREATE VIEW view3 AS SELECT 作者编号,作者姓名 FROM authors
GO                                                     --创建视图 view3
DELETE view3 WHERE 作者编号 = 2
GO
```

8.4 视图定义的修改

如果基表发生变化，或者要通过视图查询更多的信息，都需要修改视图的定义。可以删除视图，然后重新创建一个新的视图，也可以在不删除和重新创建视图的条件下更改视图名称或修改其定义。

8.4.1 使用 SQL Server 管理控制器修改视图定义

修改视图的定义可以通过 SQL Server 管理控制器来进行，也可以使用 ALTER VIEW 语句来完成。

1. 使用 SQL Server 管理控制器修改视图定义

下面通过一个例子说明使用 SQL Server 管理控制器修改视图定义的操作过程。

【例 8.8】 使用 SQL Server 管理控制器修改例 8.2 所建的视图 st1_score，使其以降序显示 1003 班学生成绩。

解：其操作步骤如下。

① 启动 SQL Server 管理控制器，在“对象资源管理器”窗口中展开 LCB-PC 服务器结点。

② 展开“数据库”结点，选中数据库 school，展开该数据库结点。

③ 展开“视图”结点，右击 st1_score 视图，在出现的快捷菜单中选择“设计”命令。

④ 进入“视图设计器”窗口，如图 8.12 所示，可在其中对视图进行修改，操作与创建视图类似。

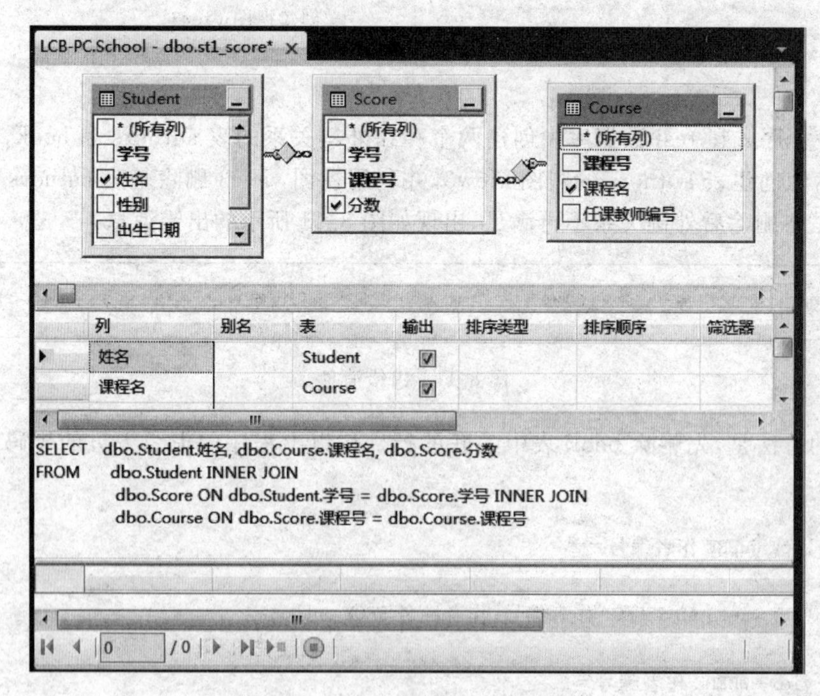

图 8.12 “视图设计器”窗口

⑤ 保持关系图窗格不变，在网格窗格中将第 3 列即“分数”列的排序类型修改为“降序”，并增加 student 表的“班号”列，不指定别名和排序类型，在对应的筛选器中输入 1003。对应的 SQL 窗格中 SELECT 语句自动修改为如下格式。

```
SELECT TOP (100) PERCENT dbo.Student.姓名, dbo.Course.课程名,
           dbo.Score.分数, dbo.Student.班号
FROM   dbo.Student INNER JOIN
            dbo.Score ON dbo.Student.学号  =  dbo.Score.学号 INNER JOIN
           dbo.Course ON dbo.Score.课程号  =  dbo.Course.课程号
WHERE (dbo.Student.班号  =  '1003')
ORDER BY dbo.Score.分数 DESC
```

修改后的视图定义和执行结果如图 8.13 所示。

⑥ 修改完成后，单击工具栏中的“保存”按钮。

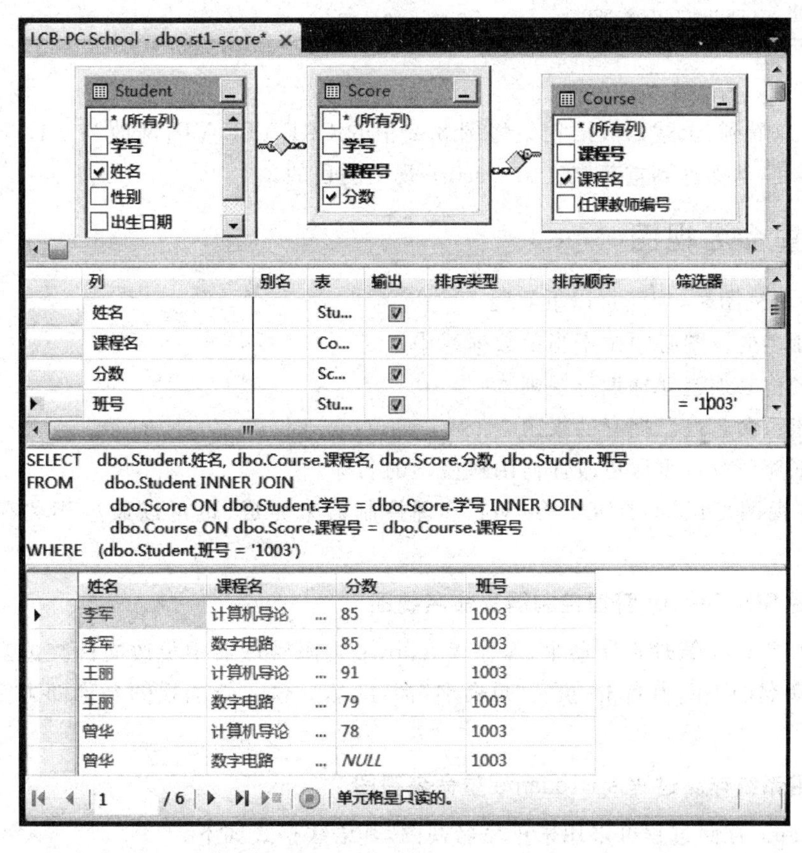

图 8.13　修改后的 st1_score 视图

2. 使用 ALTER VIEW 语句修改视图定义

使用 ALTER VIEW 语句可以更改一个先前创建的视图（用 CREATE VIEW 创建），包括视图中的视图，但不影响相关的存储过程或触发器，也不更改权限。

ALTER VIEW 语句的语法格式如下。

```
ALTER VIEW [数据库名.][所有者.] 视图名 [(列名 [,…n])]
```

```
[WITH view_attribute [, …n]]
AS select 语句
[WITH CHECK OPTION]
```

其中,view_attribute 与 CREATE VIEW 语句中相应参数的含义相同。

【例 8.9】 使用 ALTER VIEW 语句将例 8.8 中修改的 st1_score 视图恢复成例 8.2 原来的内容。

解:对应的程序如下。

```
USE school
GO
ALTER VIEW st1_score
AS
    SELECT student.姓名,course.课程名,score.分数
    FROM student,course,score
    WHERE student.学号 = score.学号 AND course.课程号 = score.课程号
GO
```

从中可以看到,上述修改语句只将例 8.2 中的 CREATE VIEW 改为 ALTER VIEW,其他保持不变,从而达到重新定义 st1_score 视图的目的。

8.4.2 重命名视图

在重命名视图时,应注意以下问题。

- 重命名的视图必须位于当前数据库中。
- 新名称必须遵守标识符规则。
- 只能重命名自己拥有的视图。
- 数据库所有者可以更改任何用户视图的名称。

重命名视图可以通过 SQL Server 管理控制器来完成,也可以通过相关存储过程来完成。

1. 使用 SQL Server 管理控制器重命名视图

在 SQL Server 管理控制器中,像在 Windows 资源管理器中更改文件夹或者文件名一样,在要重命名的视图上右击,执行"重命名"命令,然后输入新的视图名称即可完成视图重命名。

2. 使用系统存储过程 sp_rename 重命名视图

sp_rename 存储过程可以用来重命名视图,其语法格式如下。

```
sp_rename [@objname = ] '原视图名',
    [@newname = ] '新视图名'
    [, [ @objtype = ] 'object_type']
```

其中,@objtype = 'object_type'表示要重命名对象的类型。object_type 为 varchar(13)类型,其默认值为 NULL,其取值及其含义如表 8.1 所示。

提示:*sp_rename 存储过程不仅可以更改视图的名称,而且可以更改当前数据库中用户创建的对象(如表、列或用户定义数据类型)的名称。*

表 8.1 object_type 的取值及其含义

取 值	说 明
COLUMN	要重命名的列
DATABASE	用户定义的数据库。要重命名数据库时需用此选项
INDEX	用户定义的视图
OBJECT	在 sysobjects 中跟踪的类型的项目。例如,OBJECT 可用来重命名约束(CHECK、FOREIGN KEY、PRIMARY/UNIQUE KEY)、用户表、视图、存储过程、触发器和规则等对象
USERDATATYPE	通过执行 sp_addtype 存储过程而添加的用户定义数据类型

【例 8.10】 给出以下程序的执行结果。

```
USE test
GO
EXEC sp_rename 'view1','view11'
GO
```

解:该程序执行后,将视图 view1 重命名为 view11,并提示警告消息:"警告:更改对象名的任一部分都可能会破坏脚本和存储过程。"

8.5 查看视图的信息

如果用户想要查看视图的定义,从而更好地理解视图里的数据是如何从基表中引用的,可以查看视图的定义信息。用户可以使用 SQL Server 管理控制器和相关的系统存储过程查看视图信息。

8.5.1 使用 SQL Server 管理控制器查看视图信息

下面通过一个例子说明使用 SQL Server 管理控制器查看视图信息的操作过程。

【例 8.11】 使用 SQL Server 管理控制器查看 st_score 视图的信息。

解:对应的操作过程如下。

① 启动 SQL Server 管理控制器,在"对象资源管理器"窗口中展开 LCB-PC 服务器结点。

② 展开"数据库|school|视图|st_score|列"结点,显示视图的列信息,其中包括列名称、数据类型和约束信息,如图 8.14 所示。

8.5.2 使用 sp_helptext 存储过程查看视图信息

使用 sp_helptext 存储过程可以显示规则、默认值、未加密的存储过程、用户定义函数、触发器或视图的文本等信息。

sp_helptext 存储过程的语法格式如下。

```
sp_helptext [@objname = ] 'name'
```

其中,[@objname =] 'name'为对象的名称,将显示该对象的定义信息。对象必须在当

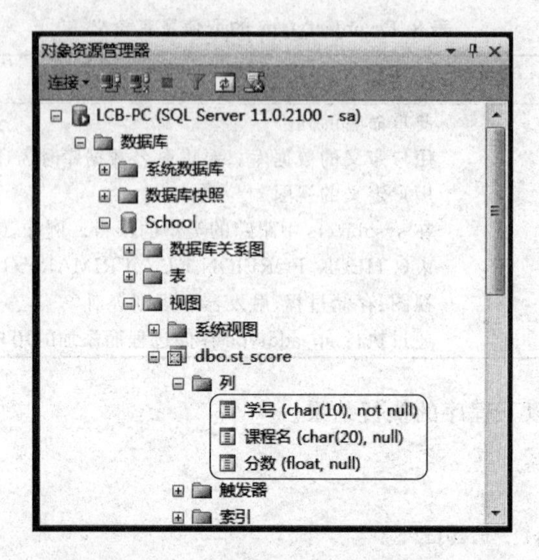

图 8.14　视图 st_score 的列信息

前数据库中。name 的数据类型为 nvarchar(776),没有默认值。

【例 8.12】 给出以下程序的执行结果。

```
USE school
GO
EXEC sp_helptext st_score
```

解:该程序用来查看 school 数据库中 st_score 视图的定义,执行结果如图 8.15 所示。

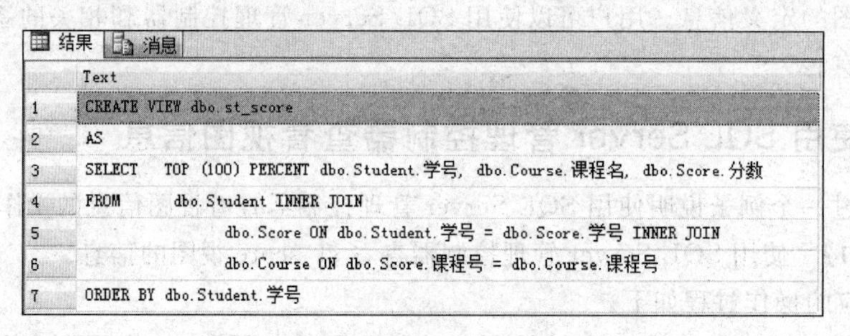

	Text
1	CREATE VIEW dbo.st_score
2	AS
3	SELECT　TOP (100) PERCENT dbo.Student.学号, dbo.Course.课程名, dbo.Score.分数
4	FROM　dbo.Student INNER JOIN
5	dbo.Score ON dbo.Student.学号 = dbo.Score.学号 INNER JOIN
6	dbo.Course ON dbo.Score.课程号 = dbo.Course.课程号
7	ORDER BY dbo.Student.学号

图 8.15　程序执行结果

sp_helptext 在多行中显示用来创建对象的文本,其中每行有 T-SQL 定义的 255 个字符,这些定义文本只驻留在当前数据库的相关系统表中。

8.6　视图的删除

在创建视图后,如果不再需要该视图,或想清除视图定义及与之相关联的权限,可以删除该视图。删除视图后,表和视图所基于的数据并不受影响。任何使用基于已删除视图的对象的查询将会失败,除非创建了同样名称的一个视图。

在删除视图时,定义在系统表 sysobjects、syscolumns、syscomments、sysdepends 和 sysprotects 中的视图信息也会被删除,而且视图的所有权限也一并被删除。

8.6.1 使用 SQL Server 管理控制器删除视图

下面通过一个例子说明使用 SQL Server 管理控制器删除视图的操作过程。

【例 8.13】 删除 test 数据库中 table4 表上的视图 view2。

解：其操作步骤如下。

① 启动 SQL Server 管理控制器，在“对象资源管理器”中展开 LCB-PC 服务器结点。

② 展开“数据库|test|视图”结点，选中并右击 dbo.view2 视图，在出现的快捷菜单中选择“删除”命令。

③ 出现“删除对象”对话框，选中 view2 项，单击“确定”按钮即可删除 view2 视图。

8.6.2 使用 T-SQL 语句删除视图

使用 DROP VIEW 语句可从当前数据库中删除一个或多个视图，其语法格式如下。

```
DROP VIEW {视图名} [,…n]
```

【例 8.14】 给出以下程序的功能。

```
USE test
GO
IF OBJECT_ID('view3','V') IS NOT NULL
    DROP VIEW view3                                    -- 如果视图 view3 存在,则删除
GO
```

解：该程序的功能是检查 test 数据库中是否存在 view3 视图，若有，则删除。

提示：如果一个表是一个视图的基表，删除这个表会导致视图操作出错，图 8.16 所示是删除 table4 表后(它是 view11 视图的基表)，打开 view11 视图时的出错消息。

```
消息
消息 208，级别 16，状态 1，过程 view11，第 1 行
对象名 'table4' 无效。
消息 4413，级别 16，状态 1，第 4 行
由于绑定错误，无法使用视图或函数 'test.dbo.view11'。
```

图 8.16 出错消息

8.7 索引视图

前文介绍的视图均为标准视图。对于标准视图而言，为每个引用视图的查询动态生成结果集的开销很大，特别是对于那些涉及对大量行进行复杂处理(如聚合大量数据或连接许多行)的视图。本节讨论的索引视图可以克服这一缺点。

8.7.1 什么是索引视图

索引视图(indexed view)是指建立唯一聚集索引的视图。对视图创建唯一聚集索引后，结果集将存储在数据库中，就像带有聚集索引的表一样。索引视图在处理大量行的连接和聚合以及许多查询经常执行的连接和聚合操作时可以提高查询性能。

对基表中的数据进行更改时，数据更改将反映在索引视图存储的数据中。视图的聚集

索引必须唯一，这一要求提高了 SQL Server 在索引中查找受任何数据更改影响的行的效率。

如果很少更新基表，则索引视图的效果会最佳，维护索引视图的成本可能高于维护表索引的成本。如果经常更新基表，则维护索引视图数据的成本可能超过使用索引视图所带来的性能收益。

8.7.2 建立索引视图的要求

在对视图创建聚集索引之前，该视图必须符合下列要求。

(1) 执行 CREATE VIEW 语句创建视图之前，应将 NUMERIC_ROUNDABORT 选项设置为 OFF，ANSI_NULLS、ANSI_PADDING、ANSI_WARNINGS、ARITHABORT、CONCAT_NULL_YIELDS_NULL 和 QUOTED_IDENTIFIER 选项设置为 ON。

(2) 视图不能引用任何其他视图，只能引用基表。

(3) 视图引用的所有基表必须与视图位于同一数据库中，并且所有者也与视图相同。

(4) 必须使用 SCHEMABINDING 选项创建视图。架构绑定将视图绑定到基表的架构。

(5) 视图中的表达式引用的所有函数必须是确定的。

(6) 如果指定了 GROUP BY，则视图选择列表必须包含 COUNT_BIG(*)表达式，且视图定义不能指定 HAVING、ROLLUP、CUBE 或 GROUPING SETS。COUNT_BIG(*)返回组中的项数。COUNT_BIG 的用法与 COUNT 函数类似，它们唯一的差别是返回值，COUNT_BIG 始终返回 bigint 数据类型值，而 COUNT 始终返回 int 数据类型值。

8.7.3 建立索引视图

使用 T-SQL 语句可以建立索引视图，下面通过一个实例说明。

【例 8.15】 给出以下程序的执行结果。

```
USE school
GO
--设置支持索引视图的选项为相应值
SET NUMERIC_ROUNDABORT OFF;
SET ANSI_PADDING,ANSI_WARNINGS,CONCAT_NULL_YIELDS_NULL,
     ARITHABORT,QUOTED_IDENTIFIER, ANSI_NULLS ON
GO
IF OBJECT_ID('dbo.viewsumfs', 'V') IS NOT NULL
  DROP VIEW dbo.viewsumfs                          --如果存在 viewsumfs 视图,则删除
GO
CREATE VIEW dbo.viewsumfs WITH SCHEMABINDING
AS                                                 --建立视图 viewsumfs
    SELECT student.学号,student.姓名,
        SUM(ISNULL(score.分数,0)) AS '总分',COUNT_BIG(*) AS '课程数'
    FROM dbo.score,dbo.student
    WHERE score.学号 = student.学号
    GROUP BY student.学号,student.姓名
GO
SELECT * FROM viewsumfs                            --输出视图 viewsumfs 的记录
```

```
GO
CREATE UNIQUE CLUSTERED INDEX indexsumfs
    ON dbo.viewsumfs(学号)                       -- 在视图上创建一个索引 indexsumfs
GO
SELECT student.学号,student.姓名,SUM(score.分数) AS '总分'
FROM dbo.score,dbo.student                       -- 执行一个查询
WHERE score.学号 = student.学号 AND score.分数 IS NOT NULL
GROUP BY student.学号,student.姓名
ORDER BY 总分 DESC
GO
```

解：该程序先建立视图 viewsumfs，并输出视图 viewsumfs 的所有记录；再在该视图上创建一个索引 indexsumfs，最后执行一个查询。尽管查询的 FROM 子句中没有指定视图 viewsumfs，但该查询的执行仍然会自动使用 indexsumfs 索引，从而提高执行效率。执行结果如图 8.17 所示。

建立索引视图需要注意以下两点。

(1) 建立索引视图时必须指定为 SCHEMABINDING（架构绑定），所以其 SELECT 中表名要带架构名 dbo。

(2) score 表的分数列中有 NULL 值，说明分数列是不确定的，所以在建立视图时，聚合函数的形式为 SUM(ISNULL(score.分数，0))，将 NULL 值转换为 0，从而使之变为确定的。

删除索引视图也是使用 DROP VIEW 语句。若删除视图，该视图的所有索引也将被删除。若删除聚集索引，视图的所有非聚集索引和自动创建的统计信息也将被删除。视图中用户创建的统计信息受到维护，非聚集索引可以分别删除。删除视图的聚集索引将删除存储的结果集，并且优化器将重新像处理标准视图那样处理视图。

结果 消息

	学号	姓名	总分	课程数
1	101	李军	149	2
2	103	陆君	178	2
3	105	匡明	163	2
4	107	王丽	170	2
5	108	曾华	78	2
6	109	王芳	144	2

	学号	姓名	总分
1	103	陆君	178
2	107	王丽	170
3	105	匡明	163
4	101	李军	149
5	109	王芳	144
6	108	曾华	78

图 8.17 程序执行结果

练习题 8

(1) 什么是视图？使用视图的优点和缺点是什么？

(2) 视图和表有什么不同？

(3) 能从视图上创建视图吗？如何使视图的定义不可见？

(4) 将创建视图的基表从数据库中删除掉，视图也会一并删除吗？

(5) 简述使用 SQL Server 管理控制器创建视图的基本步骤。

(6) 通过视图更新基表数据有哪些限制？

(7) 能否从使用聚合函数创建的视图上删除数据行？为什么？

(8) 修改视图中的数据会受到哪些限制？

(9) 编写一个查询，建立包含所有学生学号、姓名和平均分的视图 exview1。

(10) 编写一个查询，建立包含所有课程名和平均分的视图 exview2。

(11) 编写一个查询，建立包含所有任课教师姓名、课程名和平均分的视图 exview3。

(12) 什么是索引视图？它与标准视图有什么不同？

上机实验题 7

在上机实验题 6 的 factory 数据库基础上，使用 T-SQL 语句完成如下各小题的功能。

(1) 建立视图 view1，查询所有职工的职工号、姓名、部门名和 2004 年 2 月份工资，并按部门名顺序排列。

(2) 建立视图 view2，查询所有职工的职工号、姓名和平均工资。

(3) 建立视图 view3，查询各部门名和该部门所有职工的平均工资。

(4) 显示视图 view3 的定义。

CHAPTER 9

第9章 数据完整性

数据完整性是指数据的精确性和可靠性。它是针对防止数据库中存在不符合语义规定的数据和防止因错误信息的输入输出造成无效操作或错误信息而提出的。SQL Server 提供了各种技术强制数据完整性,以保证数据库中数据的质量,本章主要讨论约束、默认值和规则等方法。

9.1 数据完整性概述

1. 为什么需要考虑数据完整性

之所以需要考虑数据完整性,主要有以下两个原因。

(1) 数据库中的数据是从外界输入的,而数据的输入由于种种原因,可能会发生输入无效或错误信息。这就需要对数据表的相关列强制数据完整性。

(2) 由于关系模式自身的问题,需要根据函数依赖进行规范化,规范化程度较高的关系模式(如 3NF 或 BCNS)都能保持原函数依赖,但规范化后,用多个表存放数据,这样表之间可能存在关联(如外键关系)。这就需要对多个相关数据表之间的关联关系强制数据完整性。

2. SQL Server 提供的强制数据完整性方法

1) 域完整性

域完整性指数据表中单个列的完整性,例如某个列的取值有效范围。通过 PRIMARY KEY、UNIQUE、NOT NULL、CHECK 定义和规则等可以实现域完整性。

2) 实体完整性

实体完整性指数据表中记录的完整性,记录是表的唯一实体,表中不能存在两个完全相同的记录。通过 CHECK 约束和规则等可以实现实体完整性。

3）引用完整性

引用完整性的对象是数据表之间的关联关系。以主键与外键之间的关系为基础，引用完整性确保键值在所有表中一致。这类一致性要求不引用不存在的值，如果一个键值发生更改，则整个数据库中对该键值的所有引用要进行一致性的更改。通过 FOREIGN KEY 约束和触发器等可以实现引用完整性。

4）用户定义完整性

用户根据要求通过 CREATE TABLE 中的所有列级和表级约束、规则、存储过程和触发器等可以实现用户定义完整性。

9.2 约束

设计表时需要识别列的有效值，并决定如何强制实现列中数据的完整性。SQL Server 提供了多种强制数据完整性的机制，如下所述。

- PRIMARY KEY 约束。
- FOREIGN KEY 约束。
- UNIQUE 约束。
- CHECK 约束。
- NOT NULL(非空性)。

上述约束是 SQL Server 自动强制数据完整性的方式，它们定义关于列中允许值的规则，是强制完整性的标准机制。使用约束优先于使用触发器、规则和默认值。查询优化器也使用约束定义生成高性能的查询执行计划。

其中，NOT NULL 前面已经使用过，下面介绍其他 4 种约束。

9.2.1 PRIMARY KEY 约束

PRIMARY KEY 约束标识列或列集，这些列或列集的值唯一标识表中的行（记录）。一个 PRIMARY KEY 约束具有如下特质。

(1) 作为表定义的一部分在创建表时创建。

(2) 添加到还没有 PRIMARY KEY 约束的表中（一个表只能有一个 PRIMARY KEY 约束）。

(3) 如果已有 PRIMARY KEY 约束，则可对其进行修改或删除。例如，可以使表的 PRIMARY KEY 约束引用其他列，更改列的顺序、索引名、聚集选项或 PRIMARY KEY 约束的填充因子。定义了 PRIMARY KEY 约束的列的列宽不能更改。

在一个表中，不能有两行包含相同的主键值，不能在主键内的任何列中输入 NULL 值。通常每个表都应有一个主键。

【例 9.1】 给出以下程序的功能。

```
USE test
GO
CREATE TABLE department                                    -- 部门表
```

```
(   部门号 int PRIMARY KEY,                                        -- 部门号为主键
    部门名 char(20),
)
GO
```

解：本程序在test数据库中创建一个名为department的表，其中指定“部门号”为主键。

注意：若要使用T-SQL语句修改PRIMARY KEY，必须先删除现有的PRIMARY KEY约束，然后再用新定义重新创建。

如果在创建表时指定一个主键，则SQL Server会自动创建一个名为“PK_”且后跟表名的主键索引。这个唯一索引只能在删除与它保持联系的表或者主键约束时才能删除掉。如果不指定索引类型，即创建一个默认聚集索引。

9.2.2 FOREIGN KEY约束

FOREIGN KEY约束称为外键约束，用于标识表之间的关系，以强制引用完整性，即为表中一列或者多列数据提供引用完整性。FOREIGN KEY约束也可以引用自身表中的其他列，这种引用称为自引用。

FOREIGN KEY约束通常在如下情况下使用。

(1) 作为表定义的一部分在创建表时创建。

(2) 如果FOREIGN KEY约束与另一个表已有的PRIMARY KEY约束或UNIQUE约束相关联，则可向现有表添加FOREIGN KEY约束。一个表可以有多个FOREIGN KEY约束。

(3) 对已有的FOREIGN KEY约束进行修改或删除，例如要使一个表的FOREIGN KEY约束引用其他列。定义了FOREIGN KEY约束列的列宽不能更改。

设置FOREIGN KEY约束的语法格式如下。

```
FOREIGN KEY REFERENCES 引用的表名 [ (引用列) ]
    [ ON DELETE { NO ACTION | CASCADE } ]
    [ ON UPDATE { NO ACTION } ]
```

其中，如果一个外键值没有主键，则不能插入带该值(NULL除外)的行。如果尝试删除现有外键指向的行，ON DELETE子句将控制所采取的操作。ON DELETE子句有如下两个选项。

- NO ACTION：指定删除因错误而失败。
- CASCADE：指定还将删除已删除行的外键的所有行。

如果尝试更新现有外键指向的候选键值，ON UPDATE子句将定义所采取的操作，它也支持NO ACTION和CASCADE选项。

【例9.2】 给出以下程序的功能。

```
USE test
GO
CREATE TABLE worker                                                  -- 职工表
(   编号 int PRIMARY KEY,                                            -- 编号为主键
    姓名 char(8),
    性别 char(2),
```

```
    部门号 int FOREIGN KEY REFERENCES department(部门号)
      ON DELETE NO ACTION,
    地址 char(30)
)
GO
```

解：该程序使用 FOREIGN KEY 子句在 worker 表中建立了一个删除约束，即 worker 表的"部门号"列(是一个外键)与 department 表的"部门号"列关联。

使用 FOREIGN KEY 约束，还应注意以下几个问题。

(1) 一个表中最多可以有 253 个可以引用的表，因此每个表最多可以有 253 个 FOREIGN KEY 约束。

(2) 在 FOREIGN KEY 约束中，只能引用同一个数据库中的表，而不能引用其他数据库中的表。

(3) FOREIGN KEY 子句中的列个数和数据类型必须和 REFERENCE 子句中的列个数和数据类型相同。

(4) FOREIGN KEY 约束不能自动创建索引。

(5) 引用同一个表中的列时，必须只使用 REFERENCE 子句，而不能使用 FOREIGN KEY 子句。

9.2.3 UNIQUE 约束

UNIQUE 约束在列集内强制执行值的唯一性。对于 UNIQUE 约束中的列，表中不允许有两行包含相同的非空值。主键也强制执行唯一性，但主键不允许空值。而且，每个表中只能有一个主键，但是 UNIQUE 列却可以有多个。

在向表中的现有列添加 UNIQUE 约束时，默认情况下，SQL Server 检查列中的现有数据，确保除 NULL 外的所有值均唯一。如果对有重复值的列添加 UNIQUE 约束，SQL Server 将返回错误信息，并不添加约束。

SQL Server 自动创建 UNIQUE 索引来强制 UNIQUE 约束的唯一性要求。因此，如果试图插入重复行，SQL Server 将返回错误信息，说明该操作违反了 UNIQUE 约束，并不将该行添加到表中。除非明确指定了聚集索引，默认情况下会创建唯一的非聚集索引以强制 UNIQUE 约束。

【例 9.3】 给出一个示例说明 UNIQUE 约束的使用方法。

解：以下程序在 test 数据库中创建了一个 table5 表，其中指定了 c1 列不能包含重复的值。

```
USE test
GO
CREATE TABLE table5
(  c1 int UNIQUE, c2 int )
GO
INSERT table5 VALUES(1,100)
GO
```

如果再插入如下一行，则会出现如图 9.1 所示的错误消息。

```
INSERT table5 VALUES(1,200)
```

```
消息
消息 2627，级别 14，状态 1，第 1 行
违反了 UNIQUE KEY 约束“UQ__table5__321366675B459D48”。不能在对象“dbo.table5”中插入重复键。重复键值为 (1)。
语句已终止。
```

图 9.1　错误消息

9.2.4 CHECK 约束

CHECK 约束通过限制用户输入的值来加强域完整性。设置 CHECK 约束的语法格式如下。

```
CHECK (逻辑表达式)
```

它指定应用于列中输入的所有值的逻辑表达式(取值为 TRUE 或 FALSE),拒绝所有不取值为 TRUE 的值。

可以为每列指定多个 CHECK 约束。

【例 9.4】 给出一个示例说明 CHECK 约束的使用方法。

解：以下程序在 test 数据库中创建一个 table6 表,其中使用 CHECK 约束来限定 f2 列只能为 0～100 分。

```
USE test
GO
CREATE TABLE table6
(    f1 int,
     f2 int NOT NULL CHECK(f2 >= 0 AND f2 <= 100)
)
GO
```

执行如下语句,则会出现如图 9.2 所示的错误消息。

```
INSERT table6 VALUES(1,120)
```

```
消息
消息 547，级别 16，状态 0，第 1 行
INSERT 语句与 CHECK 约束"CK__table6__f2__00AA174D"冲突。该冲突发生于数据库"test"，表"dbo.table6", column 'f2'。
语句已终止。
```

图 9.2　错误消息

9.2.5 列约束和表约束

列约束可以作为列定义的一部分,并且仅适用于指定的列。表约束的定义与列定义无关,可以适用于表中一个以上的列。列约束和表约束均在创建表或修改表时通过 CONSTRAINT 关键字来指定。

当一个约束中必须包含一个以上的列时,必须使用表约束。例如,如果一个表的主键内有两个或两个以上的列,则必须使用表约束将这两个列加入主键内。

【例 9.5】 给出以下程序的执行结果。

```
USE test
GO
CREATE TABLE table7
(    c1 int,c2 int,c3 char(5),c4 char(10),
     CONSTRAINT c1 PRIMARY KEY(c1,c2)
)
GO
INSERT table7 VALUES(1,2,'ABC1','XYZ1')
INSERT table7 VALUES(1,2,'ABC2','XYZ2')
GO
SELECT * FROM table7
GO
```

解：该程序在 test 数据库中创建 table7 表，它的主键为 c1 和 c2；然后在其中插入两个记录（它们的 c1 和 c2 列值相同），最后输出这些记录，执行时出现错误消息如图 9.3 所示。

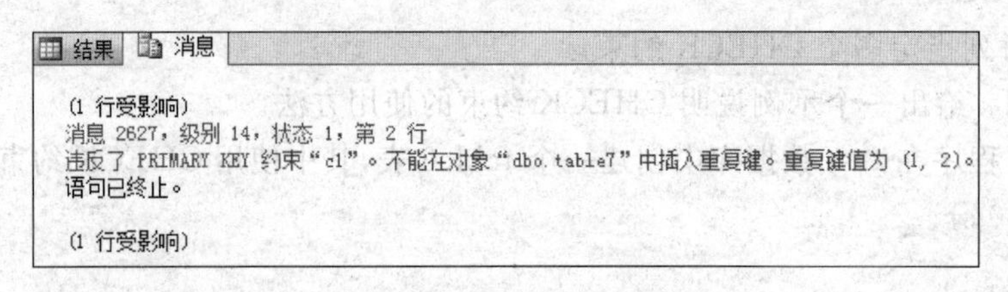
结果 消息

(1 行受影响)
消息 2627，级别 14，状态 1，第 2 行
违反了 PRIMARY KEY 约束"c1"。不能在对象"dbo.table7"中插入重复键。重复键值为 (1, 2)。
语句已终止。

(1 行受影响)

图 9.3 错误消息

在图 9.3 中切换到"结果"选项卡，可以看到如图 9.4 所示的执行结果，从中可以看到，第 2 个 INSERT 语句由于主键约束而没有成功执行。

结果 消息

	c1	c2	c3	c4
1	1	2	ABC1	XYZ1

图 9.4 程序执行结果

9.3 默认值

如果在插入行时没有指定列的值，则默认值指定列中所使用的值。默认值可以是任何取值为常量的对象。

在 SQL Server 中，有如下两种使用默认值的方法。

(1) 在创建表时指定默认值，如果使用 SQL Server 管理控制器，则可以在设计表时指定默认值；如果使用 T-SQL 语言，则在 CREATE TABLE 语句中使用 DEFAULT 子句指定。这是首选的方法，也是定义默认值比较简捷的方法。

(2) 使用 CREATE DEFAULT 语句创建默认对象，然后使用存储过程 sp_bindefault 将该默认对象绑定到列上。这是向前兼容的方法。

9.3.1 在创建表时指定默认值

在使用 SQL Server 管理控制器创建表时，可以为列指定默认值，默认值可以是计算结果为常量的任何值,例如常量、内置函数或数学表达式。

在创建表时,输入列名称后,可在“列属性”面板中设定该列的默认值,例如图 9.5 所示,将 student 表性别列的默认值设置为“男”。

图 9.5　设定默认值

如果使用 T-SQL 语句,则可以使用 DEFAULT 子句来设置默认值。

当设置默认值后,使用 INSERT 和 UPDATE 语句插入或修改记录时,如果没有提供值,则自动将默认值作为提供值。

【例 9.6】 给出以下程序的执行结果。

```
USE test
GO
CREATE TABLE table8
(   c1 int,
    c2 int DEFAULT 2 * 5,
    c3 datetime DEFAULT getdate()
)
GO
INSERT table8(c1) VALUES(1)                    --插入一行数据并显示记录
SELECT * FROM table8
GO
```

解:该程序在 test 数据库中创建一个 table8 表,其中 c2 指定默认值为 10,c3 指定默认值为当前日期。执行结果如图 9.6 所示。从中可以看到,插入数据中只给定了 cl 列的值,c2 和 c3 自动使用默认值,这里 c3 的默认值是使用 getdate()函数来获取的当前日期。

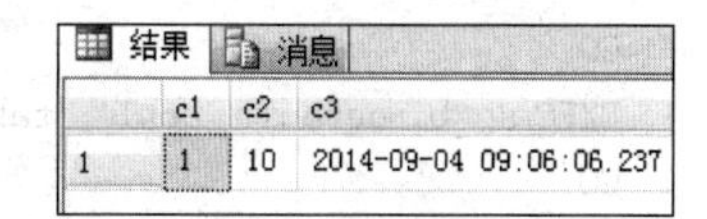

图 9.6　程序执行结果

9.3.2 使用默认对象

默认对象是单独存储的，删除表的时候，DEFAULT 约束会自动删除，但是默认对象不会被删除。另外，创建默认对象后，需要将其绑定到某列或者用户自定义的数据类型上。

1. 创建默认对象

使用 CREATE DEFAULT 语句可以创建默认对象。其语法格式如下。

```
CREATE DEFAULT 默认对象名 AS 常量表达式
```

例如，使用如下 SQL 语句创建 con1 默认对象。

```
USE test
GO
IF OBJECT_ID ('con1','D') IS NOT NULL
    DROP DEFAULT con1                                    --如果 con1 默认对象存在，则删除
GO
CREATE DEFAULT con1 AS 10                                --创建默认对象 con1，其值为 10
GO
```

在 SQL Server 对象资源管理器中展开"test|可编程性|默认值"结点，可以看到建立的默认对象 dbo.con1。若要查看现有默认对象的内容，可以执行 sp_help 存储过程，例如 EXEC sp_helptext 'con1'命令，执行结果如图 9.7 所示。

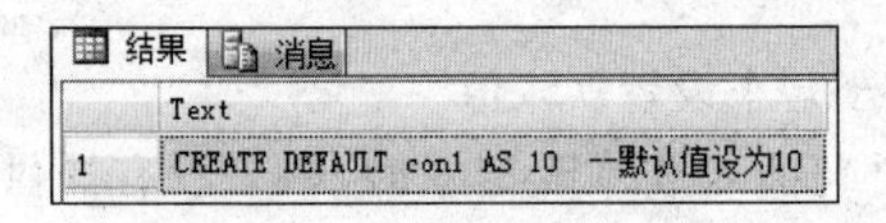

图 9.7 con1 默认对象的内容

说明：当用户创建一个默认值为存储到 SQL Server 系统中后，每个默认值对应 sysobjects 系统表中的一条记录，该表中，name 列包含默认值的名称，xtype 列指出存储对象的类型，当它为'D'时，表示是一个默认值，用户可以通过查找该表中的记录判断某默认值是否被创建。

2. 绑定默认对象

默认对象创建后不能使用，必须要首先将其绑定到某列或者用户自定义的数据类型上。绑定过程可以使用 sp_bindefault 存储过程来完成。其基本语法格式如下。

```
sp_bindefault '默认对象名', '绑定默认对象的表和列名'
```

例如将默认对象 con1 绑定到 test 数据库的 table8 表的 c1 列上，操作过程可以使用如下 T-SQL 语句来完成。

```
USE test
GO
EXEC sp_bindefault 'con1','table8.c1'
GO
```

3. 重命名默认对象

和其他数据库对象一样，默认对象也可以重命名。重命名默认对象也是使用 sp_rename

存储过程来完成的。例如，如下 T-SQL 语句即将默认对象 con1 的名称改为 con2。

```
USE test
GO
EXEC sp_rename 'con1','con2'
GO
```

在重命名时，会提示“注意：更改对象名的任一部分都可能会破坏脚本和存储过程。”。

4. 解除默认对象的绑定

使用 sp_unbindefault 存储过程可以解除绑定，其基本语法格式如下。

```
sp_unbindefault '要解除默认对象绑定的表和列'
```

提示：由于一列或者用户定义数据类型只能同时绑定一个默认对象，所以解除绑定时，不需要再指定默认对象的名称。另外，如果要查看默认值的文本，可以以该默认对象的名称为参数执行存储过程 sp_helptext。

例如，如下 SQL 语句可以解除 test 数据库中 table8 表 c1 列上的默认值绑定。

```
USE test
GO
EXEC sp_unbindefault 'table8.c1'
GO
```

在解除默认对象的绑定时会提示相应的消息，如上述程序执行时会出现“已解除了表列与其默认值之间的绑定。”的提示消息。

5. 删除默认对象

在删除默认对象之前，首先要确认默认对象已经解除绑定。删除默认对象可以使用 DROP DEFAULT 语句实现，其语法格式如下。

```
DROP DEFAULT 默认对象名
```

例如，如下 T-SQL 语句可以删除默认对象 con2。

```
USE test
GO
DROP DEFAULT con2
GO
```

【例 9.7】 给出以下程序的执行结果。

```
USE test
GO
IF OBJECT_ID ('table9','U') IS NOT NULL
    DROP TABLE table9                              -- 如果 table9 表存在，则删除
GO
CREATE TABLE table9
(   c1 smallint,
    c2 smallint DEFAULT 10 * 2,
    c3 char(10),
    c4 char(10) DEFAULT 'xyz')
```

```
GO
IF OBJECT_ID ('con3','D') IS NOT NULL
    DROP DEFAULT con3                                --如果 con3 默认对象存在,则删除
GO
CREATE DEFAULT con3 AS 'China'
GO
EXEC sp_bindefault con3, 'table9.c3'                 --绑定
GO
INSERT INTO table9(c1) VALUES (1)                    --插入 4 个记录
INSERT INTO table9(c1,c2) VALUES (2,50)
INSERT INTO table9(c1,c3) VALUES (3,'Wuhan')
INSERT INTO table9(c1,c3,c4) VALUES (4,'Beijing','Good')
SELECT * FROM table9
GO
```

结果 消息

	c1	c2	c3	c4
1	1	20	China	xyz
2	2	50	China	xyz
3	3	20	Wuhan	xyz
4	4	20	Beijing	Good

图 9.8 程序执行结果

解：该程序先创建表 table9，采用前面介绍的方法设置列 c3 绑定的默认对象，并插入 4 个记录，未给定列 c3 值的记录采用默认值替代，最后输出所有行。执行结果如图 9.8 所示。

注意：DROP DEFAULT 语句不适用于删除表的 DEFAULT 约束，它只能删除默认对象。如果要删除表的 DEFAULT 约束，应该使用 ALTER TABLE 语句。

9.4 规则

规则限制了可以存储在表中的或者用户定义数据类型的值，它可以使用多种方式来完成对数据值的检验，可以使用函数返回验证信息，也可以使用关键字 BETWEEN、LIKE 和 IN 完成对输入数据的检查。

当将规则绑定到列或者用户定义数据类型时，规则将指定可以插入到列中的可接受的值。规则是作为一个独立的数据库对象存在的，表中每列或者每个用户定义数据类型只能和一个规则绑定。

注意：规则用于执行一些与 CHECK 约束相同的功能。CHECK 约束是用来限制列值的首选标准方法。CHECK 约束比规则更简明，一个列只能应用一个规则，但是却可以应用多个 CHECK 约束。CHECK 约束作为 CREATE TABLE 语句的一部分进行指定，而规则以单独的对象创建，然后绑定到列上。

和默认对象类似，规则只有绑定到列或者用户定义数据类型上才能起作用。如果要删除规则，则应先确定规则已经解除绑定。

9.4.1 创建规则

创建规则可以使用 CREATE RULE 语句实现，其语法格式如下。

```
CREATE RULE 规则名 AS condition_exprion
```

其中，condition_exprion 指出规则的条件表达式，可以是 WHERE 子句中任何有效的

表达式，并且可以包含诸如算术运算符、关系运算符和谓词(如 IN、LIKE、BETWEEN)之类的元素。规则不能引用列或其他数据库对象。可以包含不引用数据库对象的内置函数。

若 condition_exprion 中包含变量，每个局部变量的前面都有一个@符号。该表达式引用通过 UPDATE 或 INSERT 语句输入的值。在创建规则时，可以使用任何名称或符号表示值，但第一个字符必须是@符号。

说明：当用户创建一个规则并存储到 SQL Server 系统中后，每个规则对应 sysobjects 系统表中的一条记录，该表中，name 列包含规则的名称；xtype 列指出存储对象的类型，当它为'R'时，表示是一个规则，用户可以通过查找该表中的记录判断某规则是否被创建。

【例 9.8】 给出以下程序的功能。

```
USE test
GO
CREATE RULE rule1 AS @c1 BETWEEN 0 and 10
GO
```

解：该程序创建一个名为 rule1 的规则，限定输入的值必须在 0～10 之间。在 QL Server 对象资源管理器中展开“test|可编程性|规则”结点，可以看到建立的规则 dbo. rule1。若要查看现有规则的内容，可以执行 sp_help 存储过程，例如 EXEC sp_helptext 'rule1'命令，执行结果如图 9.9 所示。

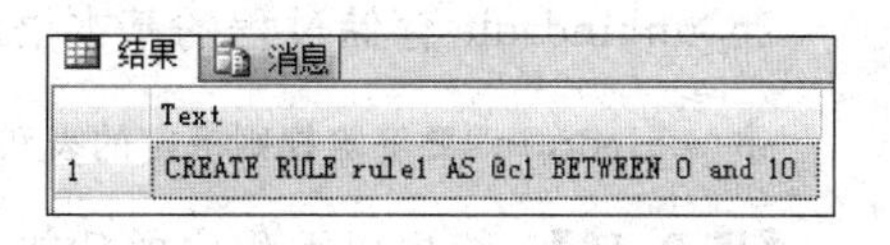

图 9.9 rule1 规则的内容

【例 9.9】 给出以下程序的功能。

```
USE test
GO
CREATE RULE rule2 AS @c1 IN ('2','5','8')
GO
```

解：该程序创建一个名为 rule2 的规则，限定输入该规则所绑定的列中的实际值只能是该规则中列出的值。

使用 LIKE 可以创建一个模式规则，即遵循某种格式的规则。

例如，要使该规则指定任意两个字符的后面跟一个连字符和任意多个字符(或没有字符)，并以 1～6 之间的整数结尾，则可以使用如下 T-SQL 语句。

```
USE test
GO
CREATE RULE rule3 AS @value LIKE '_ %[1-6]'
GO
```

9.4.2 绑定规则

要使用规则，必须首先将其和列或者用户定义数据类型绑定，可以使用 sp_bindrule 存储过程，也可以使用 SQL Server 管理控制器。

使用 SQL Server 管理控制器绑定规则的操作步骤和绑定默认对象的操作步骤相同。sp_bindrule 存储过程的基本语法格式如下。

```
sp_bindrule '规则名', ''绑定规则的表和列名''
```

例如，如下 T-SQL 语句可以将 rule1 规则绑定到 test 数据库中 table9 表(该表由例 9.8 所创建)的 c1 列上：

```
USE test
GO
EXEC sp_bindrule 'rule1','table9.c1'
GO
```

规则必须与列的数据类型兼容。规则不能绑定到 text、image 或 timestamp 列。对于用户定义数据类型，只有尝试在该类型的数据库表列中插入值，或更新该类型的数据库表列时，绑定到该类型的规则才会激活。因为规则不检验变量，所以在向用户定义数据类型的变量赋值时，不要赋予绑定到该数据类型的列的规则所拒绝的值。

9.4.3 解除和删除规则

对于不再使用的规则，可以使用 DROP RULE 语句将其删除。要删除规则，首先要解除规则的绑定，解除规则的绑定可以使用 sp_unbindrule 存储过程。

sp_unbindrule 存储过程的基本语法格式如下。

```
sp_unbindrule '要解除规则绑定的表和列'
```

【例 9.10】 给出以下程序的功能。

```
USE test
GO
EXEC sp_unbindrule 'table9.c1'
GO
```

解：该程序用于解除绑定到 table9 表的 c1 列上的规则。

在解除规则的绑定后，就可以使用 DROP RULE 语句将规则删除，其基本语法格式如下。

```
DROP RULE 规则名
```

【例 9.11】 给出以下程序的功能。

```
USE test
GO
DROP RULE rule1
GO
```

解：该程序用于删除 test 数据库中的规则 rule1。

注意：对于未解除绑定的规则，如果再次将一个新的规则绑定到列或者用户定义数据类型，旧的规则将自动被解除，只有最近一次绑定的规则有效。而且，如果列中包含 CHECK 约束，则 CHECK 约束优先。

练习题 9

(1) 什么是数据完整性？如果数据库不实施数据完整性会产生什么结果？

(2) 数据完整性有哪几类？如何实施？它们分别在什么级别上实施？

(3) 什么是主键约束？什么是唯一性约束？两者有什么区别？

(4) 列约束和表约束有什么不同？

(5) 创建 PRIMARY KEY 约束、UNIQUE 约束和外键约束时，SQL Server 都会自动创建索引吗？

(6) 什么是规则，与 CHECK 约束相比有什么不同？

(7) 如果一个表列上同时存在规则和 CHECK 约束，哪一个更优先？

(8) 在 test 数据库中有一个表 table10，采用如下命令建立。

```
CREATE TABLE table10
(  学号 int,
   姓名 char(10),
   专业 char(20),
   分数 int
)
```

给出完成以下功能的 ALTER TABLE 语句。

① 给"学号"列增加非空约束。

② 再将"学号"列设置为主键。

③ 在"分数"列上设置 1～100 的取值范围。

④ 在"专业"列上设置默认值"计算机科学与技术"。

(9) 在 test 数据库中有一个表 table11，采用如下命令建立。

```
CREATE TABLE table11
(  图书编号 int,
   书名 char(30),
   借书人学号 int
)
```

给出将其"借书人学号"列引用 table10 表中"学号"列的外键关系的 ALTER TABLE 语句。

上机实验题 8

在上机实验题 7 factory 数据库的基础上，使用 T-SQL 语句完成如下各小题的功能。

(1) 实施 worker 表的"性别"列默认值为"男"的约束。

(2) 实施 salary 表的"工资"列值限定在 0～9999 的约束。

(3) 实施 depart 表的"部门号"列值唯一的非聚集索引的约束。

(4) 为 worker 表建立外键"部门号"，参考表 depart 的"部门号"列。

(5) 建立一个规则"sex：@性别='男' OR @性别='女'"，将其绑定到 worker 表的"性别"列上。

(6) 删除(1)小题所建立的约束。

(7) 删除(2)小题所建立的约束。

(8) 删除(3)小题所建立的约束。

(9) 删除(4)小题所建立的约束。

(10) 解除(5)小题所建立的绑定并删除规则 sex。

CHAPTER 10

第10章 存储过程

SQL Server存储过程同函数一样都是数据库对象。从理论上讲,存储过程可以实现任何功能,不仅可以查询表中数据,还可以向表中插入记录、修改记录和删除记录,复杂的数据处理也可以用存储过程来实现。本章将介绍用户自定义存储过程的创建、执行、修改和删除等内容。

10.1 概述

10.1.1 什么是存储过程

存储过程是在数据库服务器端执行的一组T-SQL语句的集合,经编译后存放在数据库服务器端。存储过程作为一个单元进行处理,并以一个名称来标识。它能够向用户返回数据、向数据库表中写入或修改数据,还可以执行系统函数和管理操作。用户在编程中只需要给出存储过程的名称和必需的参数,就可以方便地调用它们。

存储过程不仅可以提高应用程序的处理能力,降低编写数据库应用程序的难度,同时还可以提高应用程序的运行效率。归纳起来存储过程具有如下优点。

(1) 执行速度快:默认情况下,在首次执行时将编译过程,并且创建一个执行计划,供以后的执行重复使用。因为查询处理器不必创建新计划,所以,它通常用更少的时间来处理过程。

(2) 代码的重复使用:任何重复的数据库操作代码都非常适合于在过程中进行封装。这避免了不必要地重复编写相同代码,降低了代码的不一致性,并且允许拥有所需权限的任何用户或应用程序访问和执行代码。

(3) 更容易维护:在客户端,应用程序调用过程,并且将数据库操作保持在数据层中时,对于基础数据库中的任何更改,只有过程是必须更新的;应用程序层保持独立,并且不必知道对数据库布局、关系或进程的任何更改情况。

(4) 减少了服务器/客户机网络流量：过程中的命令作为代码的单个批处理执行，可以显著减少服务器和客户机之间的网络流量，因为只有对执行过程的调用才会跨网络发送。如果没有过程提供的代码封装，每个单独的代码行都不得不跨网络发送。

(5) 更强的安全性：多个用户和客户端程序可以通过过程对基础数据库对象执行操作，即使用户和程序对这些基础对象没有直接权限。过程控制执行哪些进程和活动，并且保护基础数据库对象。这消除了单独的对象级别授予权限的要求，并且简化了安全层。

10.1.2 存储过程的类型

SQL Server的存储过程主要分为4类，即系统存储过程、用户自定义存储过程、临时存储过程和扩展存储过程。

(1) 系统存储过程：由SQL Server提供，通常使用“sp_”为前缀，主要用于管理SQL Server和显示有关数据库及用户的信息。这些存储过程可以在程序中调用，完成一些复杂的与系统相关的任务，所以用户在开发自定义的存储过程前，最好能清楚地了解系统存储过程，以免重复开发。系统存储过程在master数据库中创建并保存，可以从任何数据库中执行这些存储过程。

(2) 用户自定义存储过程：用户编定的可以重复用的T-SQL语句功能模块，并且在数据库中有唯一的名称，可以附带参数，完全由用户自己定义、创建和维护。本章后面介绍的存储过程操作主要是指这一类存储过程。另外，用户自定义存储过程最好不要以“sp_”开头，因为用户自定义存储过程与系统存储过程重名时，用户自定义存储过程永远不会被调用。

(3) 临时存储过程：临时存储过程是用户自定义过程的一种形式。临时存储过程与永久过程相似，只是临时存储过程存储于tempdb中。临时存储过程有本地临时过程和全局临时过程两种类型。本地临时过程的名称以单个数字符号(#)开头，它们仅对当前的用户连接是可见的，当用户关闭连接时被删除。全局临时过程的名称以两个数字符号(##)开头，创建后对任何用户都是可见的，并且在使用该过程的最后一个会话结束时被删除。

(4) 扩展存储过程：允许用户使用编程语言(例如C)创建自己的外部例程。扩展存储是指SQL Server的实例是可以动态加载和运行的DLL。该过程直接在SQL Server的实例地址空间中运行，可以使用SQL Server扩展存储过程API完成编程。

10.2 创建存储过程

要使用存储过程，首先要创建一个存储过程，可以使用SQL Server管理控制器和T-SQL的CREATE PROCEDURE语句创建存储过程。

10.2.1 使用SQL Server管理控制器创建存储过程

下面通过一个简单的示例说明使用SQL Server管理控制器创建存储过程的操作步骤。

【例 10.1】 使用 SQL Server 管理控制器创建存储过程 maxscore，用于输出所有学生的最高分。

解：其操作步骤如下。

① 启动 SQL Server 管理控制器。在“对象资源管理器”窗口中展开 LCB-PC 服务器结点。

② 展开“数据库|school|可编程性|存储过程”结点，右击结点，在出现的快捷菜单中选择“新建存储过程”命令，如图 10.1 所示。

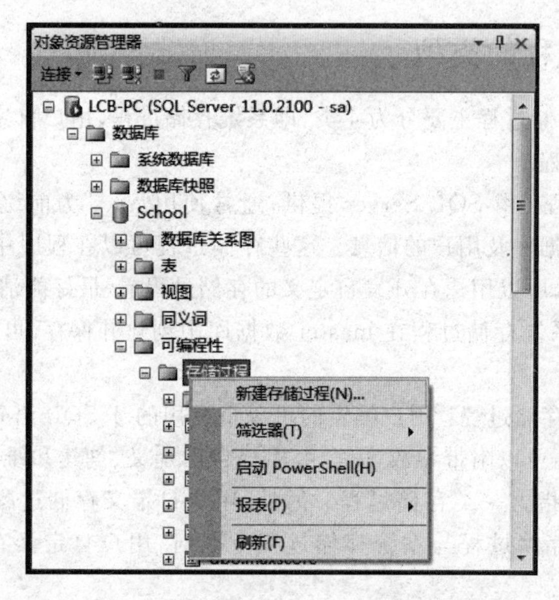

图 10.1 选择“新建存储过程”命令

③ 出现存储过程编辑窗口，其中含有一个存储过程模板，用户可以参照模板在其中输入存储过程的 T-SQL 语句，这里输入的语句如下(其中黑体部分为输入的主要 T-SQL 语句)。

```
set ANSI_NULLS ON
set QUOTED_IDENTIFIER ON
GO
CREATE PROCEDURE maxscore
AS
BEGIN
    SET NOCOUNT ON
    SELECT MAX(分数) AS '最高分' FROM score              -- 从 score 表中查询最高分
END
GO
```

可以看到，上述存储过程主要包含一个 SECECT 语句，复杂的存储过程可以包含多个 SECECT 语句。

④ 单击工具栏中的按钮 ! 执行(X)，然后将其保存在数据库中。此时选中并右击“存储过程”结点，在出现的快捷菜单中选择“刷新”命令，会看到“存储过程”结点下方出现了 maxscore 存储过程。

这样就完成了 maxscore 存储过程的创建。

说明：当用户创建的存储过程被存储到 SQL Server 系统中后，每个存储过程对应 sysobjects 系统表中的一条记录，该表中的 name 列包含存储过程的名称，xtype 列指出存储对象的类型，当它为'P'时，表示是一个存储过程。用户可以通过查找该表中的记录判断某存储过程是否被创建。

10.2.2 使用 CREATE PROCEDURE 语句创建存储过程

在程序中直接使用 CREATE PROCEDURE 语句可以创建存储过程，该语句的基本语法格式如下。

```
CREATE PROC[EDURE ] 存储过程名 [; number]
    [ {@parameter 数据类型} = 默认值] [OUT | OUTPUT] [READONLY]
    ][, …n]
    [WITH [RECOMPILE] | ENCRYPTION ]
    [FOR REPLICATION]
    AS SQL 语句 [ …n ]
```

其中，各参数含义如下。

(1) @parameter：指定存储过程的参数。在 CREATE PROCEDURE 语句中，可以声明一个或多个参数，用户必须在执行存储过程时提供每个所声明参数的值(除非定义了该参数的默认值)。存储过程最多可以有 2100 个参数。

(2) [OUT | OUTPUT]：指示参数是输出参数。使用 OUT 或 OUTPUT 参数将值返回给存储过程的调用方。

(3) [READONLY]：指示不能在过程的主体中更新或修改参数。如果参数类型为表值类型，则必须指定 READONLY。

(4) [RECOMPILE | ENCRYPTION]：RECOMPILE 指示数据库引擎不缓存此存储过程的查询计划，这强制在每次执行此存储过程时都对该过程进行编译。ENCRYPTION 表示 SQL Server 加密 syscomments 表中包含 CREATE PROCEDURE 语句文本的条目。

(5) FOR REPLICATION：指定不能在订阅服务器上执行为复制创建的存储过程。

创建存储过程时应该注意下面几点。

(1) 存储过程的大小最大为 128MB。

(2) 只能在当前数据库中创建用户定义的存储过程。

(3) 在单个批处理中，CREATE PROCEDURE 语句不能与其他 T-SQL 语句组合使用。

(4) 存储过程可以嵌套使用。在一个存储过程中可以调用其他存储过程，嵌套的最大深度不能超过 32 层。

(5) 如果存储过程创建了临时表，则该临时表只能用于该存储过程，而且当存储过程执行完毕后，临时表自动被删除。

(6) 创建存储过程时，在 SQL 语句中不能包含 SET SHOWPLAN_TEXT、SET SHOWMAN_ALL、CREATE VIEW、CREATE DEFAULT、CREATE RULE、CREATE PROCEDURE 和 CREATE TRIGGER(用于创建触发器，在第 11 章介绍)语句。

(7) SQL Server 允许创建的存储过程中引用尚不存在的对象。在创建时，只进行语法检查，只有在编译过程中才解析存储过程中引用的所有对象。因此，如果语法正确的存储过程引用了不存在的对象，仍可以成功创建，但在运行时将失败，因为所引用的对象不存在。

【例 10.2】 编写一个程序，创建一个简单的存储过程 stud_score，用于检索所有学生的成绩记录。

解：对应的程序如下。

```
USE school
GO
IF OBJECT_ID('stud_score','P') IS NOT NULL
    DROP PROCEDURE stud_score                    --如果存储过程 stud_score 存在，则删除
GO                      --注意，CREATE PROCEDURE 必须是一个批处理的第一个语句，故此 GO 不能缺
CREATE PROCEDURE stud_score                      --创建存储过程 stud_score
  AS
    SELECT student.学号,student.姓名,course.课程名,score.分数
    FROM student,course,score
    WHERE student.学号 = score.学号 AND course.课程号 = score.课程号
    ORDER BY student.学号
GO
```

该存储过程没有指定参数。

10.3 执行存储过程

有两种不同方法执行存储过程，第一种方法也是最常用的方法是供应用程序或用户调用；第二种方法是将存储过程设置为在启动 SQL Server 实例时自动运行。

第一种方法是使用 EXECUTE 或 EXEC 语句实现的，下面仅介绍这种方法。如果存储过程是 T-SQL 批处理中的第一条语句，那么不使用这些关键字也可以调用并执行此存储过程。

EXECUTE 或 EXEC 语句执行存储过程的基本语法格式如下。

```
[ EXEC[UTE] ]
[ @return_status = ]
{ 存储过程名 [ ;number ] | @procedure_name_var}
[ [ @parameter = ] { 值 | @variable [ OUTPUT ] | [ DEFAULT ] ]
    [ ,…n ]
[ WITH RECOMPILE ]
```

其中，各参数含义如下。

(1) @return_status：是一个可选的整型变量，保存存储过程的返回状态。这个变量在用于 EXECUTE 语句前，必须在批处理、存储过程或函数中声明过。

(2) ;number：是可选的整数，用于将相同名称的过程进行组合，使得它们可以用一句 DROP PROCEDURE 语句除去。该参数不能用于扩展存储过程。

(3) @procedure_name_var：局部定义变量名，代表存储过程名称。

(4) @parameter：是过程参数，在 CREATE PROCEDURE 语句中定义。参数名前必须加上符号@。在以@parameter_name ＝值的格式使用时，参数名和常量不一定按照 CREATE PROCEDURE 语句中定义的顺序出现。但是，如果有一个参数使用@parameter_

name ＝值的格式，则其他所有参数都必须使用这种格式。如果没有指定参数名，参数值必须以 CREATE PROCEDURE 语句中定义的顺序给出。如果参数值是一个对象名称、字符串，或通过数据库名称或所有者名称进行限制，则整个名称必须用单引号括起来；如果参数值是一个关键字，则该关键字必须用双引号引起来。

(5) @variable：用来保存参数或者返回参数的变量。

(6) OUTPUT：指定存储过程必须返回一个参数。该存储过程的匹配参数也必须由关键字 OUTPUT 创建。使用游标变量作参数时使用该关键字。

(7) DEFAULT：根据过程的定义，提供参数的默认值。当过程需要的参数值没有事先定义好的默认值，或缺少参数，或指定了 DEFAULT 关键字，就会出错。

(8) WITH RECOMPILE：强制编译新的计划。如果所提供的参数为非典型参数或者数据有很大的改变，使用该选项，在以后的程序执行中使用更改过的计划。该选项不能用于扩展存储过程。建议尽量少使用该选项，因为它会消耗较多的系统资源。

【例 10.3】 执行例 10.1 中创建的存储过程 maxscore 并查看输出的结果。

解：执行 maxscore 存储过程的程序如下。

```
USE school
GO
EXEC maxscore
GO
```

执行结果如图 10.2 所示。从结果中可以看到，查询的最高分为 92。

【例 10.4】 执行例 10.2 中创建的存储过程 stud_score 并查看输出的结果。

解：执行 stud_score 存储过程的程序如下。

```
USE school
GO
-- 判断 stud_score 存储过程是否存在，若存在，则执行它
IF OBJECT_ID('stud_score','P') IS NOT NULL
    EXEC stud_score                                    -- 执行存储过程 stud_score
GO
```

执行结果如图 10.3 所示。从中看到，调用 stud_score 存储过程输出了所有学生的学号、姓名、课程名和分数。

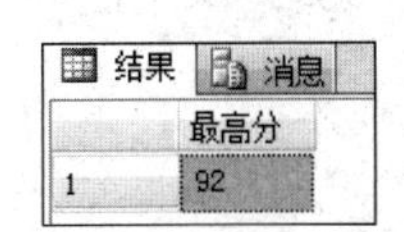

结果　消息

	最高分
1	92

图 10.2　程序执行结果

结果　消息

	学号	姓名	课程名	分数
1	101	李军	计算机导论	64
2	101	李军	数字电路	85
3	103	陆君	计算机导论	92
4	103	陆君	操作系统	86
5	105	匡明	计算机导论	88
6	105	匡明	操作系统	75
7	107	王丽	计算机导论	91
8	107	王丽	数字电路	79
9	108	曾华	计算机导论	78
10	108	曾华	数字电路	NULL
11	109	王芳	计算机导论	76
12	109	王芳	操作系统	68

图 10.3　程序执行结果

10.4 存储过程的参数

在创建和使用存储过程时,其参数是非常重要的。下面详细讨论存储过程的参数传递和返回。

10.4.1 在存储过程中使用参数

在设计存储过程时可以带有参数,这样可以增加存储过程的灵活性。带参数的存储过程的一般格式如下。

```
CREATE PROCEDURE 存储过程名(参数列表)
AS SQL 语句
```

在调用存储过程时,有两种传递参数的方式。

第一种方式是在传递参数时,使传递的参数和定义时的参数顺序一致,其一般格式如下。

```
EXEC 存储过程名 实参列表
```

第二种方式是采用"参数=值"的形式,此时,各个参数的顺序可以任意排列,其一般格式如下。

```
EXEC 存储过程名 参数 1 = 值 1,参数 2 = 值 2,…
```

【例 10.5】 设计一个存储过程 maxno,以学号为参数,输出指定学号学生的所有课程中的最高分和对应的课程名。

解:采用 CREATE PROCEDURE 语句设计该存储过程,程序如下。

```
USE school
GO
IF OBJECT_ID('maxno','P') IS NOT NULL
    DROP PROCEDURE maxno                              -- 如果存储过程 maxno 存在,则删除
GO
CREATE PROCEDURE maxno(@no int)                       -- 声明 no 为参数
  AS
   SELECT s.学号,s.姓名,c.课程名,sc.分数
   FROM student s,course c,score sc
   WHERE s.学号 = @no AND s.学号 = sc.学号 AND c.课程号 = sc.课程号 AND sc.分数 =
    (SELECT MAX(分数) FROM score WHERE 学号 = @no)
GO
```

采用第一种方式执行存储过程 maxno 的程序如下。

```
USE school
GO
EXEC maxno 103
GO
```

采用第二种方式执行存储过程 maxno 的程序如下。

```
USE school
GO
EXEC maxno @no = '103'
GO
```

	学号	姓名	课程名	分数
1	103	陆君	计算机导论	92

图 10.4 程序执行结果

上述两种方式执行结果相同，如图 10.4 所示。

10.4.2 在存储过程中使用默认参数

在设计存储过程时，可以为参数提供一个默认值，默认值必须为常量或者 NULL。其一般格式如下。

```
CREATE PROCEDURE 存储过程名(参数 1 = 默认值 1,参数 2 = 默认值 2,… )
AS SQL 语句
```

在调用存储过程时，如果不指定对应的实参值，则自动用对应的默认值代替。

【例 10.6】 设计类似例 10.5 功能的存储过程 maxno1，指定其默认学号为 101。

解：设计一个新的存储过程 maxno1，对应的程序如下。

```
USE school
GO
IF OBJECT_ID('maxno1','P') IS NOT NULL
    DROP PROCEDURE maxno1                      -- 如果存储过程 maxno1 存在,则删除
GO
CREATE PROCEDURE maxno1(@no int = 101)         -- 声明 no 为参数
AS
  SELECT s.学号,s.姓名,c.课程名,sc.分数
  FROM student s,course c,score sc
  WHERE s.学号 = @no AND s.学号 = sc.学号 AND c.课程号 = sc.课程号 AND sc.分数 =
    (SELECT MAX(分数) FROM score WHERE 学号 = @no)
GO
```

当不指定实参调用 maxno1 存储过程时，执行结果如图 10.5 所示。当指定实参为 105 调用 maxno1 存储过程时，执行结果如图 10.6 所示。

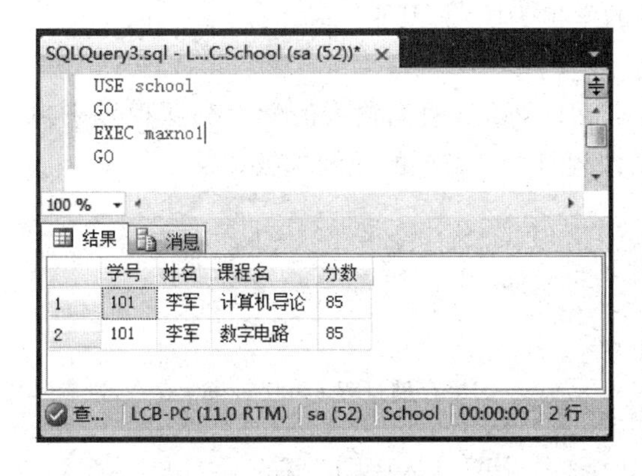

图 10.5 不带实参调用 maxno1

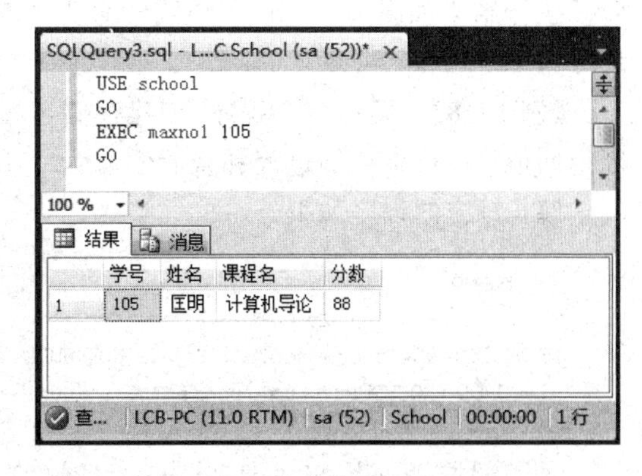

图 10.6 带实参调用 maxno1

从执行结果可以看到，当调用存储过程时，没有指定参数值时就自动使用相应的默认值。

10.4.3 在存储过程中使用返回参数

在创建存储过程时,可以定义返回参数。在执行存储过程时,可以将结果返回给返回参数。返回参数应用 OUTPUT 进行声明。

【例 10.7】 创建一个存储过程 average,它返回两个参数@st_name 和@st_avg,分别代表姓名和平均分;编写 T-SQL 语句执行该存储过程和查看输出的结果。

解:建立存储过程 average 的程序如下。

```
USE school
GO
IF OBJECT_ID('average','P') IS NOT NULL
    DROP PROCEDURE average                          -- 如果存储过程 average 存在,则删除
GO
CREATE PROCEDURE average
(   @st_no int,
    @st_name char(8) OUTPUT,                        -- 返回参数
    @st_avg float OUTPUT                            -- 返回参数
) AS
  SELECT @st_name = student.姓名,@st_avg = AVG(score.分数)
    FROM student,score
    WHERE student.学号 = score.学号
    GROUP BY student.学号,student.姓名
    HAVING student.学号 = @st_no
GO
```

执行该存储过程,查询学号为 105 的学生姓名和平均分,程序如下。

```
DECLARE @st_name char(10)
DECLARE @st_avg float
EXEC average 105,@st_name OUTPUT,@st_avg OUTPUT
SELECT '姓名' = @st_name,'平均分' = @st_avg
GO
```

	姓名	平均分
1	匡明	81.5

图 10.7 程序执行结果

执行结果如图 10.7 所示,说明学号为 105 的学生为匡明,其平均分为 81.5。

【例 10.8】 编写一个程序,创建存储过程 stud1_score,根据输入的学号和课程号来判断返回值;执行该存储过程和查看学号为 101、课程号为 3-105 的成绩等级。

解:对应的程序如下。

```
USE school
GO
IF OBJECT_ID('stud1_score','P') IS NOT NULL
    DROP PROCEDURE stud1_score                      -- 如果存储过程 stud1_score 存在,则删除
GO
CREATE PROC stud1_score(@no1 int,@no2 char(6),@dj char(1) OUTPUT)
AS
    BEGIN
      SELECT @dj =
         CASE
```

```
            WHEN 分数>=90 THEN 'A'
            WHEN 分数>=80 THEN 'B'
            WHEN 分数>=70 THEN 'C'
            WHEN 分数>=60 THEN 'D'
            WHEN 分数<60 THEN 'E'
         END
       FROM score
       WHERE 学号=@no1 AND 课程号=@no2
   END
GO
DECLARE @dj char(1)
EXEC stud1_score 101,'3-105',@dj OUTPUT
PRINT @dj
GO
```

程序执行结果是输出等级B。

10.4.4 存储过程的返回值

存储过程在执行后都会返回一个整型值(称为"返回代码"),指示存储过程的执行状态。如果执行成功,返回0;否则返回－1～－99之间的数值(例如－1表示找不到对象,－2表示数据类型错误,－5表示语法错误等)。也可以使用RETURN语句来指定一个返回值。

【例10.9】 编写一个程序,创建存储过程test_ret,根据输入的参数来判断返回值,并执行该存储过程和查看输出的结果。

解:建立存储过程test_ret程序如下。

```
USE test
GO
IF OBJECT_ID('test_ret','P') IS NOT NULL
    DROP PROCEDURE test_ret                      --如果存储过程test_ret存在,则删除
GO
CREATE PROC test_ret(@input_int int=0)           --指定默认参数值
   AS
     IF @input_int=0
         RETURN 0                                --如果输入的参数等于0,则返回0
     IF @input_int>0
         RETURN 1000                             --如果输入的参数大于0,则返回1000
     IF @input_int<0
         RETURN -1000                            --如果输入的参数小于0,则返回-1000
GO
```

执行该存储过程的程序如下。

```
USE Test
GO
DECLARE @ret_int int
EXEC @ret_int=test_ret 1
PRINT '返回值'
PRINT '-------'
```

```
PRINT @ret_int
EXEC @ret_int = test_ret 0
PRINT @ret_int
EXEC @ret_int = test_ret -1
PRINT @ret_int
```

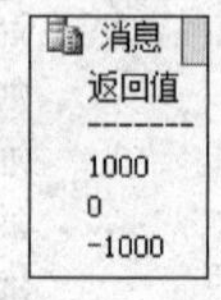

图 10.8　程序执行结果

执行结果如图 10.8 所示。

10.4.5　使用 SQL Server 管理控制器执行存储过程

在存储过程建立好后，也可以使用 SQL Server 管理控制器来执行存储过程，其基本步骤如下。

① 启动 SQL Server 管理控制器，在“对象资源管理器”窗口中展开 LCB-PC 服务器结点。

② 展开“数据库|数据库名|可编程性|存储过程”结点，在存储过程列表中右击要执行的用户自定义存储过程，然后在出现的快捷菜单中选择“执行存储过程”命令。

③ 在出现的“执行过程”对话框中，为每个参数指定一个值以及它是否应传递 NULL 值，其中各选项释义如下。

- 参数：指示参数的名称。
- 数据类型：指示参数的数据类型。
- 输出参数：指示是否为输出参数。
- 传递空值：将 NULL 作为参数值传递。
- 值：在调用过程时输入参数的值。

④ 若要执行存储过程，单击“确定”按钮。

【例 10.10】 以下程序建立有存储过程 studavg，使用 SQL Server 管理控制器执行该存储过程。

```
USE school
GO
IF OBJECT_ID('studavg','P') IS NOT NULL
    DROP PROCEDURE studavg                    -- 如果存储过程 studavg 存在，则删除
GO
CREATE PROC studavg(@no int,@avg float = 0 OUTPUT)
  AS
    BEGIN
      IF NOT EXISTS(SELECT * FROM score WHERE 学号 = @no)
          RETURN -1
      SELECT @avg = AVG(score.分数)
      FROM  score
      WHERE score.学号 = @no
      RETURN 1
    END
GO
```

解：上述存储过程 studavg 的功能是求学号为@no 的学生的平均分@avg，如果指定的学号不正确，返回－1；否则，求出相应的平均分并返回 1。

在执行该程序建立好存储过程 studavg 后，采用前面的步骤进入"执行过程"对话框，设置输入参数的值如图 10.9 所示，即求学号为 105 的学生的平均分，单击"确定"按钮，其执行结果如图 10.10 所示，求出该学生的平均分为 81.5，并返回 1。

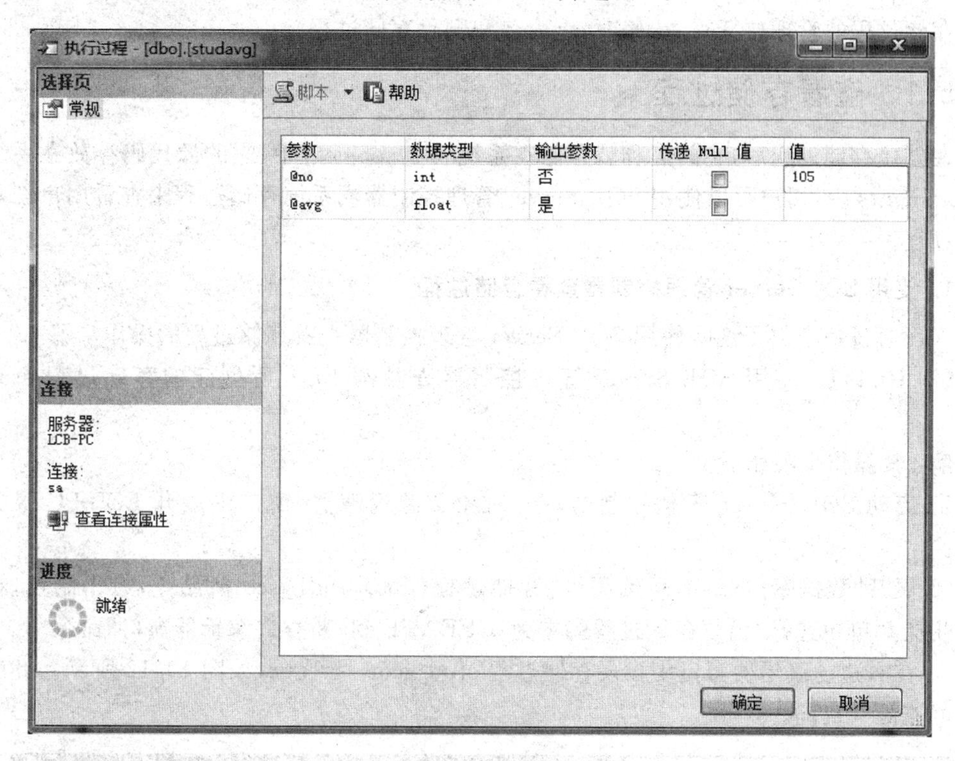

图 10.9　"执行过程"对话框

如果在"执行过程"对话框中输入参数的值为 888，由于不存在该学生，执行存储过程 studavg 会返回－1，如图 10.11 所示。

```
SQLQuery5.sql - L...C.School (sa (53))*
USE [School]
GO
DECLARE @return_value int,
        @avg float
EXEC    @return_value = [dbo].[studavg]
        @no = 105,
        @avg = @avg OUTPUT
SELECT  @avg as N'@avg'
SELECT  'Return Value' = @return_value
GO
```

	@avg
1	81.5

	Return Value
1	1

查...　LCB-PC (11.0 RTM)　sa (53)　School　00:00:00　2 行

图 10.10　执行结果 1

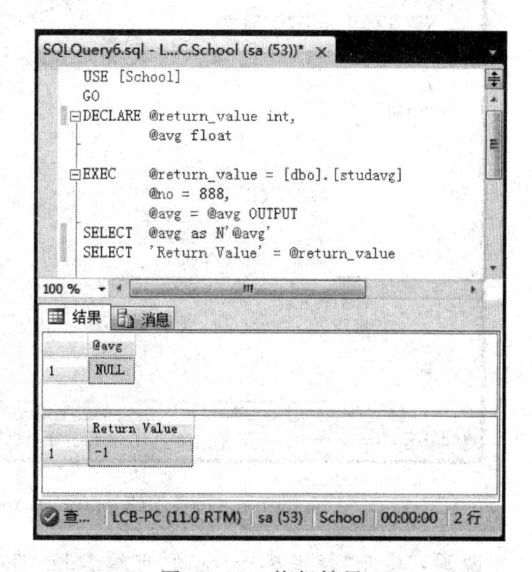

图 10.11　执行结果 2

10.5 存储过程的管理

存储过程的管理包括查看、修改、重命名和删除存储过程。

10.5.1 查看存储过程

在创建存储过程后，它的名称就存储在系统表 sysobjects 中，它的源代码存放在系统表 syscomments 中，用户可以使用 SQL Server 管理控制器或系统存储过程来查看用户创建的存储过程。

1. 使用 SQL Server 管理控制器查看存储过程

下面通过一个例子说明使用 SQL Server 管理控制器查看存储过程的操作步骤。

【例 10.11】 使用 SQL Server 管理控制器查看例 10.8 所创建的存储过程 stud1_score。

解：其操作步骤如下。

① 启动 SQL Server 管理控制器，在"对象资源管理器"窗口中展开 LCB-PC 服务器结点。

② 展开"数据库|school|可编程性|存储过程|dbo.stud1_score"结点，右击结点，在出现的快捷菜单中选择"编写存储过程脚本为|CREATE 到|新查询编辑器窗口"命令。

③ 在右边的编辑器窗口中出现存储过程 stud_score 源代码，如图 10.12 所示。此时用户只能查看其代码。

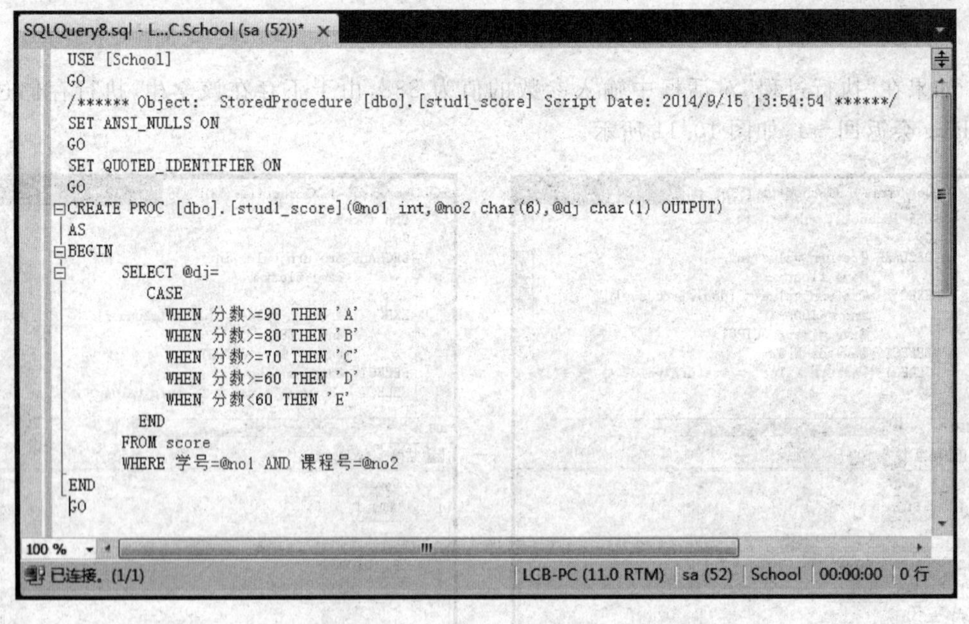

图 10.12 stud_score 存储过程的源代码

说明：展开"数据库|school|可编程性|存储过程|dbo.stud1_score"结点，右击，在出现的快捷菜单中选择"查看依赖关系"命令可以查看存储过程 dbo.stud1_score 的依赖关系，

即显示 dbo.stud1_score 存储过程依赖的所有数据库对象和依赖于它的数据库对象。

2. 使用系统存储过程来查看存储过程

SQL Server 提供了如下系统存储过程用于查看用户创建的存储过程。

1) sp_help

用于显示存储过程的参数及其数据类型，其语法如下。

```
sp_help [[@objname = ] name]
```

其中，参数 name 为要查看的存储过程的名称。

2) sp_helptext

用于显示存储过程的源代码，其语法如下。

```
sp_helptext [[@objname = ] name]
```

其中，参数 name 为要查看的存储过程的名称。

3) sp_depends

用于显示和存储过程相关的数据库对象，其语法如下。

```
sp_depends [@objname = ]'object'
```

其中，参数 object 为要查看依赖关系的存储过程的名称。

4) sp_stored_procedures

用于返回当前数据库中的存储过程列表，其语法如下。

```
sp_stored_procedure [[@sp_name = ' 'name']
[,[@sp_owner = ]'owner']
[,[@sp_qualifier = ] 'qualifier']
```

其中，@sp_name =] 'name'用于指定返回目录信息的过程名；[@sp_owner =] 'owner'用于指定过程所有者的名称；@qualifier =] 'qualifier'用于指定过程限定符的名称。

【例 10.12】 使用相关系统存储过程查看例 10.2 所创建的存储过程 stud_score 的相关内容。

解：对应的程序如下。

```
USE school
GO
EXEC sp_help stud_score
EXEC sp_helptext stud_score
EXEC sp_depends stud_score
```

执行结果如图 10.13 所示，用户可以看到该存储过程的代码和涉及的表列。

10.5.2 修改存储过程

在创建存储过程之后，用户可以对其进行修改。使用 SQL Server 管理控制器或使用 ALTER PROCEDURE 语句可以修改用户创建的存储过程。

1. 使用 SQL Server 管理控制器修改存储过程

下面通过一个例子说明使用 SQL Server 管理控制器修改存储过程的操作步骤。

结果 | 消息

	Name	Owner	Type	Created_datetime
1	stud_score	dbo	stored procedure	2014-09-05 12:46:31.900

	Text
1	
2	CREATE PROCEDURE stud_score --创建存储过程stud_score
3	AS
4	SELECT student.学号,student.姓名,course.课程名,score.分数
5	FROM student,course,score
6	WHERE student.学号=score.学号 AND course.课程号=score.课程号
7	ORDER BY student.学号

	name	type	updated	selected	column
1	dbo.Score	user table	no	yes	学号
2	dbo.Score	user table	no	yes	课程号
3	dbo.Score	user table	no	yes	分数
4	dbo.Course	user table	no	yes	课程号
5	dbo.Course	user table	no	yes	课程名
6	dbo.Student	user table	no	yes	学号
7	dbo.Student	user table	no	yes	姓名

图 10.13　程序执行结果

【例 10.13】 使用 SQL Server 管理控制器修改例 10.2 所创建的存储过程 stud_score。

解：其操作步骤如下。

① 启动 SQL Server 管理控制器，在“对象资源管理器”窗口中展开 LCB-PC 服务器结点。

② 展开“数据库|school|可编程性|存储过程|dbo.stud_score”结点，右击结点，在出现的快捷菜单中选择“修改”命令。

③ 此时右边的编辑器窗口出现 stud_score 存储过程的源代码，将 CREATE PROCEDURE 改为 ALTER PROCEDURE，如图 10.14 所示，用户可以直接进行修改。修改完毕，单击工具栏中的“！执行”按钮执行该存储过程，从而达到修改的目的。

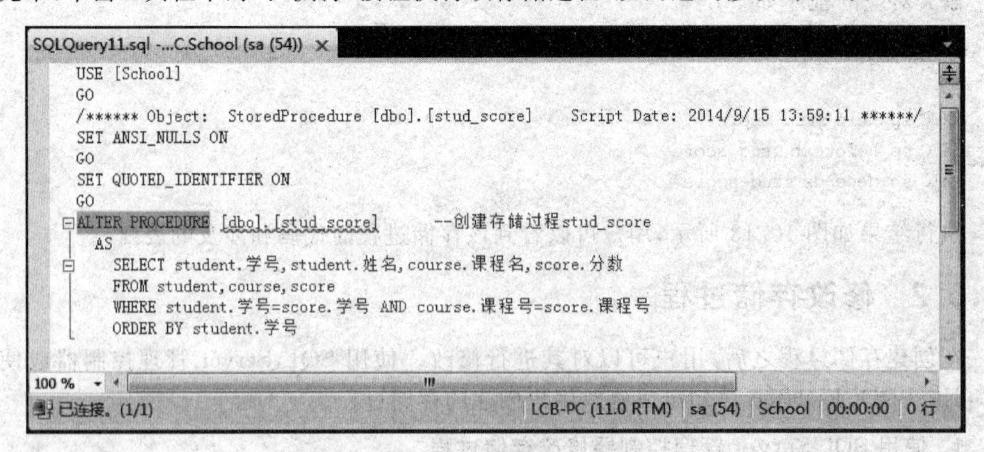

图 10.14　修改 stud_score 存储过程

2. 使用 ALTER PROCEDURE 语句修改存储过程

使用 ALTER PROCEDURE 语句可以更改先前通过执行 CREATE PROCEDURE 语句创建的过程，但不会更改权限，也不影响相关的存储过程或触发器，其语法形式如下。

```
ALTER PROC[EDURE]存储过程名[{参数列表}]
    AS SQL 语句
```

当使用 ALTER PROCEDURE 语句时，如果在 CREATE PROCEDURE 语句中使用过参数，那么在 ALTER PROCEDURE 语句中也应该使用这些参数。每次只能修改一个存储过程。

【例 10.14】 编写一个程序，先创建一个存储过程 studproc，输出 1003 班的所有学生，利用 sysobjects 和 syscomments 两个系统表输出该存储过程的 id 和 text 列；然后利用 ALTER PROCEDURE 语句修改该存储过程，将其改为加密方式；最后再输出该存储过程的 id 和 text 列。

解：创建存储过程 studproc 的语句如下。

```
USE school
GO
IF OBJECT_ID('studproc','P') IS NOT NULL
    DROP PROCEDURE studproc                          -- 如果存储过程 studproc 存在，则删除
GO
CREATE PROCEDURE studproc AS
    SELECT * FROM student WHERE 班号 = '1003'
GO
```

通过以下语句输出 studproc 存储过程的 id 和 text 列，执行结果如图 10.15 所示。

```
SELECT sysobjects.id,syscomments.text
FROM sysobjects,syscomments
WHERE sysobjects.name = 'studproc' AND sysobjects.xtype = 'P'
    AND sysobjects.id = syscomments.id
```

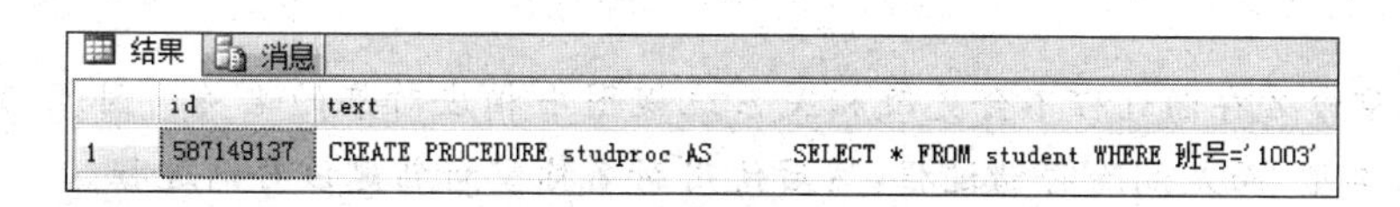

图 10.15 未加密的 studproc 存储过程的源代码

修改该存储过程，语句如下。

```
USE school
GO
ALTER PROCEDURE studproc WITH ENCRYPTION AS
    SELECT * FROM student WHERE 班号 = '1003'
GO
```

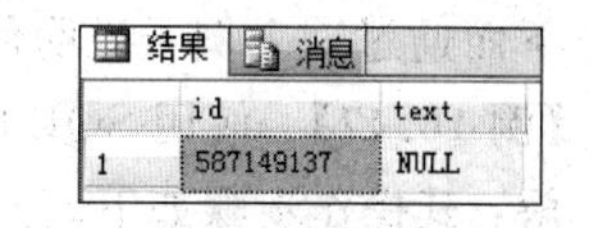

图 10.16 加密的 studproc 存储过程的源代码

再次执行前面的输出 studproc 存储过程的 id 和 text 列的语句，执行结果如图 10.16 所示。从中可以看到，加密过的存储过程查询出的源代码是空值，从而起到保护源程

序的作用。

10.5.3 重命名存储过程

重命名存储过程也有两种方法，即使用 SQL Server 管理控制器或使用系统存储过程。

1. 使用 SQL Server 管理控制器重命名存储过程

下面通过一个例子说明使用 SQL Server 管理控制器重命名存储过程的操作步骤。

【例 10.15】 使用 SQL Server 管理控制器将存储过程 studproc 重命名为 studproc1。

解：其操作步骤如下。

① 启动 SQL Server 管理控制器，在“对象资源管理器”窗口中展开 LCB-PC 服务器结点。

② 展开“数据库|school|可编程性|存储过程|dbo. studproc”结点，右击结点，在出现的快捷菜单中选择“重命名”命令。

③ 此时存储过程名 studproc 变成可编辑的，可以直接修改该存储过程的名称为 studproc1。

2. 使用系统存储过程重命名存储过程

重命名存储过程的系统存储过程为 sp_rename，其语法格式如下。

```
sp_rename 原存储过程名称，新存储过程名称
```

【例 10.16】 使用系统存储过程 sp_rename 将例 10.15 改名的用户存储过程 studproc1 再更名为 studproc。

解：对应的程序如下。

```
USE school
GO
EXEC sp_rename studproc, studproc1
```

在更名时会出现警告消息“警告：更改对象名的任一部分都可能会破坏脚本和存储过程”。

说明：重命名存储过程不会更改相关系统视图中相应对象的名称。因此，建议不要重命名此对象类型，而是删除存储过程，然后使用新名称重新创建该存储过程。

10.5.4 删除存储过程

不再需要某存储过程时可将其删除，这可以使用 SQL Server 管理控制器或 DROP PROCEDURE 语句来实现。

1. 使用 SQL Server 管理控制器删除存储过程

下面通过一个例子说明使用 SQL Server 管理控制器删除存储过程的操作步骤。

【例 10.17】 使用 SQL Server 管理控制器删除存储过程 studproc。

解：其操作步骤如下。

① 启动 SQL Server 管理控制器，在“对象资源管理器”窗口中展开 LCB-PC 服务器结点。

② 展开“数据库|school|可编程性|存储过程|dbo. studproc”结点，右击结点，在出现的

快捷菜单中选择“删除”命令。

③ 在出现的“删除对象”对话框中单击“确定”按钮即可删除存储过程 studproc。

2. 使用 DROP PROCEDURE 语句删除存储过程

使用 DROP PROCEDURE 语句可以删除存储过程，它可以将一个或者多个存储过程或者存储过程组从当前数据库中删除，其语法格式如下。

```
DROP PROCEDURE 用户存储过程列表
```

【例 10.18】 使用 DROP PROCEDURE 语句删除用户存储过程 stud_score 和 stud1_score。

解：对应的程序如下。

```
USE school
GO
DROP PROCEDURE stud_score,stud1_score
GO
```

练习题 10

(1) 什么是存储过程？存储过程分为哪几类？

(2) 使用存储过程有什么好处？

(3) 叙述使用 SQL Server 管理控制器建立存储过程的基本步骤。

(4) 存储过程有哪几种类型的参数？各有什么用途？

(5) 叙述执行存储过程的 EXEC 语句的基本使用格式。

(6) 如何查看已建立的存储过程的脚本？

(7) 在 school 数据库中设计一个存储过程完成这样的功能：输出所有学生的学号、姓名、班号、课程名和分数，并以学号升序、分数降序显示。编写执行该存储过程的程序。

(8) 在 school 数据库中设计一个存储过程完成这样的功能：输出学号为@no 的学生所学课程的课程名。编写调用该存储过程输出学号为 105 的学生所学课程的课程名的程序。

(9) 在 school 数据库中设计一个存储过程完成这样的功能：采用 OUTPUT 参数输出最高分的学生姓名。编写调用该存储过程输出最高分学生姓名的程序。

(10) 在 school 数据库中设计一个存储过程完成这样的功能：输出班号为@bh(默认为1001 班)的班的学生人数。编写调用该存储过程输出 1003 班学生人数的程序。

上机实验题 9

在上机实验题 8 的 factory 数据库基础上，使用 T-SQL 语句完成如下各小题的功能。

(1) 创建一个为 worker 表添加职工记录的存储过程 Addworker。

(2) 创建一个存储过程 Delworker 删除 worker 表中指定职工号的记录。

(3) 显示存储过程 Delworker。

(4) 删除存储过程 Addworker 和 Delworker。

CHAPTER 11

第11章 触发器

SQL Server 中可以使用约束和触发器来保证数据完整性，约束直接设置于数据表内，只能实现一些比较简单的功能操作，而触发器可以处理各种复杂的操作。本章主要介绍触发器的创建、使用、修改和删除等相关内容。

11.1 触发器概述

11.1.1 触发器的作用

触发器是特殊的存储过程，当发生记录更新或表结构更新等触发器事件时，会自动激活并执行它。触发器通常可以强制执行一定的业务规则，以保持数据完整性、检查数据有效性、实现数据库管理任务和一些附加的功能。

在 SQL Server 中，一个表可以有多个触发器，也可以对一个表上的特定操作设置多个触发器。触发器可以包含复杂的 T-SQL 语句。触发器不能通过名称被直接调用，更不允许设置参数。与存储过程一样，触发器也始终只能在一个批处理中创建并编译到一个执行计划中，执行计划是在第一次执行存储过程或触发器时创建的。

触发器的基本作用如下。

- 触发器是被自动执行的，不需要显式调用。
- 触发器可以调用存储过程。
- 触发器可以强化数据条件约束。
- 触发器可以禁止或回滚违反引用完整性的数据修改或删除。
- 利用触发器可以进行数据处理。
- 触发器可以级联、并行执行。
- 在同一个表中可以设计多个触发器。

11.1.2 触发器的分类

触发器必须有触发事件才能触发。触发器的触发事件分可为 3 类，分别是DML事件、DDL事件和数据库事件。每类事件包含若干个事件，如表11.1所示。

表11.1 基本的触发器事件

种 类	关 键 字	含 义
DML事件	INSERT	在表或视图中插入数据时触发
	UPDATE	修改表或视图中的数据时触发
	DELETE	在删除表或视图中的数据时触发
DDL事件	CREATE	在创建新对象时触发
	ALTER	修改数据库或数据库对象时触发
	DROP	删除对象时触发
登录事件	LOGON	当用户连接到数据库并建立会话时触发

根据触发事件，SQL Server触发器可分为以下3种类型。

(1) DML触发器：在执行DML事件时被调用的触发器，包括INSERT、UPDATE和DELETE语句。触发器中可以包含复杂的T-SQL语句，触发器整体被看作一个事务，可以进行回滚。

(2) DDL触发器：在执行DDL事件时被调用的触发器，包括CREATE、ALTER和DROP语句。DDL触发器用于执行数据库管理任务，如调节和审计数据库运转。DDL触发器只能在触发事件发生后才会被调用执行，即它只能是AFTER类型的。

(3) 登录触发器：为响应登录事件而触发的存储过程。与SQL Server实例建立用户会话时将引发登录事件，登录触发器将在登录的身份验证阶段完成之后且用户会话实际建立之前激发。因此，来自触发器内部且通常将到达用户的所有消息(例如错误消息和来自PRINT语句的消息)会传送到SQL Server错误日志。如果身份验证失败，将不激发登录触发器。

11.2 DML触发器

11.2.1 DML触发器概述

DML触发器是定义在表上的触发器，由DML事件引发，可以用来防止恶意或错误的数据库表更新操作。创建DML触发器的要素如下。

① 确定触发基于的表，即在其上定义触发器的表(基表)。

② 确定触发的事件，DML触发器的触发事件有INSERT、UPDATE和DELETE三种，但不包括SELECT语句。

③ 确定触发时间，有触发动作发生在DML语句执行之前和语句执行之后两种情况，所以，DML触发器又分为以下两种类型。

- AFTER触发器：在执行触发事件之后执行AFTER触发器。如果违反了约束，则永远不会执行AFTER触发器；因此，这些触发器不能用于任何可能防止违反约束的处理。
- INSTEAD OF触发器：INSTEAD OF触发器替代触发器语句的标准操作。因此，触发器可用于对一个或多个列执行错误或值检查，然后在插入、更新或删除行之前执行其他操作。

④ 执行触发器操作的语句。

定义一个触发器时要考虑上述多种因素，并根据具体的需要来决定触发器的种类。

11.2.2 创建 DML 触发器

在应用 DML 触发器之前必须创建它，使用 SQL Server 管理控制器或 CREATE TRIGGER 语句可以创建触发器。

1. 使用 SQL Server 管理控制器创建 DML 触发器

下面通过一个简单的示例说明使用 SQL Server 管理控制器创建触发器的操作步骤。

【例 11.1】 使用 SQL Server 管理控制器在 student 表上创建一个触发器 trigop，其功能是在用户插入、修改或删除该表中的行后输出所有的行。

解：其操作步骤如下。

① 启动 SQL Server 管理控制器，在"对象资源管理器"窗口中展开 LCB-PC 服务器结点。

② 展开"数据库|school|表|student|触发器"结点，右击结点，在出现的快捷菜单中选择"新建触发器"命令。

③ 出现一个新建触发器编辑窗口，其中包含触发器模板，用户可以参照模板在其中输入触发器的 T-SQL 语句，这里输入的语句如下(其中黑体部分为输入的主要 T-SQL 语句)。

```
SET ANSI_NULLS ON
GO
SET QUOTED_IDENTIFIER ON
GO
CREATE TRIGGER trigop
    ON student AFTER INSERT,DELETE,UPDATE
AS
    BEGIN
        SET NOCOUNT ON
        SELECT * FROM student
    END
GO
```

④ 单击工具栏中的按钮 ! 执行(X)，将该触发器保存到相关的系统表中。这样就创建了触发器 trigop。

在触发器 trigop 创建完毕，当对 student 表进行记录插入、修改或删除操作时，触发器 trigop 都会被自动执行。例如，执行以下程序：

```
USE school
GO
INSERT student VALUES(1,'刘明','男','1992-12-12','1005')
GO
```

当向 student 表中插入一个记录时自动执行触发器 trigop 输出其所有记录，输出结果如图11.1所示，从中可以看到新记录已经插入student表中了。

	学号	姓名	性别	出生日期	班号
1	1	刘明	男	1992-12-12 00:00:00.000	1005
2	101	李军	男	1993-02-20 00:00:00.000	1003
3	103	陆君	男	1991-06-03 00:00:00.000	1001
4	105	匡明	男	1992-10-02 00:00:00.000	1001
5	107	王丽	女	1993-01-23 00:00:00.000	1003
6	108	曾华	男	1993-09-01 00:00:00.000	1003
7	109	王芳	女	1992-02-10 00:00:00.000	1001

图11.1　插入行时自动执行触发器trigop

说明：当创建一个触发器后，会在sysobjects系统表中增加一条记录，其id列表示该触发器的标识，name列为该触发器的名称，xtype列为'TR'值表示是触发器；在syscomments系统表中也增加一个记录，其id列表示该触发器的标识，text表示创建该触发器的的T-SQL语句。

2．使用T-SQL语句创建DML触发器

创建DML触发器可以使用CREATE TRIGGER语句，其基本语法格式如下。

```
CREATE TRIGGER  触发器名
ON {表名 | 视图名} [WITH ENCRYPTION]
{   { {FOR | AFTER | INSTEAD OF} {[INSERT] [,] [UPDATE][,] [DELETE]}
         [NOT FOR REPLICATION]
          AS
          [{ IF UPDATE (列名)
               [{ AND | OR } UPDATE (列名)] [ …n] } ]
          SQL 语句 [ …n ]
     }
}
```

其中，各参数含义如下。

(1) WITH ENCRYPTION：对CREATE TRIGGER语句的文本进行模糊处理，可以防止将触发器作为SQL Server复制的一部分进行发布。

(2) AFTER：指定触发器只有在触发T-SQL语句中指定的所有操作都已成功执行后才激发。所有引用级联操作和约束检查也必须成功完成后，才能执行此触发器。FOR关键字和AFTER关键字是等价的。

(3) INSTEAD OF：指定执行触发器，而不是执行触发T-SQL语句，从而替代触发语句的操作。在表或视图上，每个INSERT、UPDATE或DELETE语句最多可以定义一个INSTEAD OF触发器。然而，可以在每个具有INSTEAD OF触发器的视图上定义视图。

(4) {[INSERT][,][UPDATE][,][DELETE]}：指定在表或视图上执行哪些数据修改语句时将激活触发器的关键字，必须至少指定一个选项。在触发器定义中允许使用以任意顺序组合的这些关键字。如果指定的选项多于一个，需用逗号分隔这些选项。

(5) NOT FOR REPLICATION：表示当复制进程更改触发器所涉及的表时，不应执行该触发器。

(6) AS SQL 语句：指出触发器要执行的操作。

(7) IF UPDATE (列名)：测试在指定的 column 列上进行的 INSERT 或 UPDATE 操作，不能用于 DELETE 操作。可以指定多列。因为在 ON 子句中指定了表名，所以在 IF UPDATE 子句中的列名前不要包含表名。若要测试在多个列上进行的 INSERT 或 UPDATE 操作，请在第一个操作后指定单独的 UPDATE(列名)子句。在 INSERT 操作中，UPDATE 将返回 TRUE 值，因为这些列插入了显式值或隐性(NULL)值。

说明：UPDATE (列名)返回一个布尔值，指示是否尝试对表或视图的指定列执行 INSERT 或 UPDATE 操作。可以在 INSERT 或 UPDATE 触发器中的任意位置使用 UPDATE()，以测试触发器是否应执行某些操作。

【例 11.2】 在数据库 test 中建立一个表 table20，创建一个触发器 trigtest，在 table20 表中插入、修改和删除记录时，自动显示表中的所有记录。并用相关数据进行测试。

解：创建表和触发器的语句如下。

```
USE test
GO
CREATE TABLE table20                                  -- 创建表 table20
(    c1 int,
     c2 char(30)
)
GO
CREATE TRIGGER trigtest                               -- 创建触发器 trigtest
     ON table20 AFTER INSERT,UPDATE,DELETE
AS
     SELECT * FROM table20
GO
```

执行下面的语句，结果会显示出 table20 表插入记录后的情况，如图 11.2 所示。

```
USE test
GO
INSERT Table20 VALUES(1,'Name1')
GO
```

执行下面的语句，结果会显示出 table20 表更新记录后的情况，如图 11.3 所示。

```
USE test
GO
UPDATE Table20 SET c2 = 'Name2' WHERE c1 = 1
GO
```

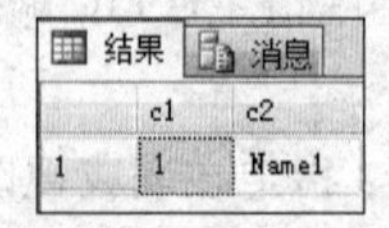

图 11.2 插入记录时执行触发器

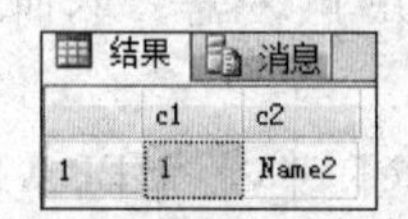

图 11.3 更新记录时执行触发器

在执行下面的语句时,结果会显示出 table20 表删除记录后的情况,如图 11.4 所示。

```
USE test
GO
DELETE Table20 WHERE c1 = 1
GO
```

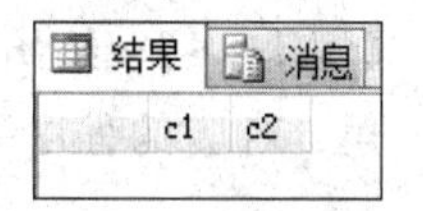

图 11.4 删除记录时执行触发器

从中可以看到,只有在包含触发事件的语句成功执行后,才会执行相应的触发器。

3. 创建 DML 触发器的注意事项

创建 DML 触发器须注意如下事项。

(1) CREATE TRIGGER 语句必须是批处理中的第一个语句。将该批处理中随后的其他所有语句解释为 CREATE TRIGGER 语句定义的一部分,并且只能应用于一个表。

(2) 触发器只能在当前的数据库中创建,但是可以引用当前数据库的外部对象。

(3) 虽然触发器可以引用当前数据库以外的对象,但只能在当前数据库中创建触发器。

(4) 触发器体内禁止使用 COMMIT、ROLLBACK、SAVEPOINT 语句,也禁止直接或间接地调用含有上述语句的存储过程。

11.2.3 删除、禁用和启用触发器

同一个表上的多个触发器之间可能相互影响,有时需要进行触发器的删除、禁用和启用操作,下面主要介绍如何用 T-SQL 语句实现这些功能。

1. 删除 DML 触发器

当不再需要某个触发器时,可将其删除。删除了触发器后,它就从当前数据库中删除了,它所基于的表和数据不会受到影响。删除表将自动删除其上的所有触发器。删除触发器的权限默认授予该触发器所在表的所有者。

删除触发器可使用 DROP TRIGGER 语句,其基本语法格式如下。

```
DROP TRIGGER 触发器名[ ,…n ]
```

【例 11.3】 给出删除 school 数据库 student 表上的 trigop 触发器的程序。

解:删除 trigtest 触发器的程序如下。

```
USE school
GO
DROP TRIGGER trigop
GO
```

2. 禁用 DML 触发器

禁用触发器不会删除该触发器,该触发器仍然作为对象存在于当前数据库中。但是,当执行任意 INSERT、UPDATE 或 DELETE 语句(在其上对触发器进行了编程)时,触发器将不会激发。

禁用触发器可以使用 DISABLE TRIGGER 语句,其基本语法格式如下。

```
DISABLE TRIGGER 触发器名 ON 表名
```

【例 11.4】 给出禁用 test 数据库中 table20 表上的 trigtest 触发器的程序。

解：对应的程序如下。

```
USE test
GO
DISABLE TRIGGER trigtest ON table20
GO
```

3. 启用 DML 触发器

已禁用的触发器可以被重新启用，启用触发器会以最初创建它时的方式将其激发。默认情况下，创建触发器后会自动启用触发器。

启用触发器可以使用 ENABLE TRIGGER 语句，其基本语法格式如下。

```
ENABLE TRIGGER 触发器名 ON 表名
```

【例 11.5】 给出启用 test 数据库中 table20 表上的 trigtest 触发器的程序。

解：对应的程序如下。

```
USE test
GO
ENABLE TRIGGER trigtest ON table20
GO
```

11.2.4 inserted 表和 deleted 表

在触发器执行的时候，会产生 inserted 表和 deleted 表两个临时表。它们的结构和触发器所在的表的结构相同，SQL Server 自动创建和管理这些表。可以使用这两个临时的驻留内存的表测试某些数据修改的效果及设置触发器操作的条件，但不能直接对表中的数据进行更改。

deleted 表用于存储 DELETE 和 UPDATE 语句所影响的行的副本。在执行 DELETE 或 UPDATE 语句时，行从触发器表中删除，并传输到 deleted 表中。deleted 表和触发器表通常没有相同的行。

inserted 表用于存储 INSERT 和 UPDATE 语句所影响的行的副本。在一个插入或更新事务处理中，新建行被同时添加到 inserted 表和触发器表中。inserted 表中的行是触发器表中新行的副本。

在对具有触发器的表（简称为触发器表）进行操作时，其操作过程如下所述。

- 执行 INSERT 操作，插入到触发器的表中的新行被插入 inserted 表中。
- 执行 DELETE 操作，从触发器表中删除的行被插入 deleted 表中。
- 执行 UPDATE 操作，先从触发器表中删除旧行，然后再插入新行。其中被删除的旧行被插入 deleted 表中，插入的新行被插入 inserted 表中。

【例 11.6】 编写一个程序说明 inserted 表和 deleted 表的作用。

解：在 test 数据库的 table20 表上创建触发器 trigtest 的程序如下。

```
USE test
GO
IF OBJECT_ID('trigtest','TR') IS NOT NULL
    DROP TRIGGER trigtest                           --若存在 trigtest 触发器,则删除
GO
DELETE table20                                      --删除 table20 表中的记录
GO
CREATE TRIGGER trigtest                             --创建触发器 trigtest
    ON table20 AFTER INSERT,UPDATE,DELETE
AS
    PRINT 'inserted 表:'
    SELECT * FROM inserted
    PRINT 'deleted 表:'
    SELECT * FROM deleted
GO
```

如果此时执行下面的 INSERT 语句,执行结果如图 11.5 所示。

```
USE test
GO
INSERT table20 VALUES(2,'Name3')
GO
```

这里选中了工具栏中的按钮,即以文本格式显示结果。结果中最后一行消息表示成功地向 table20 表中插入了一个记录。

如果此时接着执行下面的 UPDATE 语句,执行结果如图 11.6 所示。

```
USE test
GO
UPDATE table20 SET c2 = 'Name4' WHERE c1 = 2
GO
```

如果此时接着执行下面的 DELETE 语句。执行结果如图 11.7 所示。

```
USE test
GO
DELETE table20 WHERE c1 = 2
GO
```

```
结果
inserted表:
c1          c2
----------- ----------------
2           Name3

(1 行受影响)

deleted表:
c1          c2
----------- ----------------

(0 行受影响)

(1 行受影响)
```

图 11.5　插入记录时执行触发器

```
结果
inserted表:
c1          c2
----------- ----------------
2           Name4

(1 行受影响)

deleted表:
c1          c2
----------- ----------------
2           Name3

(1 行受影响)

(1 行受影响)
```

图 11.6　更改记录时执行触发器

```
结果
inserted表:
c1          c2
----------- ----------------

(0 行受影响)

deleted表:
c1          c2
----------- ----------------
2           Name4

(1 行受影响)

(1 行受影响)
```

图 11.7　删除记录时执行触发器

该例结果看到，table20 是触发器表，在插入记录时，插入的记录被插入 inserted 表中；在修改记录时，修改前的记录插入 deleted 表中，修改后的记录插入 inserted 表中；在删除记录时，删除后的记录被插入 deleted 表中。

11.2.5 INSERT、UPDATE 和 DELETE 触发器的应用

1. 应用 INSERT 触发器

当触发 INSERT 触发器时，新的数据行就会被插入触发器表和 inserted 表中。inserted 表中包含了已经插入的数据行(一行或多行)的一个副本。触发器通过检查 inserted 表来确定是否执行触发器动作或如何执行它。

【例 11.7】 建立一个触发器 trigname，当向 student 表中插入数据时，如果出现姓名重复的情况，则回滚该事务。

解：创建触发器 trigname 的程序如下。

```
USE school
GO
CREATE TRIGGER trigname                                    -- 创建 trigname 触发器
    ON student AFTER INSERT
AS
BEGIN
    DECLARE @name char(10)
    SELECT @name = inserted.姓名 FROM inserted
    IF EXISTS(SELECT 姓名 FROM student WHERE 姓名 = @name)
    BEGIN
        RAISERROR('姓名重复,不能插入',16,1)
        ROLLBACK                                           -- 事务回滚
    END
END
```

执行以下程序，出现如图 11.8 所示的消息，提示插入的记录出错。

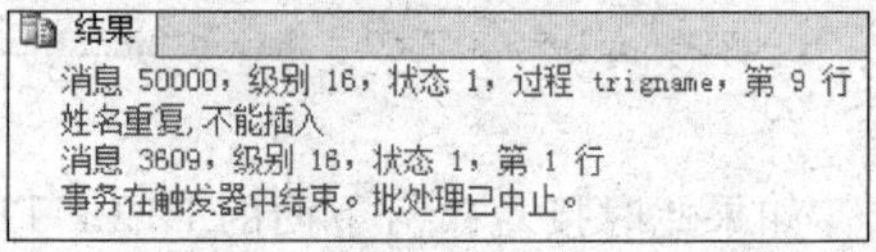

结果
消息 50000，级别 16，状态 1，过程 trigname，第 9 行
姓名重复，不能插入
消息 3609，级别 16，状态 1，第 1 行
事务在触发器中结束。批处理已中止。

图 11.8　执行触发器 trigname 时提示的消息

```
USE school
GO
INSERT INTO student(学号,姓名,性别) VALUES(502,'王丽','女')
GO
```

再打开 student 表，从中可以看到，由于进行了事务回滚，所以并不会真正向 student 表中插入学号为 502 的新记录。

说明：本例完成后禁用 trigname 触发器以便不影响后面的实例。

【例 11.8】 建立一个触发器 trigsex，当向 student 表中插入数据时，如果出现性别不正确的情况，不回滚该事务，只提示错误消息。

解：创建触发器 trignsex 的程序如下。

```
USE school
GO
CREATE TRIGGER trigsex                                     -- 创建 trigsex 触发器
    ON student AFTER INSERT
```

```
AS
    DECLARE @s1 char(1)
    SELECT @s1 = 性别 FROM INSERTED
    IF @s1 <>'男' OR @s1 <>'女'
        RAISERROR('性别只能取男或女',16,1)            -- 发出一条错误消息
GO
```

执行以下程序，出现如图 11.9 所示的消息，提示插入的记录出错。

```
USE school
GO
INSERT student VALUES(503,'许涛','M','1992-10-16','1005')
GO
```

再打开 student 表，从中可以看到，由于没有进行事务回滚，尽管要插入的记录不正确，但仍然插入 student 表中了，如图 11.10 所示。

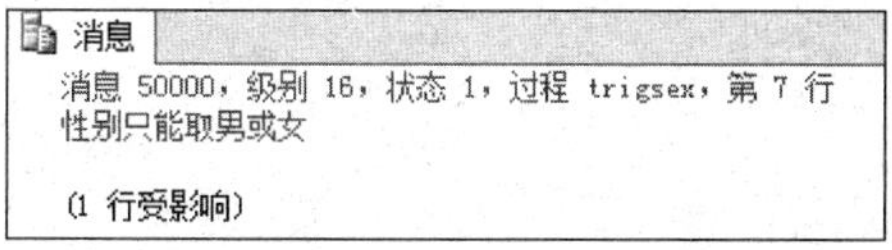

消息

消息 50000，级别 16，状态 1，过程 trigsex，第 7 行
性别只能取男或女

(1 行受影响)

图 11.9　执行触发器 trigsex 时提示的消息

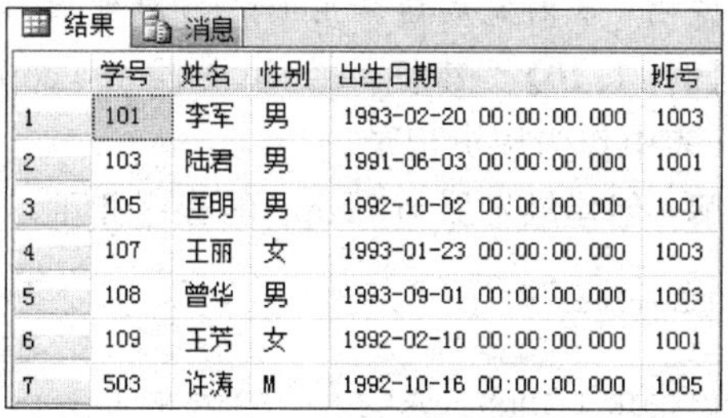

结果　消息

	学号	姓名	性别	出生日期	班号
1	101	李军	男	1993-02-20 00:00:00.000	1003
2	103	陆君	男	1991-06-03 00:00:00.000	1001
3	105	匡明	男	1992-10-02 00:00:00.000	1001
4	107	王丽	女	1993-01-23 00:00:00.000	1003
5	108	曾华	男	1993-09-01 00:00:00.000	1003
6	109	王芳	女	1992-02-10 00:00:00.000	1001
7	503	许涛	M	1992-10-16 00:00:00.000	1005

图 11.10　student 表记录

说明：本例完成后请禁用 trigsex 触发器，以便不影响后面的实例，并删除学号为 503 的学生记录将表恢复成原来的数据。

2. 应用 UPDATE 触发器

应用 UPDATE 语句可以看成是两步操作，即捕获数据前像的 DELETE 语句和捕获数据后像的 INSERT 语句。当在定义有触发器的表上执行 UPDATE 语句时，原始行（前像）被移入 deleted 表，更新行（后像）被移入 inserted 表。

触发器检查 deleted 表和 inserted 表以及被更新的表，来确定是否更新了多行以及如何执行触发器动作。

使用 IF UPDATE 语句定义一个监视指定列的数据更新的触发器，就可以让触发器容易地隔离出特定列的活动。当它检测到指定列已经更新时，触发器就会进一步执行适当的动作，例如发出错误信息指出该列不能更新，或者根据新的列值执行一系列动作语句。

【例 11.9】　建立一个更新触发器 trigno，该触发器防止用户修改表 student 的学号。

解：创建触发器 trigno 的程序如下。

```
USE school
GO
CREATE TRIGGER trigno                              -- 创建 trigno 触发器
ON student
AFTER UPDATE
AS
```

```
IF UPDATE(学号)
    BEGIN
        RAISERROR('不能修改学号',16,2)
        ROLLBACK
    END
GO
```

执行以下程序，出现如图 11.11 所示的提示消息，提示修改记录时出错，也并没有修改 student 表中学号为 101 的记录。

```
消息
消息 50000，级别 16，状态 2，过程 trigno，第 7 行
不能修改学号
消息 3609，级别 16，状态 1，第 1 行
事务在触发器中结束。批处理已中止。
```

图 11.11　执行触发器 trigno 时提示的消息

```
USE school
GO
UPDATE student SET 学号 = '301' WHERE 学号 = '101'
GO
```

说明：本例完成后禁用 trigno 触发器，以便不影响后面的实例。

【例 11.10】 建立一个触发器 trigcopy，将 student 表中所有被修改的数据保存到 stbak 表中作为历史记录。

解：创建触发器 trigcopy 的程序如下。

```
USE school
GO
IF OBJECT_ID('stbak','U') IS NOT NULL
    DROP TABLE stbak                                   --若存在 stbak 表，则删除
CREATE TABLE stbak                                     --创建 stbak 表
(   rq datetime,                                       --修改时间
    sno char(10),                                      --学号
    sname char(10),                                    --姓名
    ssex char(2),                                      --性别
    sbirthday datetime,                                --出生日期
    sclass char(10)                                    --班号
)
GO
CREATE TRIGGER trigcopy                                --创建触发器 trigcopy
    ON student AFTER UPDATE
AS
    --将当前日期和修改后的记录插入 stbak 表中
    INSERT INTO stbak(rq,sno,sname,ssex,sbirthday,sclass)
        SELECT getdate(),inserted.学号,inserted.姓名,
        inserted.性别,inserted.出生日期,inserted.班号
        FROM student,inserted
        WHERE student.学号 = inserted.学号
GO
```

执行以下程序。

```
USE school
GO
UPDATE student SET 班号 = '2001' WHERE 班号 = '1001'    --修改班号
GO
```

```
UPDATE student SET 班号 = '1001' WHERE 班号 = '2001'     --恢复班号
GO
```

上述程序两次修改 student 表中的班号，student 表中的记录恢复成修改前的状态，而 stbak 表中的记录如图 11.12 所示，从中可以看到每次修改 student 表时都将修改情况保存到 stbak 表中了。

	rq	sno	sname	ssex	sbirthday	sclass
1	2014-09-07 20:23:07.347	109	王芳	女	1992-02-10 00:00:00.000	2001
2	2014-09-07 20:23:07.347	105	匡明	男	1992-10-02 00:00:00.000	2001
3	2014-09-07 20:23:07.347	103	陆君	男	1991-06-03 00:00:00.000	2001
4	2014-09-07 20:23:07.450	109	王芳	女	1992-02-10 00:00:00.000	1001
5	2014-09-07 20:23:07.450	105	匡明	男	1992-10-02 00:00:00.000	1001
6	2014-09-07 20:23:07.450	103	陆君	男	1991-06-03 00:00:00.000	1001

图 11.12　stbak 表中数据

说明：本例完成后请禁用 trigcopy 触发器，以便不影响后面的实例。

3. 应用 DELETE 触发器

当触发 DELETE 触发器后，从受影响的表中删除的行将被放置到 deleted 表中。deleted 表保留已被删除数据行的副本。deleted 表还允许引用由初始化 DELETE 语句产生的日志数据。

使用 DELETE 触发器时需要注意，当某行被添加到 deleted 表中时，它就不再存在于数据库表中，因此，deleted 表和数据库表没有相同的行。

【例 11.11】 建立一个删除触发器 trigclass，防止用户删除表 student 中所有 1001 班的学生记录。

解：创建触发器 trigclass 的程序如下。

```
USE school
GO
CREATE TRIGGER trigclass                              --创建触发器 trigclass
ON student AFTER DELETE
AS
  IF EXISTS(SELECT * FROM deleted WHERE 班号 = '1001')
  BEGIN
    RAISERROR('不能删除 1001 班的学生记录',16,2)
    ROLLBACK
  END
GO
```

执行以下程序，出现如图 11.13 所示的提示消息，提示修改记录时出错。由于存在事务回滚，student 表中的数据保持不变。

```
USE school
GO
DELETE student WHERE 班号 = '1001'
GO
```

消息
消息 50000，级别 16，状态 2，过程 trigclass，第 6 行
不能删除1001班的学生记录
消息 3609，级别 16，状态 1，第 1 行
事务在触发器中结束。批处理已中止。

图 11.13　执行触发器 trigclass 时提示的消息

说明：本例完成后禁用 trigclass 触发器，以便不影响后面的实例。

【例 11.12】 建立一个触发器 trigcopy1，将 student 表中所有被删除记录的学号保存到 stbak 表中作为历史记录。

解：创建触发器 trigcopy1 的程序如下。

```
USE school
GO
IF OBJECT_ID('stbak','U') IS NOT NULL
    DROP TABLE stbak                              --若存在 stbak 表,则删除
CREATE TABLE stbak                                --创建 stbak 表
(   rq datetime,                                  --删除时间
    sno char(10),                                 --学号
    sname char(10),                               --姓名
    ssex char(2),                                 --性别
    sbirthday datetime,                           --出生日期
    sclass char(10)                               --班号
)
GO
CREATE TRIGGER trigcopy1                          --创建触发器 trigcopy1
    ON student AFTER DELETE
AS
    BEGIN
     --将当前日期和被删除的记录插入 stbak 表中
     INSERT INTO stbak(rq,sno,sname,ssex,sbirthday,sclass)
        SELECT getdate(),deleted.学号,deleted.姓名,
        deleted.性别,deleted.出生日期,deleted.班号
        FROM student,deleted
    END
GO
```

执行以下程序，删除 student 表中班号为 1003 的记录的同时，这些删除的记录将存放到 stbak 表中。

```
USE school
GO
DELETE student                                    --删除 1003 班的学生记录
WHERE 班号 = '1003'
GO
```

说明：本例完成后禁用 trigcopy1 触发器，以便不影响后面的实例，并恢复 student 表为原来的数据。

11.2.6 INSTEAD OF 触发器

INSTEAD OF 触发器用来代替通常的触发动作，即当对表进行 INSERT、UPDATE 或 DELETE 操作时，系统不是直接对表执行这些操作，而是把操作内容交给触发器，让触发器检查所进行的操作是否正确，如正确才进行相应的操作。

通俗地讲，对数据库的操作只是一个“导火线”而已，真正起作用的是 INSTEAD OF 触发器里面的动作。因此，INSTEAD OF 触发器的动作要早于表的约束处理，所以采用触发

器，能定义比完整性约束更加复杂的约束。

INSTEAD OF 触发器不仅可在表上定义，还可在带有一个或多个基表的视图上定义。每一个表上只能创建一个 INSTEAD OF 触发器，但可以创建多个 AFTER 触发器。

【例 11.13】 在 score 表上创建一个 INSTEAD OF INSERT 触发器 trigscore，当用户插入成绩记录时检查学号是否在 student 表中。

解：创建触发器 trigscore 的程序如下。

```
USE school
GO
CREATE TRIGGER trigscore ON score
INSTEAD OF INSERT
AS
    IF NOT EXISTS(SELECT * FROM student
      WHERE 学号 = (SELECT 学号 FROM inserted))
    BEGIN
      ROLLBACK TRANSACTION
      PRINT '要处理记录的学号不存在!'
    END
  ELSE
    BEGIN
      INSERT INTO score SELECT * FROM inserted
      PRINT '已经成功处理记录!'
    END
```

执行以下程序。

```
USE school
GO
INSERT score VALUES(205,'3-105',90)
GO
```

由于 student 表中不存在学号 205，所以出现如图 11.14 所示的结果。从结果可以看到，当向 score 表中插入记录时，自动执行 trigscore 触发器，用其中的 T-SQL 语句替代该插入语句，这样被插入的记录并没有实际插入 score 表中。

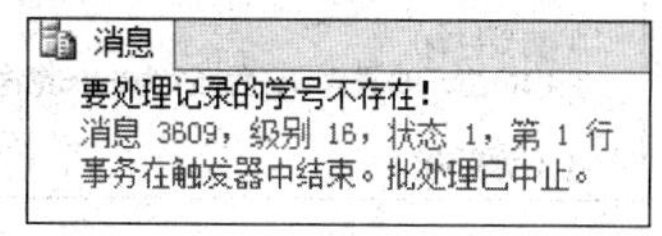

图 11.14 执行 trigscore 触发器时的消息

说明：*本例完成后禁用 trigscore 触发器，以便不影响后面的实例。*

【例 11.14】 在 score 表上创建一个 INSTEAD OF INSERT 触发器 trigscore1，当用户修改时，不允许修改学号，其他情况显示修改结果。

解：创建触发器 trigscore1 的程序如下。

```
USE school
GO
IF OBJECT_ID('trigscore1','TR') IS NOT NULL
   DROP TRIGGER trigscore1
GO
CREATE TRIGGER trigscore1 ON score
```

```
INSTEAD OF UPDATE
AS
BEGIN
  IF UPDATE(学号)
    BEGIN
      ROLLBACK TRANSACTION
      PRINT '不能修改学号!'
    END
  ELSE
    BEGIN
      DECLARE @xh char(3),@kch char(5),@kch1 char(5),
      @fs char(2),@fs1 char(2)
      SELECT @xh = 学号,@kch = 课程号,@fs = 分数 from deleted
      SELECT @kch1 = 课程号,@fs1 = 分数 from inserted
      UPDATE score
      SET 课程号 = @kch1,分数 = @fs1
      WHERE 学号 = @xh AND 课程号 = @kch
      PRINT '学生' + @xh + '由' + @kch + '课程' + @fs + '分数修改为' + @kch1
     + '课程' + @fs1 + '分数'
    END
END
```

执行以下程序。

```
USE school
GO
UPDATE score
SET 课程号 = '3 - 105',分数 = 85
WHERE 学号 = 101 AND 课程号 = '3 - 105'
GO
```

```
消息
(1 行受影响)
学生101由3-105课程64分数修改为3-105课程85分数

(1 行受影响)
```

图 11.15　执行 trigscore1 触发器时的消息

当执行 UPDATE 语句时，转向执行 trigscore1 触发器，获取修改前的数据，通过 UPDATE 命令做真正的修改，并显示修改结果，其显示的消息如图 11.15 所示。

说明：本例完成后禁用 trigscore1 触发器并恢复 score 表中的记录，以便不影响后面的实例。

【例 11.15】　在 test 数据库中建立 table21 和 table22 两个表，并插入若干记录。在 table21 表上创建一个 INSTEAD OF DELETE 触发器 trigdelete，当用户删除 table21 表中记录时，同时删除 table22 表中 c1 列相同的记录。

解：创建触发器 trigdelete 的程序如下。

```
USE test
GO
CREATE TABLE table21(c1 int,c2 char(5))            -- 建立 table21 表
CREATE TABLE table22(c1 int,c2 char(5))            -- 建立 table22 表
INSERT INTO table21 VALUES(1,'REC1')               -- 在 table21 表中插入两个记录
INSERT INTO table21 VALUES(2,'REC2')
INSERT INTO table22 VALUES(1,'REC3')               -- 在 table22 表中插入 3 个记录
```

```
INSERT INTO table22 VALUES(1,'REC4')
INSERT INTO table22 VALUES(2,'REC5')
GO
CREATE TRIGGER trigdelete ON table21                    -- 在 table21 表上建立 trigdelete 触发器
INSTEAD OF DELETE
AS
BEGIN
   DECLARE @no int
   SELECT @no = c1 FROM deleted
   DELETE table21 WHERE c1 = @no
   DELETE table22 WHERE c1 = @no
END
```

执行以下程序,会发现不仅删除了 table21 表中的一个记录,同时删除了 table22 表中的两个记录。

```
USE test
GO
DELETE table21 WHERE c1 = 1
GO
```

11.3 DDL 触发器

DML 触发器属表级触发器,而 DDL 触发器属数据库级触发器。像 DML 触发器一样,DDL 触发器也是被自动执行;但与 DML 触发器不同的是,它们不是响应表或视图的 INSERT、UPDATE 或 DELETE 等记录操作语句,而是响应数据定义语句(DDL)操作,这些语句以 CREATE、ALTER 和 DROP 开头。DDL 触发器可用于管理任务,例如审核和控制数据库操作。

DDL 触发器一般用于以下目的。

(1) 防止对数据库结构进行某些更改。

(2) 希望数据库中发生某种情况以响应数据库结构中的更改。

(3) 要记录数据库结构中的更改或事件。

仅在执行触发 DDL 触发器的 DDL 语句时,DDL 触发器才会激发。DDL 触发器无法作为 INSTEAD OF 触发器使用。

可以创建响应以下语句的 DDL 触发器。

(1) 一个或多个特定的 DDL 语句。

(2) 预定义的一组 DDL 语句。可以在执行属于一组预定义的相似事件的任何 T-SQL 事件后触发 DDL 触发器。例如,如果希望在执行 CREATE TABLE、ALTER TABLE 或 DROP TABLE 等 DDL 语句后触发 DDL 触发器,则可以在 CREATE TRIGGER 语句中指定 FOR DDL_TABLE_EVENTS。

(3) 选择触发 DDL 触发器的特定 DDL 语句。

并非所有 DDL 事件都可用于 DDL 触发器中,有些事件只适用于异步非事务语句。例如,CREATE DATABASE 事件不能用于 DDL 触发器中。

11.3.1 创建 DDL 触发器

使用 CREATE TRIGGER 语句创建 DDL 触发器的基本语法格式如下。

```
CREATE TRIGGER 触发器名称
  ON {ALL SERVER|DATABASE}
  {FOR|AFTER} {event_type|event_group}[,…n]
AS SQL 语句
```

其中，各参数说明如下。

(1) ALL SERVER：将 DDL 触发器的作用域应用于当前服务器。如果指定了此参数，则只要当前服务器中的任何位置出现 event_type 或 event_group 关键字，就会激发该触发器。

(2) event_type|event_group：T-SQL 语言事件的名称或事件组名称，事件执行后，将触发该 DDL 触发器。如 DROP_TABLE 为删除表事件，ALTER_TABLE 为修改表结构事件，CREATE_TABLE 为建表事件等。

说明：*DML 触发器是建立在某个表上，与该表相关联(创建的 T-SQL 语句中指定 ON 表名)；而 DDL 触发器是建立在数据库上，与该数据库相关联(创建的 T-SQL 语句中通常用 ON DATABASE 子句)。*

11.3.2 DDL 触发器的应用

在响应当前数据库或服务器中处理的 T-SQL 事件时，可以激发 DDL 触发器。触发器的作用域取决于事件。例如，每当数据库中发生 CREATE TABLE 事件时，都会触发为响应 CREATE TABLE 事件创建的 DDL 触发器；每当服务器中发生 CREATE LOGIN 事件时，都会触发为响应 CREATE LOGIN 事件创建的 DDL 触发器。

【例 11.16】 在 school 数据库上创建一个 DDL 触发器 safe，用来防止该数据库中的任一表被修改或删除。

解：创建 DDL 触发器 safe 的程序如下。

```
USE school
GO
CREATE TRIGGER safe                                    --创建触发器 safe
    ON DATABASE AFTER DROP_TABLE,ALTER_TABLE
AS
    BEGIN
        RAISERROR('不能修改表结构',16,2)
        ROLLBACK
    END
GO
```

执行以下程序，出现如图 11.16 所示的消息，提示修改 student 表结构时出错，而且 student 表结构保持不变。本例完成后请禁用 safe 触发器。

```
USE school
```

消息
消息 50000，级别 16，状态 2，过程 safe，第 5 行
不能修改表结构
消息 3609，级别 16，状态 2，第 1 行
事务在触发器中结束。批处理已中止。

图 11.16 执行触发器 safe 时提示的消息

```
GO
ALTER TABLE student ADD 民族 char(10)
GO
```

【例 11.17】 在 school 数据库上创建一个 DDL 触发器 creat,用来防止在该数据库中创建表。

解:创建 DDL 触发器 creat 的程序如下。

```
USE school
GO
CREATE TRIGGER creat                                    -- 创建触发器 creat
ON DATABASE AFTER CREATE_TABLE
AS
BEGIN
    RAISERROR('不能创建新表',16,2)
    ROLLBACK
END
GO
```

执行以下程序,出现如图 11.17 所示的消息,提示创建 student3 表时出错。

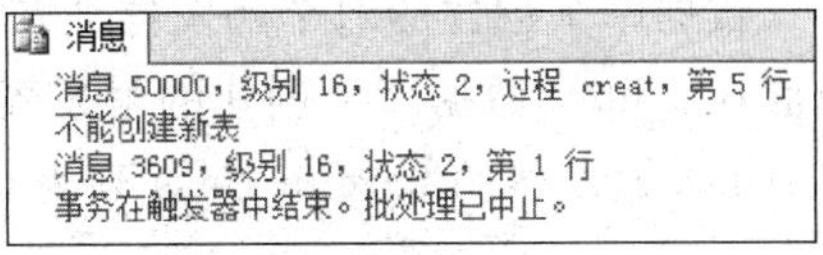

```
USE school
GO
CREATE TABLE student3
(   c1 int,
    c2 char(10)
)
GO
```

消息
消息 50000,级别 16,状态 2,过程 creat,第 5 行
不能创建新表
消息 3609,级别 16,状态 2,第 1 行
事务在触发器中结束。批处理已中止。

图 11.17 执行触发器 creat 时提示的消息

11.4 登录触发器

使用登录触发器可以审核和控制服务器会话,例如通过跟踪登录活动、限制 SQL Server 的登录名或限制特定登录名的会话数。

【例 11.18】 在 master 数据库上创建一个登录触发器 triglogin,用来防止建立新的登录账号。

解:创建登录触发器的程序如下。

```
USE master
GO
CREATE TRIGGER triglogin ON ALL SERVER
FOR CREATE_LOGIN
AS
    PRINT '不允许建立登录账号'
    ROLLBACK
GO
```

当使用以下命令建立登录账号 abc 时,会出现如图 11.18 所示的提示消息。

```
USE master
GO
CREATE LOGIN abc WITH PASSWORD = '123456'
GO
```

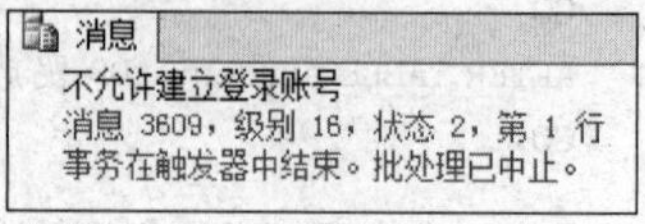

消息
不允许建立登录账号
消息 3609，级别 16，状态 2，第 1 行
事务在触发器中结束。批处理已中止。

图 11.18 执行触发器 triglogin 时提示的消息

说明：本例完成后请使用 DISABLE TRIGGER triglogin ON ALL SERVER 命令禁用 triglogin 触发器，以便不影响后面的实例。

11.5 触发器的管理

触发器的管理包括查看、修改、删除触发器以及启用或禁用触发器等，这里介绍触发器的查看和修改。

11.5.1 查看触发器

数据库中创建的每个触发器会在 sys.triggers 表中对应一个记录，例如，为了显示本章前面在 school 数据库上创建的触发器，可以使用以下程序，其执行结果如图 11.19 所示，其中，DDL 触发器的 parent_class 列为 0。

```
USE school
GO
SELECT * FROM sys.triggers
```

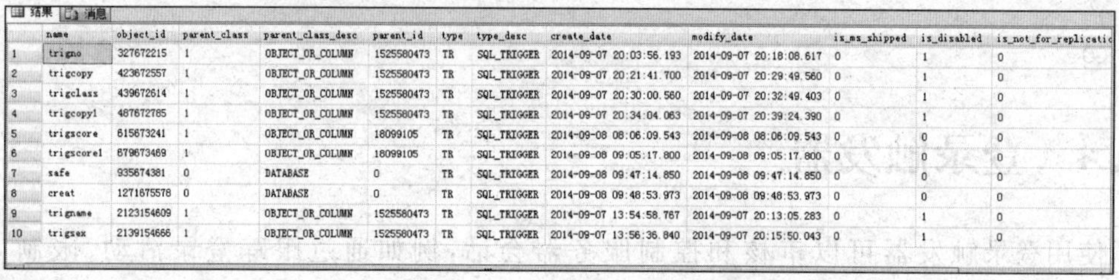

结果 消息

	name	object_id	parent_class	parent_class_desc	parent_id	type	type_desc	create_date	modify_date	is_ms_shipped	is_disabled	is_not_for_replicatic
1	trigno	327672215	1	OBJECT_OR_COLUMN	1525580473	TR	SQL_TRIGGER	2014-09-07 20:03:56.193	2014-09-07 20:18:08.617	0	1	0
2	trigcopy	423672557	1	OBJECT_OR_COLUMN	1525580473	TR	SQL_TRIGGER	2014-09-07 20:21:41.700	2014-09-07 20:29:49.560	0	1	0
3	trigclass	439672614	1	OBJECT_OR_COLUMN	1525580473	TR	SQL_TRIGGER	2014-09-07 20:30:00.560	2014-09-07 20:32:49.403	0	1	0
4	trigcopy1	487672785	1	OBJECT_OR_COLUMN	1525580473	TR	SQL_TRIGGER	2014-09-07 20:34:04.063	2014-09-07 20:39:24.390	0	1	0
5	trigscore	615673241	1	OBJECT_OR_COLUMN	18099105	TR	SQL_TRIGGER	2014-09-08 08:06:09.543	2014-09-08 08:06:09.543	0	0	0
6	trigscore1	679673469	1	OBJECT_OR_COLUMN	18099105	TR	SQL_TRIGGER	2014-09-08 09:05:17.800	2014-09-08 09:05:17.800	0	0	0
7	safe	935674381	0	DATABASE	0	TR	SQL_TRIGGER	2014-09-08 09:47:14.850	2014-09-08 09:47:14.850	0	0	0
8	creat	1271675578	0	DATABASE	0	TR	SQL_TRIGGER	2014-09-08 09:48:53.973	2014-09-08 09:48:53.973	0	0	0
9	trigname	2123154609	1	OBJECT_OR_COLUMN	1525580473	TR	SQL_TRIGGER	2014-09-07 13:54:58.767	2014-09-07 20:13:05.283	0	1	0
10	trigsex	2139154666	1	OBJECT_OR_COLUMN	1525580473	TR	SQL_TRIGGER	2014-09-07 13:56:36.840	2014-09-07 20:15:50.043	0	1	0

图 11.19 school 数据库中的所有触发器

如果要显示作用于表(或数据库)上的触发器究竟对表(或数据库)有哪些操作，必须查看触发器信息。查看触发器信息的方法主要是使用 SQL Server 管理控制器和相关的系统存储过程。

1. 使用 SQL Server 管理控制台查看触发器

下面通过一个简单的示例说明使用 SQL Server 管理控制器查看触发器的操作步骤。

【例 11.19】 使用 SQL Server 管理控制器查看 student 表上的触发器 trigop(在例 11.1 中创建)。

解：其操作步骤如下。

① 启动 SQL Server 管理控制器，在“对象资源管理器”窗口中展开 LCB-PC 服务器结点。

② 展开“数据库|school|表|student|触发器|trigno”结点，右击结点，在出现的快捷菜单中选择“编写触发器脚本为|CREATE 到|新查询编辑器窗口”命令。

③ 出现如图 11.20 所示的 trigno 触发器编辑窗口，用户可以在其中查看 trigno 触发器的源代码。

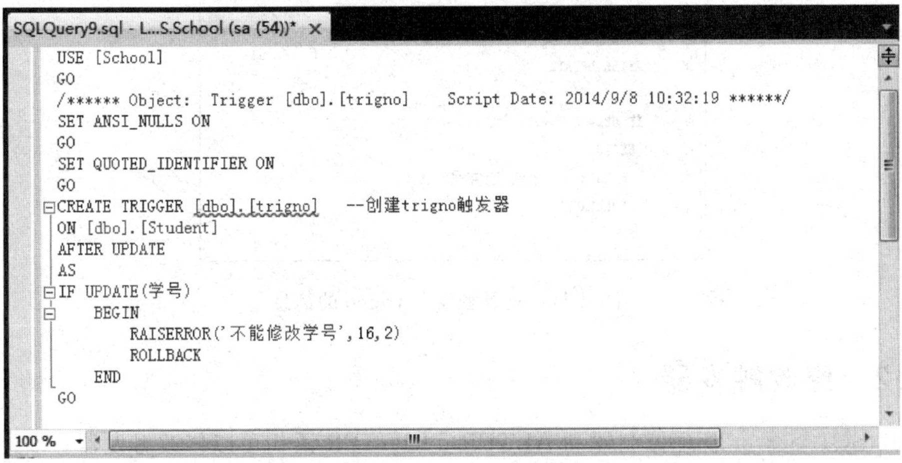

```
SQLQuery9.sql - L...S.School (sa (54))*
USE [School]
GO
/****** Object:  Trigger [dbo].[trigno]    Script Date: 2014/9/8 10:32:19 ******/
SET ANSI_NULLS ON
GO
SET QUOTED_IDENTIFIER ON
GO
CREATE TRIGGER [dbo].[trigno]    --创建trigno触发器
ON [dbo].[Student]
AFTER UPDATE
AS
IF UPDATE(学号)
    BEGIN
        RAISERROR('不能修改学号',16,2)
        ROLLBACK
    END
GO
100 %
```

图 11.20 trigno 触发器编辑窗口

2. 使用系统存储过程查看触发器

系统存储过程 sp_help、sp_helptext 和 sp_depends 分别提供了有关触发器的不同信息(这些系统存储过程仅适用于 DML 触发器)。

1) sp_help

用于查看触发器的一般信息，如触发器的名称、属性、类型和创建时间，使用语法格式如下。

```
EXEC sp_help '触发器名称'
```

2) sp_helptext

用于查看触发器的正文信息，使用语法格式如下。

```
EXEC sp_helptext '触发器名称'
```

3) sp_depends

用于查看指定触发器所引用的表或者指定的表涉及的所有触发器，使用语法格式如下。

```
EXEC sp_depends '触发器名称'
```

【例 11.20】 编程使用系统存储过程查看 student 表上触发器 trigno 的相关信息。

解： 使用的程序如下。

```
USE school
GO
EXEC sp_help 'trigno'
EXEC sp_helptext 'trigno'
```

其结果如图 11.21 所示，上下两部分分别对应两次系统存储过程调用的结果。

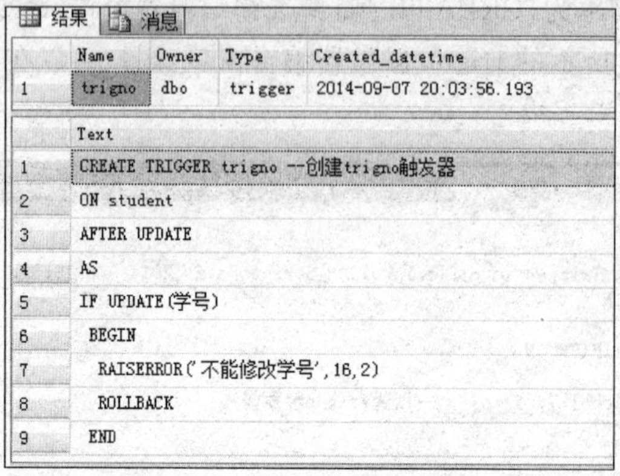

	Name	Owner	Type	Created_datetime
1	trigno	dbo	trigger	2014-09-07 20:03:56.193

	Text
1	CREATE TRIGGER trigno --创建trigno触发器
2	ON student
3	AFTER UPDATE
4	AS
5	IF UPDATE(学号)
6	BEGIN
7	RAISERROR('不能修改学号',16,2)
8	ROLLBACK
9	END

图 11.21　查看触发器 trigno 的信息

11.5.2　修改触发器

使用 SQL Server 管理控制器和 ALTER TRIGGER 语句可以修改触发器。

1. 使用 SQL Server 管理控制器修改触发器

下面通过一个简单的示例说明使用 SQL Server 管理控制器修改触发器的操作步骤。

【例 11.21】 使用 SQL Server 管理控制器修改 student 表上的触发器 trigno。

解：其操作步骤如下。

① 启动 SQL Server 管理控制器。

② 在“对象资源管理器”窗口中展开 LCB-PC 服务器结点。

③ 展开“数据库|school|表|student|触发器|trigno”结点，右击结点，在出现的快捷菜单中选择“修改”命令。

④ 出现如图 11.22 所示的 trigno 触发器编辑窗口，用户可以在其中直接修改 trigno 触发器。

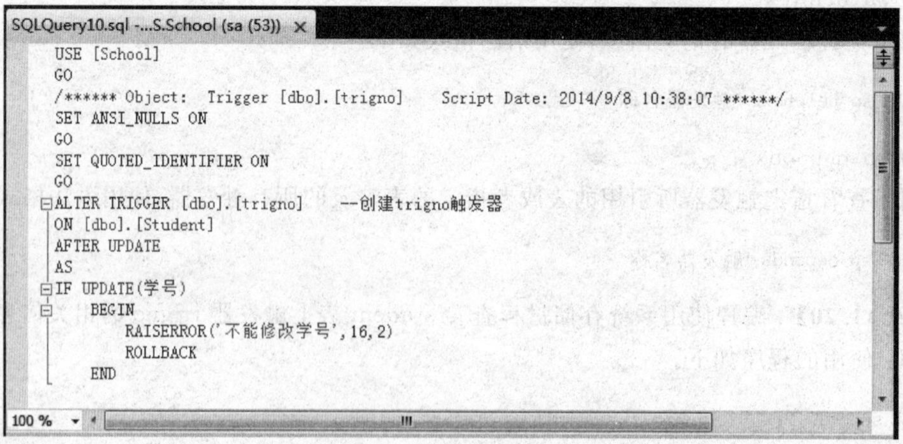

```
USE [School]
GO
/****** Object:  Trigger [dbo].[trigno]    Script Date: 2014/9/8 10:38:07 ******/
SET ANSI_NULLS ON
GO
SET QUOTED_IDENTIFIER ON
GO
ALTER TRIGGER [dbo].[trigno]    --创建trigno触发器
ON [dbo].[Student]
AFTER UPDATE
AS
IF UPDATE(学号)
    BEGIN
        RAISERROR('不能修改学号',16,2)
        ROLLBACK
    END
```

图 11.22　trigno 触发器编辑窗口

说明：使用 SQL Server 管理控制器只能修改 DML 触发器，DDL 触发器和登录触发器不支持这样的修改操作。

2. 使用 ALTER TRIGGER 语句修改触发器

修改触发器可以使用 ALTER TRIGGER 语句，其语法格式如下。

```
ALTER TRIGGER 触发器名称 ON( 表名 | 视图名 )
[ WITH ENCRYPTION ]
{
  { (FOR | AFTER | INSTEAD OF) {[DELETE] [,] [INSERT] [,] [UPDATE] }
        [NOT FOR REPLICATION]
        AS
        SQL 语句 [ … n]
  }
  |   { (FOR | AFTER | INSTEAD OF) { [INSERT] [,] [UPDATE] }
        [NOT FOR REPLICATION]
        AS
        {IF UPDATE(列)
        [ { AND | OR } UPDATE (列) ] [ … n]
         SQL 语句 [ … n]
     }
}
```

各参数含义和 CREATE TRIGGER 语句相同，这里不再介绍。

练习题 11

(1) 什么是触发器？其主要作用是什么？

(2) 叙述触发器和存储过程的差别。

(3) 触发器分为哪几种？

(4) DML 触发器有 AFTER 和 INSTEAD OF 两种类型，它们的主要区别是什么？

(5) INSERT、UPDATE 和 DELETE 触发器执行时对 inserted 表和 deleted 表的操作有什么不同？

(6) 创建 DML 触发器时需指定哪些项？

(7) 在 school 数据库的 score 表上创建一个 INSERT 触发器 extrig1，规定插入记录的课程号只能来自 course 表。

(8) 在 school 数据库的 score 表上创建一个 UPDATE 触发器 extrig2，规定修改记录的新课程号只能来自 course 表。

(9) 在 school 数据库的 score 表上创建一个 UPDATE 触发器 extrig3，规定修改记录的新分数只能在 1～100 范围内。

(10) 在 school 数据库的 teacher 表上创建一个 DELETE 触发器 extrig4，规定不能删除任课教师的记录。

上机实验题 10

在上机实验题 9 的 factory 数据库基础上，使用 T-SQL 语句完成如下各小题的功能。

(1) 在 depart 表上创建一个触发器 depart_update，当更改部门号时同步更改 worker

表中对应的部门号。

(2) 在 worker 表上创建一个触发器 worker_delete，当删除职工记录时同步删除 salary 表中对应职工的工资记录。

(3) 删除触发器 depart_update。

(4) 删除触发器 worker_delete。

CHAPTER 12

第12章 SQL Server的安全管理

数据的安全性是指保护数据以防止因不合法的使用而造成数据的泄密和破坏，这需要采取一定的安全保护措施。数据库管理系统中用检查口令等手段来检查用户身份，合法的用户才能进入数据库系统，当用户对数据库执行操作时，系统自动检查用户是否有权限执行这些操作。本章主要介绍SQL Server的身份验证模式及其设置、登录账号和用户账号的设置、角色的创建以及权限设置等。

12.1 SQL Server安全体系结构

绝大多数数据库管理系统都还是运行在某一特定操作系统平台下的应用程序，SQL Server也不例外。SQL Server的整个安全体系结构从顺序上可以分为认证和授权两个部分，其安全机制可以分为如下所述5个层级。

(1) 客户机安全机制。

(2) 网络传输的安全机制。

(3) 实例级别安全机制。

(4) 数据库级别安全机制。

(5) 对象级别安全机制。

这些层级由高到低，所有层级之间相互联系。每个安全等级都好像一道门，如果门没有上锁，或者用户拥有开门的钥匙，则用户可以通过这道门到达下一个安全等级。如果通过了所有门，用户就可以实现对数据的访问了，其关系可以用图12.1来描述。

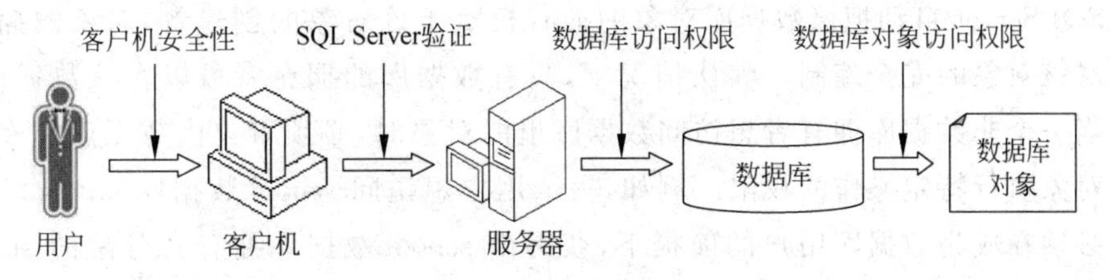

图12.1 SQL Server的安全等级

1. 客户机安全性

SQL Server 数据库管理系统需要运行在某一特定的操作系统平台下，客户机操作系统的安全性直接影响到其安全性。在用户用客户机通过网络访问 SQL Server 服务器时，用户首先要获得客户机操作系统的使用权限。保护操作系统的安全性是操作系统管理员或网络管理员的任务。

2. 网络传输的安全性

SQL Server 对关键数据进行了加密，即使攻击者通过了防火墙和服务器上的操作系统到达了数据库，还要对数据进行破解。SQL Server 有如下所述两种对数据加密的方式。

(1) 数据加密：数据加密执行所有数据库级别的加密操作，消除了应用程序开发人员创建定制的代码来加密和解密数据的过程，数据在写到磁盘时进行加密，从磁盘读的时候进行解密。使用 SQL Server 来管理加密和解密，可以保护数据库中的业务数据，而不必对现有的应用程序做任何更改。

(2) 备份加密：对备份进行加密可以防止数据泄露和被篡改。

3. 实例级别安全性

实例级别安全性也就是 SQL Server 服务器的安全性，SQL Server 的服务器通过有效地管理身份验证和授权以及仅向有需求的用户提供访问权限来控制数据的访问权。管理和设计合理的登录方式是数据库管理员(DBA)的重要任务，是 SQL Server 安全体系中的 DBA 可以发挥主动性的第一道防线。

4. 数据库安全性

在用户通过 SQL Server 服务器的安全性检验以后，将直接面对不同的数据库入口，这是用户将接受的第三次安全性检验。在建立用户的登录账号信息时，SQL Server 会提示用户选择默认的数据库。以后用户每次连接上服务器后，都会自动转到默认的数据库上。对任何用户来说，master 数据库的门总是打开的，如果在设置登录账号时没有指定默认的数据库，则用户的权限将局限在 master 数据库以内。

用户的登录信息(用户名和密码)不会存储在 master 数据库中，而是直接存储在用户数据库中。这是非常安全的，因为用户只需在用户数据库中进行 DML 操作，而无须进行数据库实例级别的操作。

5. 数据库对象安全性

数据库对象安全性是核查用户权限的最后一个安全等级。在创建数据库对象时，SQLServer 自动把该数据库对象的拥有权赋予该对象的创建者，对象的拥有者可以实现对该对象的完全控制。默认情况下，只有数据库的拥有者可以在该数据库下进行操作，当一个非数据库拥有者想访问数据库里的对象时，必须事先由数据库拥有者赋予对指定对象执行特定操作的权限。例如，一个用户想访问 school 数据库 student 表中的信息，则必须在成为数据库用户的前提下，获得由 school 数据库拥有者分配的 student 表的访问权限。

12.2　SQL Server 的身份验证模式和设置

12.2.1　SQL Server 的身份验证模式

用户连接到 SQL Server 账户称为 SQL Server 登录。为了实现 SQL Server 服务器的安全性，SQL Server 会对用户的登录访问进行如下所述两个阶段的检验。

(1) 身份验证阶段(Authentication)：用户在 SQL Server 上获得对任何数据库的访问权限之前，必须登录到 SQL Server 上，并且被认为是合法的。SQL Server 或者 Windows 对用户进行身份验证，如果身份验证通过，用户就可以连接到 SQL Server 上；否则，服务器将拒绝用户登录，从而保证系统安全。

(2) 许可确认阶段(Permission Validation)：用户身份验证通过后，登录到 SQL Server 上，系统会检查用户是否有访问服务器数据的权限。

在安装过程中，必须为数据库引擎选择身份验证模式。可供选择的模式有 Windows 身份验证模式和混合模式(Windows 身份验证或 SQL Server 身份验证)两种。Windows 身份验证模式会启用 Windows 身份验证，禁用 SQL Server 身份验证。混合模式会同时启用 Windows 身份验证和 SQL Server 身份验证。Windows 身份验证始终可用，并且无法禁用。

SQL Server 系统身份验证过程如图 12.2 所示。

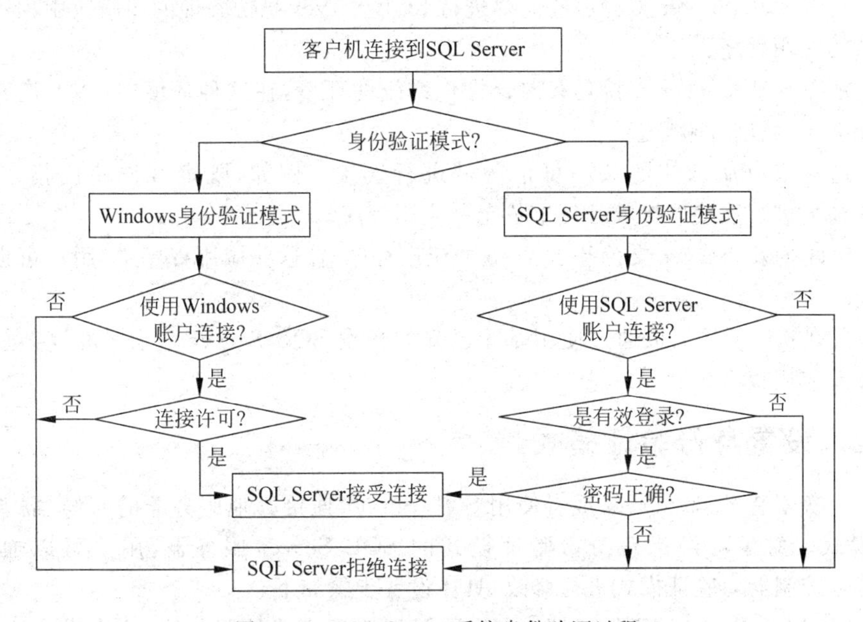

图 12.2　SQL Server 系统身份验证过程

1. 通过 Windows 身份验证进行连接

当用户通过 Windows 用户账户连接时，SQL Server 使用操作系统中的 Windows 主体标记验证账户名和密码。也就是说，用户身份由 Windows 进行确认，SQL Server 不要求提供密码，也不执行身份验证。Windows 身份验证是默认身份验证模式，并且比 SQL Server 身份验证更为安全，它使用 Kerberos 安全协议(一种网络身份验证协议)，提供有关强密码复杂性验证的密码策略强制，还提供账户锁定支持，并且支持密码过期。通过 Windows 身份验证完成的连接有时也称为可信连接，这是因为 SQL Server 信任由 Windows 提供的凭据。

在 Windows 身份验证模式中，每个客户机/服务器连接开始时都会进行身份验证。客户机和服务器依次执行一系列操作，这些操作用于向连接每一端的一方确认另一端的一方是真实的。如果身份验证成功，则会话设置完成，从而建立一个安全的客户机/服务器会话。

2. 通过 SQL Server 身份验证进行连接

当使用 SQL Server 身份验证时，在 SQL Server 中创建的登录名并不基于 Windows 用户账户，用户名和密码均使用 SQL Server 创建并存储在 SQL Server 中。通过 SQL Server 身份验证进行连接的用户每次连接时必须提供其凭据（登录名和密码）。当使用 SQL Server 身份验证时，必须为所有 SQL Server 账户设置强密码。

SQL Server 身份验证的缺点如下。

(1) 如果用户是具有 Windows 登录名和密码的 Windows 域用户，则还必须提供另一个用于连接的(SQL Server)登录名和密码。

(2) SQL Server 身份验证无法使用 Kerberos 安全协议。

(3) SQL Server 登录名不能使用 Windows 提供的其他密码策略。

SQL Server 身份验证的优点如下。

(1) 允许 SQL Server 支持那些需要进行 SQL Server 身份验证的旧版应用程序和由第三方提供的应用程序。

(2) 允许 SQL Server 支持具有混合操作系统的环境，在这种环境中，并不是所有用户均由 Windows 域进行验证。

(3) 允许用户从未知的或不可信的域进行连接。例如，既定客户使用指定的 SQL Server 登录名进行连接以接收其订单状态的应用程序。

(4) 允许 SQL Server 支持基于 Web 的应用程序，在这些应用程序中，用户可创建自己的标识。

(5) 允许软件开发人员通过使用基于已知的预设 SQL Server 登录名的复杂权限层次结构来分发应用程序。

12.2.2 设置身份验证模式

在第一次安装 SQL Server 或者使用 SQL Server 连接其他服务器的时候，需要指定身份验证模式。对于已经指定身份验证模式的 SQL Server 服务器，用户可以通过 SQL Server 管理控制器对验证模式进行修改，具体设置步骤如下。

① 启动 SQL Server 管理控制器，右击要设置验证模式的服务器（这里为本地的 LCB-PC 服务器），从出现的快捷菜单中选择“属性”命令，如图 12.3 所示。

② 出现“服务器属性”对话框，在左边的“选项页”栏中选择“安全性”选项，如图 12.4 所示；在右侧的“服务器身份验证”栏中可以重新选择身份验证模式，同时在“登录审核”栏中还可以选择跟踪记录用户登录时的哪种信息，例如选中“仅限成功的登录”单选按钮表示记录所有成功登录。这里保持默认设置。

③ 单击“确定”按钮即可完成修改。

图 12.3　选择"属性"命令

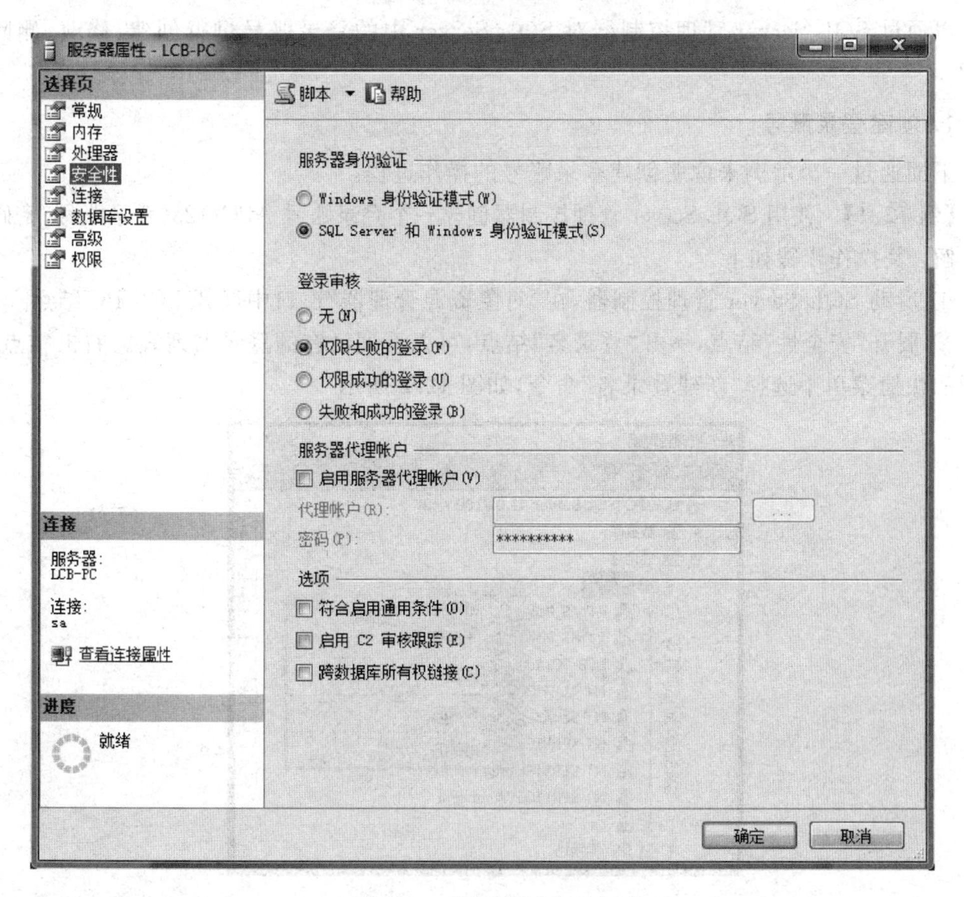

图 12.4　"安全性"选项卡

注意：修改身份验证模式后，必须首先停止 SQL Server 服务，然后重新启动 SQL Server 才能使新的设置生效。

12.3 SQL Server 账号管理

在 SQL Server 中有两种类型的账户，一类是登录服务器的登录账号（即服务器登录账号或用户登录账号，也就是登录名）；另一类是使用数据库的用户账号（即数据库用户账号或用户账号，也就是用户名）。登录账号是指能登录到 SQL Server 的有效账号，属于服务器的层面，本身并不能让用户访问服务器中的数据库；登录者要使用服务器中的数据库，必须要有用户账号才能存取数据库。

注意：读者务必弄清楚登录账号和用户账号之间的差别。可以这样想象，假设 SQL Server 是一个包含许多房间的大楼，每一个房间代表一个数据库，房间里的资料可以表示数据库对象，则登录名就相当于进入大楼的钥匙，而用户名就是每个房间的钥匙。房间中的资料是根据用户名的不同而有不同权限的。

12.3.1 SQL Server 服务器登录账号管理

不管使用哪种身份验证模式，用户都必须先具备有效的用户登录账号（登录名）。管理员可以通过 SQL Server 管理控制器对 SQL Server 中的登录账号进行创建、修改、删除等管理。

1. 创建登录账号

下面通过一个示例来说明创建登录账号的操作过程。

【例 12.1】 使用 SQL Server 管理控制器创建一个登录账号 ABC/123（登录账号/密码）。

解：其操作步骤如下。

① 启动 SQL Server 管理控制器，在“对象资源管理器”窗口中展开 LCB-PC 结点。

② 展开“安全性”结点，展开“登录名”结点，可以看到已有的登录名列表。右击结点，在出现的快捷菜单中选择“新建登录名”命令，如图 12.5 所示。

图 12.5 选择“新建登录名”命令

③ 出现"登录名-新建"对话框,左侧窗格中的"选项页"栏中包括 5 个选项。"常规"选项卡如图 12.6 所示,其中各项的功能说明如下。

- "登录名"文本框：用于输入登录名。这里输入所创建登录名 ABC。
- 身份验证区：用于选择身份验证信息。这里选中"SQL Server 身份验证"模式,在"密码"与"确认密码"文本框中输入登录时采用的密码,这里均输入 123；其他保持默认设置。
- "强制实施密码策略"复选框：如果勾选它,表示按照一定的密码策略来检验设置的密码；如果不勾选它,则设置的密码可以为任意位数。该选项可以确保密码达到一定的复杂性。
- "强制密码过期"复选框：若勾选了"强制实施密码策略"复选框,就可以勾选该复选框使用密码过期策略来检验密码。
- "用户在下次登录时必须更改密码"复选框：若勾选了"强制实施密码策略"复选框,就可以勾选该复选框,表示每次使用该登录名都必须更改密码。
- "默认数据库"下拉列表：用于选择默认工作数据库。
- "默认语言"下拉列表：用于选择默认工作语言。

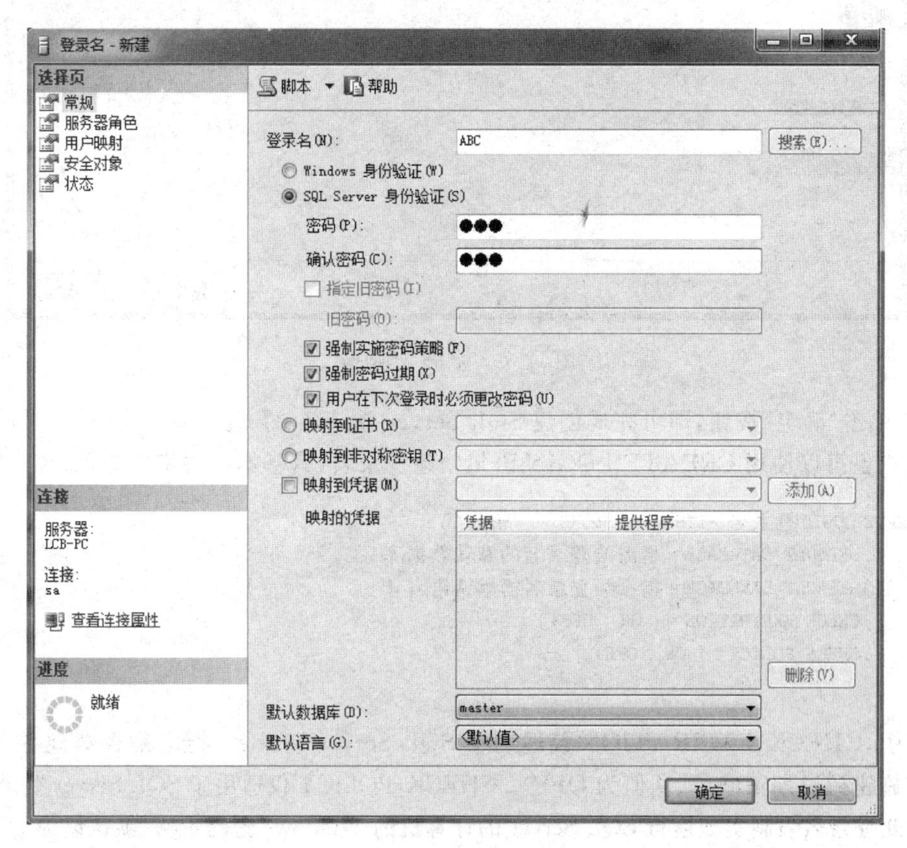

图 12.6　"常规"选项卡

有关"登录名-新建"对话框中的"服务器角色"、"用户映射"和"安全对象"选项卡的设置将在后面介绍。

④ 切换到“状态”选项卡，如图 12.7 所示，在其中设置是否允许登录名连接到数据库引擎以及是否启用等。这里保留所有默认设置不变。

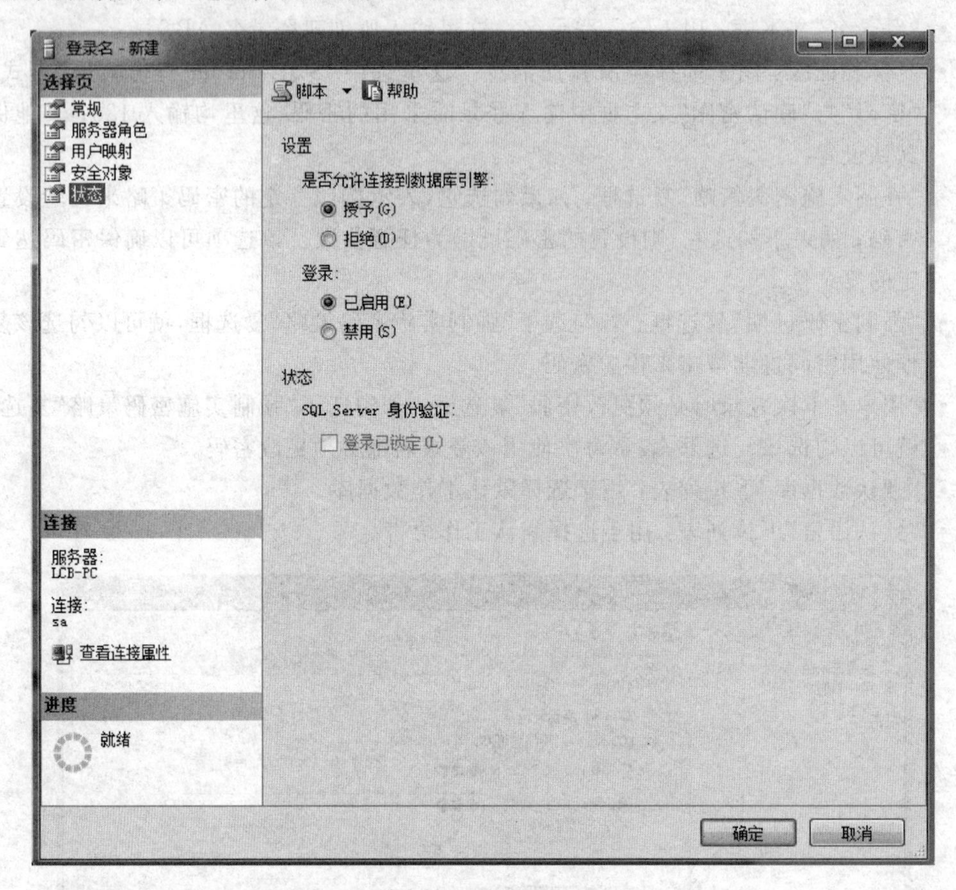

图 12.7 “状态”选项卡

⑤ 单击“确定”按钮，即可完成创建 SQL Server 登录名 ABC。

用户也可以使用 CREATE LOGIN 语句创建登录名，其基本语法格式如下。

```
CREATE LOGIN 登录名 WITH [ PASSWORD = '密码' ]
    [,DEFAULT_DATABASE = 指派给登录名的默认数据库 ]
    [,DEFAULT_LANGUAGE = 指派给登录名的默认语言 ]
    [,CHECK_EXPIRATION = { ON | OFF}]
    [,CHECK_POLICY = { ON | OFF} ]
}
```

其中，CHECK_EXPIRATION 仅适用于 SQL Server 登录名，指定是否对此登录账户强制实施密码过期策略(默认值为 OFF)；CHECK_POLICY 仅适用于 SQL Server 登录名，指定应对此登录名强制实施运行 SQL Server 的计算机的 Windows 密码策略(默认值为 ON)。

例如，例 12.1 操作对应的命令如下。

```
CREATE LOGIN ABC WITH PASSWORD = '123', DEFAULT_DATABASE = master,
    DEFAULT_LANGUAGE = [简体中文],CHECK_EXPIRATION = OFF, CHECK_POLICY = ON
GO
```

创建了 ABC 登录名后，在已有的登录名列表中会看到 ABC，用户就可以通过登录名 ABC 登录到 SQL Server（对新建的登录名进行验证），不过登录的服务器仍然是本地 SQL Server 服务器 LCB-PC。

2. 修改和删除登录名

1）修改登录名

使用 SQL Server 管理控制器可以修改登录名，例如用 sa 登录账号启动 SQL Server 管理控制器，在“对象资源管理器”窗口中展开 LCB-PC 结点，展开“安全性|登录名|ABC”结点，右击结点，在出现的快捷菜单中选择“属性”命令，在出现的“登录名-属性”对话框中即可进行相应的修改。

使用 ALTER LOGIN 语句也可以创建登录名，其基本语法格式如下。

```
ALTER LOGIN 登录名 WITH [ PASSWORD = '密码']
    [, DEFAULT_DATABASE = 将指派给登录名的默认数据库 ]
    [, DEFAULT_LANGUAGE = 指派给登录名的默认语言 ]
    [, NAME = 登录的新名称 ]
```

例如将登录名 ABC/123 改为 ABC1/12345，程序如下。

```
ALTER LOGIN ABC WITH NAME = ABC1
ALTER LOGIN ABC1 WITH PASSWORD = '12345'
GO
```

注意：*修改登录名后，只有在重新启动 SQLServer 后才能使新的设置生效。*

2）删除登录名

删除一个登录名十分简单，例如用 sa 登录账号启动 SQL Server 管理控制器，在“对象资源管理器”窗口中展开 LCB-PC 结点，展开“安全性|登录名|ABC”结点，右击结点，在出现的快捷菜单中选择“删除”命令即可将 sa 登录名删除。

也可以使用 DROP LOGIN 语句删除登录名，其基本语法格式如下。

```
DROP LOGIN 登录名
```

例如删除登录名 ABC，程序如下。

```
DROP LOGIN ABC
GO
```

不能删除正在登录的登录名，也不能删除拥有任何安全对象、服务器级对象或 SQL Server 代理作业的登录名。

说明：*后面示例需使用 ABC 登录名，这里保留 ABC 登录名，并不真正删除它。*

12.3.2　SQL Server 数据库用户账号管理

在数据库中，一个用户或工作组取得合法的登录账号，只表明该登录账号通过了 Windows 认证或者 SQL Server 认证，能够登录（或连接）到 SQL Server 服务器，但不表明可以对数据库和数据库对象进行某些操作。只有当他同时拥有了用户账号后，才能够访问数据库。

在一个数据库中，用户账号唯一标识一个用户，用户对数据库的访问权限以及对数据库对象的所有关系都是通过用户账号来控制的。用户账号总是基于数据库，即两个不同的数据库可以有两个相同的用户账号，并且一个登录账号也总是与一个或多个数据库用户账号相对应。

例如，图 12.8 所示有 4 个不同的登录账号有权登录到 SQL Server 数据库（分别为 user1、user2、user3 和 user4），但在第一个数据库中的系统用户表中只有两个用户账号（user1 和 user3），在第二个数据库中的系统用户表中只有 3 个用户账号（user1、user2 和 user3），在第三个数据库中的系统用户表中只有两个用户账号（user1 和 user4），若以 user1 登录账号登录到 SQL Server，可以访问这 3 个数据库，若以 user2 登录账号登录到 SQL Server，则只能访问第二个数据库。

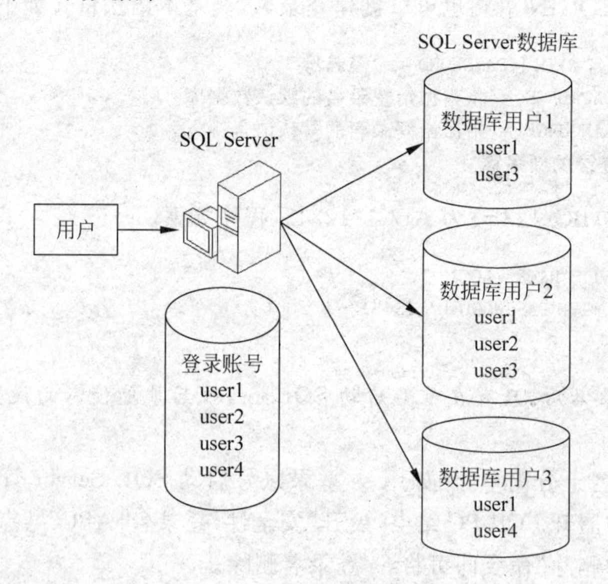

图 12.8　SQL Server 登录账号和数据库用户账号对应示例

注意：在图 12.8 中，登录账号和用户账号名称相同（这是一种典型的情况），实际上，登录账号和用户账号可以不同名，而且一个登录账号可以关联多个用户账号。

DBA 可以通过 SQL Server 管理控制器对 SQL Server 中的用户账号进行创建、修改、删除等管理。

1. 创建用户账号

下面通过一个示例来说明创建用户账号的操作过程。

【例 12.2】 使用 SQL Server 管理控制器创建 school 数据库的一个用户账号 dbuser1。

解：其操作步骤如下。

① 用 sa 登录账号启动 SQL Server 管理控制器，在“对象资源管理器”窗口中展开 LCB-PC 服务器结点。

② 展开“数据库|school|安全性|用户”结点，右击该结点，在出现的快捷菜单中选择“新建用户”命令。

③ 出现“数据库用户-新建”对话框，其中左侧窗格包含有 5 个选项，“常规”选项卡如图 12.9 所示，其中各项的功能说明如下。

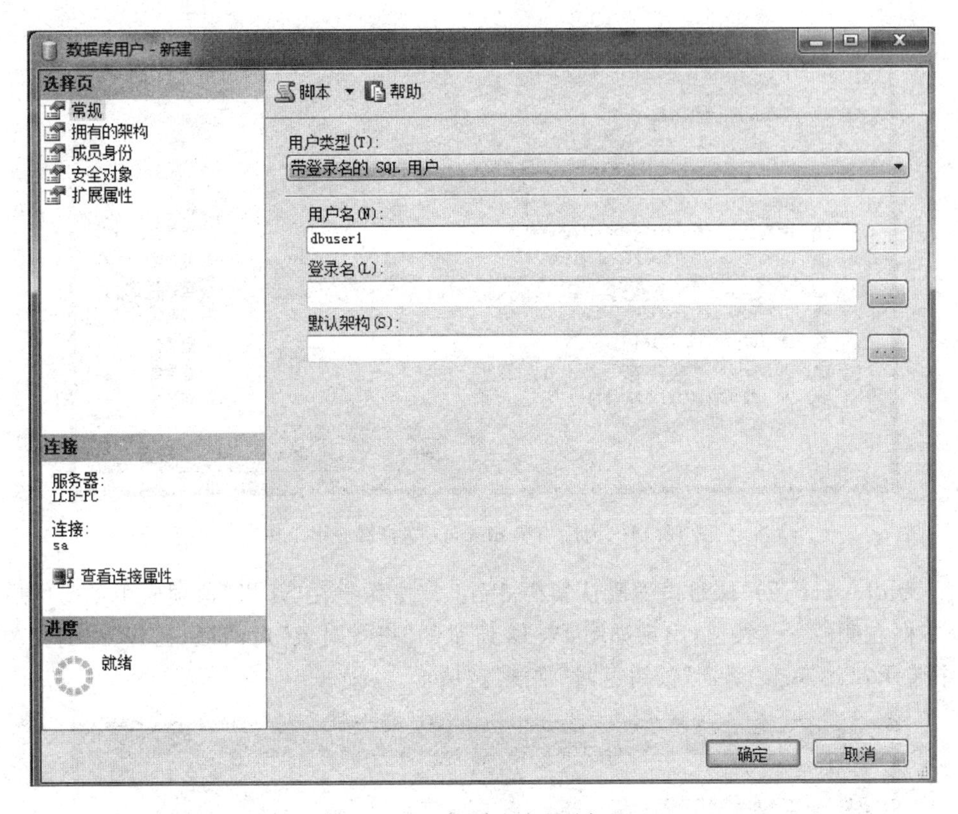

图 12.9 “常规”选项卡

- “用户名”文本框：用于输入用户名。这里输入用户账号名 dbuser1。
- “登录名”文本框：通过单击其后的“…”按钮选择某个已经创建好的登录名。
- “默认架构”文本框：用于设置该数据库的默认架构。

④ 为 dbuser1 用户账号设置登录账号 ABC。其操作是单击“登录名”文本框右侧的“…”按钮，出现如图 12.10 所示的“选择登录名”对话框，单击“浏览”按钮，出现如图 12.11 所示的“查找对象”对话框，在“匹配的对象”列表框中选择 ABC，单击两次“确定”按钮返回“常规”选项卡。

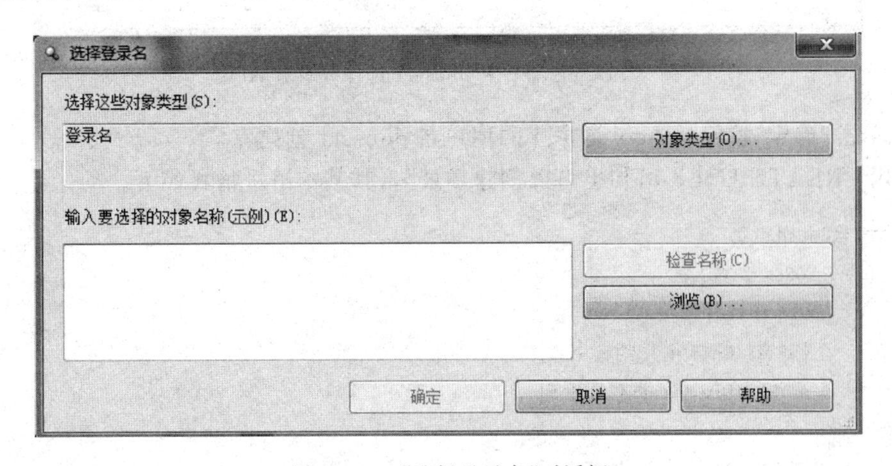

图 12.10 “选择登录名”对话框

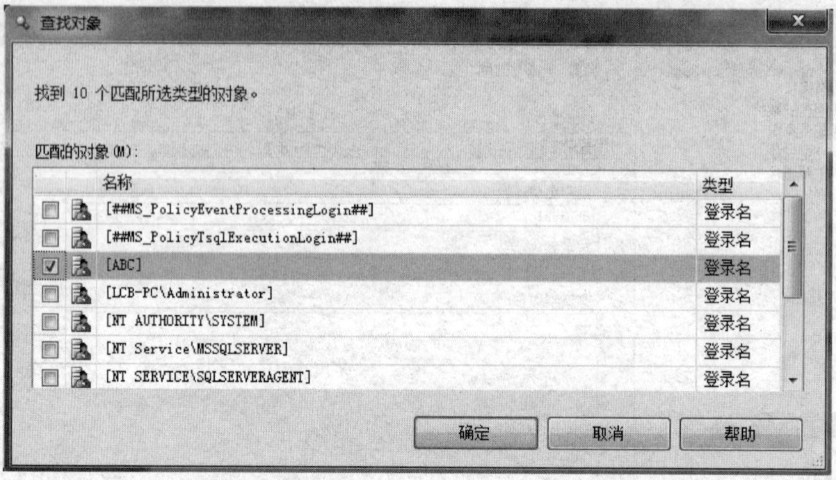

图 12.11　为用户名 dbuser1 选择登录名 ABC

⑤ 为 dbuser1 用户账号设置默认架构 dbo。其操作是在“常规”选项卡中单击“默认架构”文本框右侧的“…”按钮，出现如图 12.12 所示的“查找对象”对话框，在“匹配的对象”列表框中选择 dbo，单击“确定”按钮返回“常规”选项卡。

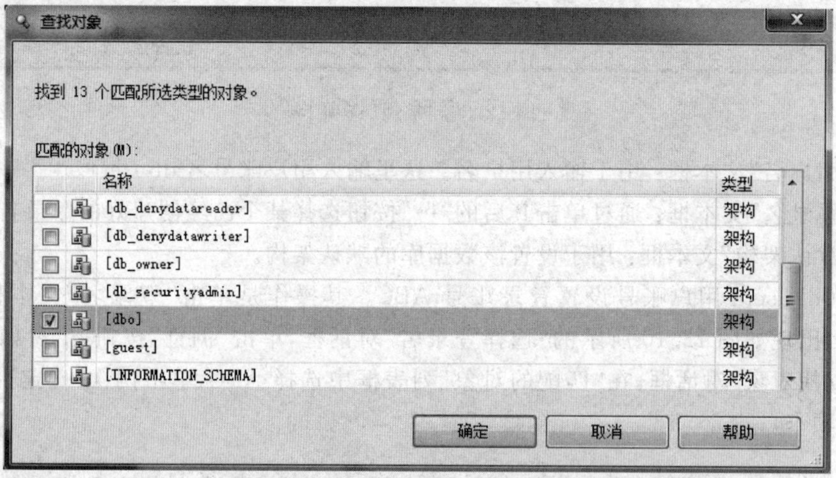

图 12.12　为用户名 dbuser1 选择登录名 ABC

⑥ 单击“确定”按钮，school 数据库的用户名 dbuser1 创建完毕。

使用 CREATE USER 语句也可以创建登录名，其基本语法格式如下。

```
CREATE USER 用户名
    [ { { FOR | FROM }
      { LOGIN 登录名
        | CERTIFICATE 用户的证书
        | ASYMMETRIC KEY 非对称密钥
      }
      | WITHOUT LOGIN
```

```
    ]
    [ WITH DEFAULT_SCHEMA = 架构名]
```

其中，WITHOUT LOGIN 指定不应将用户映射到现有登录名，DEFAULT_SCHEMA 指定服务器为此数据库用户解析对象名时将搜索的第一个架构。

例如，例 12.2 操作对应的程序如下。

```
USE School
GO
CREATE USER dbuser1 FOR LOGIN ABC WITH DEFAULT_SCHEMA = dbo
GO
```

此时在"数据库|school|安全性|用户"结点下可以看到 dbuser1 用户账号。这样，当以登录名 ABC 登录到 SQL Server 时，即可以访问数据库 school，因为 school 数据库中存在 dbuser1 用户。

注意：每个登录账号在一个数据库中只能有一个用户账号，但是每个登录账号可以在不同的数据库中各有一个用户账号。

2. 修改和删除用户账号

1）修改用户账号

可以使用 SQL Server 管理控制器修改用户名，其操作步骤是用 sa 登录账号启动 SQL Server 管理控制器，在"对象资源管理器"窗口中展开 LCB-PC 服务器结点。展开"数据库|school|安全性|用户|dbuser1"结点，右击结点，在出现的快捷菜单中选择"属性"命令，在出现的"数据库用户-dbuser1"对话框中进行相应的修改。

也可以使用 ALTER USER 语句修改登录名，其基本语法格式如下。

```
ALTER USER 用户名
    WITH [NAME = 新用户名]
    [, DEFAULT_SCHEMA = 架构 ]
    [, LOGIN = 用户重新映射的登录名]
    [,PASSWORD = '新密码']
```

例如如下命令即可将用户账号 dbuser1 修改为 dbuser2。

```
USE school
GO
ALTER USER dbuser1 WITH NAME = dbuser2
GO
```

说明：后面示例要使用用户账号 dbuser1，这里保留 dbuser1 名称不变。

2）删除用户账号

删除一个用户名十分简单，其操作步骤是用 sa 登录账号启动 SQL Server 管理控制器，在"对象资源管理器"窗口中展开 LCB-PC 服务器结点，展开"数据库|school|安全性|用户|dbuser1"结点，右击结点，在出现的快捷菜单中选择"删除"命令。

也可以使用 DROP USER 语句删除用户名，其基本语法格式如下。

```
DROP USER 用户名
```

例如删除 dbuser1 用户名,程序如下。

```
USE school
GO
DROP USER dbuser1
GO
```

说明:后面示例需使用 school 数据库的用户账号 dbuser1,在这里并不真正删除它。

12.4 权限和角色

权限是针对用户而言的,若用户想对 SQL Server 进行某种操作,就必须具备使用该操作的权限。角色是指用户对 SQL Server 进行的操作类型,可以将一个角色授予多个用户,这样这些用户都具有了相应的权限,从而方便用户权限的设置。

12.4.1 权限

SQL Server 的权限分为三种,一是登录权限,确定能不能成功登录到 SQL Server 系统;二是数据库用户权限,确定成功登录到 SQL Server 后能不能访问其中具体的数据库;三是具体数据库中表的操作权限,确定有了访问某个具体的数据库的权限后,能不能对其中的表执行基本的增、删、改、查操作。

1. 授予权限

前文建立了 school 数据库的 dbuser1 用户,并没有对 school 数据库中的表等对象的操作权限,下面通过一个示例授予它相应的权限。

【例 12.3】 使用 SQL Server 管理控制器授予 dbuser1 用户对 school 数据库中 student 表的 Alter、Delete、Insert、Select、Update 权限。

解:其操作步骤如下。

① 用 sa 登录账号启动 SQL Server 管理控制器,在"对象资源管理器"窗口中展开 LCB-PC 服务器结点。

② 展开"数据库|school|安全性|用户|dbuser1"结点,右击结点,在出现的快捷菜单中选择"属性"命令。

③ 在出现的"数据库用户-dbuser1"对话框左侧窗格选择"安全对象"选项,出现如图 12.13 所示的"安全对象"选项卡,单击"搜索"按钮,出现"添加对象"对话框,选中"特定类型的所有对象"单选按钮,如图 12.14 所示,单击"确定"按钮,出现"选择对象类型"对话框,勾选"表"复选框,如图 12.15 所示,单击"确定"按钮。

④ 返回"安全对象"选项卡,单击"安全对象"列表框中的 student 表,在"dbo. Student 的权限"栏的"显式"面板的"授予"列中勾选"插入"、"更改"等复选框,如图 12.16 所示。其中权限的选择方格有三种状况:

- √(授予权限):表示授予对指定数据对象的该项操作权限。
- ×(禁止权限):表示禁止对指定数据对象的该项操作权限。
- 空(撤销权限):表示撤销对指定数据对象的该项操作权限。

⑤ 单击"确定"按钮,这样就为 dbuser1 用户授予了 student 表的表结构修改、删除记

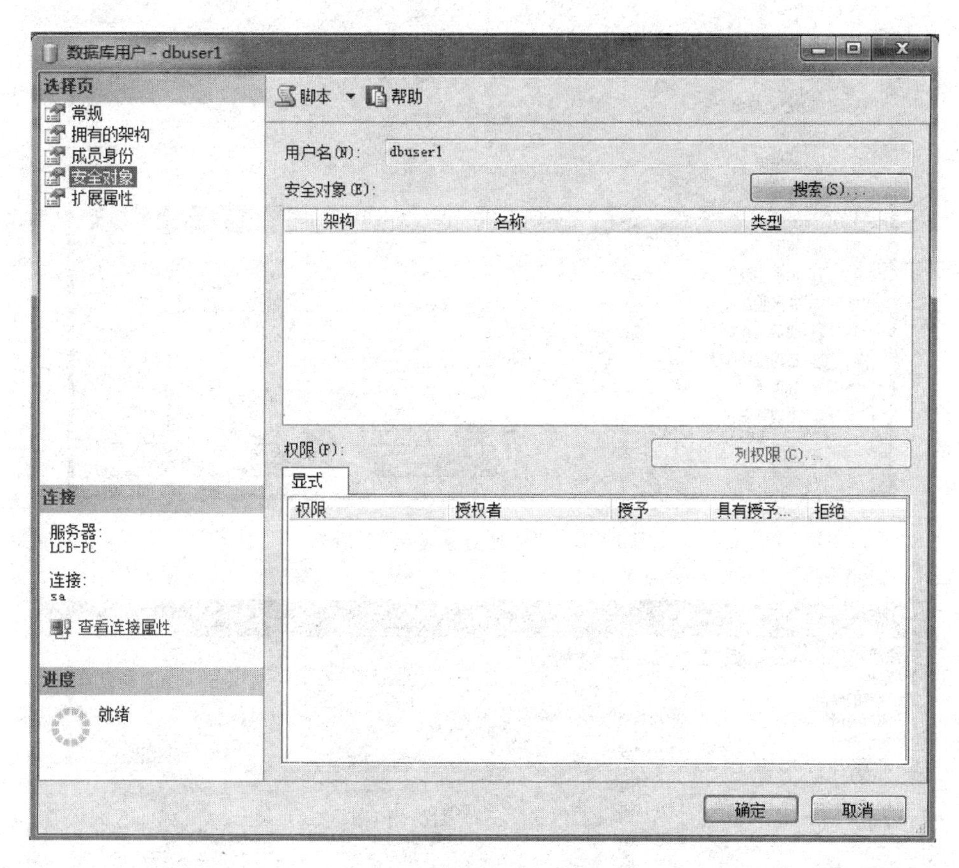

图 12.13　"安全对象"选项卡

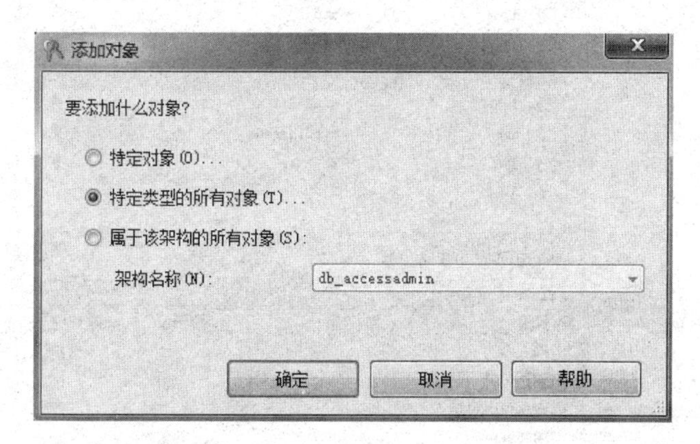

图 12.14　"添加对象"对话框

录、插入记录、查询记录和修改记录的操作权限。

也可以使用 GRANT 语句给用户账号授权,其基本使用语法格式如下。

```
GRANT { ALL [ PRIVILEGES ] }
    | 权限名 [ ( 列 [ ,…n ] ) ] [ ,…n ]
    [ ON 将授予其权限的安全对象 ] TO 主体名 [ ,…n ]
    [ WITH GRANT OPTION ]
```

选择对象类型

选择要查找的对象类型(S):

对象类型
数据库
存储过程
表
视图
内联函数
标量函数
表值函数
应用程序角色
程序集
非对称密钥

确定 取消 帮助

图 12.15 “选择对象类型”对话框

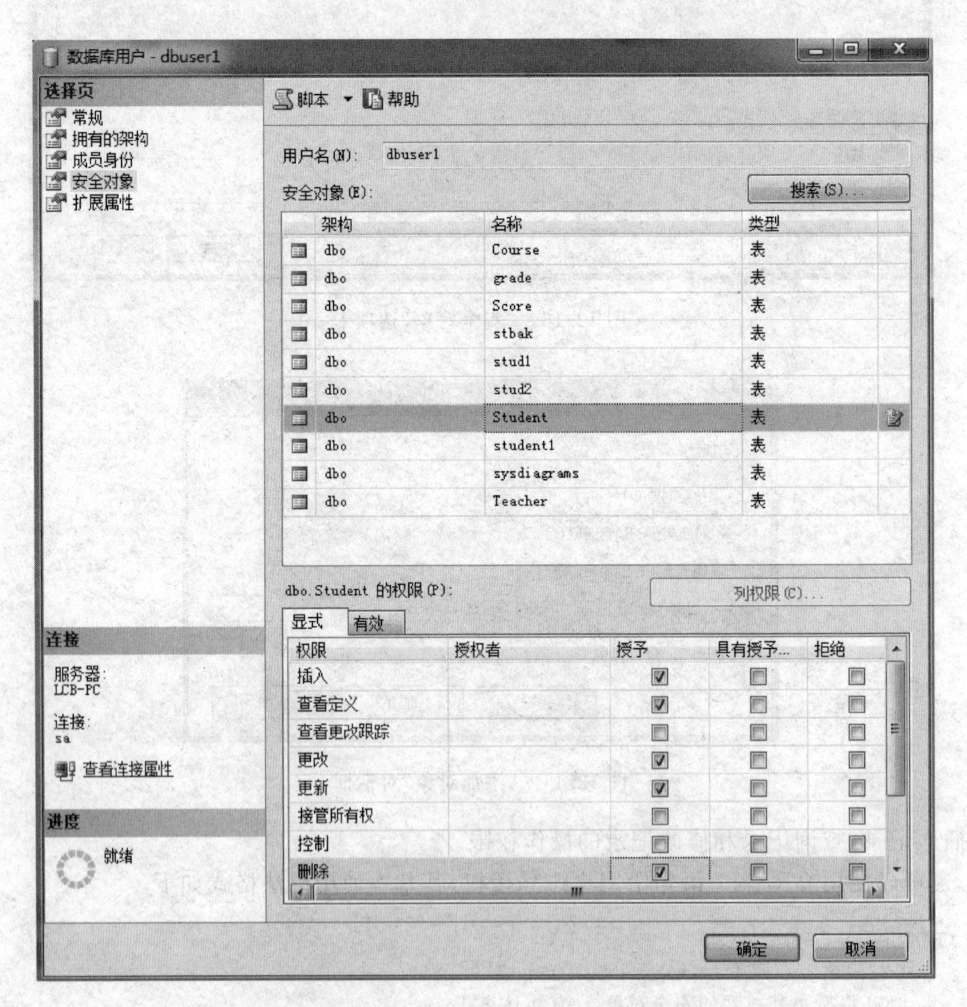

图 12.16 授予 dbuser1 用户对 student 表的操作权限

其中，授予 ALL 参数相当于授予以下权限。

(1) 如果安全对象是数据库，则 ALL 对应 BACKUP DATABASE、BACKUP LOG、CREATE DATABASE、CREATE DEFAULT、CREATE FUNCTION、CREATE PROCEDURE、CREATE RULE、CREATE TABLE 和 CREATE VIEW 权限。

(2) 如果安全对象是标量函数，则 ALL 对应 EXECUTE 和 REFERENCES 权限。

(3) 如果安全对象是表值函数，则 ALL 对应 DELETE、INSERT、REFERENCES、SELECT 和 UPDATE 权限。

(4) 如果安全对象是存储过程，则 ALL 对应 EXECUTE 权限。

(5) 如果安全对象是表，则 ALL 对应 DELETE、INSERT、REFERENCES、SELECT 和 UPDATE 权限。

(6) 如果安全对象是视图，则 ALL 对应 DELETE、INSERT、REFERENCES、SELECT 和 UPDATE 权限。

而 GRANT OPTION 指示被授权者在获得指定权限的同时还可以将指定权限授予其他主体。

例如，例 12.3 的操作对应的程序如下。

```
USE school
GO
GRANT Alter,Delete,Insert,Select,Update ON student TO dbuser1
GO
```

2. 禁止或撤销权限

禁止或撤销权限的操作与授予权限操作相似，进入图 12.16 所示的对话框中，取消勾选相应权限复选框，单击“确定”按钮即可。

可以使用 DENY 语句禁止用户的某些权限，其基本使用语法格式如下。

```
DENY{ ALL [ PRIVILEGES ] }
      | 权限名 [ ( 列 [ ,…n ] ) ] [ ,…n ]
      [ ON 将授予其权限的安全对象 ] TO 主体名 [ ,…n ]
      [ WITH GRANT OPTION ]
```

各参数的含义与 GRANT 语句的相同。

例如，如下语句可以禁止用户 dbuser1 对表 student 的 DELETE 权限。

```
USE school
GO
DENY DELETE ON student TO dbuser1
GO
```

还可以使用 REVOKE 语句撤销用户的某些权限，其基本使用语法格式如下。

```
REVOKE [ GRANT OPTION FOR ]
{ [ ALL [ PRIVILEGES ] ]
    | 权限名[ (列[ ,…n ] ) ] [ ,…n ]
}
[ ON [将授予其权限的安全对象 { TO | FROM }主体名[ ,…n ]
```

其中,GRANT OPTION FOR 指示将撤销授予指定权限的能力,其他参数的含义与GRANT 的相同。

例如如下语句可以撤销用户 dbuser1 的 CREATE TABLE 权限。

```
USE school
GO
REVOKE CREATE TABLE TO dbuser1
GO
```

注意:撤销权限的作用类似于禁止权限,它们都可以删除用户或角色的指定权限。但是撤销权限仅仅删除用户或角色拥有的某些权限,并不禁止用户或角色通过其他方式继承已被撤销的权限。

12.4.2 角色

像例 12.3 那样为每个用户授予 school 数据库中每个对象的操作权限是十分烦琐的,也不便于集中管理。为此,SQL Server 提出了角色的概念。角色是一种对权限集中管理的机制,每个角色都设定了对 SQL Server 进行的操作类型;即某些权限。当若干个用户账号都被赋予同一个角色时,它们都继承了该角色拥有的权限;若角色的权限变更了,这些相关的用户账号权限都会发生变更。因此,角色可以方便管理员对用户账号权限进行集中管理。

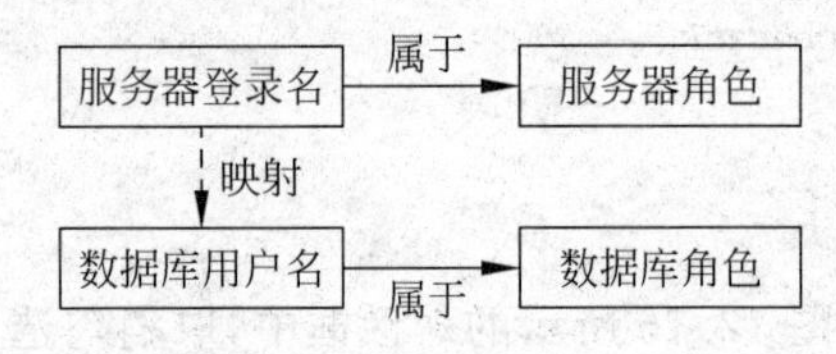

图 12.17 登录名、用户名和角色之间的关系

根据权限的划分,角色可以分为服务器角色、数据库角色和应用程序角色。服务器角色用于对登录账号授权,数据库角色用于对用户账号授权。登录名、用户名和角色之间的关系如图 12.17 所示。

1. 服务器角色

服务器角色的权限作用域为服务器范围,分为固定服务器角色和用户定义服务器角色。

1) 固定服务器角色

固定服务器角色由 SQL Server 分配特定的权限,用户不能更改它的权限。但用户可以向固定服务器角色中添加 SQL Server 登录名等,从而将固定服务器角色的权限分配给登录名。SQL Server 默认创建的 9 个固定服务器角色如表 12.1 所示。

表 12.1 固定服务器角色及相应的权限

角色名称	权限
sysadmin	系统管理员,可以在 SQLServer 中执行任何活动
setupadmin	安装管理员,可以管理连接服务器和启动过程
serveradmin	服务器管理员,可以设置服务器范围的配置选项,关闭服务器
securityadmin	安全管理员,可以管理登录和 CREATEDATABASE 权限,还可以读取错误日志和更改密码
processadmin	进程管理员,可以管理在 SQLServer 中运行的进程
diskadmin	磁盘管理员,可以管理磁盘文件
dbcreator	数据库创建者,可以创建、更改和删除数据库
bulkadmin	批量管理员,可以执行 BULKINSERT 语句,执行大容量数据插入操作

续表

角色名称	权　限
public	每个 SQL Server 登录名均属于 public 服务器角色，如果未向某个服务器主体授予或拒绝对某个安全对象的特定权限，该用户将继承授予该对象的 public 角色的权限。当用户希望该对象对所有用户可用时，只需对任何对象分配 public 权限即可。用户无法更改 public 中的成员关系

注意：用户无法更改授予固定服务器角色的权限。但 public 的实现方式与其他角色不同，可以从 public 授予、拒绝或撤销权限。

为登录账号授予权限的方式有两种，一种方式是将某个服务器角色权限授予一个或多个登录账号；另一种方式是为一个登录账号授予一个或多个服务器角色权限。下面的示例介绍了后者的操作过程。

【例 12.4】 使用 SQL Server 管理控制器将登录账号 ABC 作为固定服务器角色 sysadmin 的成员，即授予 ABC 登录账号 sysadmin 的权限。

解：其操作步骤如下。

① 用 sa 登录账号启动 SQL Server 管理控制器，在"对象资源管理器"窗口中展开 LCB-PC 服务器结点。

② 展开"安全性|登录名"结点，下方列出了所有登录名，选中并右击登录名 ABC，在出现的快捷菜单中选择"属性"命令。

③ 出现"登录属性-ABC"对话框，在"选择页"栏单击"服务器角色"选项，出现"服务器角色"选项卡，在"服务器角色"列表框中看到只勾选了 public 复选框，勾选 sysadmin 复选框，如图 12.18 所示，单击"确定"按钮。这样就授予了 ABC 登录账号的 sysadmin 权限。

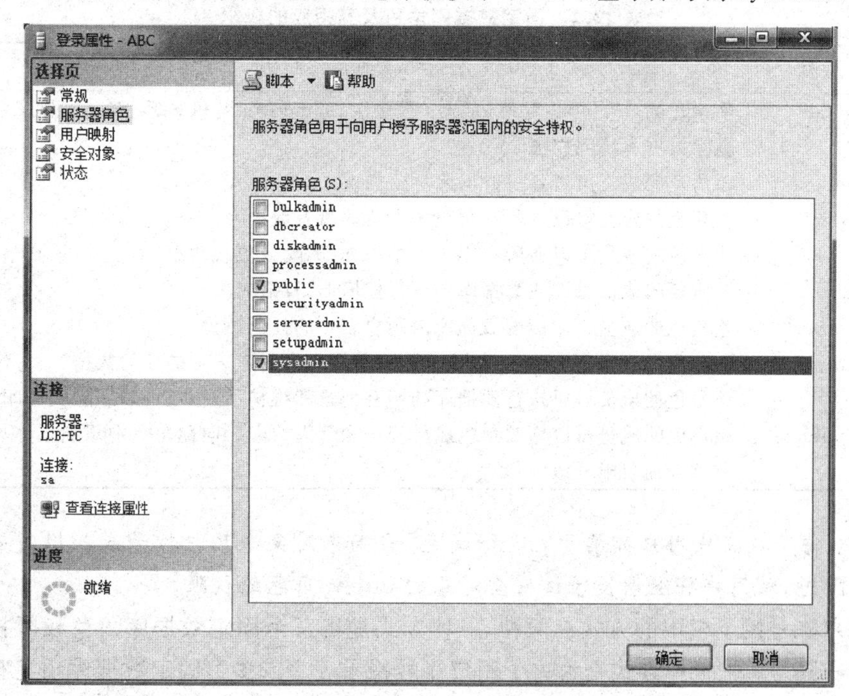

图 12.18　为 ABC 登录账号授予 sysadmin 权限

可以使用系统存储过程 sp_addsrvrolemember 将某个固定服务器角色的权限分配给一个登录账号，例如，如下语句即可将 sysadmin 固定服务器角色的权限分配给登录账号 ABC。

```
EXEC sp_addsrvrolemember 'ABC','sysadmin'
GO
```

2）自定义服务器角色

从 SQL Server 版本开始，用户可以创建自己的服务器角色。

用户自定义的服务器角色提高了灵活性、可管理性，并且有助于使职责划分更加规范。自定义服务器角色可以被删除和修改，也可以像固定服务器角色那样授予登录账号，操作方示类似，这里不再详述。

2. 数据库角色

数据库角色是指对数据库具有相同访问权限的用户和组的集合，数据库角色对应于单个数据库。可以为数据库中的多个数据库对象分配一个数据库角色，从而为该角色的用户授予对这些数据库对象的访问权限。SQL Server 的数据库角色分为两种，即固定数据库角色(由系统创建，不能删除、修改和增加)和自定义数据库角色。

1）固定数据库角色

固定数据库角色及其相应的权限如表 12.2 所示。固定数据库角色是在数据库级别定义的，并且存在于每个数据库中。db_owner 和 db_securityadmin 数据库角色的成员可以管理固定数据库角色成员身份。但是，只有 db_owner 数据库角色的成员能够向 db_owner 固定数据库角色中添加成员。

表 12.2　固定数据库角色及其相应的权限

角色名称	数据库级权限
db_accessadmin	该角色的成员可以为 Windows 登录名、Windows 组和 SQL Server 登录名添加或删除数据库访问权限
db_backupoperator	该角色的成员可以备份数据库
db_datareader	该角色的成员可以从所有用户表中读取所有数据
db_datawriter	该角色的成员可以在所有用户表中添加、删除或更改数据
db_ddladmin	该角色的成员可以在数据库中运行任何 DDL 语句
db_denydatareader	该角色的成员不能读取数据库内用户表中的任何数据
db_denydatawriter	该角色的成员不能添加、修改或删除数据库内用户表中的任何数据
db_owner	该角色的成员可以执行数据库的所有配置和维护活动，还可以删除数据库
db_securityadmin	该角色的成员可以修改角色成员身份和管理权限。向此角色中添加主体可能会导致意外的权限升级

说明：每个数据库用户都属于 public 角色，当尚未对某个用户授予或拒绝对安全对象的特定权限时，该用户将继承授予该安全对象的 public 角色的权限。

为用户账号授予权限的方式有两种，一种方式是将某个固定数据库角色权限授予一个或多个用户账号；另一种方式是为一个用户账号授予一个或多个固定数据库角色权限。下面的示例介绍了后者的操作过程。

【例 12.5】 使用 SQL Server 管理控制器将 school 数据库的用户账号 dbuser1 作为固定数据库角色 db_accessadmin 的成员。

解：其操作步骤如下。

① 用 sa 登录账号启动 SQL Server 管理控制器，在“对象资源管理器”窗口中展开 LCB-PC 服务器结点。

② 展开“数据库|school|安全性|用户”结点，下方列出了所有用户名，选中并右击登录名 dbuser1，在出现的快捷菜单中选择“属性”命令。

③ 出现“数据库用户-dbuser1”对话框，在“选择页”栏单击“成员身份”选项，出现“成员身份”选项卡，在“数据库角色成员身份”列表框中勾选 db_accessadmin 复选框，如图 12.19 所示，单击“确定”按钮，就授予了用户 dbuser1 数据库角色 db_accessadmin 权限。

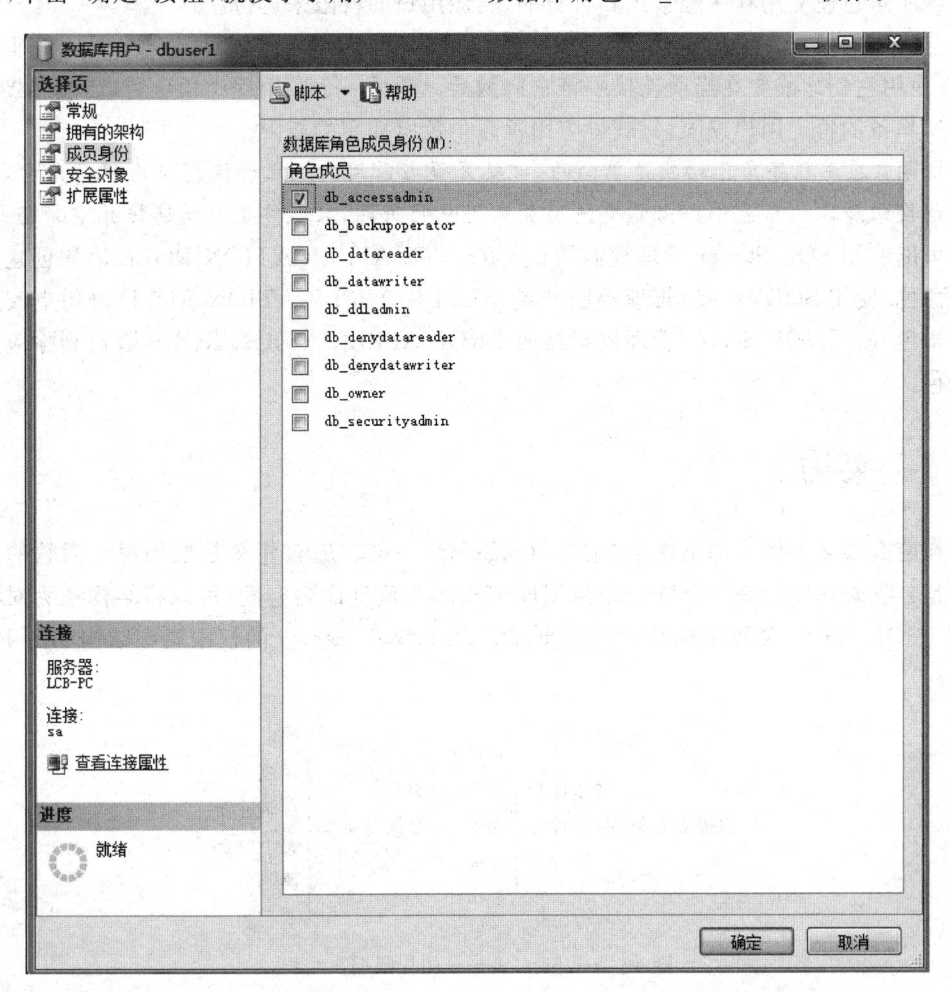

图 12.19　为 dbuser1 用户授予数据库角色 db_accessadmin 的权限

可以使用系统存储过程 sp_addrolemember 将某个固定数据库角色的权限分配给一个用户账号，例如如下语句即可将 db_accessadmin 固定数据库角色的权限分配给用户账号 dbuser1。

```
USE school
```

```
GO
EXEC sp_addrolemember 'db_accessadmin','dbuser1'
GO
```

2）自定义数据库角色

用户自定义的数据库角色提高了灵活性、可管理性，并且有助于使职责划分更加规范。自定义数据库角色可以被删除和修改，也可以像固定数据库角色那样授予用户账号，这里不再详述。

3. 应用程序角色

应用程序角色是特殊的数据库角色，用于允许用户通过特定的应用程序获取特定数据。应用程序角色使应用程序能够用其自身的、类似用户的权限来运行。

与一般的数据库角色不同，应用程序角色默认情况下不包含任何成员，而且是非活动的，在使用它们之前要在当前连接中将它们激活。激活一个应用程序角色后，当前连接将丧失它所具备的特定用户权限，只获得应用程序角色所拥有的权限。

说明：应用程序角色切换是单向的，也就是说当前用户一旦切换到应用程序角色，将不能再切换回原来的角色中。若需要使用原来用户的角色，只能终止当前连接并重新登录。

可以使用 SQL Server 管理控制器或 CREATE APPLICATION ROLE 语句创建应用程序角色，使用 SQL Server 管理控制器或 ALTER APPLICATION ROLE 语句更改应用程序角色，使用 SQL Server 管理控制器或 DROP APPLICATION ROLE 语句删除应用程序角色。

12.5 架构

在前面很多示例中都出现了“架构”(Schema)一词。那么什么是架构呢？微软的官方定义是：数据库架构是一个独立于数据库用户的非重复命名空间，可以将架构视为对象的容器。SQL Server 使用架构是为了方便权限管理，SQL Server 的权限层次结构如图 12.20 所示。

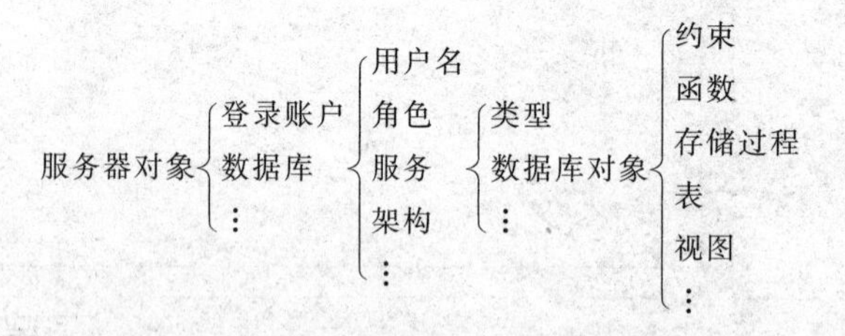

图 12.20　SQL Server 的权限层次结构

一个对象只能属于一个架构，就像一个文件只能存放于一个文件夹中一样。与文件夹不同的是，架构是不能嵌套的。因此，在访问某个数据库中的数据库对象时，应该是引用它的全名“架构名.对象名”，例如如下语句。

```
USE school
SELECT * FROM dbo.student
```

其中，dbo 就是架构名，有的时候写为 SELECT * FROM student 也可以执行，这是因为 SQL Server 有默认的架构(default schema)，当只给出表名时，SQL Server 会自动加上当前登录用户的默认架构(当用户没有创建架构时，默认架构为 dbo)。

在 SQL Server 2000 版本中，用户和架构是隐含关联的，即每个用户拥有与其同名的架构，因此删除一个用户时，必须先删除或修改这个用户所拥有的所有数据库对象。

从 SQL Server 2005 版本开始，架构和创建它的数据库用户不再关联，因此数据库对象的全称变为“服务器名.数据库名.架构名.对象名”。

用户和架构分离的好处如下所述。

(1) 多个用户可以通过角色或组成员关系拥有同一个架构。

(2) 删除数据库用户变得极为简单。删除数据库用户不需要重命名与用户名同名的架构所包含的对象，因此也无须对显式引用数据库对象的应用程序进行修改和测试。

(3) 多个用户可以共享同一个默认架构来统一命名。

(4) 共享默认架构使得开发人员可以为特定的应用程序创建特定的架构来存放对象，这比仅使用管理员架构要好。

(5) 在架构和架构所包含的对象上设置权限比以前的版本拥有更高的可管理性。

(6) 在发布表或视图等数据库对象时，可以控制只发布特定架构的对象。

SQL Server 有关架构的一些特点如下所述。

(1) 每个用户都拥有一个默认架构，可以使用 CREATE USER 或 ALTER USER 的 DEFAULT_SCHEMA 选项设置和更改默认架构。如果未定义 DEFAULT_SCHEMA，则数据库用户将使用 dbo 作为默认架构。

(2) dbo 是默认用户，也是架构。

(3) 架构可以由任何数据库主体拥有，包括角色和应用程序角色。

(4) 一个架构中不能包含相同名称的对象，相同名称的对象可以在不同的架构中存在。

(5) 一个架构只能有一个所有者，所有者可以是用户、数据库角色或应用程序角色。

(6) 一个数据库角色可以拥有一个默认架构和多个架构。

(7) 多个数据库用户可以共享单个默认架构。

在 SQL Server 管理控制器中，展开“数据库|school|安全性|架构”结点，右击结点，在出现的快捷菜单中选择“新建架构”命令，可以创建 school 数据库的架构，其操作过程十分简单，这里不再详述。

也可以使用 CREATE SCHEMA 命令创建架构，例如如下语句即可在数据库 school 中创建 dbo1 架构。

```
USE school
GO
CREATE SCHEMA dbo1 AUTHORIZATION dbo
GO
```

在创建架构后，可以像角色一样授权。

可以使用 SQL Server 管理控制器或 ALTER SCHEMA 语句更改架构，使用 SQL Server 管理控制器或 DROP SCHEMA 语句删除架构。

练习题 12

(1) SQL Server 有哪几级安全机制?

(2) SQL Server 登录账号和用户账号有什么区别?

(3) 简述何为权限验证。

(4) public 固定服务器角色有哪些权限?

(5) 简述何为固定数据库角色。

(6) dbo 是什么?

(7) SQL Server 架构有什么作用?

上机实验题 11

在 SQL Server 管理控制器中完成如下操作。

(1) 创建一个登录账号 XYZ/123(其默认的工作数据库为 factory,其“服务器角色”设置为 sysadmin,将“映射到此登录名的用户”设置为 Factory,并具有 serveradmin 权限)。

(2) 修改(1)中为 factory 数据库创建的用户账号 XYZ 的属性,使 XYZ 登录账号对 factory 数据库具有 db.owner 权限。

CHAPTER 13

数据文件安全和灾难恢复 第13章

数据库的安全不仅仅需要通过权限设置、加密等方式来保证,更需要保证数据文件不被损坏、不丢失。本章介绍数据文件安全和灾难恢复的相关内容。

13.1 数据文件安全概述

对于数据库系统而言,数据文件的安全是至关重要的,任何数据的丢失和损坏都可能导致严重的后果。一个高可用性的DBMS应该提供充分的数据保护手段。目前,引发数据文件危险的主要情况有如下几种。

(1) 系统故障:由于硬件故障、软件错误的原因,导致内存中的数据或日志内容突然破坏,事务处理中止,但物理介质和日志并没有被破坏。

(2) 事务故障:指事务的执行最后没有达到正常提交而产生的故障。

(3) 介质故障:由于物理存储介质的故障发生读写错误,或者DBA不小心删除了重要的文件而产生的故障。

针对各类数据文件的安全问题,SQL Server从数据备份到系统架构设计提供了以下解决技术。

- 数据库备份和还原。
- 数据库分离和附加。
- 数据库镜像。
- 数据库快照。
- 日志传送。
- 故障转移群集。
- AlwaysOn。

按照数据备份的方式,上述技术可分为如下所述3类。

(1) 冷备技术:特点是无故障转移,在发生系统故障时可能造成数据丢失,如数据库备份和还原、数据库分离和附加等。

(2) 温备技术:特点是手动故障转移,在发生系统故障时可能造成数据丢失,如日志传送等。

(3) 热备技术：特点是自动故障转移，无数据丢失，如数据库镜像、故障转移群集和AlwaysOn等。

在实际应用中，可能需要结合采用多种技术构建综合的数据文件安全和灾难恢复解决方案。下面分别介绍上述技术。

13.2 数据库备份和还原

备份是指从SQL Server数据库或其事务日志中将数据或日志记录复制到备份设备(如磁盘)，以创建数据备份或日志备份。还原是一种包括多个阶段的过程，用于将指定SQL Server备份中的所有数据和日志页复制到指定数据库，然后通过应用记录的更改使该数据在时间上向前移动，以前滚备份中记录的所有事务。SQL Server备份和还原组件为保护存储在SQL Server数据库中的关键数据提供了基本安全保障。为了最大限度地降低灾难性数据丢失的风险，需要定期备份数据库，以保留对数据所做的修改。

13.2.1 数据库备份和还原概述

1. 备份类型

SQL Server提供了以下三种常用的备份类型。

(1) 完整数据库备份(全备份)：包含特定数据库或者一组特定的文件组或文件中的所有数据以及可以恢复这些数据的足够的日志，将它们复制到另外一个备份设备上。

(2) 差异数据库备份(差异备份)：只备份上次数据库备份后发生更改的数据，比完整数据库备份小，并且备份速度快，可以进行经常性的备份。

(3) 事务日志备份(日志备份)：备份上一次事务日志备份后对数据库执行的所有事务日志。使用事务日志备份可以将数据库恢复到故障点或特定的即时点。一般情况下，事务日志备份比数据库备份使用的资源少，可以经常创建事务日志备份，以减小丢失数据的风险。

不同的备份类型适用的范围也不同，全备份可以只用一步操作完成数据的全部备份，但执行时间比较长；差异备份和日志备份都不能独立作为一个备份集来使用，需要先进行一次全备份。

2. 数据库恢复模式

SQL Server备份和还原操作发生在数据库恢复模式的上下文中。恢复模式是一种数据库属性，旨在控制事务日志维护，控制如何记录事务、事务日志是否需要(以及允许)备份以及可以使用哪些类型的还原操作。数据库有以下3种恢复模式。

(1) 简单恢复模式：无日志备份，最新备份之后的更改不受保护。在发生灾难时，这些更改必须重做，只能恢复到备份的结尾。

(2) 完整恢复模式：需要日志备份，数据文件丢失或损坏不会导致丢失工作，可以恢复到任意时点(例如应用程序或用户错误之前)。

(3) 大容量日志恢复模式：需要日志备份，是完整恢复模式的附加模式，允许执行高性能的大容量复制操作，通过使用最小方式记录大多数大容量操作，减少日志空间使用量。如果在最新日志备份后发生日志损坏或执行大容量日志记录操作，则必须重做自上次备份之后所做的更改。

在创建好数据库后，可以选择其数据库恢复模式。下面通过一个示例说明使用 SQL Server 管理控制器选择数据库恢复模式的操作过程。

【例 13.1】 为数据库 school 选择其数据库恢复模式为“完整”。

解：其操作步骤如下。

① 启动 SQL Server 管理控制器，在“对象资源管理器”窗口中展开 LCB-PC 服务器结点。

② 展开“数据库”结点，选中并右击 school 结点，在出现的快捷菜单中选择“属性”命令。

③ 出现“数据库属性-School”对话框，切换到“选项”选项卡，如图 13.1 所示，“恢复模式”下拉列表中有“完整”、“大容量日志”和“简单”三个选项，分别对应数据库的三种恢复模式。这里选择“完整”选项，单击“确定”按钮。

图 13.1 “选项”选项卡

这样就为 school 数据库选择了“完整”数据库恢复模式，该模式的选择对后面进行数据库备份操作是十分重要的。

也可以通过 ALTER DATABASE 语句中的 RECOVERY 子句指定数据库的恢复模式，例如如下语句便可将 school 数据库设置为完整恢复模式。

```
ALTER DATABASE school SET RECOVERY FULL
```

其中，FULL 表示完整恢复模式。使用 BULK_LOGGED 和 SIMPLE 分别表示设置大容量日志模式和简单恢复模式。

3. **备份设备**

备份或还原操作中使用的磁带机或磁盘驱动器称为备份设备，它是创建备份和恢复数据库的前提条件。在创建备份时，必须选择要将数据写入的备份设备，可以分为磁盘设备、磁带设备以及物理和逻辑设备。

如果使用物理和逻辑设备备份数据库，在备份之前，要首先创建一个保存数据库备份的备份设备。可以利用 SQL Server 管理控制器和 sp_addumpdevice 系统存储过程来创建数据库备份设备，后者的基本语法格式如下。

```
sp_addumpdevice [@devtype = ]'备份设备类型',
[@logicalname = ]'备份设备的逻辑名',
[@physicalname = ]'备份设备的物理名'
```

其中，备份设备的类型有 disk(表示硬盘文件作为备份设备)和 tape(表示 Windows 支持的任何磁带设备)。备份设备的逻辑名是引用该备份设备时用的名称。备份设备的物理名必须遵从操作系统文件命名规则或网络设备的通用命名约定，并且必须包含完整路径，它不能为 NULL。

【例 13.2】 为 LCB-PC 服务器创建一个备份设备 Backup1，对应的物理名为“G:\SQLDB\SchoolBak”。

解：使用的命令如下。

```
EXEC dbo.sp_addumpdevice @devtype = 'disk',
    @logicalname = 'Backup1', @physicalname = 'G:\SQLDB\SchoolBak'
```

此时可以在“LCB-PC|服务器对象|备份设备”结点中看到备份设备 Backup1。

当某备份设备不需要时，可以将其删除。可以使用 SQL Server 管理控制器和系统存储过程 sp_dropdevice 删除备份设备，例如如下程序即删除备份设备 Backup2(假设该备份设备已创建)。

```
EXEC sp_dropdevice 'backup2'
```

13.2.2 数据库备份和恢复过程

前文介绍过数据库备份有三种基本类型，即完整数据库备份、差异数据库备份和事务日志备份，对应的也有完整数据库恢复、差异数据库恢复和事务日志恢复。实际上，SQL Server 还提供了灵活的备份和恢复类型的组合，如完整＋差异数据库备份与恢复、完整＋日志数据库备份与恢复、完整＋差异＋日志数据库备份与恢复等。

本小节以完整数据库备份和完整数据库恢复为例介绍数据库备份和恢复过程，其他类型的操作过程基本相似。

1. **完整数据库备份**

下面通过一个示例说明使用 SQL Server 管理控制器进行完整数据库备份的操作过程。

【例 13.3】 对数据库 school 进行“完整”类型的数据库备份，其备份设备为 Backup1。

解：其操作步骤如下。

① 启动 SQL Server 管理控制器，在“对象资源管理器”窗口中展开 LCB-PC 服务器结点。

② 展开“数据库”结点，选中并右击 school 结点，在出现的快捷菜单中选择“任务|备份”命令。

③ 出现“备份数据库-School”对话框，首先出现如图 13.2 所示的“常规”对话框(图中的“恢复模式”是在例 13.2 中选定的，这里不要更改)，其中的主要功能项说明如下。

- “备份集过期时间”区域：用于指定在多少天后此备份集才会过期可被覆盖。此值范围为 0～99999，0 表示备份集将永不过期；也可以指定备份集过期可被覆盖的具体日期。
- “目标”选项组：通过“目标”选项组可以为备份文件添加物理设备或逻辑设备。

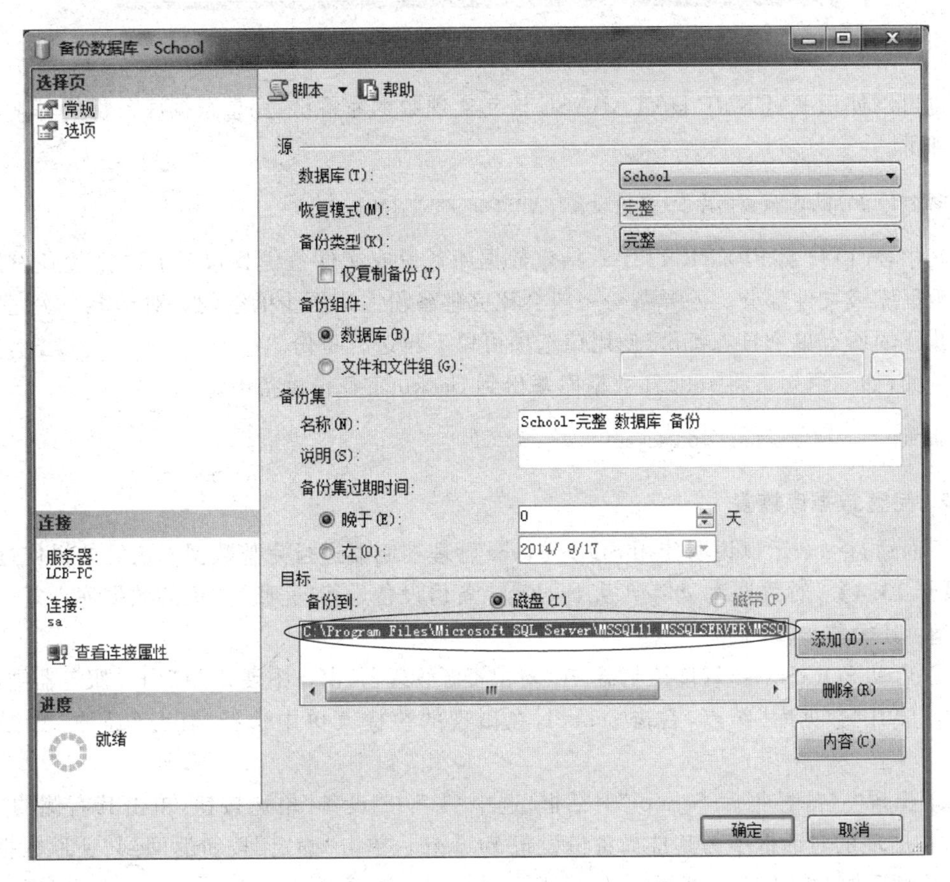

图 13.2　“常规”选项卡

④ 在“目标”选项组中有一个默认值，单击“删除”按钮将它删除，再单击“添加”按钮，出现如图 13.3 所示的“选择备份目标”对话框，选中“备份设备”单选按钮，从下拉列表框中选择例 13.2 中创建的备份设备 Backup1，单击“确定”按钮返回。

⑤ 单击“确定”按钮，数据库备份操作开始运行。这里是备份整个数据库，所以可能会需要较长的时间。备份完成之后，出现“对数据库‘school’的备份已成功完成”的消息提示，表示数据库 school 备份成功，再单击“确定”按钮，即可完成数据库 school 的备份操作。

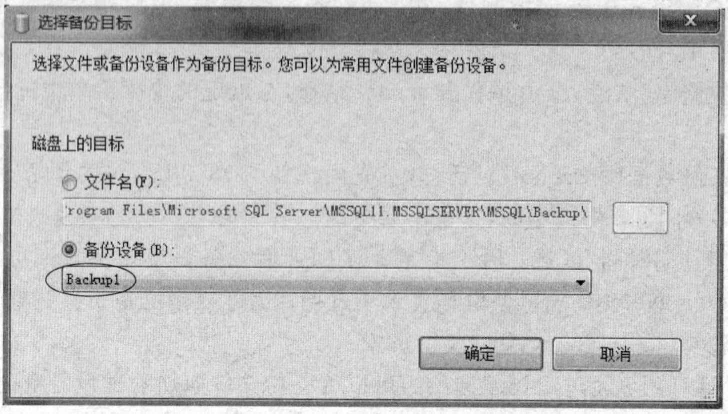

选择备份目标

选择文件或备份设备作为备份目标。您可以为常用文件创建备份设备。

磁盘上的目标

文件名(F):

rogram Files\Microsoft SQL Server\MSSQL11.MSSQLSERVER\MSSQL\Backup\

备份设备(B):

Backup1

确定 取消

图 13.3 “选择备份目标”对话框

也可以使用BACKUP DATABASE语句实现数据库备份，完整数据库备份的基本语法格式如下。

```
BACKUP DATABASE 源数据库 TO 备份设备[WITH DIFFERENTIAL]
```

其中，WITH DIFFERENTIAL 指定数据库备份或文件备份只包含上次完整备份后更改的数据库或文件部分。差异备份一般会比完整备份占用更少的空间。对于上一次完整备份后执行的所有单个日志备份，使用该选项可以不再进行备份。

例如，如下语句可将 school 数据库备份到 Backup1 备份设备中。

```
BACKUP DATABASE school TO Backup1
```

2. 完整数据库恢复

下面通过一个示例说明使用 SQL Server 管理控制器进行完整数据库恢复的操作过程。

【例 13.4】 对数据库 school 从 Backup1 备份设备进行“完整”类型的数据库恢复。

解：其操作步骤如下。

① 启动 SQL Server 管理控制器，在“对象资源管理器”窗口中展开 LCB-PC 服务器结点。

② 展开“数据库”结点，右击 school，在出现的快捷菜单中选择“任务|还原|数据库”命令。

③ 出现“还原数据库-School”对话框，选中“源”中“设备”单选按钮，单击其右侧的“…”按钮，在出现的对话框中为其选择备份设备 Backup1，单击“确定”按钮返回到“还原数据库-School”对话框，如图 13.4 所示。

④ 单击“确定”按钮，系统开始数据库恢复工作，完毕后出现“成功还原了数据库 school”的消息框，单击“确定”按钮，即可完成数据库 school 的恢复操作。

也可以使用 RESTORE DATABASE 语句实现数据库恢复，用于完整数据库恢复的基本语法格式如下。

```
RESTORE DATABASE 源数据库[FROM 备份设备]
    [WITH [RECOVERY | NORECOVERY |REPLACE]]
```

其中，RECOVERY 指示还原操作回滚任何未提交的事务；NORECOVERY 指示还原

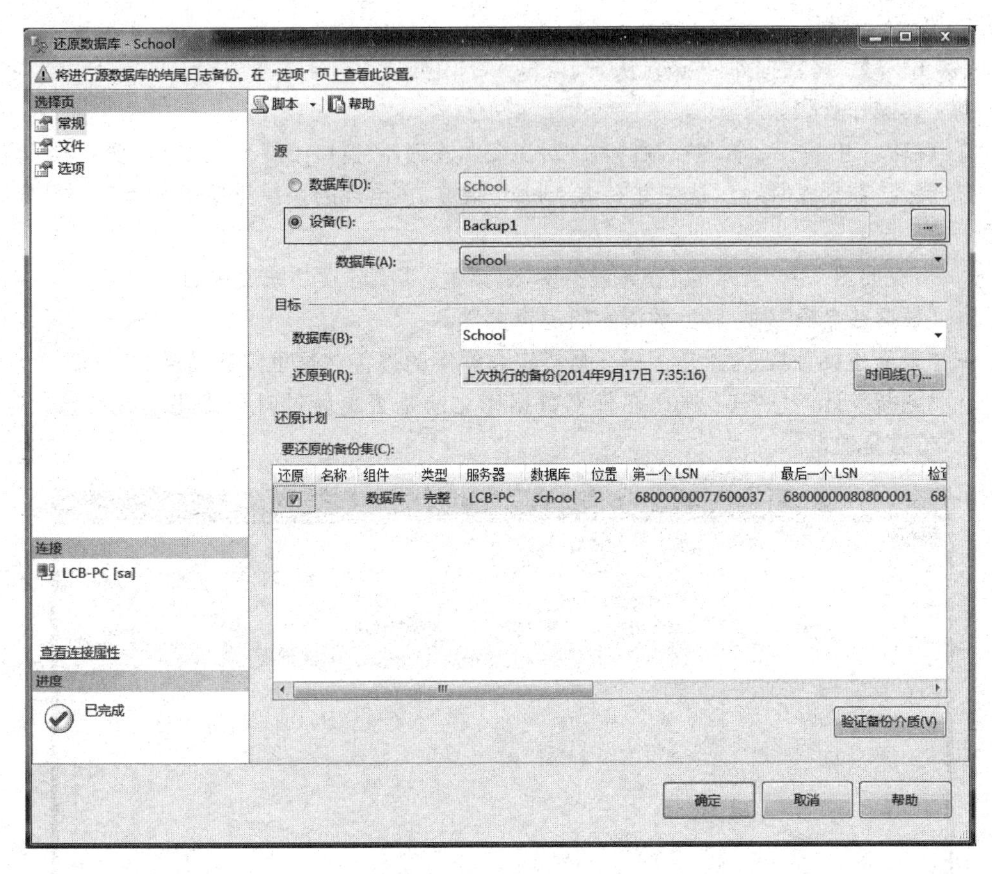

图 13.4 "常规"选项卡

操作不回滚任何未提交的事务；REPLACE 指定即使存在另一个具有相同名称的数据库，SQL Server 也应该创建指定的数据库及其相关文件。

例如，如下语句可从 Backup1 备份设备恢复 school 数据库。

```
RESTORE DATABASE school FROM Backup1 WITH REPLACE
```

13.3　数据库的分离和附加

当进行系统维护之前或发生硬件故障之后，需要将数据库进行转移，其方法之一就是采用数据库的分离和附加操作。分离就是将用户数据库从服务器的管理中脱离出来，同时保持数据文件和日志文件的完整性和一致性。与分离对应的是附加数据库操作，可以将数据数重新置于 SQL Server 的管理之下。数据库的分离和附加是一种静态的数据复制方法，实现和管理都十分简单。

注意：数据库的分离和附加不适用于系统数据库。

13.3.1　分离用户数据库

可以使用 SQL Server 管理控制器分离用户数据库。下面通过一个例子说明分离用户数据库的操作过程。

【例 13.5】 将数据库 school 从 SQL Server 中分离。

解：其操作步骤如下。

① 启动 SQL Server 管理控制器，在“对象资源管理器”窗口中展开 LCB-PC 服务器结点。

② 展开“数据库”结点，选中并右击 school 结点，在出现的快捷菜单中选择“任务|分离”命令。

③ 出现如图 13.5 所示的“分离数据库”对话框，其中各项功能说明如下。

- “数据库名称”列：显示数据库的逻辑名称。
- “删除连接”列：选择是否断开与指定数据库的连接。这里勾选复选框。
- “更新统计信息”列：选择在分离数据库之前是否更新过时的优化统计信息。这里勾选复选框。

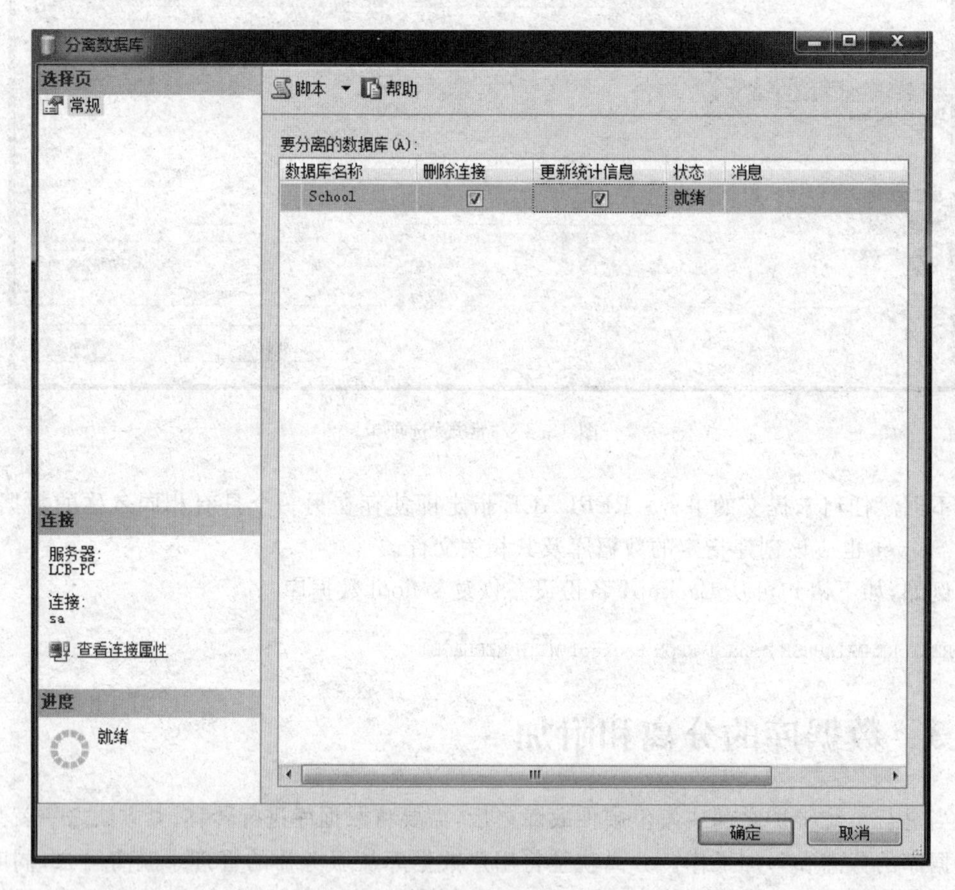

图 13.5 “分离数据库”对话框

④ 单击“确定”按钮完成 school 数据库的分离，此时的“对象资源管理器”窗口中的“数据库”结点下将看不到 school 数据库，表明分离成功。

13.3.2 附加用户数据库

分离后的数据库数据和事务日志文件可以重新附加到同一个或其他 SQL Server 实例。

分离和附加数据库操作适用于将数据库更改到同一计算机的不同 SQL Server 实例或移动数据库中。

【例 13.6】 将例 13.5 分离的数据库 school 附加到 SQL Server 中。

解：其操作步骤如下。

① 启动 SQL Server 管理控制器，在"对象资源管理器"窗口中展开 LCB-PC 服务器结点。

② 选中并右击"数据库"结点，从出现的快捷菜单中选择"附加"命令。

③ 出现"附加数据库"对话框，单击其中的"添加"按钮。

④ 出现"定位数据库文件-LCB-PC"对话框，选择"G:\SQLDB\school.mdf"文件，单击"确定"按钮。

⑤ 此时返回"附加数据库"对话框，如图 13.6 所示，单击"确定"按钮，SQL Server 自动附加数据库 school，而且在"数据库"列表中又可以看到 school 数据库，表明附加成功。

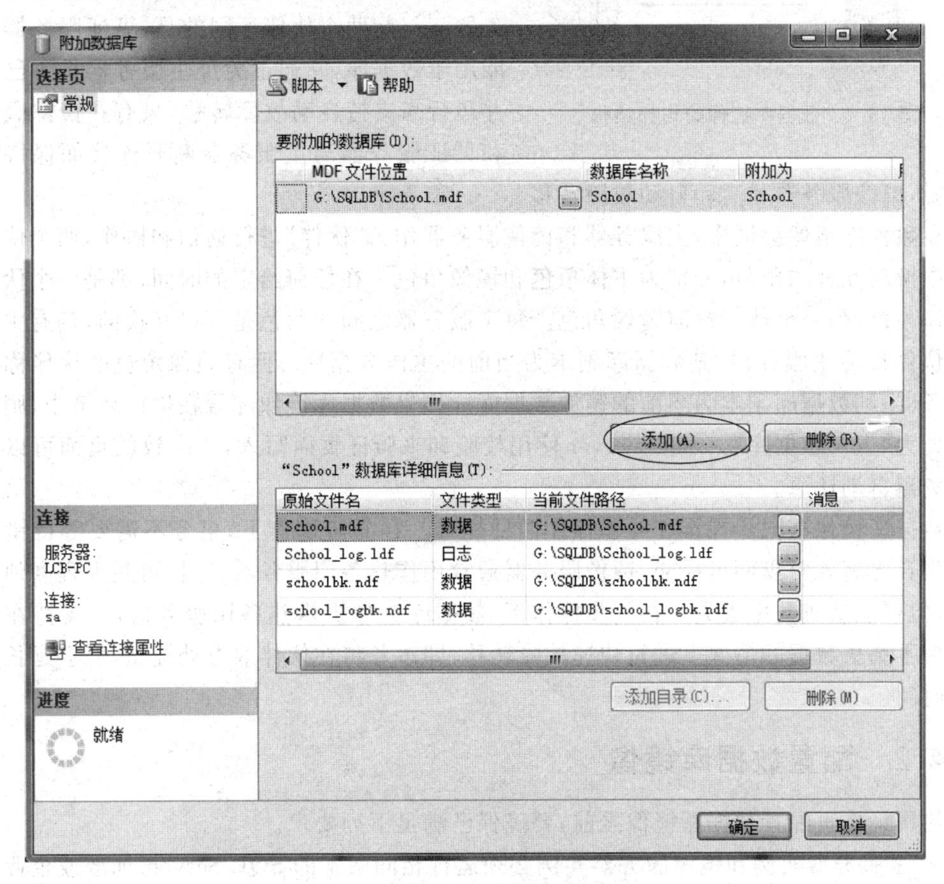

图 13.6 "附加数据库"对话框

13.4 数据库镜像

数据库镜像是用于提高数据库可用性的主要软件解决方案。镜像基于每个数据库实现，并且只适用于使用完整恢复模式的数据库，简单恢复模式和大容量日志恢复模式不支持数据库镜像。数据库镜像采用热备份来应对数据库或者服务器故障。

13.4.1 数据库镜像概述

数据库镜像维护一个数据库的两个副本，这两个副本必须驻留在 SQL Server 数据库引擎的不同服务器实例上。通常，这些服务器实例驻留在不同位置的计算机上，启动数据库上的数据库镜像操作时，在这些服务器实例之间形成一种关系，称为“数据库镜像会话”。

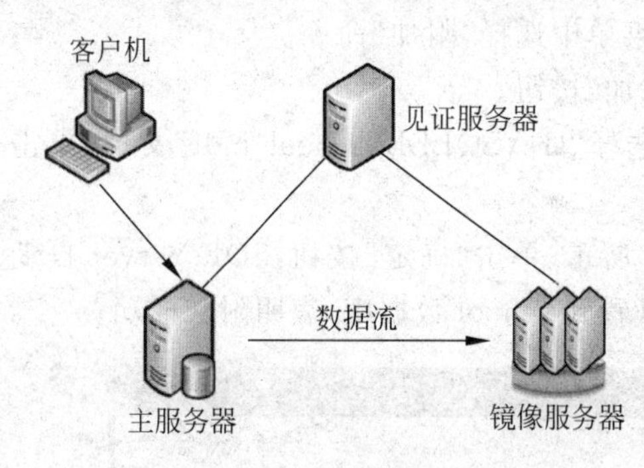

图 13.7 数据库镜像的拓扑结构

数据库镜像的拓扑结构如图 13.7 所示，其中一个服务器实例使数据库服务于客户端，称为主服务器；另一个服务器实例则根据镜像会话的配置和状态充当热备用或温备用服务器，称为镜像服务器；具有自动故障转移功能的高安全性模式要求使用第三个服务器实例，称为见证服务器。与前两个伙伴不同的是，见证服务器并不能用于数据库，它通过验证主服务器是否已启用并运行来支持自动故障转移，只有在镜像服务器和见证服务器与主服务器断开连接而保持相互连接时，镜像服务器才启动自动故障转移。

在数据库镜像会话中，主服务器和镜像服务器作为“伙伴”进行通信和协作，两个伙伴在会话中扮演互补的角色，分别为主体角色和镜像角色。在任何给定的时间，都是一个伙伴扮演主体角色，另一个伙伴扮演镜像角色。每个服务器之间的角色是可以互换的，拥有主体角色的伙伴称为主服务器，其数据库副本为当前的主体数据库；拥有镜像角色的伙伴称为镜像服务器，其数据库副本为当前的镜像数据库。如果数据库镜像部署在生产环境中，则主数据库即为“生产数据库”。SQL Server 使用校验和来验证页面写入，不一致的页面可以从镜像服务器自动还原。

数据库镜像有同步操作和异步操作两种模式。在异步操作下，事务不需要等待镜像服务器将日志写入磁盘便可提交，镜像服务器通常用作热备用服务器，这样可最大程度地提高性能，但可能造成数据丢失。在同步操作下，数据库镜像提供热备用服务器，可支持在已提交事务不丢失数据的情况下进行快速故障转移，即事务将在伙伴双方处提交，但会延长事务滞后时间。

13.4.2 配置数据库镜像

使用镜像页配置数据库镜像之前，要确保已满足下列要求。

- 主服务器实例和镜像服务器实例必须运行相同版本的 SQL Server(标准或企业版)。
- 镜像数据库必须存在，并且为当前数据库。
- 如果服务器实例使用不同的域用户账户运行，则每个实例还需要在其他实例的 master 数据库中具有登录名。如果登录名不存在，则必须在配置镜像之前创建登录名。

在配置数据库镜像之前，采用第 2 章介绍的方法再次安装 SQL Server，其实例名为 MYSERVER，用作镜像服务器(本机上有 SQLSERVER、MYSERVER 和 SQLEXPRESS

三个实例)。在 SQLSERVER 主服务器实例中执行以下程序创建一个实验数据库 mirror(含一个表 tb),并将该数据库备份到“G:\SQLDB\Mirror.bak”文件中。

```
CREATE DATABASE mirror
GO
USE mirror
CREATE TABLE tb(c1 int,c2 char(10))
GO
USE master
BACKUP DATABASE mirror TO DISK = 'G:\SQLDB\Mirror.bak'
```

再在 MYSERVER 镜像服务器实例中执行以下程序还原 mirror 数据库。

```
USE master
RESTORE DATABASE mirror From disk  = 'G:\SQLDB\Mirror.bak'
  WITH NORECOVERY,
  MOVE 'mirror' TO 'G:\SQLDB\mirror.mdf',
  MOVE 'mirror_log' TO 'G:\SQLDB\mirror_log.mdf'
```

使用 SQL Server 管理控制器配置 mirror 数据库镜像的基本步骤如下。

① 连接主服务器 SQLSERVER,在“对象资源管理器”窗口中选中数据库 mirror,从出现的快捷菜单中选择“任务|镜像”命令,打开“数据库属性”对话框的“镜像”选项卡,如图 13.8 所示。

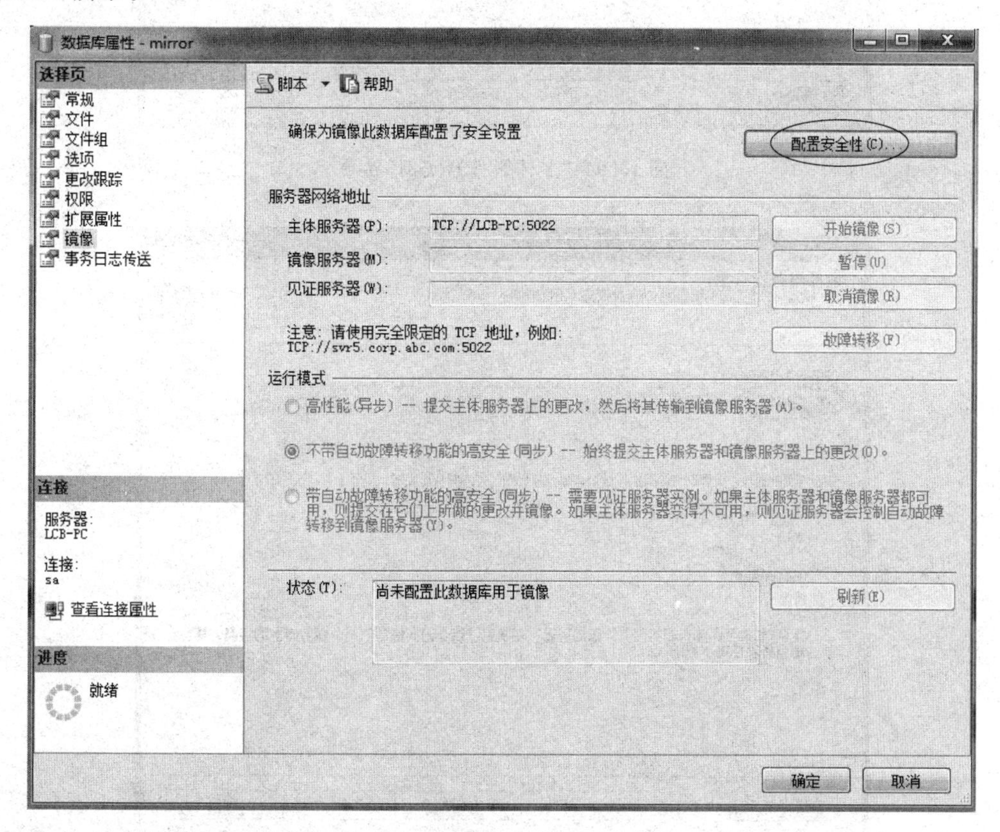

图 13.8　“数据库属性”对话框的“镜像”选项卡

② 开始配置镜像。单击“配置安全性”按钮以启动配置数据库镜像安全向导。在“配置数据库镜像安全向导”对话框中单击“下一步”按钮，在“包含见证服务器”对话框中选中“否”单选按钮，单击“下一步”按钮。

③ 在如图 13.9 所示的“主体服务器实例”界面中保持默认值，即主体服务器实例为 LCB-PC，端口为 5022，单击“下一步”按钮。同样配置镜像服务器，即镜像服务器实例为 MYSERVER，端口为 5022，如图 13.10 所示，单击“下一步”按钮。

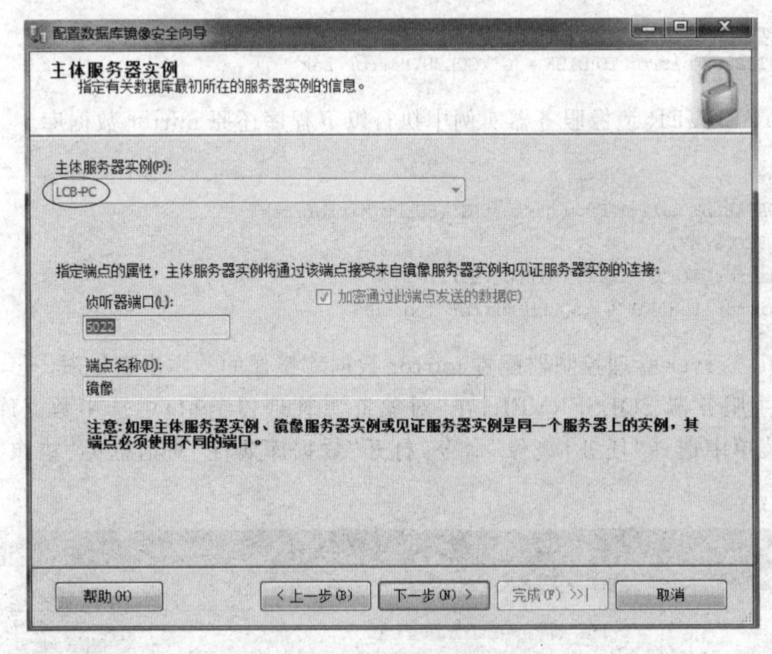

图 13.9 “主体服务器实例”界面

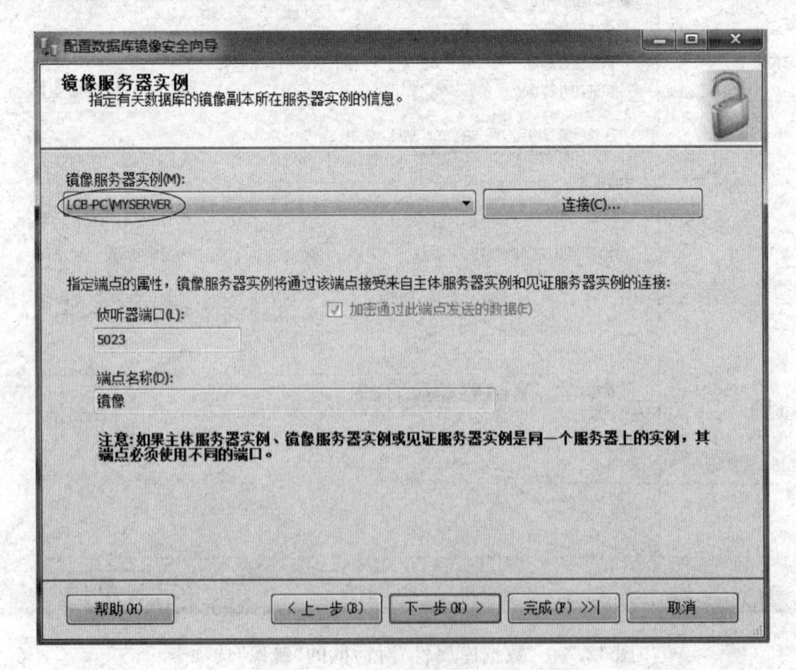

图 13.10 “镜像服务器实例”界面

④ 根据需要选择更改运行模式，运行模式有高性能(异步)、不带自动故障转移功能的高安全(同步)和带自动故障转移功能的高安全(同步)三种。

⑤ 出现如图13.11所示的“完成该向导”界面，单击“完成”按钮。

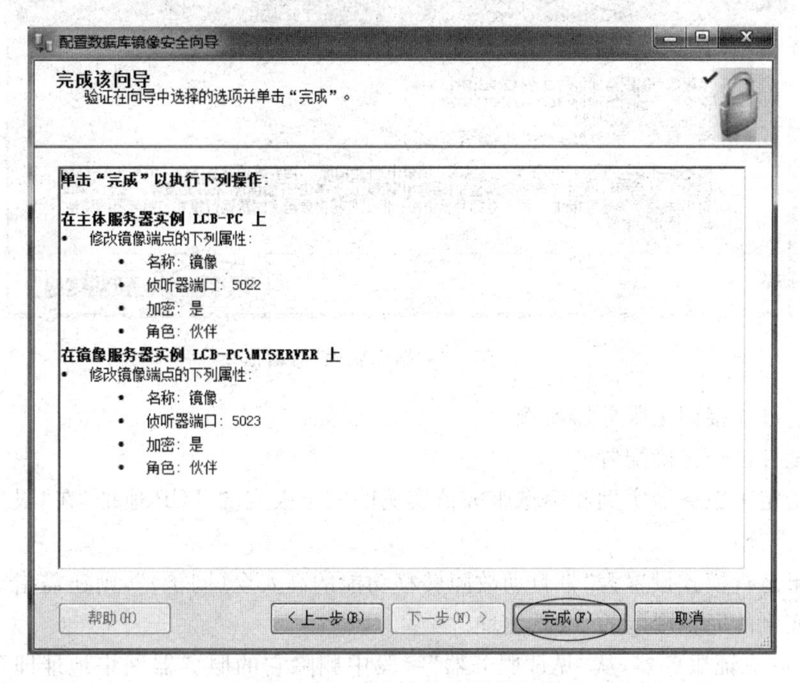

图13.11　“完成该向导”界面

⑥ 出现如图13.12所示的“正在配置端点”界面，成功后单击“关闭”按钮。

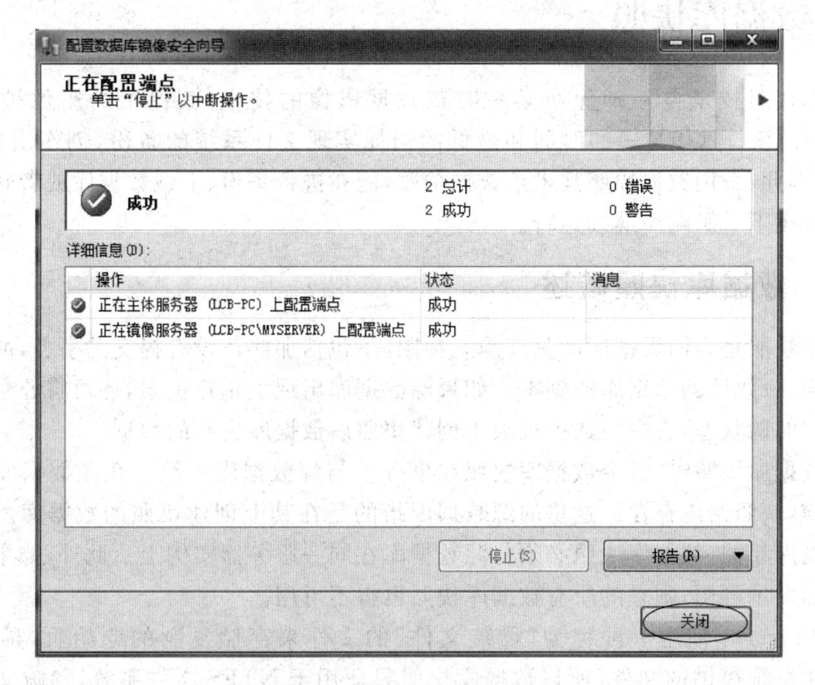

图13.12　“正在配置端点”界面

⑦ 出现如图 13.13 所示的“数据库属性”对话框，满足下列所有条件后，单击“开始镜像”按钮以开始镜像。

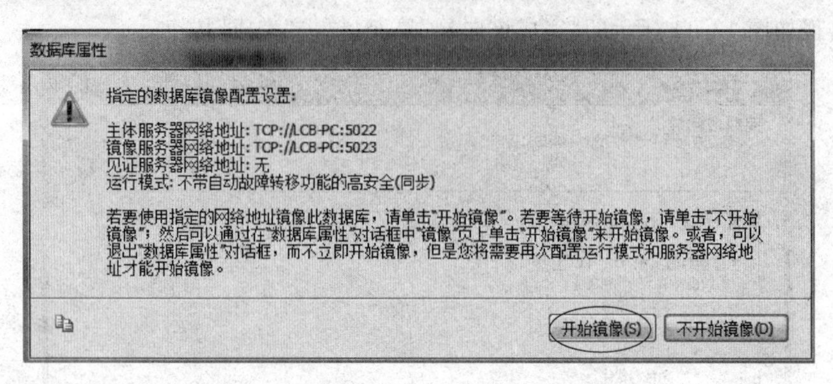

图 13.13 “数据库属性”对话框

- 当前已连接到主服务器实例。
- 安全性已经正确配置。
- 已指定主服务器实例和镜像服务器实例的完全限定的 TCP 地址(在“服务器网络地址”部分)。
- 如果运行模式设置为“带自动故障转移功能的高安全(同步)”，则还需指定见证服务器实例的完全限定的 TCP 地址。

若要删除见证服务器，从“见证服务器”字段中删除它的服务器网络地址即可。如果从带有自动故障转移功能的高安全模式切换到高性能模式，则将自动清空“见证服务器”字段。

13.5 数据库快照

数据库快照技术是一种保留某一时刻数据影像的技术，其保留的影像被称为快照(Snapshot)。该技术用最短的时间和最低的消耗实现文件系统的备份，创作出数据的“影子”图像。因此，采用数据快照技术给数据拍照，能在进行备份、下载数据库或者转移数据的同时保证应用不受影响而继续运行。

13.5.1 数据库快照概述

数据库快照是当前数据库的只读静态视图，不包括那些还没有提交的事务，所以快照提供了只读的、一致性的数据库的副本。如果源数据库出现了用户错误，还可将源数据库恢复到创建快照时的状态，丢失的数据仅限于创建快照后数据库更新的数据。

创建数据库快照时，每个数据库快照在事务上与源数据库一致。在源数据库所有者显式删除之前，快照始终存在。这里的源数据库指的是在其上创建快照的数据库。数据库快照与源数据库相关，数据库快照必须与源数据库在同一服务器实例上。此外，如果源数据库因某种原因而不可用，则它的所有数据库快照也将不可用。

SQL Server 中使用一种称为“稀疏文件”的文件来存储复制的原始页，稀疏文件是 NTFS 文件系统提供的文件(所以数据库快照只适用于 NTFS 文件系统，稀疏文件需要的磁盘空间要比其他文件格式少很多)。最初，稀疏文件实质上是空文件，不包含用户数据，并且未被分配存储用户数据的磁盘空间。对于每一个快照文件，SQL Server创建了一个保存在高速缓存中的比特图，数据库文件的每一页对应一个比特位，表明该页是否被复制到快照中。当源数据库发生改变时，SQL Server会查看比特图来检查该页是否已经被复制，如果没有被复制，则将其复制到快照中，然后更新源数据库，即“写入时复制操作”；如果该页已经复制过，就不需要再复制。

首次创建稀疏文件时，稀疏文件占用的磁盘空间非常少；随着数据写入数据库快照，NTFS会将磁盘空间逐渐分配给相应的稀疏文件；随着源数据库中更新的页越来越多，文件的大小也不断增长。

数据库快照在数据页级运行。在第一次修改源数据库页之前，系统先将原始页从源数据库复制到快照，快照将存储原始页，保留它们在创建快照时的数据记录，如图13.14所示。在修改源数据库的一个页时，系统会将源数据库中修改对应的一个页复制到数据库快照中。对已修改页中的记录进行后续更新不会影响快照的内容。

对于用户而言，数据库快照似乎始终保持不变，因为对数据库快照的读操作始终访问原始数据页，如果未更新源数据库中的页，则对快照的读操作将从源数据库读取原始页；如果已更新源数据库中的页，对快照的读操作仍访问原始页，该原始页现在存储在稀疏文件中。图13.15展示了一种快照查询对数据库的访问情况，源数据库的9个页被访问，有一个页是通过快照访问的，因为该页被更新过了。从中可以看到，就用户来说，对数据库快照的读操作与页驻留的位置无关。

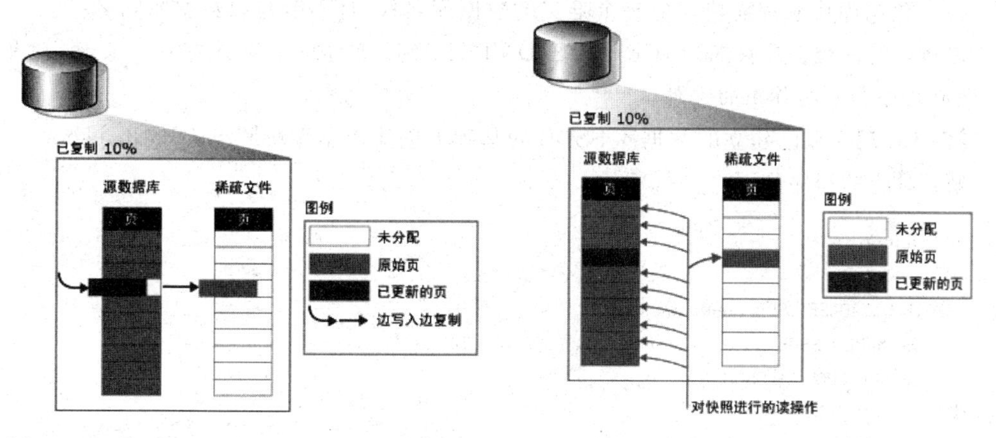

图13.14　快照中包含来自源数据库中的一个页　　　　图13.15　读取数据库快照

显然，在数据库快照中，比特图是十分重要的。由于比特图保存在高速缓存中，而不是数据库文件中，所以在SQL Server关闭后，比特图不复存在，数据库启动时系统会自动进行重建。

注意：由于数据库快照是静态的，因此没有新数据可用。为了让用户能够使用相对较新的数据，必须定期创建新的数据库快照，并通过应用程序将传入客户端连接定向到最新的快照。

建立数据库快照的基本限制如下所述。

(1) 数据库快照必须与源数据库在相同的服务器实例上创建和保留。

(2) 不能在FAT32文件系统或RAW分区上创建数据库快照。数据库快照所用的稀疏文件由 NTFS 文件系统提供。

(3) 始终对整个数据库制作数据库快照。

(4) 快照为只读的,不能从数据库快照中删除文件,不能备份或还原数据库快照,不能附加或分离数据库快照。

(5) 不能对源数据库进行删除、分离或还原。

(6) 源数据库的性能受到影响。由于每次更新页时都会对快照执行写入复制操作,导致源数据库上的 I/O 负担增加。

(7) 不能从源数据库或任何快照中删除文件。

13.5.2 创建和使用数据库快照

1. 创建数据库快照

在 SQL Server 中只能使用 T-SQL 语句来创建数据库快照,不支持使用 SQL Server 管理控制器可视化创建数据库快照。创建数据库快照的 CREATE DATABASE 语句的基本语法格式如下。

```
CREATE DATABASE 数据库快照名
    ON(NAME = 逻辑文件名,FILENAME = '物理文件名')
    AS SNAPSHOT OF 源数据库名
```

每个数据库快照都需要对应一个唯一的数据库名称,且不能与源数据库同名。

注意:创建数据库快照时,CREATE DATABASE 语句中不允许有日志文件、脱机文件、还原文件和不起作用的文件。

【例 13.7】 在已建立的数据库 SSDB 的基础上创建数据库快照 SSDB_Snapshot。

解:对应的程序如下。

```
USE master
GO
CREATE DATABASE SSDB_Snapshot
    ON(NAME = SSDB_Data,FILENAME = 'G:\SQLDB\SSDB.ss')
    AS SNAPSHOT OF SSDB
GO
```

注意:数据库快照文件名的.ss 后缀是随便起的。此时"LCB-PC|数据库|数据库快照"结点下出现了 SSDB_Snapshot。用户可以像对普通数据库一样对它进行查询操作。

若要查看 SQL Server 实例的数据库快照,可以查询 sys.databases 目录视图的 source_database_id 列。

其实从表面上看,快照数据库和普通数据库没什么区别,唯一不同的是快照数据库采用的是稀疏文件,存放数据库创建快照以后所变化的数据,而且快照数据库占用的空间比较少。

一个数据库可以创建多个数据库快照,随着时间的变化,创建的一系列快照可捕获源数据库的连续快照。每个数据库快照会一直存在,直到显式删除。因为每个快照会随着原始页的更新而不断增长,所以可以在创建新快照后删除旧的快照来节省空间。

2. 将数据库恢复到数据库快照

如果联机数据库中的数据损坏，在某些情况下，将数据库恢复到发生损坏之前的数据库快照可能是一种合适的替代方案，替代从备份中还原数据库的操作。例如，通过恢复数据库可能会恢复最近出现的严重用户错误，如删除表。但是在该快照创建以后进行的所有更改都会丢失。

将数据库恢复到数据库快照可以使用 RESTORE DATABASE 语句，其基本语法格式如下。

```
RESTORE DATABASE 源数据库名 FROM DATABASE_SNAPSHOT = 数据库恢复到的快照名
```

注意：*必须在此语句中指定快照名称，而非备份设备。*

【例 13.8】 将数据库 SSDB 恢复到数据库快照 SSDB_Snapshot。

解：对应的程序如下。

```
USE master
GO
RESTORE DATABASE SSDB FROM DATABASE_SNAPSHOT = SSDB_Snapshot
```

注意：*如果一个数据库创建有多个数据库快照，若要还原到某个数据库快照，则需要删除所有其他快照。*

3. 删除数据库快照

删除数据库快照将删除快照使用的稀疏文件，并终止所有到此快照的用户连接。可以使用 DROP DATABASE 语句删除指定的数据库快照，其基本语法格式如下。

```
DROP DATABASE 数据库快照名
```

【例 13.9】 删除数据库快照 SSDB_Snapshot。

解：对应的程序如下。

```
USE master
GO
DROP DATABASE SSDB_Snapshot
```

此时到 SSDB_Snapshot 的所有用户连接都被终止，并删除了快照使用的所有 NTFS 文件系统稀疏文件。

13.6 日志传送

日志传送是一种代价低、直接且可靠的解决方案，可以用它来获取高可靠性，可以用来以固定的时间频率自动同步两个数据库，按照一个计划日程通过备份、复制和还原事务日志。

日志传送的拓扑结构如图 13.16 所示，主服务器是作为生产服务器的 SQL Server 数据库引擎实例；辅助服务器是想要在其中保留主数据库备用副本的服务器；可选的第三个服务器(监视服务器)记录备份和还原操作的历史记录及状态，还可以在无法按计划执行这些操作时引发警报。

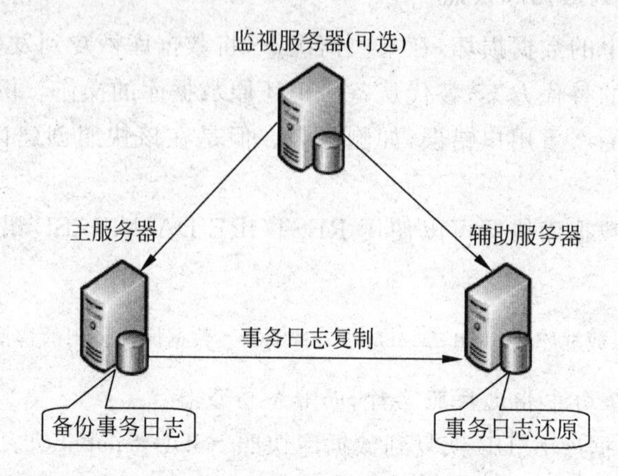

图 13.16 日志传送的拓扑结构

日志传送主要由如下三项操作组成。

① 在主服务器中备份事务日志。

② 将事务日志文件复制到辅助服务器。

③ 在辅助服务器中还原日志备份。

日志可传送到多个辅助服务器,在这些情况下,将针对每个辅助服务器实例重复执行操作②和操作③。

日志传送涉及四项由专用 SQL Server 代理作业处理的作业,包括备份作业、复制作业、还原作业和警报作业。用户控制日志备份的频率,包括将日志备份复制到辅助服务器的频率以及将日志备份应用到辅助数据库的频率。例如在生产系统出现故障之后,为了减少使辅助服务器联机所需的工作,可以在创建每个事务日志备份后立即将其复制和还原。

1. 备份作业

在主服务器上为每个主数据库创建一个备份作业。它执行备份操作,将历史记录信息记录到本地服务器和监视服务器上,并删除旧的备份文件和历史记录信息。默认情况下,每15分钟执行一次此作业,但是间隔可以自定义。启用日志传送后,将在主服务器上创建SQL Server 代理作业类别"日志传送备份"。

2. 复制作业

在日志传送配置中,将针对辅助服务器创建复制作业。此作业将备份文件从主服务器复制到辅助服务器中的可配置目标,并在辅助服务器和监视服务器中记录历史记录。可自定义的复制作业计划应与备份计划相似。启用日志传送后,将在辅助服务器上创建 SQL Server 代理作业类别"日志传送复制"。

3. 还原作业

在辅助服务器上为每个日志传送配置创建一个还原作业。此作业将复制的备份文件还原到辅助数据库。它将历史记录信息记录在本地服务器和监视服务器上,并删除旧文件和旧历史记录信息。在启用日志传送时,辅助服务器上会创建 SQL Server 代理作业类别"日志传送还原"。

在给定的辅助服务器上，可以按照复制作业的频率计划还原作业，也可以延迟还原作业。使用相同的频率计划这些作业，可以使辅助数据库尽可能与主数据库保持紧密一致，便于创建备用数据库。

4. 警报作业

如果使用了监视服务器，将在警报监视服务器上创建一个警报作业。此警报作业由使用监视服务器的所有日志传送配置中的主数据库和辅助数据库所共享。对警报作业进行的任何更改（例如重新计划作业、禁用作业或启用作业）会影响所有使用监视服务器的数据库。在启用日志传送时，监视服务器上会创建 SQL Server 代理作业类别“日志传送警报”。如果未使用监视服务器，将在本地主服务器和辅助服务器上创建一个警报作业。

有关在辅助服务器上添加辅助数据库和在主服务器上启用日志传送的过程，可以使用 SQL Server 管理控制器和 T-SQL 实现，这里不再详述。

13.7　故障转移群集概述

故障转移群集是微软 Windows 操作系统针对服务器提供的一种服务，该服务用于防止单台服务器故障导致服务失效。

故障转移群集的拓扑结构如图 13.17 所示，是一种高可用性的基础结构层，由多台计算机组成，每台计算机相当于一个冗余结点，整个群集系统允许某部分结点掉线、故障或损坏，而不影响整个系统的正常运作。

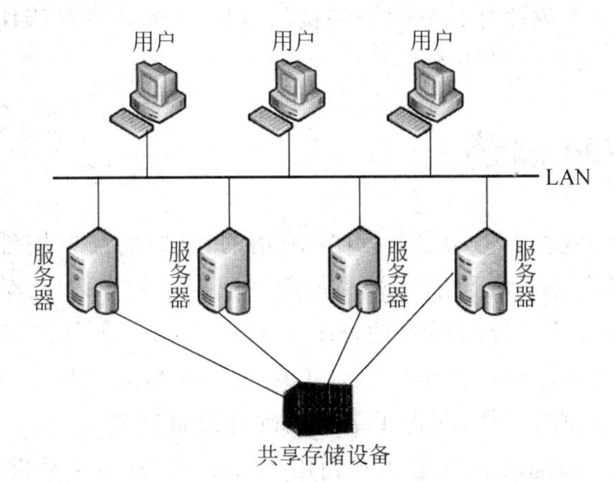

图 13.17　故障转移群集的拓扑结构

一台服务器接管发生故障的服务器的过程通常称为“故障转移”。如果一台服务器变为不可用，则另一台服务器自动接管发生故障的服务器并继续处理任务。群集中的每台服务器在群集中至少有一台其他服务器确定为其备用服务器。

工作原理是：故障转移群集必须基于域的管理模式部署，以“心跳机制”来监视各个结点的健康状况；备用服务器以心跳信号来确定活动服务器是否正常，要让备用服务器变成活动服务器，它必须确定活动服务器不再正常工作。

备用服务器必须首先将其状态与发生故障的服务器的状态进行同步，然后才能开始处理事务，同步方法主要有如下三种。

- 事务日志：在事务日志方法中，活动服务器将其状态的所有更改记录到日志中；一个同步实用工具定期处理此日志，以更新备用服务器的状态，使其与活动服务器的状态一致；当活动服务器发生故障时，备用服务器必须使用此同步实用工具处理自上次更新以来事务日志中的任何添加内容。在对状态进行同步之后，备用服务器就成为活动服务器，并开始处理事务。
- 热备用：在热备用方法中，将把活动服务器内部状态的更新立即复制到备用服务器。因为备用服务器的状态是活动服务器状态的克隆，所以备用服务器可以立即成为活动服务器，并开始处理事务。
- 共享存储：在共享存储方法中，两台服务器都在共享存储设备(如存储区域网络或双主机磁盘阵列)上记录其状态。这样，因为不需要进行状态同步，故障转移可以立即发生。

故障转移群集是针对具有长期运行的内存状态或具有大型的、频繁更新的数据状态的应用程序而设计的。这些应用程序称为状态应用程序，包括数据库应用程序和消息应用程序。故障转移群集的典型使用包括文件服务器、打印服务器、数据库服务器和消息服务器。

为了在 SQL Server 中实施故障转移群集，需要在“SQL Server 安装中心”对话框中选择“新的 SQL Server 故障转移群集安装”选项进行安装。在安装 SQL Server 故障转移群集之前，必须选择运行 SQL Server 的硬件和操作系统，还必须配置 Windows Server 故障转移群集(WSFC)，检查网络和安全性，并了解将在故障转移群集上运行的其他软件的注意事项。

有关故障排除的基本步骤和从故障转移群集故障中恢复的方法比较复杂，感兴趣的读者可以参考相关文献，这里不再详述。

13.8 AlwaysOn 概述

SQL Server AlwaysOn 是 SQL Server 中新增的、全面的高可用性灾难恢复解决方案。在 AlwaysOn 之前，SQL Server 已有多种高可用性数据恢复方案，如数据库镜像、日志传送和故障转移集群，但都有其自身的局限性，AlwaysOn 作为一种新的解决方案，结合了数据库镜像和故障转移集群的优点。使用 AlwaysOn，可以提高应用程序可用性，并且通过简化高可用性部署和管理方面的工作，获得了更好的硬件投资回报。

一方面，AlwaysOn 故障转移群集实例利用 Windows Server 故障转移群集(WSFC)功能，通过冗余在服务器实例级别(故障转移群集实例 FCI 提供了本地高可用性。FCI 是在 Windows Server 故障转移群集(WSFC)结点上和(可能)多个子网中安装的单个 SQL Server 实例，在网络上，FCI 表现得好像是在单台计算机上运行的 SQL Server 实例，但它提供了从一个 WSFC 结点到另一个 WSFC 结点的故障转移(如果当前结点不可用)。

另一方面，SQL Server 中引入了 AlwaysOn 可用性组功能，此功能可最大限度地提高一组用户数据库对企业的可用性。可用性组是一个容器，用于一组共同实现故障转移的数据库。属于可用性组的数据库即为可用性数据库，对于每个可用性数据库，可用性组将保留一个读写副本(“主数据库”)和 1～4 个只读副本(“辅助数据库”)，可使辅助数据库能进行只读访问或某些备份操作。

可用性组在可用性副本级别进行故障转移,故障转移不是由诸如因数据文件丢失而使数据库成为可疑数据库、删除数据库或事务日志损坏等此类数据库问题导致的。

AlwaysOn 可用性组提供了一组丰富的选项来提高数据库的可用性,并改进资源使用情况。对于可用性组,可以使用 SQL Server 管理控制器和 T-SQL 实现如下功能。

(1) 创建和配置可用性组。在某些环境中可以自动准备辅助数据库,并且为每个数据库启动数据同步。

(2) 向现有可用性组添加一个或多个主数据库。在某些环境中,可以自动准备辅助数据库,并且为每个数据库启动数据同步。

(3) 向现有可用性组添加一个或多个辅助副本,在某些环境中,此向导还可以自动准备辅助数据库,并且为每个数据库启动数据同步。

(4) 启动对可用性组的手动故障转移。根据指定为故障转移目标的辅助副本的配置和状态,可以指定计划的手动故障转移或强制手动故障转移。

(5) 监视 AlwaysOn 可用性组、可用性副本和可用性数据库,并且评估 AlwaysOn 策略的结果。

有关配置 SQL Server 以支持 AlwaysOn 可用性组以及启用、管理和监视 AlwaysOn 可用性组的内容比较复杂,感兴趣的读者可以参考相关文献,这里不再详述。

练习题 13

(1) 数据文件安全性和 SQL Server 的安全性有什么不同?

(2) 什么是备份? 备份分为哪几种类型?

(3) 什么是物理设备和逻辑设备?

(4) 何为差异数据库备份?

(5) 数据恢复模式有哪几种?

(6) 进行数据库还原有哪些注意要点?

(7) 什么是数据库的分离和附加? 与数据库备份和还原有什么不同?

(8) 数据库镜像的同步操作或异步操作两种模式有什么不同?

(9) 配置数据库镜像之前应满足哪些要求?

(10) 数据库快照和数据库镜像技术有什么不同?

(11) 日志传送涉及的由专用 SQL Server 代理作业处理的作业是什么?

(12) 什么是 AlwaysOn 可用性组?

上机实验题 12

使用 SQL Server 管理控制器对 factory 数据库执行完整备份(如备份到 G:\DBF\backup2 文件中)和恢复操作。

CHAPTER 14

第 14 章　ADO.NET 数据访问技术

ADO(ActiveX Data Objects)是 Microsoft 开发的面向对象的数据访问库，目前已经得到了广泛的应用。ADO.NET 是 ADO 的后续技术，但并不是 ADO 的简单升级，而是有非常大的改进。本章将介绍采用 Visual C#.NET 2012 利用 ADO.NET 访问 SQL Server 数据库的方法。

14.1　ADO.NET 模型

14.1.1　ADO.NET 简介

ADO.NET 是微软新一代.NET 数据库的访问模型，是目前数据库程序设计师用来开发数据库应用程序的主要接口。

ADO.NET 是在.NET Framework(这里采用.NET Framework 4.5 版本)上访问数据库的一组类库，它利用.NET Data Provider(数据提供程序)进行数据库的连接与访问。通过 ADO.NET，数据库程序设计人员能够很轻易地使用各种对象，来访问符合自己需求的数据库内容。换句话说，ADO.NET 定义了一个数据库访问的标准接口，让提供数据库管理系统的各个厂商可以根据此标准开发对应的.NET Data Provider，这样编写数据库应用程序的人员不必了解各类数据库底层运作的细节，只要掌握了 ADO.NET 所提供对象的模型，便可轻易地访问所有支持.NET Data Provider 的数据库。

1. ADO.NET 是应用程序和数据源之间沟通的桥梁

通过 ADO.NET 所提供的对象，再配合 SQL 语句，就可以访问数据库内的数据；而且，凡是能通过 ODBC 或 OLEDB 接口访问的数据库(如 SQL Server、dBase、FoxPro、Excel、Access 和 Oracle 等)，也可通过 ADO.NET 来访问。

2. ADO.NET 可提高数据库的扩展性

ADO.NET 可以将数据库内的数据以 XML 格式传送到客户端(Client)

的 DataSet 对象中，此时客户端可以和数据库服务器端离线，当客户端程序对数据进行新建、修改、删除等操作后，再和数据库服务器联机，将数据送回数据库服务器端完成更新的操作。如此一来，就可以避免客户端和数据库服务器联机时，虽然客户端不对数据库服务器作任何操作，却一直占用数据库服务器资源的情况。此种模型使得数据处理由相互连接的双层架构向多层式架构发展，因而提高了数据库的扩展性。

3. 使用 ADO.NET 处理的数据可以通过 HTTP 来传输

ADO.NET 模型中特别针对分布式数据访问提出了多项改进，为了适应互联网上的数据交换，ADO.NET 不论是内部运作还是与外部数据交换的格式，都采用 XML 格式，因此能很轻易地直接通过 HTTP 来传输数据，而不必担心防火墙的问题。而且，对于异质性（不同类型）数据库的集成，也提供了最直接的支持。

14.1.2 ADO.NET 体系结构

ADO.NET 主要希望在处理数据的同时不要一直和数据库联机，而发生一直占用系统资源的现象。为此，ADO.NET 将访问数据和数据处理两部分分开，以达到离线访问数据的目的，使得数据库能够运行其他工作。

因此，可将 ADO.NET 模型分成 .NET Data Provider 和 DataSet（数据集，数据处理的核心）两大主要部分，其中包含的主要对象及其关系如图 14.1 所示。

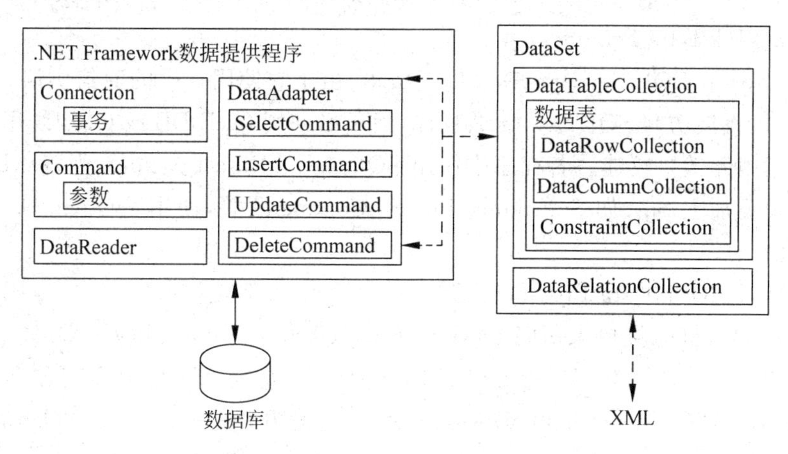

图 14.1　ADO.NET 对象结构模型

1. .NET Data Provider

.NET Data Provider 是指访问数据源的一组类库，主要是为了统一对于各类型数据源的访问方式而设计的一套高效能的类数据库。表 14.1 给出了 .NET Data Provider 中包含的 4 个对象及其功能说明。

表 14.1　.NET Data Provider 中包含的 4 个对象及其功能说明

对象名称	功能说明
Connection	提供和数据源的连接功能
Command	提供运行访问数据库命令、传送数据或修改数据的功能，例如运行 SQL 命令和存储过程等

续表

对象名称	功能说明
DataAdapter	是 DataSet 对象和数据源间的桥梁。DataAdapter 使用 4 个 Command 对象来运行查询、新建、修改、删除的 SQL 命令，把数据加载到 DataSet，或者把 DataSet 内的数据送回数据源
DataReader	通过 Command 对象运行 SQL 查询命令取得数据流，以便进行高速、只读的数据浏览

通过 Connection 对象可与指定的数据库进行连接；Command 对象用来运行相关的 SQL 命令(SELECT、INSERT、UPDATE 或 DELETE)，以读取或修改数据库中的数据。通过 DataAdapter 对象所提供的 4 个 Command 对象可以进行离线式的数据访问，这 4 个 Command 对象分别为 SelectCommand、InsertCommand、UpdateCommand 和 DeleteCommand，其中 SelectCommand 用来将数据库中的数据读出并放到 DataSet 对象中，以便进行离线式的数据访问；其他 3 个命令对象(InsertCommand、UpdateCommand 和 DeleteCommand)用来修改 DataSet 中的数据，并写回数据库中；通过 DataAdapter 对象的 Fill 方法可以将数据读到 DataSet 中；通过 Update 方法则可以将 DataSet 对象的数据更新到指定的数据库中。

在使用程序访问数据库之前，要先确定使用哪个 Data Provider(数据提供程序)来访问数据库，Data Provider 是一组用来访问数据库的对象，在. NET Framework 中有如下几组。

1) SQL. NET Data Provider

支持 Microsoft SQL Server 7.0 及以上版本，由于它使用自己的通信协议，并且做过最优化，所以可以直接访问 SQL Server 数据库，而不必使用 OLE DB 或 ODBC(开放式数据库连接层)接口，因此效果较佳。若程序中使用 SQL. NET Data Provider，则该 ADO. NET 对象名称之前都要加上 Sql，如 SqlConnection、SqlCommand 等，使用 System. Data. SqlClient 命名空间。

2) OLE DB. NET Data Provider

支持通过 OLE DB 接口来访问 FoxPro、Excel、Access、Oracle 以及 SQL Server 等各类型数据源。程序中若使用 OLE DB . NET Data Provider，则 ADO. NET 对象名称之前要加上 OleDb，如 OleDbConnection、OleDbCommand 等，使用 System. Data. OleDb 命名空间。

3) ODBC. NET Data Provider

支持通过 ODBC 接口来访问 FoxPro、Excel、Access、Oracle 以及 SQL Server 等各类型数据源。程序中若使用 ODBC. NET Data Provider，则 ADO. NET 对象名称之前要加上 Odbc，如 OdbcConnection、OdbcCommand 等，使用 System. Data. Odbc 命名空间。

4) ORACLE . NET Data Provider

支持通过 ORACLE 接口来访问 ORACLE 数据源。程序中若使用 ORACLE . NET Data Provider，则 ADO. NET 对象名称之前要加上 Oracle，如 OracleConnection、OracleCommand 等，使用 System. Data. OracleClient 命名空间。

5) EntityClient 提供程序

提供对实体数据模型(EDM)应用程序的数据访问，使用 System. Data. EntityClient 命名空间。

6）用于 SQL Server Compact 4.0 的.NET Framework 数据提供程序

提供 SQL Server Compact 4.0 的数据访问，使用 System.Data.SqlServerCe 命名空间。

从以上介绍可以看出，要访问 SQL Server 数据库，可以使用多种数据提供程序。但使用不同的数据提供程序时，访问 SQL Server 数据库的方式有所不同，本章将主要介绍使用 SQL.NET Data Provider 访问 SQL Server 数据库的方法。

2. DataSet

DataSet 是 ADO.NET 离线数据访问模型中的核心对象，主要是在内存中暂存并处理各种从数据源中所取回的数据。DataSet 其实就是一个存放在内存中的数据暂存区，这些数据必须通过 DataAdapter 对象与数据库做数据交换。在 DataSet 内部允许同时存放一个或多个不同的数据表对象(DataTable)，这些数据表是由数据列和数据域所组成的，并包含有主索引键、外部索引键、数据表间的关系信息以及数据格式的条件限制。

DataSet 的作用像内存中的数据库管理系统，因此在离线时，DataSet 也能独自完成数据的新建、修改、删除、查询等操作，而不必一直局限在和数据库联机时才能做数据维护的工作。DataSet 可以用于访问多个不同的数据源、XML 数据或者作为应用程序暂存系统状态的暂存区。

数据库通过 Connection 对象连接后，便可以通过 Command 对象将 SQL 语句(如 INSERT、UPDATE、DELETE 或 SELECT)交由数据库引擎(例如 SQL Server)去运行，并通过 DataAdapter 对象将数据查询的结果存放到离线的 DataSet 对象中进行离线数据修改，对降低数据库联机负担具有极大的帮助。至于数据查询部分，还通过 Command 对象设置 SELECT 查询语法，通过 Connection 对象设置数据库连接，运行数据查询后利用 DataReader 对象以只读的方式进行逐笔往下的数据浏览。

14.1.3 ADO.NET 数据库的访问流程

ADO.NET 数据库访问的一般流程如下所述。

① 建立 Connection 对象，创建一个数据库连接。

② 在建立连接的基础上使用 Command 对象对数据库发送查询、新增、修改和删除等命令。

③ 创建 DataAdapter 对象，从数据库中取得数据。

④ 创建 DataSet 对象，将 DataAdapter 对象中的数据填充到 DataSet 对象(数据集)中。

⑤ 如果需要，可以重复操作④，一个 DataSet 对象可以容纳多个数据集合。

⑥ 关闭数据库。

⑦ 在 DataSet 上进行所需要的操作。例如数据集的数据要输出到 Windows 窗体或者网页上，要设定数据显示控件的数据源为数据集。

14.2 ADO.NET 的数据访问对象

ADO.NET 的数据访问对象有 Connection、Command、DataReader 和 DataAdapter 等。每种.NET Data Provider 都有自己的数据访问对象，它们使用方式相似，本节主要介绍 SQL.NET Data Provider 的各种数据访问对象的使用方法。

14.2.1 SqlConnection 对象

当与数据库交互时，首先应该创建连接，该连接告诉其余代码它将与哪个数据库打交道，这种连接管理所有与特定数据库协议有关联的低级逻辑。SQL.NET Data Provider 使用 SqlConnection 对象来标识与一个数据库的物理连接。

1. SqlConnection 的属性和方法

SqlConnection 对象的常用属性如表 14.2 所示。

表 14.2 SqlConnection 对象的常用属性及其说明

属性	说明
ConnectionString	获取或设置用于打开数据库的字符串
ConnectionTimeout	获取在尝试建立连接时终止尝试并生成错误之前所等待的时间
Database	获取当前数据库或连接打开后要使用的数据库的名称
DataSource	获取数据源的服务器名或文件名
State	获取连接的当前状态。其取值及其说明如表 14.3 所示

表 14.3 State 枚举成员值

成员名称	说明
Broken	与数据源的连接中断。只有在连接打开之后才可能发生这种情况。可以关闭处于这种状态的连接，然后重新打开
Closed	连接处于关闭状态
Connecting	连接对象正在与数据源连接(该值是为此产品的未来版本保留的)
Executing	连接对象正在执行命令(该值是为此产品的未来版本保留的)
Fetching	连接对象正在检索数据(该值是为此产品的未来版本保留的)
Open	连接处于打开状态

SqlConnection 对象的常用方法如表 14.4 所示。当 SqlConnection 对象超出范围时不会自动被关闭，因此在不再需要 SqlConnection 对象时必须调用 Close 方法显式关闭该连接。

表 14.4 SqlConnection 对象的常用方法

方法名称	说明
Open	使用 ConnectionString 所指定的属性设置打开数据库连接
Close	关闭与数据库的连接。这是关闭任何打开连接的首选方法
CreateCommand	创建并返回一个与 SqlConnection 关联的 SqlCommand 对象
ChangeDatabase	为打开的 SqlConnection 更改当前数据库

2. 建立连接字符串(ConnectionString)

建立连接的核心是建立连接字符串(ConnectionString)属性。建立连接的方法主要有如下所述两种。

1）直接建立连接字符串

直接建立连接字符串的方式是先创建一个 SqlConnection 对象，将其 ConnectionString 属性设置为如下值。

```
Data Source = LCB - PC;Initial Catalog = school;
    Persist Security Info = True;User ID = sa;Password = 12345
```

其中，Data Source 指出服务器名称；Initial Catalog 指出数据库名称；Persist Security Info 表示是否保存安全信息（可以简单理解为 ADO.NET 在数据库连接成功后是否保存密码信息，True 表示保存，False 表示不保存，默认为 False）；User ID 指出登录名，Password 指出登录密码。

【例 14.1】 设计一个窗体 Form1，说明直接建立连接字符串的连接过程。

解：使用 Visual Studio.NET 创建一个项目 Proj，设计一个窗体 Form1，其中有一个命令按钮 button1 和一个标签 label1，其设计界面如图 14.2 所示。该窗体的设计代码如下。

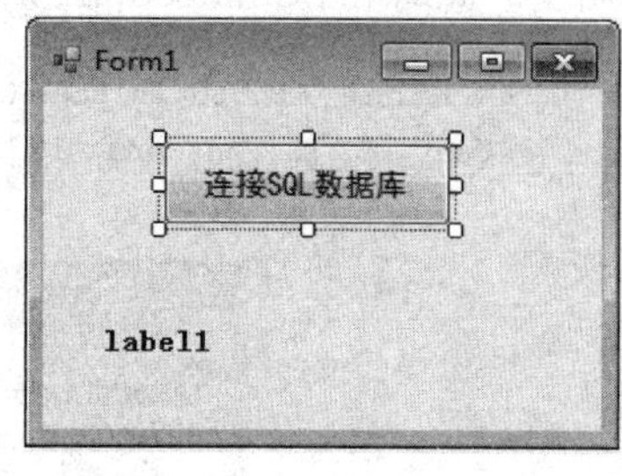

图 14.2 Form1 设计界面

```
using System;
using System.Data.SqlClient;                    //新增
using System.Collections.Generic;
using System.ComponentModel;
using System.Data;
using System.Drawing;
using System.Linq;
using System.Text;
using System.Threading.Tasks;
using System.Windows.Forms;
namespace Proj
{   public partial class Form1 : Form
    {   public Form1()
        {   InitializeComponent();   }
        private void button1_Click(object sender, EventArgs e)
        {   string mystr;
            SqlConnection myconn = new SqlConnection();
            mystr = "Data Source = LCB - PC;Initial Catalog = school;" +
                        "Persist Security Info = True;User ID = sa;Password = 12345";
            myconn.ConnectionString = mystr;
            myconn.Open();
            if (myconn.State == ConnectionState.Open)
                label1.Text = "成功连接到 SQL Server 数据库";
            else
                label1.Text = "连接到 SQL Server 数据库失败";
        }
    }
}
```

运行本窗体，单击“连接 SQL 数据库”命令按钮，其结果如图 14.3 所示，说明连接成功。

2）通过属性窗口建立连接字符串

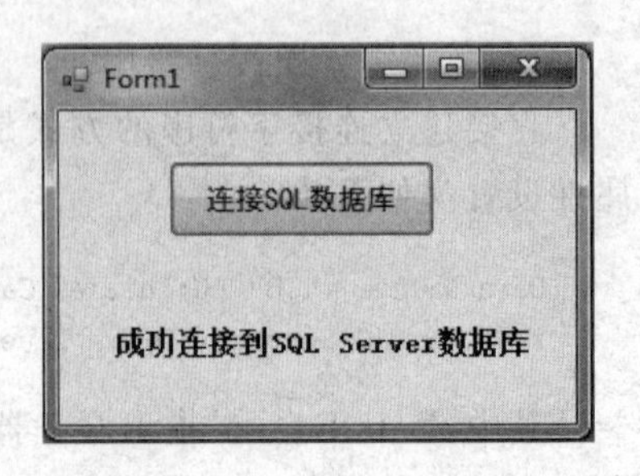

图 14.3 Form1 运行界面

先在窗体上放置一个 SqlConnection 控件 sqlConnection1，在属性窗口中单击 SqlConnection 控件 ConnectionString 属性右侧的 ▾ 按钮，选择“新建连接”选项，在出现的“添加连接”对话框中输入登录名为 LCB-PC，选中“使用 SQL Server 身份验证”单选按钮，并输入用户名为 sa，密码为 12345，勾选“保存密码”复选框，在“选择或输入数据库名称”下拉列表中选择 school 数据库，如图 14.4 所示。单击“测试连接”按钮确定连接是否成功。在测试成功后单击“确定”按钮，并包含密码明文。此时，sqlConnection1 对象的 ConnectionString 属性改为如下值。

```
Data Source = LCB - PC;Initial Catalog = School;Persist Security Info = True;
    User ID = sa;Password = 12345
```

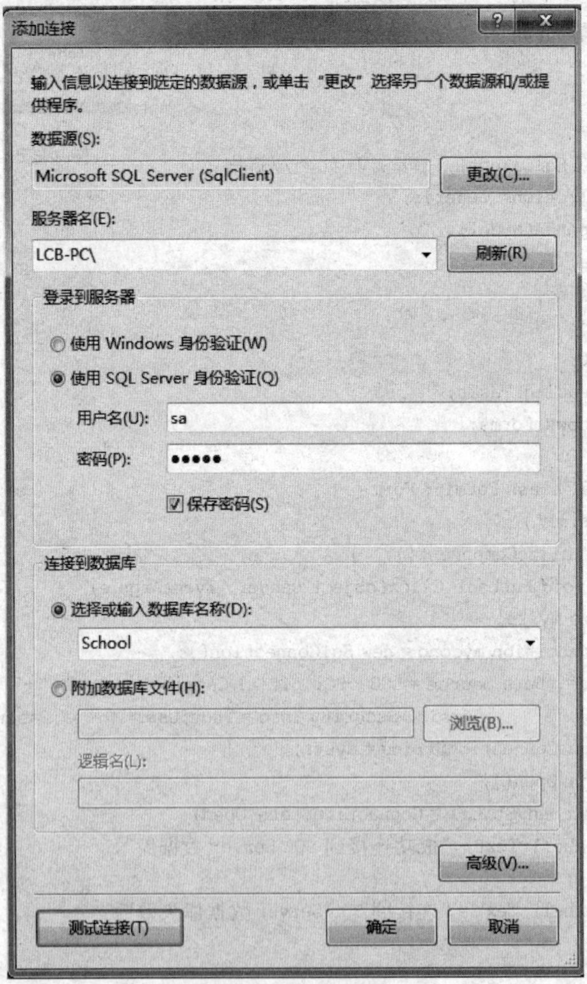

图 14.4 “添加连接”对话框

从中可以看到,这里和第一种方法建立的连接字符串是相同的,只不过这里是通过操作实现的。然后在窗体中就可以使用 sqlConnection1 对象了。

说明:SqlConnection 等控件通常位于工具箱的“数据”区。若其中没有,可以将鼠标指针移到工具箱的“数据”区,右击,在出现的快捷菜单中选择“选择项”命令,出现“选择工具箱项”对话框,在其中勾选 SqlConnection 等复选框,如图 14.5 所示,单击“确定”按钮,这些控件便出现在工具箱的“数据”区了。

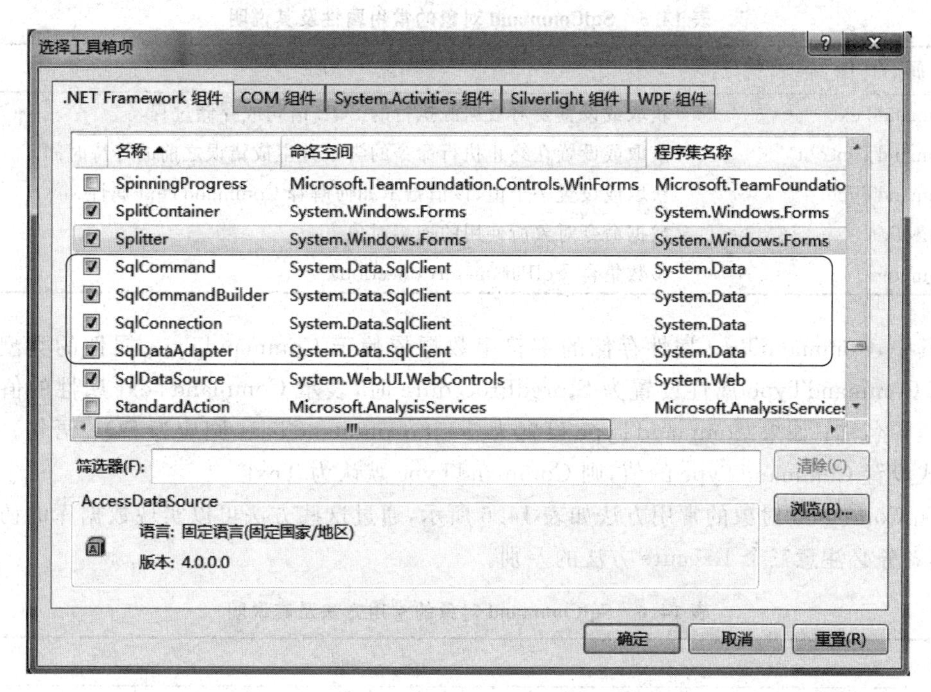

图 14.5 “选择工具箱项”对话框

【**例 14.2**】 设计一个窗体 Form2,说明通过属性窗口建立连接字符串的连接过程。

解:在项目 Proj 中设计一个窗体 Form2,其中有一个命令按钮 button1、一个标签 label1 和一个 SqlConnection 控件 sqlConnection1(采用前面介绍的过程建立连接字符串)。在该窗体上设计如下事件过程。

```
private void button1_Click(object sender, EventArgs e)
{     sqlConnection1.Open();
      if (sqlConnection1.State == ConnectionState.Open)
          label1.Text = "成功连接到 SQL Server 数据库";
      else
          label1.Text = "连接到 SQL Server 数据库失败";
      sqlConnection1.Close();
}
```

其执行结果与 Form1 完全相同。

14.2.2 SqlCommand 对象

建立了数据连接之后,就可以执行数据访问操作了。一般对数据库的操作被概括为

CRUD——Create、Read、Update 和 Delete。ADO.NET 中定义了 SqlCommand 对象去执行这些操作。

1. SqlCommand 对象的属性和方法

OldbCommand 对象有自己的属性，其属性包含对数据库执行命令所需要的全部信息。SqlCommand 类的常用属性如表 14.5 所示。

表 14.5　SqlCommand 对象的常用属性及其说明

属　性	说　明
CommandText	获取或设置要对数据源执行的 SQL 语句或存储过程
CommandTimeout	获取或设置在终止执行命令的尝试并生成错误之前的等待时间
CommandType	获取或设置一个值，该值指示如何解释 CommandText 属性
Connection	数据命令对象所使用的连接对象
Parameters	参数集合(SqlParameterCollection)

其中，CommandText 属性存储的字符串数据依赖于 CommandType 属性的类型。例如，当 CommandType 属性设置为 StoredProcedure 时，表示 CommandText 属性的值为存储过程的名称；如果 CommandType 设置为 Text，CommandText 则应为 SQL 语句。如果不显式设置 CommandType 的值，则 CommandType 默认为 Text。

SqlCommand 对象的常用方法如表 14.6 所示，通过这些方法可以实现数据库的访问操作，读者务必注意三个 Execute 方法的差别。

表 14.6　SqlCommand 对象的常用方法及其说明

方　法	说　明
CreateParameter	创建 SqlParameter 对象的新实例
ExecuteNonQuery	针对 SqlConnection 执行 SQL 语句，并返回受影响的行数
ExecuteReader	将 CommandText 发送到 SqlConnection，并生成一个 SqlDataReader
ExecuteScalar	执行查询，并返回查询所返回的结果集中第一行的第一列，而忽略其他列和行

2. 创建 SqlCommand 对象

SqlCommand 对象的主要构造函数如下。

```
SqlCommand()
SqlCommand(cmdText)
SqlCommand(cmdText,connection)
```

其中，cmdText 参数指定查询的文本；connection 参数指定一个 SqlConnection 对象，它表示到 SQL Server 数据库的连接。例如，以下语句可创建一个 SqlCommand 对象 myconn。

```
SqlConnection myconn = new SqlConnection();
string mystr = "Data Source = LCB - PC;Initial Catalog = school;" +
          "Persist Security Info = True;User ID = sa;Password = 12345";
myconn.ConnectionString = mystr;
```

```
myconn.Open();
SqlCommand mycmd = new SqlCommand("SELECT * FROM student", myconn);
```

3. 通过 SqlCommand 对象返回单个值

在 SqlCommand 对象的方法中，ExecuteScalar 方法执行返回单个值的 SQL 语句。例如，如果想获取 Student 表中学生的总人数，则可以使用这个方法执行 SQL 查询语句 SELECT Count(*) FROM student。

【例 14.3】 设计一个窗体 Form3，通过 SqlCommand 对象求 score 表中选修 3-105 课程的学生平均分。

解：在项目 Proj 中设计一个窗体 Form3，其设计界面如图 14.6 所示，有一个命令按钮 button1 和一个标签 label1。在该窗体上设计如下事件过程。

```
private void button1_Click(object sender, EventArgs e)
{     SqlConnection myconn = new SqlConnection();
      SqlCommand mycmd = new SqlCommand();
      string mystr = "Data Source = LCB - PC;Initial Catalog = school;" +
              "Persist Security Info = True;User ID = sa;Password = 12345";
      myconn.ConnectionString = mystr;
      myconn.Open();
      string mysql = "SELECT AVG(分数) FROM score WHERE 课程号 = '3 - 105'";
      mycmd.CommandText = mysql;
      mycmd.Connection = myconn;
      label1.Text = mycmd.ExecuteScalar().ToString();
      myconn.Close();
}
```

上述代码采用直接建立连接字符串的方法建立连接，并通过 ExecuteScalar 方法执行 SQL 语句，将返回结果输出到标签 label1 中。运行本窗体，单击“计算 3-105 课程的平均分”命令按钮，其结果如图 14.7 所示。

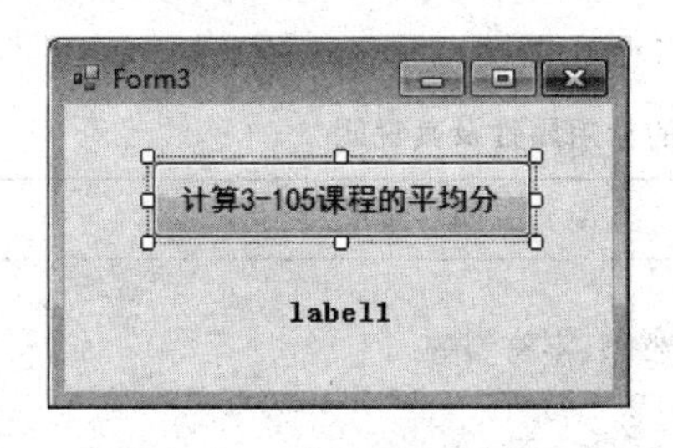

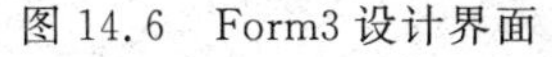
图 14.6　Form3 设计界面

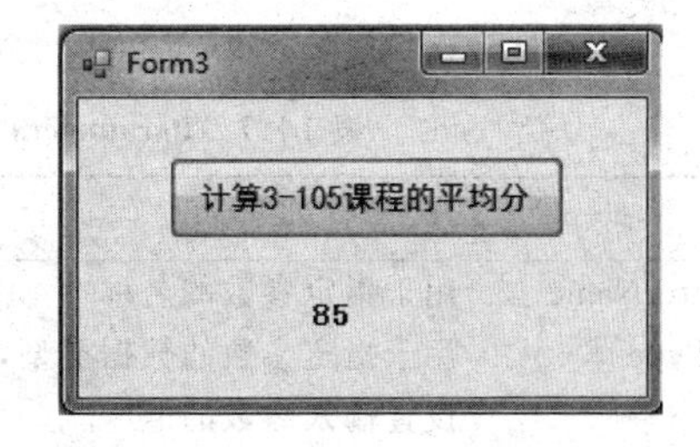

图 14.7　Form3 运行界面

4. 通过 SqlCommand 对象执行修改操作

在 SqlCommand 的方法中，ExecuteNonQuery 方法执行不返回结果的 SQL 语句。该方法主要用来更新数据，通常用来执行 UPDATE、INSERT 和 DELETE 语句。该方法不返回行，对于 UPDATE、INSERT 和 DELETE 语句，返回值为该命令所影响的行数；对于所有其他类型的语句，返回值为－1。

例如，以下代码用于将 score 表中所有不为空的分数均增加 5 分。

```
string mystr = "Data Source = LCB - PC;Initial Catalog = school;" +
       "Persist Security Info = True;User ID = sa;Password = 12345";
SqlConnection myconn = new SqlConnection();
SqlCommand mycmd = new SqlCommand();
myconn.ConnectionString = mystr;
myconn.Open();
string mysql = "UPDATE score SET 分数 = 分数 + 5 WHERE 分数 IS NOT NULL";
mycmd.CommandText = mysql;
mycmd.Connection = myconn;
mycmd.ExecuteNonQuery();
myconn.Close();
```

5. 在数据命令中指定参数

SQL .NETData Provider 支持执行命令中包含参数的情况，也就是说，可以使用包含参数的数据命令或存储过程执行数据筛选操作和数据更新等操作，其主要流程如下。

① 创建 Connection 对象，并设置相应的属性值。

② 打开 Connection 对象。

③ 创建 Command 对象并设置相应的属性值，其中 SQL 语句含有参数。

④ 创建参数对象，将建立好的参数对象添加到 Command 对象的 Parameters 集合中。

⑤ 给参数对象赋值。

⑥ 执行数据命令。

⑦ 关闭相关对象。

当数据命令文本中包含参数时，这些参数都必须有一个@前缀，它们的值可以在运行时指定。

数据命令对象 SqlCommand 的 Parameters 属性能够取得与 SqlCommand 相关联的参数集合（也就是 SqlParameterCollection），从而通过调用其 Add 方法即可将 SQL 语句中的参数添加到参数集合中，每个参数是一个 Parameters 对象，其常用属性及其说明如表 14.7 所示。

表 14.7 Parameters 对象的常用属性及其说明

属　性	说　明
ParameterName	用于指定参数的名称
SqlDbType	用于指定参数的数据类型，例如整型、字符型等
Value	设置输入参数的值
Size	设置数据的最大长度（以字节为单位）
Scale	设置小数位数
Direction	指定参数的方向，可以是下列值之一：ParameterDirection. Input——输入参数；ParameterDirection. Output——输出参数；ParameterDirection. InputOutput——输入参数或者输出参数；ParameterDirection. ReturnValue——返回值类型

【例 14.4】 设计一个窗体 Form4，通过 SqlCommand 对象求出指定学号学生的平均分。

解：在项目 Proj 中设计一个窗体 Form4，其设计界面如图 14.8 所示，有一个文本框

textBox1、两个标签(label1 和 label2)和一个命令按钮 button1。在该窗体上设计如下事件过程。

```
private void button1_Click(object sender, EventArgs e)
{       SqlConnection myconn = new SqlConnection();
        SqlCommand mycmd = new SqlCommand();
        string mystr = "Data Source = LCB - PC;Initial Catalog = school;" +
              "Persist Security Info = True;User ID = sa;Password = 12345";
        myconn.ConnectionString = mystr;
        myconn.Open();
        string mysql = "SELECT AVG(分数) FROM score WHERE 学号 = @xh";
        mycmd.CommandText = mysql;
        mycmd.Connection = myconn;
        mycmd.Parameters.Add("@xh",SqlDbType.Int,5);
        mycmd.Parameters["@xh"].Value = textBox1.Text;
        label2.Text = "平均分为" + mycmd.ExecuteScalar().ToString();
        myconn.Close();
}
```

上述代码采用直接建立连接字符串的方法建立连接,并通过 ExecuteScalar 方法执行 SQL 命令,通过参数替换返回指定学号的学生的平均分。运行本窗体,输入学号 105,单击“求平均分”命令按钮,运行结果如图 14.9 所示。

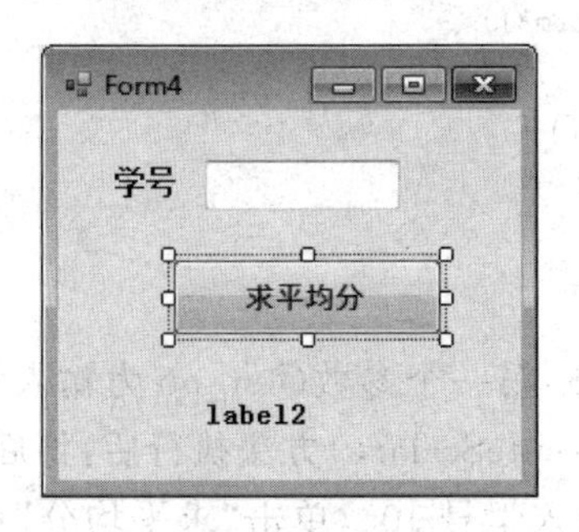

图 14.8　Form4 设计界面

图 14.9　Form4 运行界面

6. 执行存储过程

可以通过数据命令对象 SqlCommand 执行 SQL Server 的存储过程。存储过程中参数设置的方法与在 SqlCommand 对象中的参数设置方法相同。

存储过程可以拥有输入参数、输出参数和返回值,输入参数用来接收传递给存储过程的数据值,输出参数用来将数据值返回给调用程序等。

对于执行存储过程的 SqlCommand 对象,需要将其 CommandType 属性设置为 StoredProcedure,将 CommandText 属性设置为要执行的存储过程名。

【例 14.5】 设计一个窗体 Form5,通过执行第 10 章中建立的存储过程 average 求出指定学号学生的姓名和平均分。

解:在项目 Proj 中设计一个窗体 Form5,其设计界面如图 14.10 所示,有一个文本框 textBox1、两个标签(label1 和 label2)和一个命令按钮 button1。在该窗体上设计如下事件过程。

```
private void button1_Click(object sender, EventArgs e)
{     SqlConnection myconn = new SqlConnection();
      SqlCommand mycmd = new SqlCommand();
      string mystr = "Data Source = LCB - PC;Initial Catalog = school;" +
          "Persist Security Info = True;User ID = sa;Password = 12345";
      myconn.ConnectionString = mystr;
      myconn.Open();
      mycmd.Connection = myconn;
      mycmd.CommandType = CommandType.StoredProcedure;
      mycmd.CommandText = "average";
      SqlParameter myparm1 = new SqlParameter();
      myparm1.Direction = ParameterDirection.Input;
      myparm1.ParameterName = "@st_no"; myparm1.SqlDbType = SqlDbType.Int;
      myparm1.Size = 5; myparm1.Value = textBox1.Text;
      mycmd.Parameters.Add(myparm1);
      SqlParameter myparm2 = new SqlParameter();
      myparm2.Direction = ParameterDirection.Output;
      myparm2.ParameterName = "@st_name"; myparm2.SqlDbType = SqlDbType.Char;
      myparm2.Size = 10; mycmd.Parameters.Add(myparm2);
      SqlParameter myparm3 = new SqlParameter();
      myparm3.Direction = ParameterDirection.Output;
      myparm3.ParameterName = "@st_avg"; myparm3.SqlDbType = SqlDbType.Float;
      myparm3.Size = 10; mycmd.Parameters.Add(myparm3);
      mycmd.ExecuteScalar();
      label2.Text = myparm2.Value.ToString().Trim() +
         "的平均分为" + myparm3.Value.ToString();
      myconn.Close();
}
```

上述代码中调用存储过程average,有3个参数,第一个参数@st_no为输入参数,后两个参数@st_name、@st_avg为输出参数。通过ExecuteScalar()方法执行后,将后两个输出型参数的值输出到标签label2中。运行本窗体,输入学号105,单击“求平均分”命令按钮,运行结果如图14.11所示。

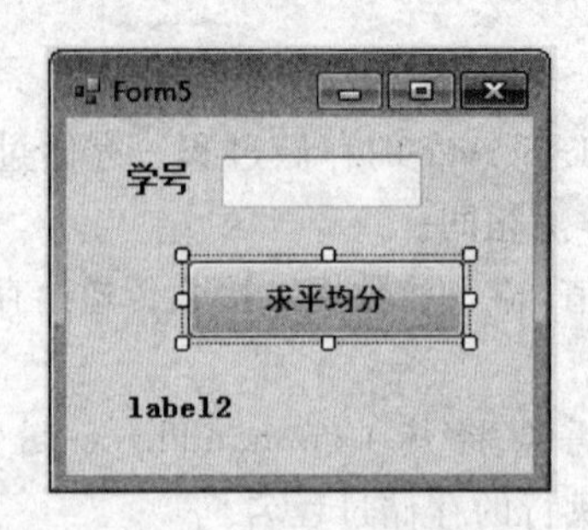

图14.10 Form5设计界面

图14.11 Form5运行界面

14.2.3 SqlDataReader对象

当执行返回结果集的命令时,需要一个方法从结果集中提取数据。处理结果集的方法有两个,第一,使用SqlDataReader对象(数据阅读器);第二,同时使用SqlDataAdapter对象和 ADO.NET DataSet。

不过，使用 SqlDataReader 对象从数据库中得到的是只读的、只能向前的数据流。使用 SqlDataReader 对象可以提高应用程序的性能，减少系统开销，因为同一时间只有一条行记录在内存中。

1. SqlDataReader 对象的属性和方法

SqlDataReader 对象的常用属性如表 14.8 所示，其常用方法如表 14.9 所示。

表 14.8　SqlDataReader 对象的常用属性及其说明

属　　性	说　　明
FieldCount	获取当前行中的列数
IsClosed	获取一个布尔值，指出 SqlDataReader 对象是否关闭
RecordsAffected	获取执行 SQL 语句时修改的行数

表 14.9　SqlDataReader 对象的常用方法及其说明

方　　法	说　　明
Read	将 SqlDataReader 对象前进到下一行并读取，返回布尔值指示是否有多行
Close	关闭 SqlDataReader 对象
IsDBNull	返回布尔值，表示列是否包含 NULL 值
NextResult	将 SqlDataReader 对象移到下一个结果集，返回布尔值指示该结果集是否有多行
GetBoolean	返回指定列的值，类型为布尔值
GetString	返回指定列的值，类型为字符串
GetByte	返回指定列的值，类型为字节
GetInt32	返回指定列的值，类型为整型值
GetDouble	返回指定列的值，类型为双精度值
GetDataTime	返回指定列的值，类型为日期时间值
GetOrdinal	返回指定列的序号或数字位置(从 0 开始编号)
GetValue	返回指定列的以本机格式表示的值

2. 创建 SqlDataReader 对象

在 ADO.NET 中不能显式地使用 SqlDataReader 对象的构造函数创建 SqlDataReader 对象。事实上，SqlDataReader 对象没有提供公有的构造函数，通常调用 Command 类的 ExecuteReader 方法，这个方法将返回一个 SqlDataReader 对象。例如，以下代码可创建一个 SqlDataReader 对象 myreader。

```
SqlCommand cmd = new SqlCommand(CommandText,ConnectionObject);
SqlDataReader myreader = cmd.ExecuteReader();
```

注意：SqlDataReader 对象不能使用 new 来创建。

SqlDataReader 对象最常见的用法就是检索 SQL 查询或存储过程返回的记录。另外，SqlDataReader 是一个连接的、只向前的、只读的结果集。也就是说，当使用 SqlDataReader 对象时，必须保持连接处于打开状态；可以从头到尾遍历记录集，而且也只能以这样的次序遍历。这就意味着不能在某条记录处停下来向回移动。记录是只读的，因此，SqlDataReader 对象不提供任何修改数据库记录的方法。

注意：SqlDataReader 对象使用底层的连接，连接是它专有的。当 SqlDataReader 对象打开时，不能使用对应的连接对象执行其他任何任务，例如执行另外的语句等。当 SqlDataReader 对象的记录不再需要时，应该立刻关闭它。

3. 遍历 SqlDataReader 对象的记录

当 ExecuteReader 方法返回 SqlDataReader 对象时，当前光标的位置是第一条记录的前面，必须调用 SqlDataReader 对象的 Read 方法把光标移动到第一条记录，然后，第一条记录将变成当前记录。如果 SqlDataReader 对象中包含的记录不止一条，Read 方法就返回一个 Boolean 值 True；想要移动到下一条记录，需要再次调用 Read 方法；重复上述过程，直到最后一条记录，Read 方法将返回 False。经常使用 while 循环来遍历记录，语法如下。

```
while (myreader.Read())
{    //读取数据}
```

只要 Read 方法返回的值为 true，就可以访问当前记录中包含的字段。

4. 访问字段中的值

每一个 SqlDataReader 对象都定义了一个 Item 属性，此属性返回一个代码字段属性的对象，语法结构如下。Item 属性是 SqlDataReader 对象的索引。需要注意的是，Item 属性总是基于 0 开始编号。

```
myreader[字段名],myreader[字段索引]
```

可以把包含字段名的字符串传入 Item 属性，也可以把指定字段索引的 32 位整数传递给 Item 属性。例如，如果 SqlDataReader 对象 myreader 对应的 SQL 命令如下。

```
SELECT 学号,分数 FROM score
```

使用如下任意一种方法，都可以得到两个被返回字段的值。

- myreader["学号"],myreader["分数"]
- myreader[0],myreader[1]

【例 14.6】 设计一个窗体 Form6，通过 SqlDataReader 对象输出所有学生记录。

解：在项目 Proj 中设计一个窗体 Form6，其设计界面如图 14.12 所示，有一个列表框 listBox1 和一个命令按钮 button1。在该窗体上设计如下事件过程。

```
private void button1_Click(object sender, EventArgs e)
{    SqlConnection myconn = new SqlConnection();
     SqlCommand mycmd = new SqlCommand();
     string mystr = "Data Source = LCB - PC;Initial Catalog = school;" +
          "Persist Security Info = True;User ID = sa;Password = 12345";
     myconn.ConnectionString = mystr;
     myconn.Open();
     string mysql = "SELECT * FROM student";
```

```
    mycmd.CommandText = mysql;
    mycmd.Connection = myconn;
    SqlDataReader myreader = mycmd.ExecuteReader();
    listBox1.Items.Clear();
    listBox1.Items.Add("学号   姓名   性别   出生日期        班号");
    listBox1.Items.Add("==========================================");
    while (myreader.Read())                    //循环读取信息
    {   listBox1.Items.Add(String.Format("{0}   {1}   {2} {3} {4}",
          myreader["学号"].ToString().Trim(),myreader[1].ToString().Trim(),
          myreader[2].ToString().Trim(), myreader[3].ToString().Trim(),
          myreader[4].ToString()));
    }
    myconn.Close();
    myreader.Close();
}
```

运行本窗体,单击"输出所有学生信息"命令按钮,运行界面如图 14.13 所示。

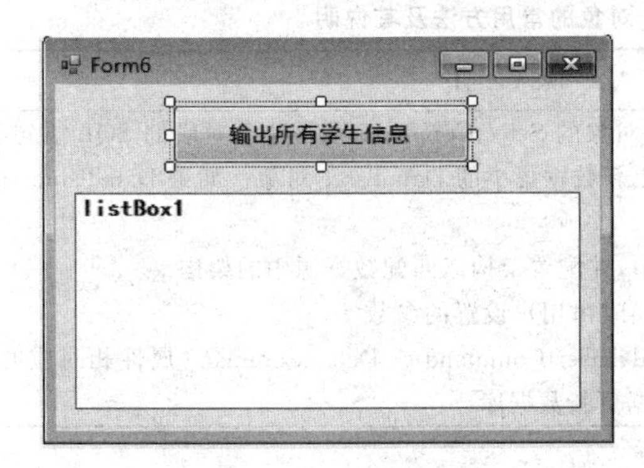

图 14.12　Form6 设计界面

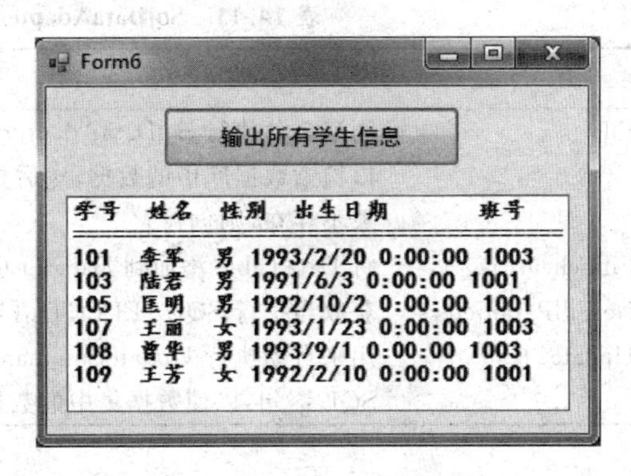

图 14.13　Form6 运行界面

14.2.4 SqlDataAdapter 对象

SqlDataAdapter 对象可以执行 SQL 命令以及调用存储过程、传递参数,最重要的是取得数据结果集,在数据库和 DataSet 对象之间来回传输数据。

1. SqlDataAdapter 对象的属性和方法

SqlDataAdapter 对象的常用属性如表 14.10 所示,其常用方法如表 14.11 所示。使用 SqlDataAdapter 对象的主要目的是取得 DataSet 对象。另外它还有一个功能,就是数据写回更新的自动化。因为 DataSet 对象为离线存取,因此,数据的添加、删除、修改都在 DataSet 中进行。当需要数据批次写回数据库时,SqlDataAdapter 对象提供了一个 Update 方法,它会自动将 DataSet 中不同的内容取出,然后自动判断添加的数据,并使用 InsertCommand 所指定的 INSERT 语句、修改记录使用的 UpdateCommand 所指定的 UPDATE 语句以及删除记录使用的 DeleteCommand 指定的 DELETE 语句来更新数据库的内容。

在写回数据来源时,DataTable 与实际数据的数据表及列对应,可以通过 TableMappings 对象定义对应关系。

表 14.10　SqlDataAdapter 对象的常用属性及其说明

属　性	说　明
SelectCommand	获取或设置 SQL 语句或存储过程，用于选择数据源中的记录
InsertCommand	获取或设置 SQL 语句或存储过程，用于将新记录插入数据源中
UpdateCommand	获取或设置 SQL 语句或存储过程，用于更新数据源中的记录
DeleteCommand	获取或设置 SQL 语句或存储过程，用于从数据集中删除记录
AcceptChangesDuringFill	获取或设置一个值，该值指示在任何 Fill 操作过程中是否接受对行所做的修改
AcceptChangesDuringUpdate	获取或设置在 Update 期间是否调用 AcceptChanges
FillLoadOption	获取或设置 LoadOption，后者确定适配器如何从 SqlDataReader 中填充 DataTable
MissingMappingAction	确定传入数据没有匹配的表或列时需要执行的操作
MissingSchemaAction	确定现有 DataSet 架构与传入数据不匹配时需要执行的操作
TableMappings	获取一个集合，它提供源表和 DataTable 之间的主映射

表 14.11　SqlDataAdapter 对象的常用方法及其说明

方　法	说　明
Fill	用来自动执行 SqlDataAdapter 对象的 SelectCommand 属性中相对应的 SQL 语句，以检索数据库中的数据，然后更新数据集中的 DataTable 对象。如果 DataTable 对象不存在，则创建它
FillSchema	将 DataTable 添加到 DataSet 中，并配置架构以匹配数据源中的架构
GetFillParameters	获取当执行 SQL SELECT 语句时由用户设置的参数
Update	用来自动执行 UpdateCommand、InsertCommand 或 DeleteCommand 属性相对应的 SQL 语句，以使数据集中的数据更新数据库

2. 创建 SqlDataAdapter 对象

创建 SqlDataAdapter 对象的方式有两种，一种是用程序代码直接创建 SqlDataAdapter 对象；另一种是通过工具箱的 SqlDataAdapter 控件创建 SqlDataAdapter 对象。

1) 用程序代码创建 SqlDataAdapter 对象

SqlDataAdapter 对象有以下构造函数。

```
SqlDataAdapter()
SqlDataAdapter(selectCommandText)
SqlDataAdapter(selectCommandText,selectConnection)
SqlDataAdapter((selectCommandText,selectConnectionString)
```

其中，selectCommandText 是一个字符串，包含一个 SELECT 语句或存储过程；selectConnection 是当前连接的 SqlConnection 对象；selectConnectionString 是连接字符串。

采用上述第 3 个构造函数创建 SqlDataAdapter 对象的过程是先建立 SqlConnection 连接对象，接着建立 SqlDataAdapter 对象，建立该对象的同时可以传递命令字符串(mysql)、连接对象(myconn)两个参数。例如如下程序。

```
SqlConnection myconn = new SqlConnection();
```

```
string mystr = "Data Source = LCB - PC;Initial Catalog = school;" +
      "Persist Security Info = True;User ID = sa;Password = 12345";
myconn.ConnectionString = mystr;
myconn.Open();
string mysql = "SELECT * FROM student";
SqlDataAdapter myadapter = new SqlDataAdapter(mysql, myconn);
myconn.Close();
```

以上代码仅创建了 SqlDataAdapter 对象 myadapter，并没有使用它。在后面内容中介绍 DataSet 对象时将大量使用 SqlDataAdapter 对象。

2）通过设计工具创建 SqlDataAdapter 对象

通过设计工具创建 SqlDataAdapter 对象的步骤如下。

① 从工具箱的“数据”区中选择 SqlDataAdapter 并拖放到窗体中，出现“数据适配器配置向导”对话框，这里选择前面已建立的 lcb-pc.School.dbo 的数据连接，如图 14.14 所示，单击“下一步”按钮。

说明：如果没有建立任何连接或者现有的连接不合适，可以单击“新建连接”按钮后建立自己的记录。

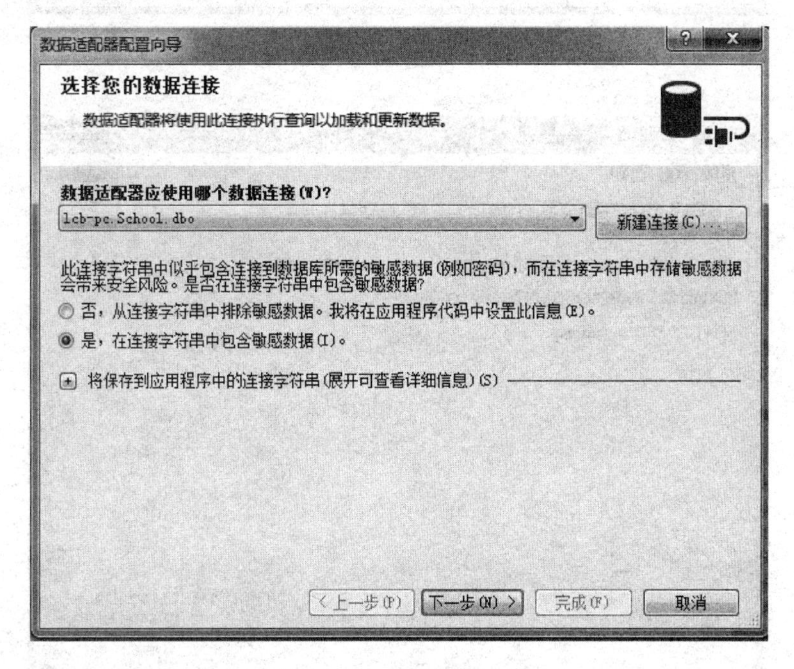

图 14.14　选择数据连接

② 出现如图 14.15 所示的“选择命令类型”界面，选中“使用 SQL 语句”单选按钮(默认)，然后单击“下一步”按钮。

③ 进入“生成 SQL 语句”界面，在文本框中输入 SQL 查询语句，也可以单击“查询生成器”按钮生成查询命令。这里直接输入“SELECT * FROM student”语句，如图 14.16 所示，单击“下一步”按钮。

④ 出现如图 14.17 所示的“向导结果”界面，单击“完成”按钮。

这样就创建了一个 SqlDataAdapter 对象，并同时在窗体中创建了一个 SqlConnection 对象。

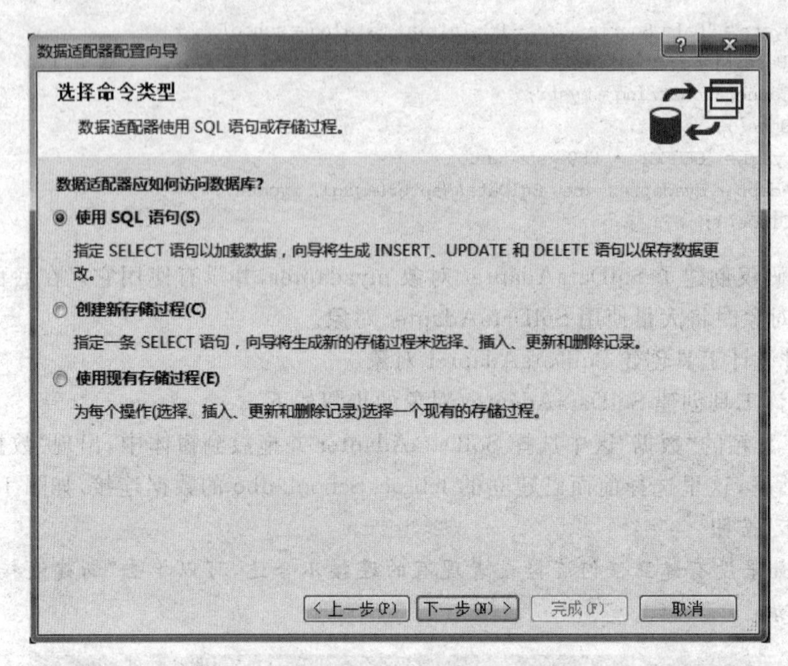

图 14.15 “选择命令类型”界面

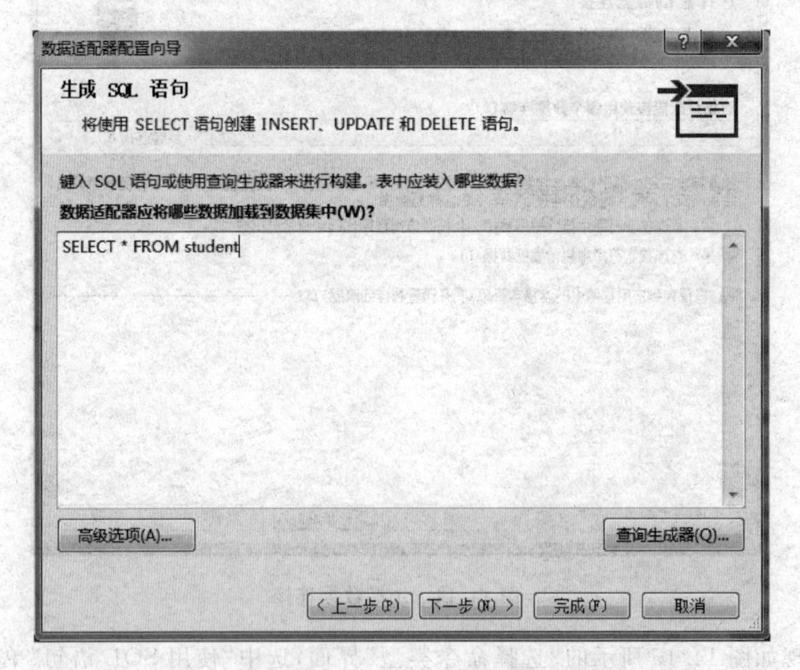

图 14.16 “生成 SQL 语句”界面

3. Fill 方法

Fill 方法用于向 DataSet 对象填充从数据源中读取的数据。调用 Fill 方法的语法格式有多种，常见的格式如下。

```
SqlDataAdapter 对象名.Fill(DataSet 对象名,"数据表名")
```

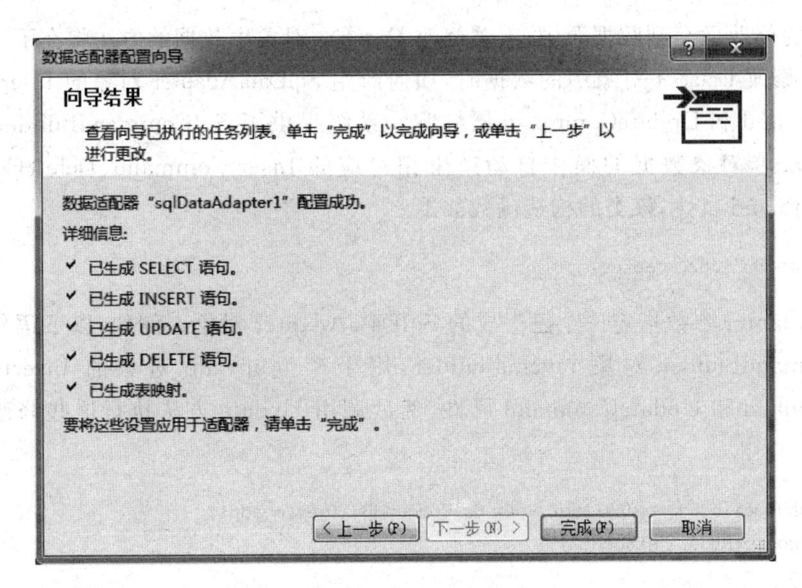

图 14.17　“向导结果”界面

其中，第一个参数是数据集对象名，表示要填充的数据集对象；第二个参数是一个字符串，是本地缓冲区中建立的临时表的名称。例如，以下语句即用 student 表数据填充数据集 mydataset1。

```
SqlDataAdapter1.Fill(mydataset1,"student")
```

使用 Fill 方法要注意以下几点。

(1) 如果调用 Fill()之前连接已关闭，则先将其打开以检索数据，数据检索完成后再将连接关闭。如果调用 Fill()之前连接已打开，连接仍然会保持打开状态。

(2) 如果数据适配器在填充 DataTable 时遇到重复列，它们将以 columnname1、columnname2、columnname3……这种形式命名后面的列。

(3) 如果传入的数据包含未命名的列，它们将以 column1、column2……的形式命名后存入 DataTable。

(4) 向 DataSet 添加多个结果集时，每个结果集都放在一个单独的表中。

(5) 可以在同一个 DataTable 中多次使用 Fill()方法。如果存在主键，则传入的行会与已有的匹配行合并；如果不存在主键，则传入的行会追加到 DataTable 中。

4. Update 方法

Update 方法用于利用 DataSet 对象中的数据按 InsertCommand 属性、DeleteCommand 属性和 UpdateCommand 属性所指定的要求更新数据源，即调用 3 个属性中所定义的 SQL 语句更新数据源。Update 方法常见的调用格式如下。

```
SqlDataAdapter 名称.Update(DataSet 对象名,[数据表名])
```

其中，第一个参数是数据集对象名称，表示要将哪个数据集对象中的数据更新到数据源；第二个参数是一个字符串，表示临时表的名称，它是可选项。

由于 SqlDataAdapter 对象介于 DataSet 对象和数据源之间，Update 方法只能将

DataSet 中的修改回存到数据源中，有关修改 DataSet 对象中数据的方法将在下一节介绍。

当用户修改 DataSet 对象中的数据时，如何产生 SqlDataAdapter 对象的 InsertCommand、DeleteCommand 和 UpdateCommand 属性呢？系统提供了 SqlCommandBuilder 类用于将用户对 DataSet 对象数据的操作自动产生相对应的 InsertCommand、DeleteCommand 和 UpdateCommand 属性，该类的构造函数如下。

```
SqlCommandBuilder(adapter)
```

其中，adapter 参数指定一个已生成的 SqlDataAdapter 对象。例如，以下语句可创建一个 SqlCommandBuilder 对象 mycmdbuilder，用于产生 myadp 对象的 InsertCommand、DeleteCommand 和 UpdateCommand 属性，然后调用 Update 方法执行这些修改命令以更新数据源。

```
SqlCommandBuilder mycmdbuilder = new SqlCommandBuilder(myadp);
myadp.Update(myds, "student");
```

14.3 DataSet 对象

DataSet 是核心的 ADO.NET 数据库访问对象，主要是用来支持 ADO.NET 的不连贯连接及分布数据处理。DataSet 是数据库在内存中的驻留形式，可以保证和数据源无关的一致的关系模型，实现同时对多个不同数据源的操作。

14.3.1 DataSet 对象概述

ADO.NET 包含多个对象，每个对象在访问数据库时具有自己独有的功能，如图 14.18 所示，首先通过 Connection 对象建立与实际数据库的连接，然后 Command 对象发送数据库的操作命令；一种方式是使用 DataReader 对象(含有命令执行提取的数据库数据)与 C# 窗体控件进行数据绑定，即在窗体中显示 DataReader 对象中的数据集，这在上一节介绍过；另一种方式是通过 DataAdapter 对象将命令执行提取的数据库数据填充到 DataSet 对象中，再通过 DataSet 对象与 C# 窗体控件进行数据绑定，这是本节要介绍的内容，这种方式功能更强。

DataSet 对象可以分为类型化数据集和非类型化数据集。

类型化数据集继承自 DataSet 基类，包含结构描述信息，是结构描述文件所生成类的实例，C# 对类型化数据集提供了较多的可视化工具支持，使得访问类型化数据集中的数据表和字段内容更加方便、快捷且不容易出错。类型化数据集提供了编译阶段的类型检查功能。

非类型化数据集没有对应的内建结构描述，本身所包括的表、字段等数据对象以集合的方式来呈现。对于动态建立的且不需要使用结构描述信息的对象，则应该使用非类型化数据集。可以使用 DataSet 的 WriteXmlSchema 方法将非类型化数据集的结构导出到结构描述文件中。

创建 DataSet 对象的方法有多种，既可以使用设计工具，也可以使用程序代码。使用程序代码创建 DataSet 对象的语法格式如下。

```
DataSet 对象名 = new DataSet();
```

或

```
DataSet 对象名 = new DataSet(dataSetName);
```

其中，dataSetName 为一个字符串，指出 DataSet 对象的名称。

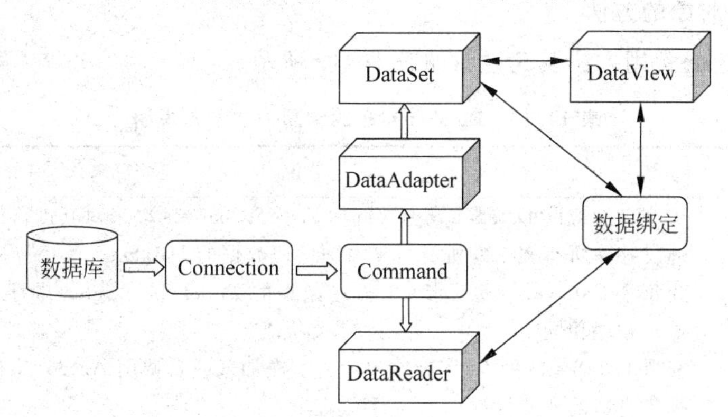

图 14.18　ADO.NET 访问数据库的方式

14.3.2　DataSet 对象的属性和方法

1. DataSet 对象的属性

DataSet 对象的常用属性及其说明如表 14.12 所示。一个 DataSet 对象包含一个 Tables 属性(即表集合)和一个 Relations 属性(即表之间关系的集合)。

表 14.12　DataSet 对象的常用属性及其说明

属　性	说　明
CaseSensitive	获取或设置一个值，该值指示 DataTable 对象中的字符串比较是否区分大小写
DataSetName	获取或设置当前 DataSet 对象的名称
Relations	获取用于将表连接起来并允许从父表浏览到子表的关系的集合
Tables	获取包含在 DataSet 对象中的表的集合

DataSet 对象的 Tables 属性的基本架构如图 14.19 所示，理解这种复杂的架构关系对于使用 DataSet 对象是十分重要的。实际上，DataSet 对象如同内存中的数据库(由多个表

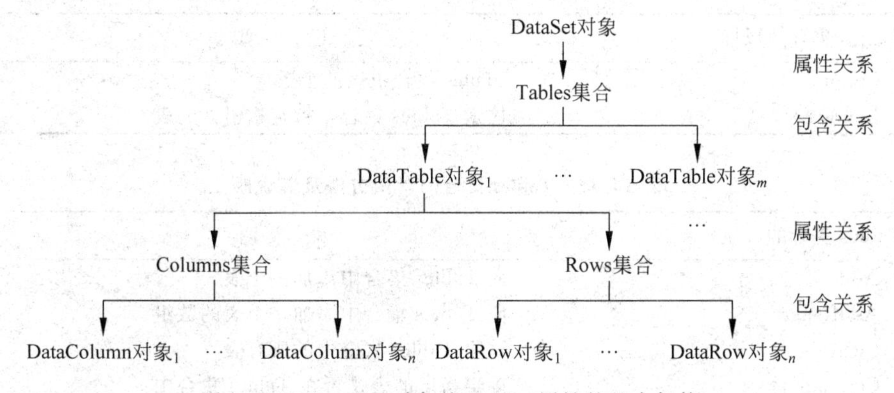

图 14.19　DataSet 对象的 Tables 属性的基本架构

构成),可以包含多个DataTable对象;一个DataTable对象如同数据库中的一个表,它可以包含多个列和多个行;一个列对应一个DataColumn对象,一个行对应一个DataRow对象;而每个对象都有自己的属性和方法。

2. DataSet对象的方法

DataSet对象的常用方法及其说明如表14.13所示。

表14.13 DataSet对象的常用方法及其说明

方　法	说　明
AcceptChanges	提交自加载此DataSet或上次调用AcceptChanges以来对其进行的所有更改
Clear	通过移除所有表中的所有行来清除任何数据的DataSet
CreateDataReader	为每个DataTable返回带有一个结果集的DataTableReader,顺序与Tables中表的显示顺序相同
GetChanges	获取DataSet的副本,该副本包含自上次加载或自调用AcceptChanges以来对该数据集进行的所有更改
HasChanges	获取一个值,该值指示DataSet是否有更改,包括新增行、已删除的行或已修改的行
Merge	将指定的DataSet、DataTable或DataRow对象的数组合并到当前的DataSet或DataTable中
Reset	将DataSet重置为其初始状态

14.3.3 Tables集合和DataTable对象

DataSet对象的Tables属性由表组成,每个表是一个DataTable对象。实际上,每一个DataTable对象代表了数据库中的一个表,每个DataTable数据表都由相应的行和列组成。

可以通过索引引用Tables集合中的一个表,例如,Tables[*i*]表示第*i*个表,其索引值从0开始编号。

1. Tables的属性和方法

作为DataSet对象的一个属性,Tables是一个表集合,其常用属性及其说明如表14.14所示,常用方法及其说明如表14.15所示。

表14.14 Tables的常用属性及其说明

Tables集合的属性	说　明
Count	Tables集合中表的个数
Item(项)	检索Tables集合中指定索引处的表

表14.15 Tables集合的常用方法及其说明

Tables集合的方法	说　明
Add	向Tables集合中添加一个表
AddRange	向Tables集合中添加一个表的数组
Clear	移除Tables集合中的所有表
Contains	确定指定的表是否在Tables集合中

续表

Tables 集合的方法	说　明
Equqls	判断是否等于当前对象
GetType	获取当前实例的 Type
Insert	将一个表插入 Tables 集合中指定的索引处
IndexOf	检索指定的表在 Tables 集合中的索引
Remove	从 Tables 集合中移除指定的表
RemoveAt	移除 Tables 集合中指定索引处的表

2. DataTable 对象

DataSet 对象的属性 Tables 集合是由一个或多个 DataTable 对象组成的，DataTable 对象的常用属性及其说明如表 14.16 所示。而一个 DataTable 对象包含一个 Columns 属性(即列集合)和一个 Rows 属性(即行集合)。DataTable 对象的常用方法及其说明如表 14.17 所示。

表 14.16　DataTable 对象的常用属性及其说明

属　性	说　明
CaseSensitive	指示表中的字符串比较是否区分大小写
ChildRelations	获取此 DataTable 的子关系的集合
Columns	获取属于该表的列的集合
Constraints	获取由该表维护的约束的集合
DataSet	获取此表所属的 DataSet
DefaultView	返回可用于排序、筛选和搜索 DataTable 的 DataView
ExtendedProperties	获取自定义用户信息的集合
ParentRelations	获取该 DataTable 的父关系的集合
PrimaryKey	获取或设置充当数据表主键的列的数组
Rows	获取属于该表的行的集合
TableName	获取或设置 DataTable 的名称

表 14.17　DataTable 对象的常用方法及其说明

方　法	说　明
AcceptChanges	提交自上次调用 AcceptChanges 以来对该表进行的所有更改
Clear	清除所有数据的 DataTable
Compute	计算用来传递筛选条件的当前行上的给定表达式
CreateDataReader	返回与此 DataTable 中的数据相对应的 DataTableReader
ImportRow	将 DataRow 复制到 DataTable 中，保留任何属性设置以及初始值和当前值
Merge	将指定的 DataTable 与当前的 DataTable 合并
NewRow	创建与该表具有相同架构的新 DataRow
Select	获取 DataRow 对象的数组

3. 建立包含在数据集中的表

建立包含在数据集中的表的方法主要有以下两种。

1）利用数据适配器的 Fill 方法自动建立 DataSet 中的 DataTable 对象

先通过 SqlDataAdapter 对象从数据源中提取记录数据，然后调用其 Fill 方法将所提取的记录存入 DataSet 中对应的表内，如果 DataSet 中不存在对应的表，Fill 方法会先建立表再将记录填入其中。例如，以下语句可向 DataSet 对象 myds 中添加 student 表及其包含的数据记录。

```
SqlConnection myconn = new SqlConnection("Data Source = LCB - PC; " +
    "Initial Catalog = school;Persist Security Info = True;User ID = sa;Password = 12345");
DataSet myds = new DataSet();
SqlDataAdapter myda = new SqlDataAdapter("SELECT * FROM student",myconn);
myda.Fill(myds, "student");
myconn.Close();
```

2）将建立的 DataTable 对象添加到 DataSet 中

先建立 DataTable 对象，然后调用 DataSet 的 Tables 属性的 Add 方法将 DataTable 对象添加到 DataSet 对象中。例如，以下语句可向 DataSet 对象 myds 中添加一个表，并返回表的名称 student。

```
DataSet myds = new DataSet();
DataTable mydt = new DataTable("student");
myds.Tables.Add(mydt);
textBox1.Text = myds.Tables["student"].TableName;   //文本框中显示"student"
```

14.3.4 Columns 集合和 DataColumn 对象

DataTable 对象的 Columns 属性是由列组成的，每个列是一个 DataColumn 对象。DataColumn 对象描述了数据表列的结构，要向数据表添加一个列，必须先建立一个 DataColumn 对象，设置其各项属性，然后将它添加到 DataTable 的列集合 DataColumns 中。

1. Columns 集合的属性和方法

Columns 集合的常用属性及其说明如表 14.18 所示，其常用方法及其说明如表 14.19 所示。

表 14.18　Columns 集合的常用属性及其说明

Columns 集合的属性	说　明
Count	Columns 集合中列的个数
Item(项)	检索 Columns 集合中指定索引处的列

表 14.19　Columns 集合的常用方法及其说明

Columns 集合的方法	说　明
Add	向 Columns 集合中添加一个列
AddRange	向 Columns 集合中添加一个列的数组
Clear	移除 Columns 集合中的所有列
Contains	确定指定的列是否在 Columns 集合中
Equqls	判断是否等于当前对象
GetType	获取当前实例的 Type

续表

Columns 集合的方法	说　明
Insert	将一个列插入 Columns 集合中指定的索引处
IndexOf	检索指定的列在 Columns 集合中的索引
Remove	从 Columns 集合中移除指定的列
RemoveAt	移除 Columns 集合中指定索引处的列

2. DataColumn 对象

DataColumn 对象的常用属性及其说明如表 14.20 所示，其方法很少使用。

表 14.20　DataColumn 对象的常用属性及其说明

属　性	说　明
AllowDBNull	获取或设置一个值，该值指示对于属于该表的行，此列中是否允许空值
Caption	获取或设置列的标题
ColumnName	获取或设置 DataColumnCollection 中的列的名称
DataType	获取或设置存储在列中的数据的类型
DefaultValue	在创建新行时获取或设置列的默认值
Expression	获取或设置表达式，用于筛选行、计算列中的值或创建聚合列
MaxLength	获取或设置文本列的最大长度
Table	获取列所属的 DataTable 对象
Unique	获取或设置一个值，该值指示列的每一行中的值是否必须是唯一的

例如，以下语句可以建立一个 DataSet 对象 myds，并向其中添加一个 DataTable 对象 mydt，向 mydt 中添加 3 个列，列名分别为 ID、cName 和 cBook，数据类型均为 String。

```
DataTable mydt = new DataTable();
DataColumn mycol1 =  mydt.Columns.Add("ID", Type.GetType("System.String"));
mydt.Columns.Add("cName", Type.GetType("System.String"));
mydt.Columns.Add("cBook", Type.GetType("System.String"));
```

14.3.5 Rows 集合和 DataRow 对象

DataTable 对象的 Rows 属性是由行组成的，每个行是一个 DataRow 对象。DataRow 对象用来表示 DataTable 中单独的一条记录。每一条记录都包含多个字段，DataRow 对象用 Item 属性表示这些字段，Item 属性后加索引值或字段名可以表示一个字段的内容。

1. Rows 集合的属性和方法

Rows 集合的常用属性如表 14.21 所示，其常用方法及其说明如表 14.22 所示。

表 14.21　Rows 集合的常用属性及其说明

Rows 集合的属性	说　明
Count	Rows 集合中行的个数
Item	检索 Rows 集合中指定索引处的行

表 14.22　Rows 集合的常用方法及其说明

Rows 集合的方法	说　明
Add	向 Rows 集合中添加一个行
AddRange	向 Rows 集合中添加一个行的数组
Clear	移除 Rows 集合中的所有行
Contains	确定指定的行是否在 Rows 集合中
Equqls	判断是否等于当前对象
GetType	获取当前实例的 Type
Insert	将一个行插入 Rows 集合中指定的索引处
IndexOf	检索指定的行在 Rows 集合中的索引
Remove	从 Rows 集合中移除指定的行
RemoveAt	移除 Rows 集合中指定索引处的行

2. DataRow 对象

DataRow 对象的常用属性及说明如表 14.23 所示，其常用方法及说明如表 14.24 所示。

表 14.23　DataRow 对象的常用属性及其说明

属　性	说　明
item(项)	获取或设置存储在指定列中的数据
ItemArray	通过一个数组来获取或设置此行的所有值
Table	获取该行的 DataTable 对象

表 14.24　DataRow 对象的常用方法及其说明

方　法	说　明
AcceptChanges	提交自上次调用 AcceptChanges 以来对该行进行的所有更改
Delete	删除 DataRow 对象
EndEdit	终止发生在该行的编辑
IsNull	获取一个值，该值指示指定的列是否包含空值

【例 14.7】　设计一个窗体 Form7，向 student 表中插入一条学生记录。

解：在项目 Proj 中设计一个窗体 Form7，其设计界面如图 14.20 所示，有一个分组框 groupBox1 和一个命令按钮 button1，分组框中有 5 个标签（Label 1～Label 5）和 5 个文本框（textBox1～textBox5）。在该窗体上设计如下事件过程。

```
private void button1_Click(object sender, EventArgs e)
{    if (textBox1.Text == "" || textBox4.Text == "")
     {    MessageBox.Show("学生记录输入错误","信息提示");
          return;
     }
     try
     {    DataSet myds = new DataSet();
          SqlConnection myconn = new SqlConnection();
          SqlCommand mycmd = new SqlCommand();
          string mystr = "Data Source = LCB - PC;Initial Catalog = school;" +
```

```
            "Persist Security Info = True;User ID = sa;Password = 12345";
        myconn.ConnectionString = mystr;
        myconn.Open();
        SqlDataAdapter myadp = new SqlDataAdapter("SELECT * FROM student",myconn);
        myadp.Fill(myds, "student");
        DataRow myrow = myds.Tables["student"].NewRow(); //myrow 为同结构的新行
        myrow[0] = textBox1.Text;                        //学号
        myrow[1] = textBox2.Text;                        //姓名
        myrow[2] = textBox3.Text;                        //性别
        myrow[3] = textBox4.Text;                        //出生日期
        myrow[4] = textBox5.Text;                        //班号
        myds.Tables["student"].Rows.Add(myrow);          //将 myrow 行添加到 student 表中
        SqlCommandBuilder mycmdbuilder = new SqlCommandBuilder(myadp);
        myadp.Update(myds, "student");                   //更新数据源
        myconn.Close();
        MessageBox.Show("学生记录输入成功", "信息提示");
    }
    catch(Exception ex)
     {  MessageBox.Show("生日格式等输入错误","信息提示"); }
}
```

运行本窗体，输入一个学生记录，单击“插入”命令按钮，则可将该学生记录存储到 student 表中，其运行结果如图 14.21 所示。

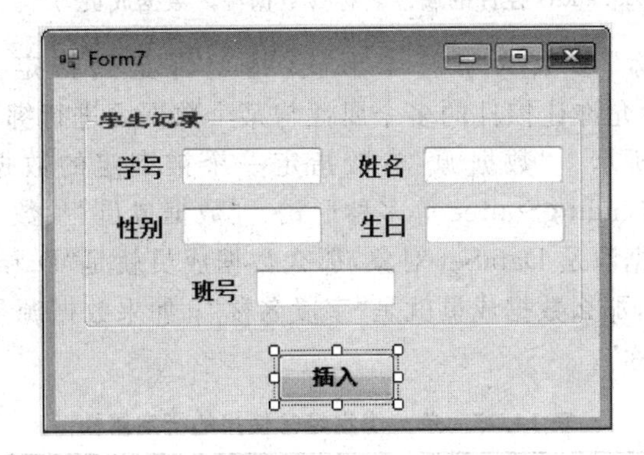

图 14.20　Form7 设计界面

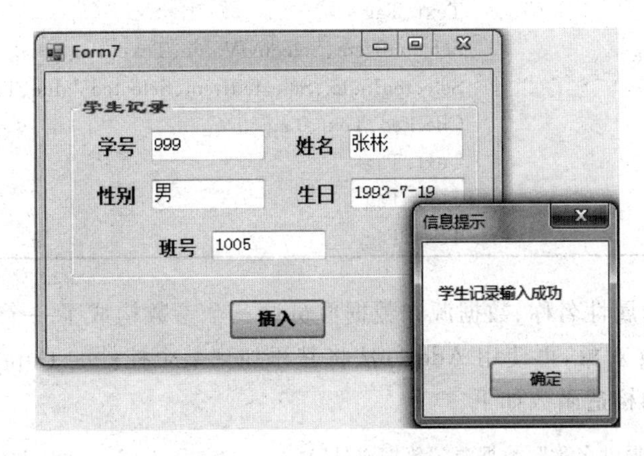

图 14.21　Form7 运行界面

14.4 数据绑定

数据绑定就是把数据连接到窗体的过程。通过数据绑定，可以通过窗体界面操作数据库中的数据。

14.4.1 数据绑定概述

C#的大部分控件都有数据绑定功能，例如 label、textBox、dataGridView 等控件。当控件进行数据绑定操作后，该控件即会显示所查询的数据记录。只有采用数据绑定，才能通过应用程序界面实施数据表中的数据操作。

14.4.2 数据绑定方式

窗体控件的数据绑定一般可以分为三种方式，即单一绑定、整体绑定和复合绑定。

1. 单一绑定

所谓单一绑定，是指将单一的数据元素绑定到控件的某个属性。例如，将 textBox 控件的 Text 属性与 student 数据表中的姓名列进行绑定。单一绑定是利用控件的 DataBindings 集合属性实现的，其一般形式如下。

```
控件名称.DataBindings.Add("控件的属性名称",数据源,"数据成员")
```

“控件的属性名称”参数为字符串形式，指定绑定到指定控件的哪一个属性，DataBindings 集合属性允许让控件的多个属性与某个数据源进行绑定，经常使用的绑定属性及说明如表 14.25 所示。“数据源”参数指定一个被绑定的数据源，可以是 DataSet、DataTable、DataView、BindingSource 等多种形式。“数据成员”参数为字符串形式，指定数据源的子集合，如果数据源是 DataSet 对象，那么数据成员就是“DataTable.字段名称”；如果数据源是 DataTable，那么数据成员就是“字段名称”；如果数据源是 BindingSource，那么数据成员就是“字段名称”。

表 14.25 单一绑定经常使用的绑定属性

控件类型	经常使用的绑定属性
textBox	Text、Tag
comboBox	SelectedItem、SelectedValue、Text、Tag
listBox	SelectedIndex、SelectedItem、SelectedValue、Tag
CheckBox	Checked、Text、Tag
radiobutton	Text、Tag
label	Text、Tag
button	Text、Tag

实际上，控件的属性名称、数据源和数据成员这三个参数构成了一个 Binding 对象。也可以先创建 Binding 对象，再使用 Add 方法将其添加到某个控件的 DataBindings 集合属性中。Binding 对象的构造函数如下。

```
Binding("控件的属性名称",数据源,"数据成员")
```

例如，以下语句可以建立一个 myds 数据集(其中含有 student 表对应的 DataTable 对象)，并将 student.学号列与一个 textBox1 控件的 Text 属性实现绑定。

```
DataSet myds = new DataSet();
…
Binding mybinding = new Binding("Text",myds,"student.学号");
textBox1.DataBindings.Add(mybinding);
//或 textBox1.DataBindings.Add("Text",myds,"student.学号");
```

【例 14.8】 设计一个窗体 Form8，用于显示 student 表中的第一个记录。

解：在项目 Proj 中设计一个窗体 Form8，其设计界面如图 14.22 所示，有一个分组框 groupBox1，其中有 5 个标签和 5 个文本框。在该窗体上设计如下事件过程。

```
private void Form8_Load(object sender, EventArgs e)
{    SqlConnection myconn = new SqlConnection();
     DataSet myds = new DataSet();
     string mystr = "Data Source = LCB - PC;Initial Catalog = school;" +
          "Persist Security Info = True;User ID = sa;Password = 12345";
     myconn.ConnectionString = mystr;
     myconn.Open();
     string mysql = "SELECT * FROM student";
     SqlDataAdapter myda  = new SqlDataAdapter(mysql, myconn);
     myda.Fill(myds, "student");
     Binding mybinding1 = new Binding("Text", myds, "Student.学号");
     textBox1.DataBindings.Add(mybinding1);
     //或 textBox1.DataBindings.Add("Text", myds, "Student.学号");
     Binding mybinding2 = new Binding("Text", myds, "Student.姓名");
     textBox2.DataBindings.Add(mybinding2);
     //或 textBox2.DataBindings.Add("Text", myds, "Student.姓名");
     Binding mybinding3 = new Binding("Text", myds, "Student.性别");
     textBox3.DataBindings.Add(mybinding3);
     //或 textBox3.DataBindings.Add("Text", myds, "Student.性别");
     Binding mybinding4 = new Binding("Text", myds, "Student.出生日期");
     textBox4.DataBindings.Add(mybinding4);
     //或 textBox4.DataBindings.Add("Text",myds, "Student.出生日期");
     Binding mybinding5 = new Binding("Text", myds, "Student.班号");
     textBox5.DataBindings.Add(mybinding5);
     //或 textBox5.DataBindings.Add("Text", myds, "Student.班号");
     myconn.Close();
}
```

上述代码创建了 5 个 Binging 对象，然后将它们分别添加到 5 个文本框的 DataBindings 集合属性中。运行本窗体，其运行结果如图 14.23 所示。

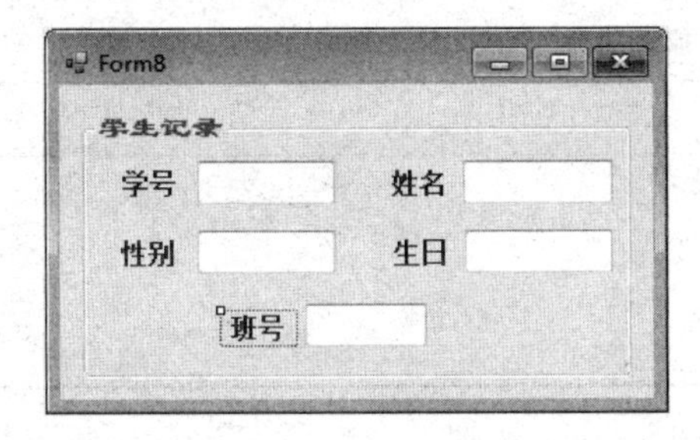

图 14.22　Form8 设计界面

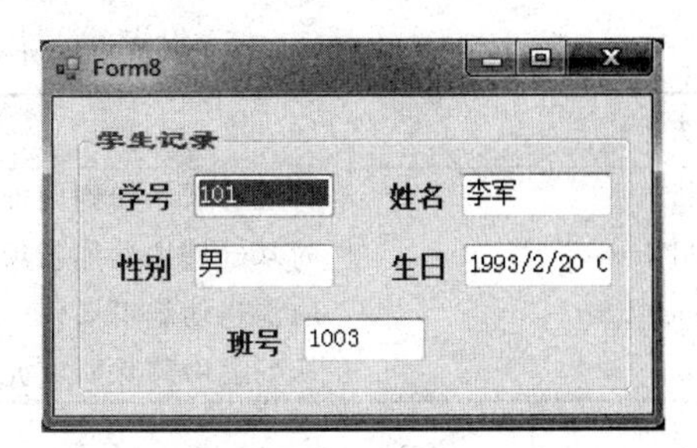

图 14.23　Form8 运行界面

2. 整体绑定

在例 14.8 的这种绑定方式中，每个文本框与一个数据成员进行绑定，这种单一绑定方式不便于数据源的整体操作。为此，C＃提供了 BindingSource 对象，用于封装窗体的数据源，实现对数据源的整体导航操作，即整体绑定。其常用的构造函数如下。

```
BindingSource()
BindingSource(dataSource,dataMember)
```

其中，dataSource 指出 BindingSource 的数据源，dataMember 指出要绑定到的数据源中的特定列或列表名称。

BindingSource 对象的常用属性及其说明如表 14.26 所示，其常用方法及说明如表 14.27 所示。通过一个 BindingSource 对象将一个窗体的数据源看成一个整体，可以对数据源进行记录定位(使用 Move 类方法)，从而在窗体中显示不同的记录。

提示：单一绑定就是将各个控件的某属性与某个数据源的各属性分别绑定，各个控件单独绑定，所以不便于整体操作，如 textBox1 中显示数据源第 2 个记录的学号，而 textBox2 中显示数据源第 5 个记录的姓名。使用 BindingSource 对象实现整体绑定，先将某个数据源作为一个整体构成一个 BindingSource 对象，再将该 BindingSource 对象的各属性与各控件的某属性绑定，所有这些控件对数据源实施整体操作，如 textBox1 和 textBox2 中显示的只能是同一记录的学号和姓名。

表 14.26 BindingSource 对象的常用属性及其说明

属　性	说　明
AllowEdit	获取一个值，该值指示是否可以编辑基础列表中的项
AllowNew	获取或设置一个值，该值指示是否可以使用 AddNew 方法向列表中添加项
AllowRemove	获取一个值，它指示是否可从基础列表中移除项
Count	获取基础列表中的总项数
Current	获取列表中的当前项
DataMember	获取或设置连接器当前绑定到的数据源中的特定列表
DataSource	获取或设置连接器绑定到的数据源
Filter	获取或设置用于筛选查看哪些行的表达式
IsSorted	获取一个值，该值指示是否可以对基础列表中的项排序
Item	获取或设置指定索引处的列表元素
Position	获取或设置基础列表中当前项的索引
Sort	获取或设置用于排序的列名称以及用于查看数据源中的行的排序顺序

表 14.27 BindingSource 对象的常用方法及其说明

方　法	说　明
Add	将现有项添加到内部列表中
AddNew	向基础列表添加新项
CancelEdit	取消当前编辑操作
Clear	从列表中移除所有元素

续表

方　法	说　明
EndEdit	将挂起的更改应用于基础数据源
Find	在数据源中查找指定的项
IndexOf	搜索指定的对象，并返回整个列表中第一个匹配项的索引
Insert	将一项插入列表中指定的索引处
MoveFirst	移至列表中的第一项
MoveLast	移至列表中的最后一项
MoveNext	移至列表中的下一项
MovePrevious	移至列表中的上一项
Remove	从列表中移除指定的项
RemoveAt	移除此列表中指定索引处的项
RemoveCurrent	从列表中移除当前项

【例 14.9】 设计一个窗体 Form9，采用 BindingSource 对象实现对 student 表中的所有记录进行浏览操作。

解：在项目 Proj 中设计一个窗体 Form9，其设计界面如图 14.24 所示，有一个分组框 groupBox1，其中有 5 个标签和 5 个文本框，另外有 4 个导航命令按钮（从左到右分别为 button1～button4）。在该窗体上设计如下事件过程。

```
BindingSource mybs;                                          //类字段
private void Form9_Load(object sender, EventArgs e)
{     SqlConnection myconn = new SqlConnection();
      DataSet myds = new DataSet();
      string mystr = "Data Source = LCB - PC;Initial Catalog = school;" +
          "Persist Security Info = True;User ID = sa;Password = 12345";
      myconn.ConnectionString = mystr;
      myconn.Open();
      string mysql = "SELECT * FROM student";
      SqlDataAdapter myda = new SqlDataAdapter(mysql, myconn);
      myda.Fill(myds, "student");
      mybs = new BindingSource(myds, "student");
      Binding mybinding1 = new Binding("Text", mybs, "学号");
      textBox1.DataBindings.Add(mybinding1);
      Binding mybinding2 = new Binding("Text", mybs, "姓名");
      textBox2.DataBindings.Add(mybinding2);
      Binding mybinding3 = new Binding("Text", mybs, "性别");
      textBox3.DataBindings.Add(mybinding3);
      Binding mybinding4 = new Binding("Text", mybs, "出生日期");
      textBox4.DataBindings.Add(mybinding4);
      Binding mybinding5 = new Binding("Text", mybs, "班号");
      textBox5.DataBindings.Add(mybinding5);
      myconn.Close();
}
private void button1_Click(object sender, EventArgs e)       //首记录
{      if (mybs.Position!= 0)
          mybs.MoveFirst();
}
private void button2_Click(object sender, EventArgs e)       //上一记录
```

```
{    if (mybs.Position!= 0)
        mybs.MovePrevious();
}
private void button3_Click(object sender, EventArgs e)      //下一记录
{    if (mybs.Position!= mybs.Count - 1)
        mybs.MoveNext();
}
private void button4_Click(object sender, EventArgs e)      //尾记录
{    if (mybs.Position != mybs.Count - 1)
        mybs.MoveLast();
}
```

上述代码创建了一个 BingingSource 对象,其数据源为 student 表;创建了 5 个 Binging 对象,分别对应 BingingSource 对象中数据源的不同列,然后将它们分别添加到 5 个文本框的 DataBindings 集合属性中。运行本窗体,通过单击命令按钮进行记录导航,其运行结果如图 14.25 所示。

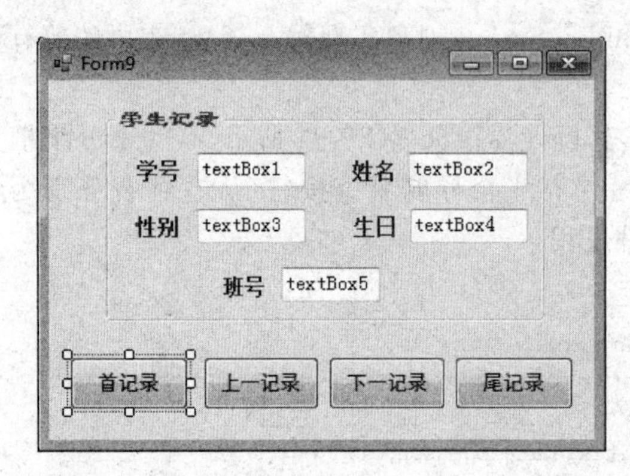

图 14.24　Form9 设计界面

图 14.25　Form9 运行界面

除了利用 BindingSource 对象实现整体绑定外,也可以利用 BindingManagerBase 对象管理绑定到相同数据源和数据成员的所有 Binding 对象,这里不再详述。

3. 复合绑定

所谓复合绑定,是指控件和一个以上的数据元素进行绑定,通常是指把控件和数据集中的多条数据记录或者多个字段值、数组中的多个数组元素进行绑定。

comboBox、listBox 和 CheckedlistBox 等控件都支持复合数据绑定。在实现复合绑定时,需要正确设置关键属性 DataSource 和 DataMember(或 DisplayMember)等,其基本语法格式如下。

```
控件对象名称.DataSource = 数据源
控件对象名称.DisplayMember = 数据成员
```

【例 14.10】 设计一个窗体 Form10,包含一个班号组合框,提供 student 表中的所有班号。

解:在项目 Proj 中设计一个窗体 Form10,其设计界面如图 14.26 所示,有一个组合框 comboBox1 和两个标签(label1 和 label2)。在该窗体上设计如下事件过程。

```
private void Form10_Load(object sender, EventArgs e)
{    SqlConnection myconn = new SqlConnection();
```

```
        DataSet myds = new DataSet();
        string mystr = "Data Source = LCB - PC;Initial Catalog = school;" +
            "Persist Security Info = True;User ID = sa;Password = 12345";
        myconn.ConnectionString = mystr;
        myconn.Open();
        string mysql = "SELECT distinct 班号 FROM student";
        SqlDataAdapter myda = new SqlDataAdapter(mysql, myconn);
        myda.Fill(myds, "student");
        comboBox1.DataSource = myds;
        comboBox1.DisplayMember = "student.班号";
        myconn.Close();
    }
    private void comboBox1_SelectedIndexChanged(object sender, EventArgs e)
    {   label1.Text = "你选择了" + comboBox1.Text.Trim() + "班"; }
```

上述代码通过复合绑定设置 comboBox1 控件的数据源(DataSource 属性设置为 myds，DisplayMember 属性设置为"student.班号")，其运行结果如图 14.27 所示。

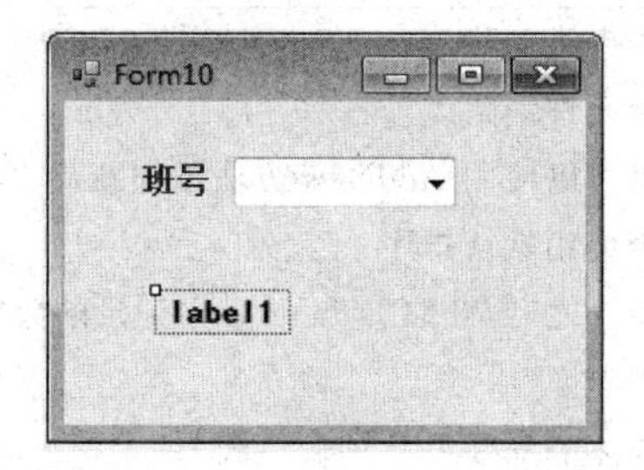

图 14.26　Form10 设计界面

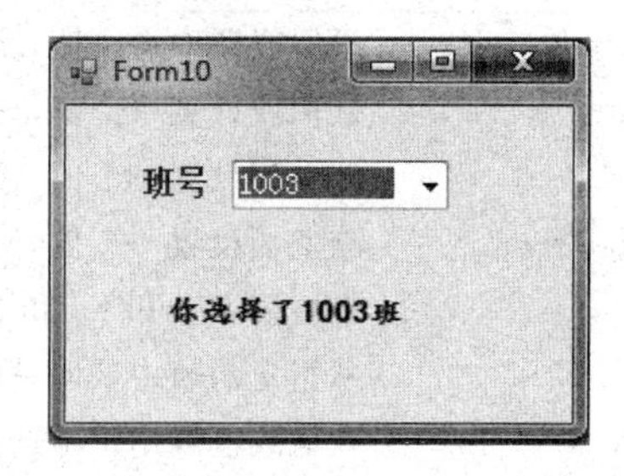

图 14.27　Form10 运行界面

14.5　DataView 对象

DataView 对象能够创建 DataTable 中所存储数据的不同视图，可用于对 DataSet 中的数据进行排序、过滤和查询等操作。

14.5.1　DataView 对象概述

DataView 对象类似于数据库中的视图功能，提供了 DataTable 列(Column)排序、过滤记录(Row)及记录搜索功能，它的一个常见用法是为控件提供数据绑定。DataView 对象的构造函数如下。

```
DataView()
DataView(table)
DataView(table, RowFilter, Sort, RowState)
```

其中，table 参数指出要添加到 DataView 的 DataTable 对象；RowFilter 参数指出要应用于 DataView 的 RowFilter；Sort 参数指出要应用于 DataView 的 Sort；RowState 参数指出要应用于 DataView 的 DataViewRowState。

要为给定的 DataTable 创建一个新的 DataView 对象，可以把 DataTable 的一个对象 mydt 传给 DataView 构造函数，例如如下代码。

```
DataView mydv = newDataView(mydt);
```

在第一次创建 DataView 对象时，DataView 默认为 mydt 中的所有行。用属性可以在 DataView 中得到数据行的一个子集合，也可以给这些数据排序。

DataTable 对象提供的 DefaultView 属性可以返回默认的 DataView 对象，例如如下代码。

```
DataView mydv = newDataView();
mydv = myds.Tables["student"].DefaultView;
```

上述代码从 myds 数据集中取得 student 表的默认内容，再利用相关控件（如 DataGridView）显示内容，指定数据来源为 mydv。

DataView 对象的常用属性及其说明如表 14.28 所示，其常用的方法及其说明如表 14.29 所示。

表 14.28 DataView 对象的常用属性及其说明

属　性	说　明
AllowDelete	设置或获取一个值，该值指示是否允许删除
AllowEdit	获取或设置一个值，该值指示是否允许编辑
AllowNew	获取或设置一个值，该值指示是否可以使用 AddNew 方法添加新行
ApplyDefaultSort	获取或设置一个值，该值指示是否使用默认排序
Count	在应用 RowFilter 和 RowStateFilter 之后，获取 DataView 中记录的数量
Item	从指定的表中获取一行数据
RowFilter	获取或设置用于筛选在 DataView 中查看哪些行的表达式
RowStateFilter	获取或设置用于 DataView 中的行状态筛选器
Sort	获取或设置 DataView 的一个或多个排序列以及排序顺序
Table	获取或设置源 DataTable

表 14.29 DataView 的常用方法及其说明

方　法	说　明
AddNew	将新行添加到 DataView 中
Delete	删除指定索引位置的行
Find	按指定的排序关键字值在 DataView 中查找行
FindRows	返回 DataRowView 对象的数组，这些对象的列与指定的排序关键字匹配
ToTable	根据现有 DataView 中的行创建并返回一个新的 DataTable

14.5.2 DataView 对象的列排序设置

DataView 取得一个表之后，利用 Sort 属性可以指定依据某些列（Column）排序。Sort 属性允许复合键的排序，列之间使用逗号隔开即可。排序的方式又分为升序（Asc）和降序（Desc），在列之后接 Asc 或 Desc 关键字即可实现设置。

14.5.3 DataView 对象的过滤条件设置

获取数据的子集合可以用 DataView 类的 RowFilter 属性或 RowStateFilter 属性来实现。

RowFilter 属性用于提供过滤表达式。RowFilter 表达式可以非常复杂，也可以包含涉及多个列中的数据和常数的算术计算与比较。同查询语句的模糊查询一样，RowFilter 属性也有 Like 子句及%字符。

RowStateFilter 属性定义了从 DataTable 中提取特定数据子集合的值，这里不再详述。

【例 14.11】 设计一个窗体 Form11，建立一个 DataView 对象 mydv，对应 school 数据库中的 score 表，并按课程号降序排序，且过滤掉所有分数低于 80 的记录。

解：在项目 Proj 中设计一个窗体 Form11，其设计界面如图 14.28 所示，有一个命令按钮 button1 和一个列表框 listBox1。在该窗体上设计如下事件过程。

```
private void button1_Click(object sender, EventArgs e)
{     SqlConnection myconn = new SqlConnection();
      DataSet myds = new DataSet();
      string mystr = "Data Source = LCB - PC;Initial Catalog = school;" +
           "Persist Security Info = True;User ID = sa;Password = 12345";
      myconn.ConnectionString = mystr;
      myconn.Open();
      string mysql = "SELECT * FROM score";
      SqlDataAdapter myda = new SqlDataAdapter(mysql, myconn);
      myda.Fill(myds, "score");
      myconn.Close();
      DataView mydv = new DataView(myds.Tables["score"]);
      mydv.Sort = "课程号 DESC";
      mydv.RowFilter = "分数> 80";
      DataTable mydt = mydv.ToTable();                    //由 mydv 创建一个新的 DataTable
      listBox1.Items.Add("    学号            课程号          分数");
      foreach (DataRow row in mydt.Rows)                 //对于 mydt 的表中每一行
      {     mystr = "";
          foreach (DataColumn column in mydt.Columns)    //对于一行的每一列
             mystr += "     " + row[column].ToString();
          listBox1.Items.Add(mystr);                     //将一行内容放入列表框中
      }
}
```

运行本窗体，单击“输出”命令按钮，其运行结果如图 14.29 所示。

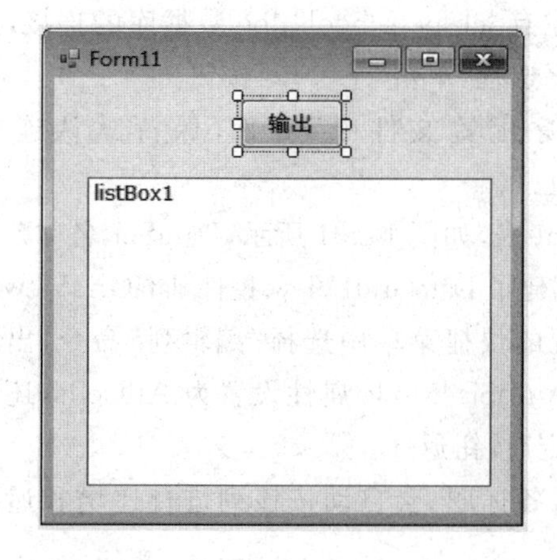

图 14.28　Form11 设计界面

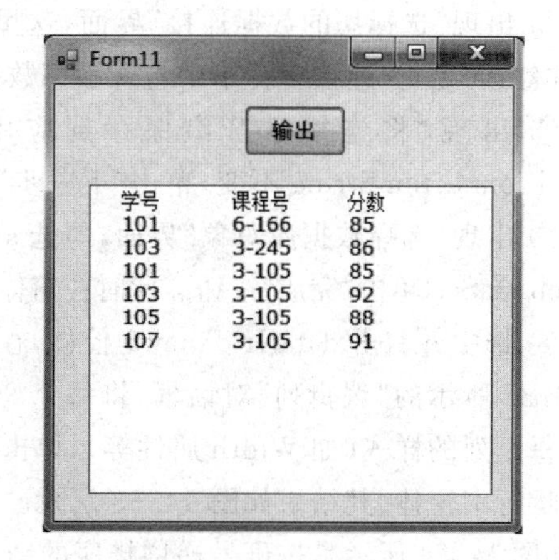

图 14.29　Form11 运行界面

14.6 DataGridView 控件

DataGridView 控件是标准 DataGrid 控件的升级版，用于在窗体中显示表格数据。

14.6.1 创建 DataGridView 对象

通常使用设计工具创建 DataGridView 对象，下面通过一个实例进行说明。

【例 14.12】 设计一个窗体 Form12，建立 student 表对应的一个 DataGridView 对象。

解：其操作步骤如下。

① 在项目 Proj 中添加一个空窗体 Form12，从工具箱中将 DataGridView 控件拖放到窗体上，此时在 DataGridView 控件右侧出现如图 14.30 所示的“DataGridView 任务”菜单。

图 14.30 “DataGridView 任务”菜单

② 单击“选择数据源”下拉列表框，出现下拉列表，若已经建立好数据源，可从中选择一个。这里没有任何数据源。

③ 单击“添加项目数据源”选项，出现“数据源配置向导”对话框，选中“数据库”项，单击“下一步”按钮。

④ 出现“选择数据库模型”界面，选中“数据集”项，单击“下一步”按钮。

⑤ 出现“选择您的数据连接”界面，这里已建有 lcb-pc school. dbo 数据库的连接，选中它，并勾选“是，在连接字符串中包含敏感数据“复选框，单击“下一步”按钮。

⑥ 出现“将连接字符串保存到应用程序配置文件中”界面，保持默认连接名 schoolConnectionString 不变，单击“下一步”按钮。

⑦ 出现“选择数据库对象”界面，勾选 student 表，如图 14.31 所示，DataSet 名称默认为 SchoolDataSet，单击“完成”按钮。此时在窗体上创建了 DataGrid1View 控件 dataGridView1。

⑧ 选中并右击 dataGridView1 控件，在出现的快捷菜单中选择“编辑列”命令，出现如图 14.32 所示的“编辑列”对话框，将每个列的 AutoSizeMode 属性设置为 AllCells，还可以改变每个列的样式(如 Width 属性等)，单击“确定”按钮返回。

运行本窗体，其结果如图 14.33 所示。单击各标题，会自动按该列进行递增和递减排序，如图 14.34 所示是按班号递增排序的结果。

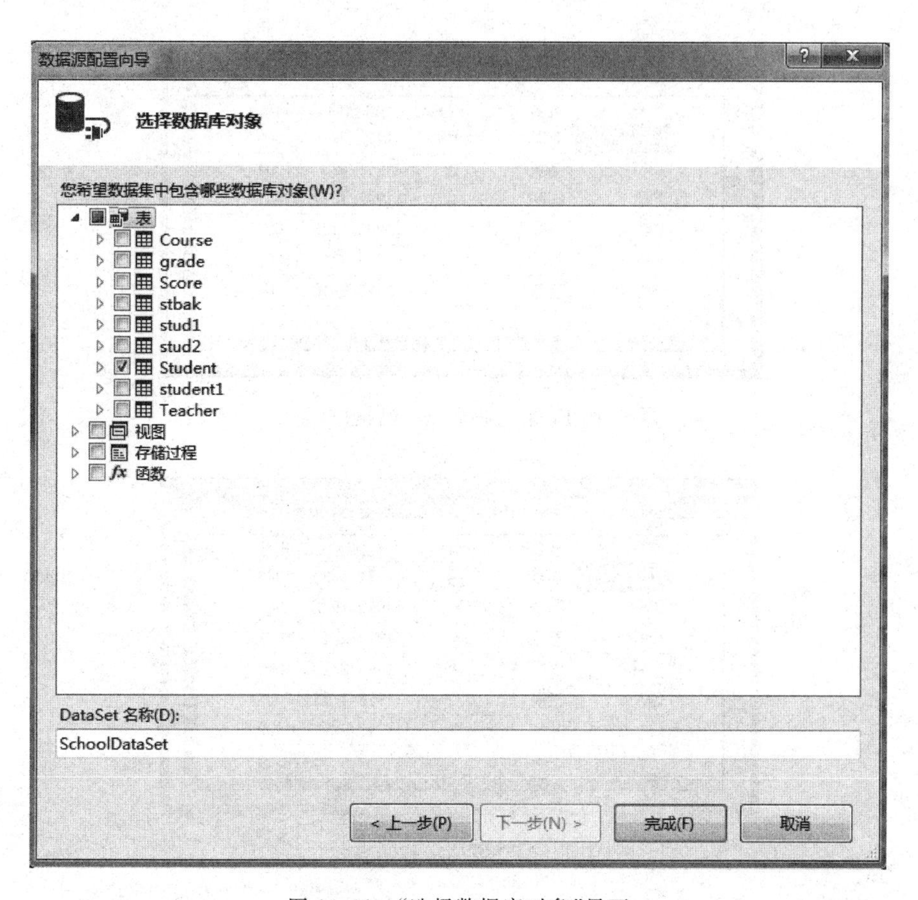

图 14.31　“选择数据库对象”界面

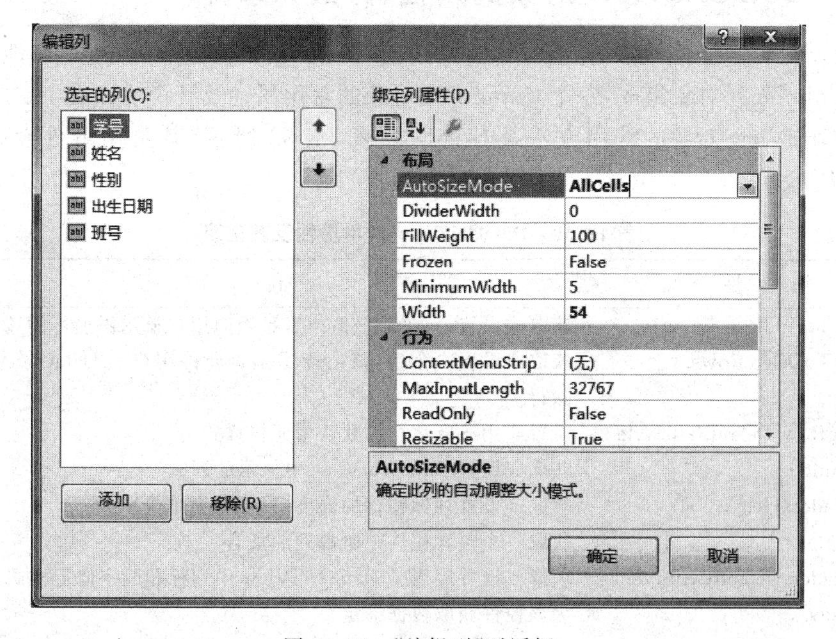

图 14.32　“编辑列”对话框

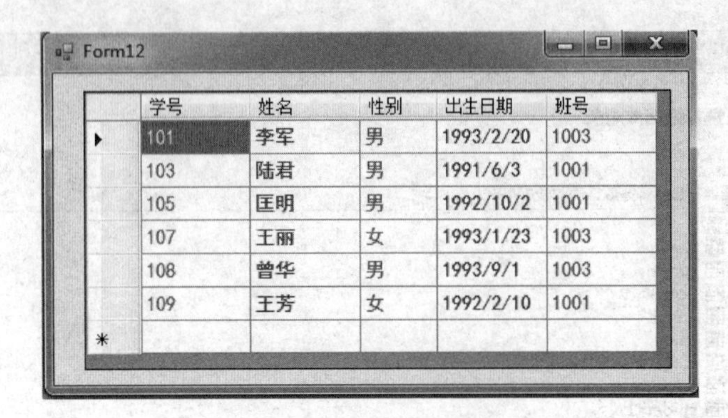

学号	姓名	性别	出生日期	班号
101	李军	男	1993/2/20	1003
103	陆君	男	1991/6/3	1001
105	匡明	男	1992/10/2	1001
107	王丽	女	1993/1/23	1003
108	曾华	男	1993/9/1	1003
109	王芳	女	1992/2/10	1001

图 14.33　窗体运行结果(1)

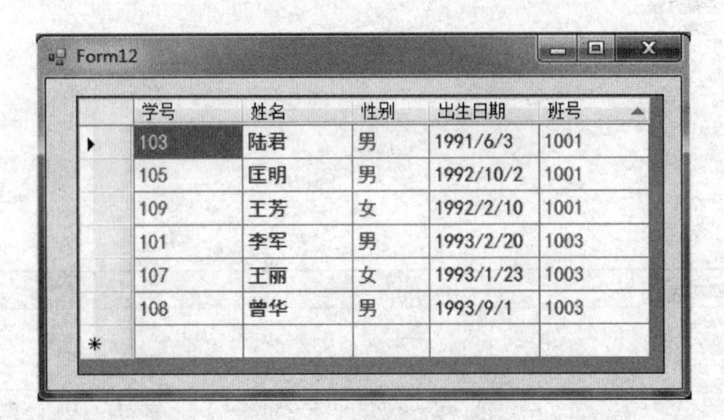

学号	姓名	性别	出生日期	班号
103	陆君	男	1991/6/3	1001
105	匡明	男	1992/10/2	1001
109	王芳	女	1992/2/10	1001
101	李军	男	1993/2/20	1003
107	王丽	女	1993/1/23	1003
108	曾华	男	1993/9/1	1003

图 14.34　窗体运行结果(2)

14.6.2　DataGridView 对象的属性、方法和事件

DataGridView 对象的常用属性及其说明如表 14.30 所示，其中 Columns 属性是一个列集合，由 Column 列对象组成，每个 Column 列对象的常用属性及其说明如表 14.31 所示。

DataGridView 对象的常用方法及其说明如表 14.32 所示，其常用事件及其说明如表 14.33 所示。

表 14.30　DataGridView 常用属性及其说明

属　性	说　明
AllowUserToAddRows	获取或设置一个值，该值指示是否向用户显示添加行的选项
AllowUserToDeleteRows	获取或设置一个值，该值指示是否允许用户从 DataGridView 中删除行
AlternatingRowsDefaultCellStyle	设置应用于奇数行的默认单元格样式
ColumnCount	获取或设置 DataGridView 中显示的列数
ColumnHeadersHeight	获取或设置列标题行的高度(以像素为单位)
Columns	获取一个包含控件中所有列的集合
ColumnHeadersDefaultCellStyle	获取或设置应用于 DataGridView 中列标题的字体等样式
DataBindings	为该控件获取数据绑定
DataMember	获取或设置数据源中 DataGridView 显示其数据的列表或表的名称

续表

属　　性	说　　明
DataSource	获取或设置 DataGridView 所显示数据的数据源
DefaultCellStyle	获取或设置应用于 DataGridView 中的单元格的默认单元格字体等样式
FirstDisplayedScrollingColumnIndex	获取或设置某一列的索引，该列是显示在 DataGridView 上的第一列
GridColor	获取和设置网格线的颜色，网格线用于对 DataGridView 的单元格进行分隔
ReadOnly	获取一个值，该值指示用户是否可以编辑 DataGridView 控件的单元格
Rows	获取一个集合，该集合包含 DataGridView 控件中的所有行。例如，Row(2)表示第 2 行，Row(2).Cells(0)表示第 2 行的第 1 列，Row(2).Cells(0).Vlaue 表示第 2 行的第 1 个列值
RowCount	获取或设置 DataGridView 中显示的行数
RowHeadersWidth	获取或设置包含行标题的列的宽度(以像素为单位)
ScrollBars	获取或设置要在 DataGridView 控件中显示的滚动条的类型
SelectedCells	获取用户选定的单元格的集合
SelectedColumns	获取用户选定的列的集合
SelectedRows	获取用户选定的行的集合
SelectionMode	获取或设置一个值，该值指示如何选择 DataGridView 的单元格
SortedColumn	获取 DataGridView 内容的当前排序所依据的列
SortOrder	获取一个值，该值指示是按升序或降序对 DataGridView 控件中的项进行排序，还是不排序

表 14.31　Column 对象的常用属性及其说明

属　　性	说　　明
HeaderText	获取或设置列标题文本
Width	获取或设置当前列宽度
DefaultCellStyle	获取或设置列的默认单元格样式
AutoSizeMode	获取或设置模式，通过该模式列可以自动调整其宽度

表 14.32　DataGridView 常用方法及其说明

方　　法	说　　明
Sort	对 DataGridView 控件的内容进行排序
CommitEdit	将当前单元格中的更改提交到数据缓存，但不结束编辑模式

表 14.33　DataGridView 常用事件及其说明

事　　件	说　　明
Click	在单击控件时发生
DoubleClick	在双击控件时发生
CellContentClick	在单元格中的内容被单击时发生
CellClick	在单元格的任何部分被单击时发生

续表

事　件	说　明
CellContentDoubleClick	在用户双击单元格的内容时发生
ColumnAdded	在向控件添加一列时发生
ColumnRemoved	在从控件中移除列时发生
RowsAdded	在向 DataGridView 中添加新行之后发生
Sorted	在 DataGridView 控件完成排序操作时发生
UserDeletedRow	在用户完成从 DataGridView 控件中删除行时发生

在前面使用设计工具创建 DataGridView 对象时，一并设计了 dataGridview1 对象的属性，也可以通过程序代码设置其属性等。

1. 基本数据绑定

例如，在一个窗体上拖放一个 dataGridView1 对象后，不设计其任何属性，可以使用以下程序代码实现基本数据绑定。

```
SqlConnection myconn = new SqlConnection();
DataSet myds = new DataSet();
string mystr = "Data Source = LCB - PC;Initial Catalog = school;" +
      "Persist Security Info = True;User ID = sa;Password = 12345";
myconn.ConnectionString = mystr;
myconn.Open();
string mysql = "SELECT * FROM student";
SqlDataAdapter myda = new SqlDataAdapter(mysql, myconn);
myda.Fill(myds, "student");
dataGridView1.DataSource = myds.Tables["student"];
```

上述代码通过其 DataSource 属性设置将 dataGridView1 对象绑定到 student 表。

2. 设计显示样式

可以通过 GridColor 属性设置 dataGridView1 对象网格线的颜色，例如设置 GridColor 颜色为蓝色，语句如下。

```
dataGridView1.GridColor = Color.Blue;
```

可以通过 BorderStyle 属性设置 dataGridView1 对象网格的边框样式，其枚举值为 FixedSingle、Fixed3D 和 none。可以通过 CellBorderStyle 属性设置 dataGridView1 对象网格单元的边框样式等。

【例 14.13】 设计一个窗体 Form13，用一个 DataGridView 控件显示 student 表中的所有记录，当用户单击某记录时显示学号。

解：在项目 Proj 中设计一个窗体 Form13，其设计界面如图 14.35 所示，其中有一个 DataGridView 控件 dataGridView1 和一个标签 label1。在该窗体上设计如下事件过程。

```
private void Form13_Load(object sender, EventArgs e)
{   SqlConnection myconn = new SqlConnection();
    DataSet myds = new DataSet();
    string mystr = "Data Source = LCB - PC;Initial Catalog = school;" +
         "Persist Security Info = True;User ID = sa;Password = 12345";
```

```
        myconn.ConnectionString = mystr;
        myconn.Open();
        string mysql = "SELECT * FROM student";
        SqlDataAdapter myda = new SqlDataAdapter(mysql, myconn);
        myda.Fill(myds, "student");
        dataGridView1.DataSource = myds.Tables["student"];
        dataGridView1.AlternatingRowsDefaultCellStyle.ForeColor = Color.Red;    //奇数行置红色
        dataGridView1.GridColor = Color.RoyalBlue;                              //设置分隔线颜色
        dataGridView1.ScrollBars = ScrollBars.Vertical;
        dataGridView1.CellBorderStyle = DataGridViewCellBorderStyle.Single;
        dataGridView1.Columns[0].AutoSizeMode = DataGridViewAutoSizeColumnMode.AllCells;
        dataGridView1.Columns[1].AutoSizeMode = DataGridViewAutoSizeColumnMode.AllCells;
        dataGridView1.Columns[2].AutoSizeMode = DataGridViewAutoSizeColumnMode.AllCells;
        dataGridView1.Columns[3].AutoSizeMode = DataGridViewAutoSizeColumnMode.AllCells;
        dataGridView1.Columns[4].AutoSizeMode = DataGridViewAutoSizeColumnMode.AllCells;
        dataGridView1.Columns[0].HeaderText = "学号";
        dataGridView1.Columns[1].HeaderText = "姓名";
        dataGridView1.Columns[2].HeaderText = "性别";
        dataGridView1.Columns[3].HeaderText = "出生日期";
        dataGridView1.Columns[4].HeaderText = "班号";
        myconn.Close();
        label1.Text = "";
    }
    private void dataGridView1_CellClick(object sender, DataGridViewCellEventArgs e)
    {   label1.Text = "";
        try
        {   if (e.RowIndex < dataGridView1.RowCount - 1)
                label1.Text = "选择的学生学号为:" +
            dataGridView1.Rows[e.RowIndex].Cells[0].Value;
        }
        catch(Exception ex)
        {   label1.Text = "需选中一个学生记录"; }
    }
```

上述代码通过属性设置了 dataGridView1 控件的基本绑定数据和各列标题的样式，并设计 CellClick 单元格单击事件过程是用户单击学生记录显示学号。运行本窗体，在 dataGridView1 控件上单击某记录，在标签中即显示相应的信息，其运行结果如图 14.36 所示。

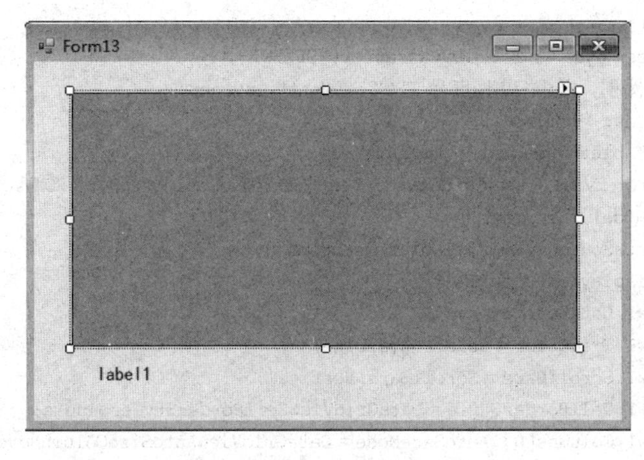

图 14.35 Form13 设计界面

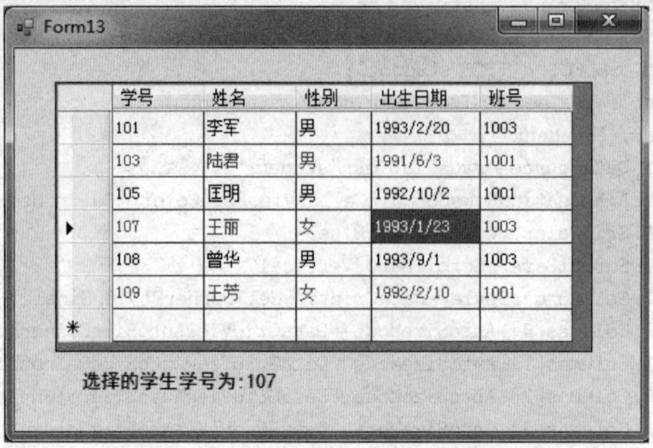

图 14.36　Form13 运行界面

14.6.3　DataGridView 与 DataView 对象结合使用

DataGridView 对象用于在窗体上显示记录数据，而 DataView 对象可以方便地对源数据记录进行排序等操作，两者结合使用可以设计复杂的应用程序。本小节将通过一个例子说明两者的结合使用技巧。

【例 14.14】 设计一个窗体 Form14，用于实现对 student 表中记录的通用查找和排序操作。

解：在项目 Proj 中设计一个窗体 Form14，其设计界面如图 14.37 所示。在该窗体上设计如下事件过程。

```
DataView mydv;                                                          //类字段
private void Form14_Load(object sender, EventArgs e)
{   SqlConnection myconn = new SqlConnection();
    DataSet myds = new DataSet();
    DataSet myds1 = new DataSet();
    string mystr = "Data Source = LCB - PC; Initial Catalog = school;" +
        "Persist Security Info = True;User ID = sa;Password = 12345";
    myconn.ConnectionString = mystr;
    myconn.Open();
    SqlDataAdapter myda = new SqlDataAdapter("SELECT 学号," +
        "姓名, 性别, 出生日期,班号 FROM student", myconn);
    myda.Fill(myds, "student");
    mydv = myds.Tables["student"].DefaultView;
    SqlDataAdapter myda1 = new SqlDataAdapter("SELECT distinct 班号 FROM student", myconn);
    myda1.Fill(myds1, "student");
    comboBox1.DataSource = myds1.Tables["student"];
    comboBox1.DisplayMember = "班号";
    dataGridView1.DataSource = mydv;
    dataGridView1.GridColor = Color.RoyalBlue;
    dataGridView1.ScrollBars = ScrollBars.Vertical;
    dataGridView1.CellBorderStyle = DataGridViewCellBorderStyle.Single;
    dataGridView1.Columns[0].AutoSizeMode = DataGridViewAutoSizeColumnMode.AllCells;
    dataGridView1.Columns[1].AutoSizeMode = DataGridViewAutoSizeColumnMode.AllCells;
```

```
    dataGridView1.Columns[2].AutoSizeMode = DataGridViewAutoSizeColumnMode.AllCells;
    dataGridView1.Columns[3].AutoSizeMode = DataGridViewAutoSizeColumnMode.AllCells;
    dataGridView1.Columns[4].AutoSizeMode = DataGridViewAutoSizeColumnMode.AllCells;
    dataGridView1.ReadOnly = true;
    myconn.Close();
    comboBox2.Items.Add("学号"); comboBox2.Items.Add("姓名");
    comboBox2.Items.Add("性别"); comboBox2.Items.Add("出生日期");
    comboBox2.Items.Add("班号");
    radioSex1.Checked = false; radioSex2.Checked = false;
    textBox1.Text = ""; textBox2.Text = "";
    comboBox1.Text = ""; comboBox2.Text = "";
}
private void OK_Click(object sender, EventArgs e)            //查询确定
{   string condstr = "";
    if (textBox1.Text!= "")
        condstr = "学号 Like '" + textBox1.Text + "%'";
    if (textBox2.Text!= "")
    {   if (condstr!= "")
            condstr = condstr + " AND 姓名 Like '" + textBox2.Text + "%'";
      else
            condstr = "姓名 Like '" + textBox2.Text + "%'";
    }
    if (radioSex1.Checked)
    {   if (condstr!= "")
             condstr = condstr + " AND 性别 = '男'";
       else
             condstr = "性别 = '男'";
     }
     else if (radioSex2.Checked)
     {   if (condstr!= "")
            condstr = condstr + " AND 性别 = '女'";
         else
            condstr = "性别 = '女'";
     }
     if (comboBox1.Text!= "")
     {   if (condstr!= "")
            condstr = condstr + " AND 班号 = '" + comboBox1.Text.Trim() + "'";
         else
            condstr = "班号 = '" + comboBox1.Text.Trim() + "'";
     }
     mydv.RowFilter = condstr;
}
private void Reset_Click(object sender, EventArgs e)         //查询重置
{    textBox1.Text = ""; textBox2.Text = "";
     radioSex1.Checked = false; radioSex2.Checked = false;
     comboBox1.Text = "";
}
private void SortOK_Click(object sender, EventArgs e)        //排序确定
{    string orderstr = "";
     if (comboBox2.Text!= "")
     {    if (radioSort1.Checked)
             orderstr = comboBox2.Text.Trim() + " ASC";
          else if (radioSort2.Checked)
```

```
            orderstr = comboBox2.Text.Trim() + " DESC";
        }
        mydv.Sort = orderstr;
    }
```

运行本窗体，在“班号”下拉列表中选择 1003，单击“设置查询条件”选项组中的“确定”按钮，其运行结果如图 14.38 所示（在 dataGridView1 中只显示 1003 班的学生记录），在“排序列”下拉列表中选择“出生日期”选项，并选中“升序”单选按钮，再单击“排序”选项组中的“确定”按钮，其运行结果如图 14.39 所示（在 dataGridView1 中对 1003 班的学生记录按出生日期升序排序）。

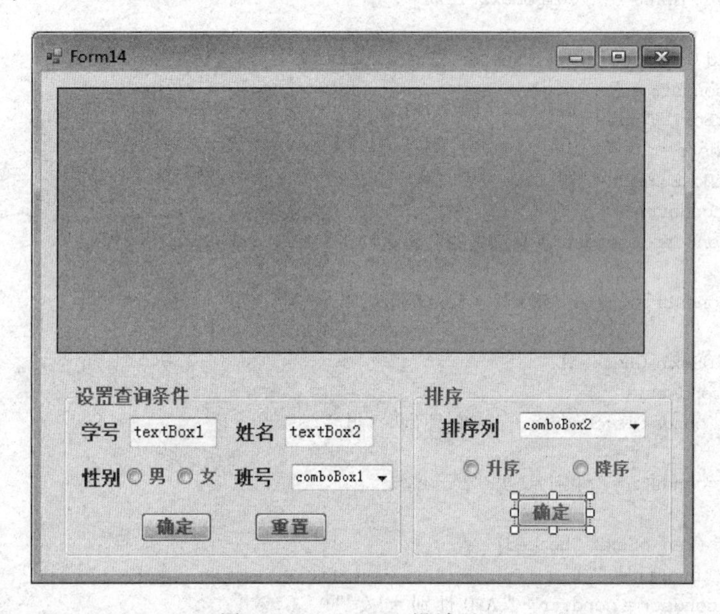

图 14.37　Form14 设计界面

Form14

	学号	姓名	性别	出生日期	班号
▶	101	李军	男	1993/2/20	1003
	107	王丽	女	1993/1/23	1003
	108	曾华	男	1993/9/1	1003
*					

设置查询条件
学号　姓名
性别 男 女　班号 1003
确定　重置
排序
排序列
升序　降序
确定

图 14.38　Form14 运行界面(1)

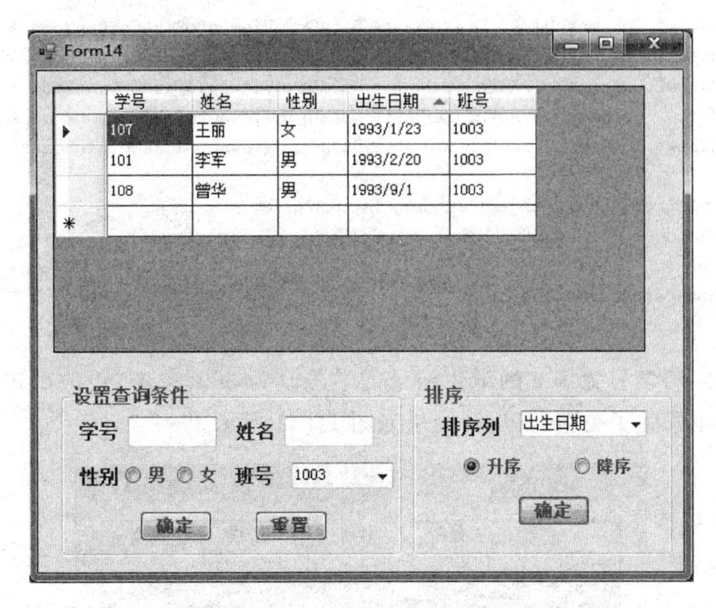

图 14.39 Form14 运行界面(2)

提示：本例排序功能部分仅为充分介绍利用 DataGridView 对象的方法，实际上没有必要设计排序功能，因为单击其中各标题就可以按对应的列进行排序。

14.6.4 通过 DataGridView 对象更新数据源

当运行时，DataGridView 对象中的数据可以修改，但只是内存中的数据发生了更改，对应的数据源数据并没有改动。为了更新数据源，需对相应的 SqlDataAdapter 对象执行 UPDATE 方法。本小节通过一个例子说明更新数据源的方法。

【例 14.15】 设计一个窗体 Form15，用于实现对 student 表中记录的修改操作。

解：在项目 Proj 中设计一个窗体 Form15，其设计界面如图 14.40 所示，有一个 DataGridView 控件 dataGridView1 和一个命令按钮(button1)。在该窗体上设计如下事件过程。

```
DataSet myds = new DataSet();                                  //类字段
SqlDataAdapter myda;                                           //类字段
private void Form15_Load(object sender, EventArgs e)
{   SqlConnection myconn = new SqlConnection();
    string mystr = "Data Source = LCB - PC;Initial Catalog = school;" +
          "Persist Security Info = True;User ID = sa;Password = 12345";
    myconn.ConnectionString = mystr;
    myconn.Open();
    string mysql = "SELECT * FROM student";
    myda = new SqlDataAdapter(mysql, myconn);
    myda.Fill(myds, "student");
    dataGridView1.DataSource = myds.Tables["student"];
    dataGridView1.AlternatingRowsDefaultCellStyle.ForeColor = Color.Red;
    dataGridView1.GridColor = Color.RoyalBlue;
    dataGridView1.ScrollBars = ScrollBars.Vertical;
    dataGridView1.CellBorderStyle = DataGridViewCellBorderStyle.Single;
```

```
        dataGridView1.Columns[0].AutoSizeMode = DataGridViewAutoSizeColumnMode.AllCells;
        dataGridView1.Columns[1].AutoSizeMode = DataGridViewAutoSizeColumnMode.AllCells;
        dataGridView1.Columns[2].AutoSizeMode = DataGridViewAutoSizeColumnMode.AllCells;
        dataGridView1.Columns[3].AutoSizeMode = DataGridViewAutoSizeColumnMode.AllCells;
        dataGridView1.Columns[4].AutoSizeMode = DataGridViewAutoSizeColumnMode.AllCells;
    }
    private void button1_Click(object sender, EventArgs e)
    {   SqlCommandBuilder mycmdbuilder = new SqlCommandBuilder(myda);
                                                            //获取对应的修改命令
        myda.Update(myds,"student");                        //新数据源
    }
```

运行本窗体，将学号为 109 的学生记录的学号改为 209，单击"更改确定"按钮，对应的 student 表记录也发生了更新，其运行结果如图 14.41 所示。

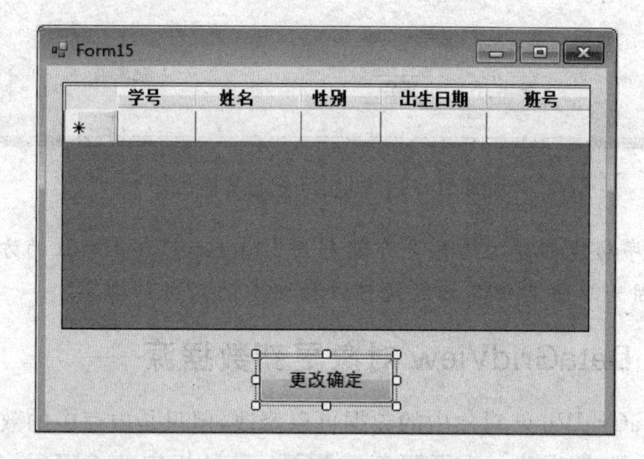

图 14.40　Form15 设计界面

Form15

学号	姓名	性别	出生日期	班号
101	李军	男	1993/2/20	1003
103	陆君	男	1991/6/3	1001
105	匡明	男	1992/10/2	1001
107	王丽	女	1993/1/23	1003
108	曾华	男	1993/9/1	1003
209	王芳	女	1992/2/10	1001

更改确定

图 14.41　Form15 运行界面

练习题 14

(1) 简述.NET Framework 数据提供程序的作用，它包含哪些核心对象？

(2) 建立连接字符串 ConnectionString 的方法有哪些？

(3) 简述 SqlCommand 对象的作用及其主要的属性。

(4) 简述 DataReader 对象的特点和作用。

(5) 简述 SqlDataAdapter 对象的特点和作用。

(6) 简述什么是 DataSet 对象，如何使用 DataSet 对象？

(7) 简述 DataSet 对象的 Tables 集合属性的用途。

(8) 什么是数据绑定？数据绑定的类型有哪些？

(9) 简述 DataView 对象的主要属性和方法。

(10) 简述 DataGridView 控件的作用。

(11) 有一个窗体 ExForm1 的运行结果如图 14.42 所示，用于输出所有学生成绩，其中含命令按钮 button1 和列表框 listBox1。设计完成该功能的事件过程 button1_Click。

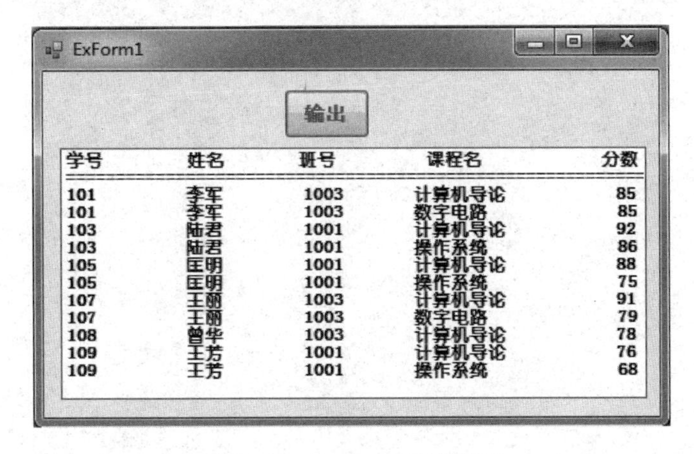

图 14.42　ExForm1 运行界面

(12) 有一个窗体 ExForm2 的运行结果如图 14.43 所示，用于输出学生的最高分数，其中含命令按钮 button1 和文本框 textBox1，通过调用第 10 章创建的 maxscore 存储过程来实现。设计完成该功能的事件过程 button1_Click。

(13) 有一个窗体 ExForm3 的运行界面如图 14.44 所示，用于输出某学号某课程号的等级，其中含命令按钮 button1 和 3 个文本框 textBox1～textBox3，通过调用第 10 章介绍的 stud1_score 存储过程来实现。设计完成该功能的事件过程 button1_Click。

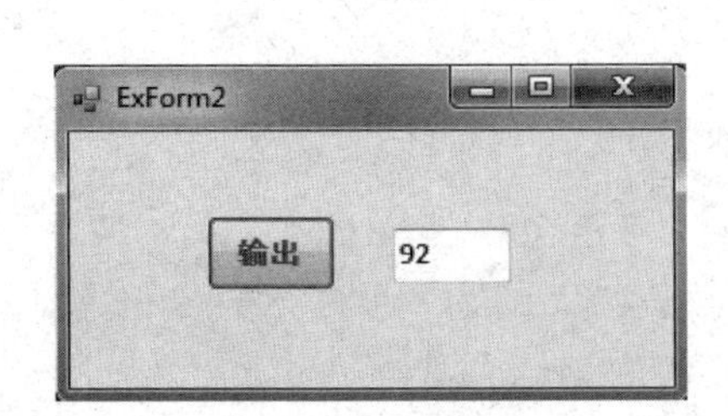

图 14.43　ExForm2 运行界面

图 14.44　ExForm3 运行界面

上机实验题 13

（1）创建一个项目 EProj，设计一个窗体 Form1，在列表框中输出所有学生的学号、姓名、课程名和分数。

（2）在 EProj 项目中设计一个窗体 Form2，采用 BindingSource 对象实现 score 表中所有记录的浏览功能。

（3）在 EProj 项目中设计一个窗体 Form3，采用 BindingManagerBase 对象实现 score 表中所有记录的浏览功能。

（4）在 EProj 项目中设计一个窗体 Form4，用于实现对 score 表中记录的通用查找和排序操作。

CHAPTER 15

数据库系统开发实例 第15章

本章介绍一个基于C/S模式的学生成绩管理系统(简称为SMIS)设计过程,其中,数据库school在前面第3章中创建,该数据库中的4个表在第4章中创建,为了实现用户管理,这里还增加了一个用户表oper,它含有用户名、密码和级别3个列。通过本章学习,使读者掌握采用VS.NET 2012+SQL Server开发环境设计中小型信息管理系统的一般方法。

15.1 SMIS系统概述

15.1.1 SMIS系统功能

SMIS系统功能如下所述。

- 实现学生基本数据的编辑和相关查询。
- 实现教师基本数据的编辑和相关查询。
- 实现课程基本数据的编辑和相关查询。
- 实现各课程任课教师安排和相关查询。
- 实现学生选课管理和相关查询。
- 实现学生成绩数据的编辑和相关查询。
- 实现用户管理和控制功能。

15.1.2 SMIS设计技巧

SMIS系统的客户端应用程序采用C#语言实现,后台数据管理采用SQL Server实现。设计中的一些基本技巧如下所述。

(1) C#窗体之间的数据传递方法:采用公共类TempData的静态字段实现数据传递。

(2) C＃菜单设计方法：包括菜单项的有效性设计，对于不同的类别的用户，使若干菜单项无效，参见 main 多文档窗体设计过程。

(3) 完整灵活的数据查询设计方法：以 student 表查询为例进行说明，提供了各列的综合条件查询功能，用户可以按学号、姓名和班号进行模糊查询，在 dataGridView 数据网格控件中以多记录方式显示查询结果。

(4) 统一的数据编辑设计方法：以 student 表编辑为例进行说明，为了编辑其记录，设计了 editstudent 窗体，在其中的 dataGridView 数据网格控件中显示所有已输入的学生记录，用户可以先通过查询功能找到满足指定条件的学生记录，然后单击"修改"或"删除"按钮进行学生记录的修改或删除，或者单击"添加"按钮输入新的学生记录。

(5) 面向对象编程技术：系统中设计了一个通用数据库操作类 CommDbOp，其中包含一个共享方法 Exesql，用于执行 SQL 语句，在需要数据库操作时可调用该方法来实现。

(6) 采用 C＃事件程序设计方法：不仅简化了系统开发过程，而且提高了系统的可靠性。

注意：本系统虽然有很多窗体，但设计思想都是相同的，读者可先详细阅读 editstudent 和 editstudent1 两个窗体的代码(代码中提供了完整的注释)，掌握其设计方法，再体会系统设计风格。

15.1.3 SMIS 系统安装

本系统是一个可以在 VS. NET 2012＋SQL Server 环境中正常运行的原型系统，所有源程序可以从 www. tup. tsinghua. edu. cn 网站免费下载，读者在 Windows 7 环境下配置好相应环境后，按照系统所带 Readme. doc 文件的提示进行系统安装。安装完成后，读者即可以在 VS. NET 2012 中打开系统源程序进行查阅和学习。

15.2 SMIS 系统结构

本系统对应的 C＃项目为 SMIS. sln，共有 20 个窗体和一个公共类，分别对应本系统的 7 大功能 16 个子功能。

本项目的启动窗体为 pass，该窗体提示用户输入相应的用户名/密码，并判断是否为合法用户。如果是非法用户(用户名/密码输入错误)，则提示用户再次输入用户名/密码，若用户非法输入 3 次，便自动退出系统运行。如果是合法用户，则调用 main 多文档窗体启动相应的菜单，每个子菜单项对应一个子功能，用户通过该系统菜单执行相应的操作。

SMIS 系统结构如图 15.1 所示。

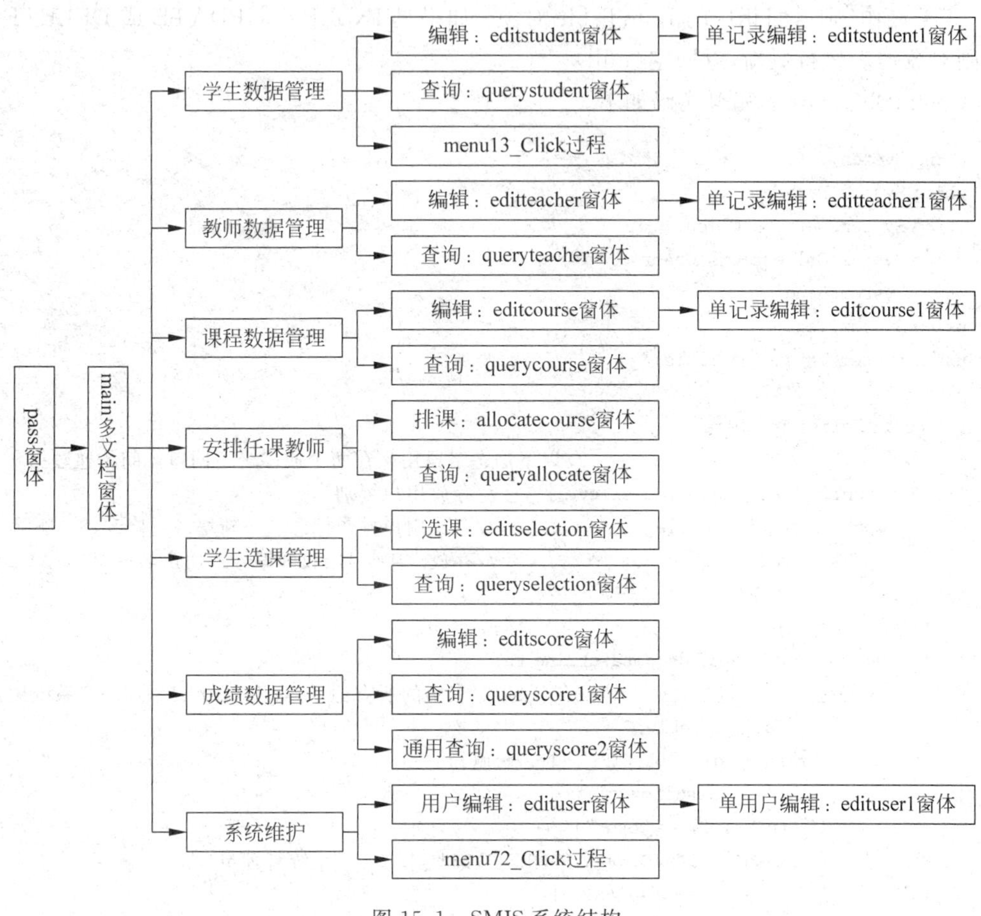

图 15.1　SMIS 系统结构

15.3　SMIS 系统实现

本节介绍图 15.1 中各组成部分的实现方法，包括窗体的功能、设计界面、主要对象的属性设置和相关的事件过程。

15.3.1　公共类

公共类文件为 CommDbOp.cs，它是通过 VS.NET 的“项目|添加类”命令添加的，包含 TempData 和 CommDbOP 两个类。

TempData 类包含三个静态字段，用于在两个不同的窗体之间传递数据。例如，若 A 窗体向 B 窗体传递“学号”数据，可在 A 窗体给 TempData.no 赋值，再调用 B 窗体执行，在 B 窗体就可以使用该值了。

CommDbOp 是通用数据库操作类，其中 deldata 公共静态方法用于 school 数据库的初始化，即删除指定表中的所有记录；而对于 oper 表，在删除所有用户记录后自动添加一个 1234/1234 的系统管理员，以便于该用户再次进入系统。Exesql 公共静态方法用于对 school 数据库中的任何表执行 SELECT、INSERT、UPDATE 和 DELETE 操作，如果是

SELECT 操作，则返回相应的 DataTable 对象；如果是 INSERT、UPDATE 或 DELETE 操作，则对数据表执行更新，返回空(null)。

CommDbOp.cs 的完整代码如下。

```
using System;
using System.Data;
using System.Data.SqlClient;
using System.Collections.Generic;
using System.Linq;
using System.Text;
using System.Threading.Tasks;
namespace SMIS
{   public class TempData
    {                               //以下静态字段用来在两个或多个不同窗体间传递数据
        public static string userlevel;     //存放用户级别
        public static int flag;             //存放用户操作标志,1—新增,2—修改,3—删除
        public static string no;            //存放学生学号、教师编号或用户名等
    }
    class CommDbOp
    {   public static void deldata(string tn)
        {                           //删除指定表中的所有记录,对于 oper 表添加一个系统用户
            DataTable mytable;
            string mysql = "DELETE " + tn.Trim();
            mytable = Exesql(mysql);
            if (tn.Trim() == "oper")
            {   mysql = "INSERT oper VALUES('1234','1234','系统管理员')";
                mytable = Exesql(mysql);
            }
        }
        private static string firststr(string mystr)
        {                           //提取字符串中的第一个字符串
            string [] strarr;
            strarr = mystr.Split(' ');
            return strarr[0];
        }
        public static DataTable Exesql(string mysql)      //执行 SQL 命令
        {   string mystr = "Data Source = LCB - PC;Initial Catalog = School;" +
                "Persist Security Info = True;User ID = sa;Password = 12345";
            SqlConnection myconn = new SqlConnection(mystr);
            myconn.Open();
            SqlCommand mycmd = new SqlCommand(mysql, myconn);
            mycmd.CommandType = System.Data.CommandType.Text;
            string mstr = "INSERT,DELETE,UPDATE";
            if (mstr.Contains(firststr(mysql).ToUpper()))
            {   mycmd.ExecuteNonQuery();            //执行查询
                myconn.Close();                     //关闭连接
                return null;                        //返回空
            }
            else
```

```
            {   DataSet myds = new DataSet();
                SqlDataAdapter myadp = new SqlDataAdapter();
                myadp.SelectCommand = mycmd;
                mycmd.ExecuteNonQuery();            //执行查询
                myconn.Close();                     //关闭连接
                myadp.Fill(myds);                   //填充数据
                return myds.Tables[0];              //返回表对象
            }
        }
    }
}
```

15.3.2　pass 窗体

本窗体用于接受用户的用户名/密码输入，判断是否为合法用户。如果是合法用户，释放该窗体，并启动 main 窗体；否则释放该窗体，不启动 main 窗体，即退出系统运行。对于合法用户，用 TempData. userlevel 保存当前用户的级别。

该窗体的设计界面如图 15. 2 所示，其中，文本框 textBox2 用于输入口令，其 PasswordChar 属性设为“ * ”。该窗体中包含的主要对象及其属性如表 15. 1 所示。

图 15. 2　pass 窗体设计界面

表 15. 1　pass 窗体中包含的主要对象及其属性

对　　象	属　　性	属 性 取值
pass 窗体	Text	"用户登录"
	StartPosition	CenterScreen
button1	Text	"登录"
button2	Text	"取消"
groupBox1	Text	"登录"
textBox2	PasswordChar	" * "

在本窗体上设计的事件过程如下。

```
int n = 0;                                              //类字段
private void pass_Load(object sender, EventArgs e)      //窗体初始化
```

```
{     textBox1.Text = "";
      textBox2.Text = "";
}
private voidbutton1_Click(object sender, EventArgs e)     //登录
{     DataTable mytable;
      string mysql = "SELECT * FROM oper WHERE 用户名 = '" + textBox1.Text +
            "' AND 密码 = '" + textBox2.Text + "'";
      mytable = CommDbOp.Exesql(mysql);
      if (mytable.Rows.Count == 0)                          //未找到用户记录
      {  n += 1;
         if (n < 3)
         {     MessageBox.Show("不存在该用户,继续登录", "信息提示");
               textBox1.Text = "";textBox2.Text = "";
               textBox1.Focus();
         }
         else
         {     MessageBox.Show("已登录失败 3 次,退出系统", "信息提示");
               this.Close();
         }
      }
      else
      {  TempData.userlevel = mytable.Rows[0]["级别"].ToString().Trim();
         this.Hide();
         Form myform = new main();
         myform.ShowDialog();
         this.Close();
      }
}
private void button2_Click(object sender, EventArgs e)     //取消
{     this.Close();}
```

pass 窗体的一次执行界面如图 15.3 所示,用户单击"登录"按钮后进入系统菜单界面,用户单击"取消"按钮后直接退出返回 Windows。

图 15.3　pass 窗体执行界面

15.3.3 main 窗体

本窗体是一个多文档窗体，用作系统菜单界面，引导用户使用系统的各个子功能。其设计界面如图 15.4 所示，该窗体的属性设置如表 15.2 所示。其中，菜单控件 menuStrip1 的菜单结构如下。

```
menu1(Text = "学生数据管理")
....menu11(Text = "学生数据编辑")
....menu12(Text = "学生数据查询")
....menu13(Text = "退出",Shortcut = Ctrl + E)
menu2(Text = "教师数据管理")
....menu21(Text = "教师数据编辑")
....menu22(Text = "教师数据查询")
menu3(Text = "课程数据管理")
....menu31(Text = "课程数据编辑")
....menu32(Text = "课程数据查询")
menu4(Text = "课程安排管理")
....menu41(Text = "安排任课教师")
....menu42(Text = "查询任课教师")
menu5(Text = "学生选课管理")
....menu51(Text = "学生选课编辑")
....menu52(Text = "查询学生选课情况")
menu6(Text = "成绩数据管理")
....menu61(Text = "成绩数据编辑")
....menu62(Text = "查询成绩数据")
....menu63(Text = "通用成绩数据查询")
menu7(Text = "系统维护")
....menu71(Text = "系统用户编辑")
....menu72(Text = "系统初始化")
```

图 15.4 main 窗体设计界面

表 15.2 main 窗体的属性设置

对　象	属　性	属 性 取 值
main 窗体	Text	"学生成绩管理系统"
	StartPosition	CenterScreen
	IsMdiContainer	True

在本窗体上设计的事件过程如下。

```
private void main_Load(object sender, EventArgs e)          //窗体初始化
{   if (TempData.userlevel!="系统管理员")                    //限制非系统管理员的权限
    menu7.Enabled = false;
    if (TempData.userlevel == "操作员")                      //限制操作员的权限
     {    menu41.Enabled = false;
          menu51.Enabled = false;
          menu61.Enabled = false;
       }
}

private void menu11_Click(object sender, EventArgs e)       //学生数据编辑
{     Form myform = new editstudent();
      myform.MdiParent = this;
      myform.Show();
}
private void menu12_Click(object sender, EventArgs e)       //学生数据查询
{     Form myform = new querystudent();
      myform.MdiParent = this;
      myform.Show();
}
private void menu13_Click(object sender, EventArgs e)       //退出
{     this.Close();}
private void menu21_Click(object sender, EventArgs e)       //教师数据管理
{     Form myform = new editteacher();
      myform.MdiParent = this;
      myform.Show();
}
private void menu22_Click(object sender, EventArgs e)       //教师数据查询
{     Form myform = new queryteacher();
      myform.MdiParent = this;
      myform.Show();
}
private void menu31_Click(object sender, EventArgs e)       //课程数据编辑
{     Form myform = new editcourse();
      myform.MdiParent = this;
      myform.Show();
}
private void menu32_Click(object sender, EventArgs e)       //课程数据查询
{     Form myform = new querycourse();
      myform.MdiParent = this;
      myform.Show();
}
private void menu41_Click(object sender, EventArgs e)       //安排任课教师
{     Form myform = new allocatecourse();
```

```
        myform.MdiParent = this;
        myform.Show();
}
private void menu42_Click(object sender, EventArgs e)     //查询任课教师
{       Form myform = new queryallocate();
        myform.MdiParent = this;
        myform.Show();
}
private void menu51_Click(object sender, EventArgs e)     //学生选课编辑
{       Form myform = new editselection();
        myform.MdiParent = this;
        myform.Show();
}
private void menu52_Click(object sender, EventArgs e)     //查询学生选课情况
{       Form myform = new queryselection();
        myform.MdiParent = this;
        myform.Show();
}
private void menu61_Click(object sender, EventArgs e)     //成绩数据编辑
{       Form myform = new editscore();
        myform.MdiParent = this;
        myform.Show();
}
private void menu62_Click(object sender, EventArgs e)     //查询成绩数据
{       Form myform = new queryscore();
        myform.MdiParent = this;
        myform.Show();
}
private void menu63_Click(object sender, EventArgs e)     //通用成绩数据查询
{       Form myform = new queryscore1();
        myform.MdiParent = this;
        myform.Show();
}
private void menu71_Click(object sender, EventArgs e)     //系统用户编辑
{       Form myform = new edituser();
        myform.MdiParent = this;
        myform.Show();
}
private void menu72_Click(object sender, EventArgs e)     //系统初始化
{       DialogResult result;
        result = MessageBox.Show(this,"本功能要清除系统中所有数据,真的初始化吗?","确认初始
化操作",MessageBoxButtons.OKCancel);
        if ( result == DialogResult.Yes)
        {    CommDbOp.deldata("student");
             CommDbOp.deldata("teacher");
             CommDbOp.deldata("course");
             CommDbOp.deldata("score");
             CommDbOp.deldata("oper");
             MessageBox.Show("系统初始化完毕,下次只能以 1234/1234(用户名/口令)进入本系统",
"信息提示");
        }
}
```

例如,当一个用户以“操作员”身份登录时,有些菜单项是不可使用的,如图 15.5 所示,

表示操作员不能做安排任课教师的任务，因为该菜单项呈灰色，不可使用。

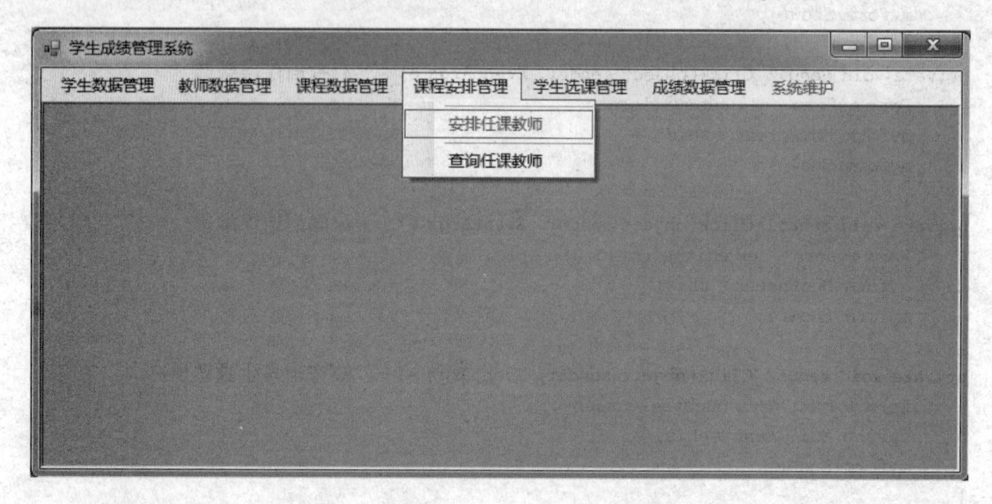

图 15.5　main 窗体执行界面

15.3.4　editstudent 窗体

该窗体用于编辑学生基本数据。学生基本数据包括学号、姓名、性别、出生日期和班号，操作功能有查询、添加、修改和删除学生记录。

用户可以通过在“设置查询条件”选项组中输入相应的条件后，单击“确定”按钮，在上方的 dataGridView1 控件中仅显示满足指定条件的学生记录。当 dataGridView1 控件中不存在任何学生记录时，右下方的“修改”和“删除”按钮不可用。

editstudent 窗体的设计界面如图 15.6 所示，包含的主要对象及其属性设置如表 15.3 所示。

图 15.6　editstudent 窗体设计界面

表 15.3　editstudent 窗体中包含的主要对象及其属性设置

对　　象	属　　性	属性取值
editstudent 窗体	Text	"编辑学生数据"
	StartPosition	CenterScreen
dataGridView1	SelectionMode	FullRowSelect
AddButton	Text	"增加"
UpdateButton	Text	"修改"
DeleteButton	Text	"删除"
OkButton	Text	"确定"
ReSetButton	Text	"重置"
CloseButton	Text	"返回"

在本窗体上设计的事件过程如下：

```
DataView mydv = new DataView();                        //类字段
DataTable mytable = new DataTable();                   //类字段
DataTable mytable1 = new DataTable();                  //类字段
string condstr  = "";                                  //存放过滤条件,初始时为空
private void editstudent_Load(object sender, EventArgs e)//初始化
{     mytable.Clear();
     mytable = CommDbOp.Exesql("SELECT * FROM student");
     mydv = mytable.DefaultView;                       //获得 DataView 对象 mydv
     if (condstr!= "") mydv.RowFilter = condstr;
     //以下设置 dataGridView1 的属性
     dataGridView1.DataSource = mydv;
     dataGridView1.ReadOnly = true;                    //只读
     dataGridView1.GridColor = Color.RoyalBlue;
     dataGridView1.ScrollBars = ScrollBars.Vertical;
     dataGridView1.ColumnHeadersDefaultCellStyle.Font = new Font("隶书", 12);
     dataGridView1.CellBorderStyle = DataGridViewCellBorderStyle.Single;
     dataGridView1.Columns[0].AutoSizeMode =
        DataGridViewAutoSizeColumnMode.DisplayedCells;
     dataGridView1.Columns[1].AutoSizeMode =
        DataGridViewAutoSizeColumnMode.DisplayedCells;
     dataGridView1.Columns[2].AutoSizeMode =
        DataGridViewAutoSizeColumnMode.DisplayedCells;
     dataGridView1.Columns[3].AutoSizeMode =
        DataGridViewAutoSizeColumnMode.DisplayedCells;
     dataGridView1.Columns[4].AutoSizeMode =
        DataGridViewAutoSizeColumnMode.DisplayedCells;
     //以下设置 ComboBox1 的数据绑定
     mytable1 = CommDbOp.Exesql("SELECT distinct 班号 FROM student");
     comboBox1.DataSource = mytable1;
     comboBox1.DisplayMember = "班号";
     ReSetButton_Click(sender, e);
     enbutton();
}
private void enbutton()                     //自定义过程
{                                           //功能：当记录个数为 0 时不能使用"修改"和"删除"按钮
```

```
        label1.Text = "满足条件的学生记录个数：" + mydv.Count.ToString();
        if (mydv.Count == 0)
       {    UpdateButton.Enabled = false;
            DeleteButton.Enabled = false;
            TempData.no = "";              //将要修改记录的学号置空值
        }
        else
        {    UpdateButton.Enabled = true;
             DeleteButton.Enabled = true;
             TempData.no = mydv[0]["学号"].ToString().Trim();
                                           //将第一个学生记录置为当前记录
        }
    }
    private void OkButton_Click(object sender, EventArgs e)        //查询确定
    {   //以下根据用户输入求得条件表达式 condstr
        condstr = "";
        if (textBox1.Text!= "")
             condstr = "学号 Like '" + textBox1.Text.Trim() + "%'";
        if (textBox2.Text!= "")
        {    if (condstr!= "")
                condstr = condstr + " AND 姓名 Like '" + textBox2.Text.Trim() + "%'";
             else
               condstr = "姓名 Like '" + textBox2.Text.Trim() + "%'";
        }
        if (radioSex1.Checked)
        {    if (condstr!= "")
               condstr = condstr + " AND 性别 = '男'";
             else
               condstr = "性别 = '男'";
        }
        else if (radioSex2.Checked)
        {    if (condstr!= "")
                condstr = condstr + " AND 性别 = '女'";
             else
                condstr = "性别 = '女'";
        }
        if (comboBox1.Text!= "")
        {    if (condstr!= "")
                condstr = condstr + " AND 班号 = '" + comboBox1.Text.Trim() + "'";
             else
                condstr = "班号 = '" + comboBox1.Text.Trim() + "'";
        }
        this.editstudent_Load(sender, e);
        enbutton();
    }
    private void ReSetButton_Click(object sender, EventArgs e)   //查询重置
    {    textBox1.Text = ""; textBox2.Text = "";
        comboBox1.Text = "";
        radioSex1.Checked = false; radioSex2.Checked = false;
    }
    private void AddButton_Click(object sender, EventArgs e)       //新增记录
```

```
{     TempData.flag = 1;              //TempData.flag 为全局变量,传递给 editstudent1 窗体
      Form myform = new editstudent1();
      myform.ShowDialog();            //采用有模式方式调用
      this.editstudent_Load(sender, e);
}
private void UpdateButton_Click(object sender, EventArgs e)  //修改记录
{     TempData.flag = 2;              //TempData.flag 为全局变量,传递给 editstudent1 窗体
      if (TempData.no!= "")
      {     Form myform = new editstudent1();
            myform.ShowDialog();      //采用有模式方式调用
            this.editstudent_Load(sender, e);
            dataGridView1.Refresh();
      }
      else
            MessageBox.Show("先选择要修改的学生记录", "信息提示");
}
private void DeleteButton_Click(object sender, EventArgs e)    //删除记录
{     TempData.flag = 3;
      if (TempData.no!= "")
      {     if (MessageBox.Show("真的要删除学号为" + TempData.no + "的学生记录吗?",
                  "删除确认",MessageBoxButtons.OKCancel) == DialogResult.OK)
            {     TempData.flag = 3;
                  string mysql = "DELETE student WHERE 学号 = '" + TempData.no.Trim() + "'";
                  mytable1 = CommDbOp.Exesql(mysql);
                  this.editstudent_Load(sender, e);
            }
       }
       else
            MessageBox.Show("先选择要删除的学生记录", "信息提示");
}
private void CloseButton_Click(object sender, EventArgs e)         //关闭
{     this.Close();}
private void dataGridView1_CellClick(object sender,DataGridViewCellEventArgs e)  //单击
{     if (e.RowIndex >= 0 && e.RowIndex < dataGridView1.RowCount - 1)
         TempData.no = dataGridView1.Rows[e.RowIndex].
              Cells[0].Value.ToString().Trim();
      else
         TempData.no = "";
}
private void dataGridView1_DoubleClick(object sender, EventArgs e)  //双击
{     try
      {     if (dataGridView1.SelectedRows.Count > 0)
            {  MessageBox.Show("学号: " +
               dataGridView1.SelectedRows[0].Cells[0].Value.ToString().Trim() + "\n" +
               "姓名: " + dataGridView1.SelectedRows[0].Cells[1].Value.ToString().Trim() + "\n" +
```

```
                "性别: " + dataGridView1.SelectedRows[0].Cells[2].Value.ToString().Trim() + "\n" +
                "生日: " + dataGridView1.SelectedRows[0].Cells[3].Value.ToString().Trim() + "\n" +
                "班号: " + dataGridView1.SelectedRows[0].Cells[4].Value.ToString().Trim(),
                "选择的学生记录");
            }
        }
        catch (Exception ex)
        {    MessageBox.Show(ex.Message.ToString()); }
    }
```

注意：在 editstudent 窗体的 AddButton_Click 过程中调用 editstudent1 窗体时，需要采用有模式方式调用，即使用 ShowDialog()方法。因为调用 editstudent1 窗体执行后返回时还要执行 editstudent_Load(sender, e)，以便进行 editstudent 窗体的初始化，即更新调用 editstudent1 窗体后的结果。如果采用无模式方式调用 editstudent1 窗体，不会等到 editstudent1 窗体返回就马上执行 editstudent_Load(sender, e)，从而产生错误，即 editstudent 窗体的内容没有得到更新。

如图 15.7 所示是用户在 editstudent 窗体中通过调用 editstudent1 窗体增加一个学生记录后的界面。

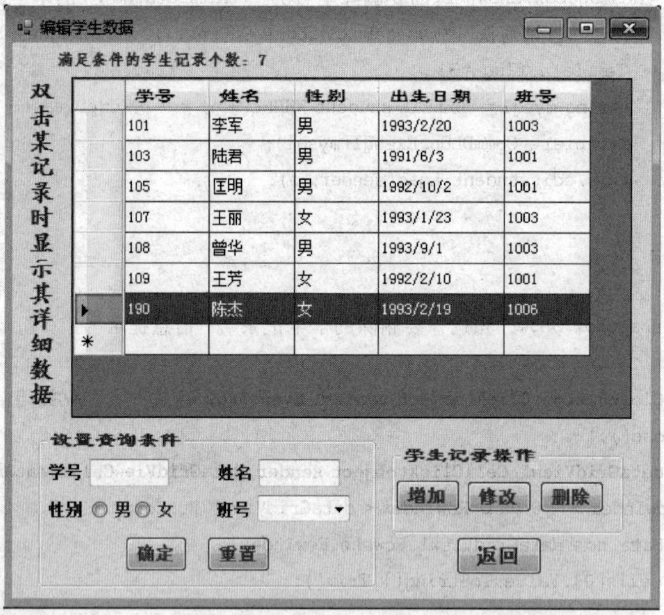

图 15.7　editstudent 窗体执行界面

15.3.5　editstudent1 窗体

该窗体被 editstudent 窗体所调用，以实现 student 表中基本数据的编辑。用户单击“确定”按钮时，记录编辑有效，即保存用户的修改；单击“取消”按钮时，记录编辑无效，即不保存用户的修改。

其设计界面如图 15.8 所示,其中包含的主要对象及其属性设置如表 15.4 所示。

图 15.8 editstudent1 窗体设计界面

表 15.4 editstudent1 窗体中包含的主要对象及其属性设置

对　　象	属　　性	属 性 取 值
editstudent1	Text	"编辑单个学生记录"
	StartPosition	CenterScreen
OkButton	Text	"确定"
CelButton	Text	"取消"

在本窗体上设计的事件过程如下。

```
private void editstudent1_Load(object sender, EventArgs e)  //初始化
{   if (TempData.flag == 1)                                 //新增学生记录
    {   textBox1.Text = ""; textBox2.Text = "";
        textBox3.Text = ""; textBox4.Text = "";
        radioSex1.Checked = false; radioSex2.Checked = false;
        textBox1.Enabled = true;
        textBox1.Focus();
    }
    else                                                    //修改学生记录
    {   DataTable mytable1 = new DataTable();
        string mysql = "SELECT * FROM student WHERE 学号 = '" + TempData.no + "'";
        mytable1 = CommDbOp.Exesql(mysql);
        textBox1.Text = mytable1.Rows[0]["学号"].ToString().Trim();
        textBox2.Text = mytable1.Rows[0]["姓名"].ToString().Trim();
        textBox3.Text = mytable1.Rows[0]["出生日期"].ToString().Trim();
        textBox4.Text = mytable1.Rows[0]["班号"].ToString().Trim();
        if (mytable1.Rows[0]["性别"].ToString() == "男")
            radioSex1.Checked = true;
        else if (mytable1.Rows[0]["性别"].ToString() == "女")
            radioSex2.Checked = true;
        textBox1.Enabled = false;                           //不允许修改学号
        textBox2.Focus();
    }
}
private void OkButton_Click(object sender, EventArgs e)     //确定
{   string xb, mysql;
    DataTable mytable1 = new DataTable();
```

```
    if (textBox1.Text.ToString() == "")
    {    MessageBox.Show("必须输入学号", "信息提示");
         return;
    }
    if (textBox2.Text.ToString() == "")
    {    MessageBox.Show("必须输入姓名", "信息提示");
         return;
    }
    if (textBox3.Text.ToString() == "")
    {    MessageBox.Show("必须输入出生日期", "信息提示");
         return;
    }
    if (textBox4.Text.Trim() == "")
    {    MessageBox.Show("必须输入班号","信息提示");
         return;
    }
    if (radioSex1.Checked)
        xb = "男";
    else if (radioSex2.Checked)
        xb = "女";
    else
        xb = "";
    try
    {    if (TempData.flag == 1)  //新增学生记录
         {    mysql = "SELECT * FROM student WHERE 学号 = '" + textBox1.Text + "'";
              mytable1 = CommDbOp.Exesql(mysql);
              if (mytable1.Rows.Count == 1)
              {    MessageBox.Show("输入的学号重复,不能新增学生记录", "信息提示");
                   textBox1.Focus();
                   return;
              }
              else                                      //学号不重复时插入学生记录
              {    mysql = "INSERT INTO student VALUES('" + textBox1.Text.Trim() + "','" +
                       textBox2.Text.Trim() + "','" + xb + "','" +
                       textBox3.Text.Trim() + "','" + textBox4.Text.Trim() + "')";
                   mytable1 = CommDbOp.Exesql(mysql);
                   this.Close();
              }
         }
         else                                          //修改学生记录
         {    mysql = "UPDATE student SET 姓名 = '" + textBox2.Text.Trim() +
                     "',性别 = '" + xb +
                     "',出生日期 = '" + textBox3.Text.Trim() +
                     "',班号 = '" + textBox4.Text +
              "' WHERE 学号 = '" + textBox1.Text.Trim() + "'";
              mytable1 = CommDbOp.Exesql(mysql);
              this.Close();
         }
    }
    catch(Exception ex)
    {    MessageBox.Show(ex.Message.ToString(), "信息提示"); }
}
private void CancelButton_Click_1(object sender, EventArgs e)   //取消
{    this.Close(); }
```

如图 15.9 所示是用户在 editstudent 窗体中选择学号为 190 的学生记录，单击“修改”按钮后调用 editstudent1 窗体时的执行结果。

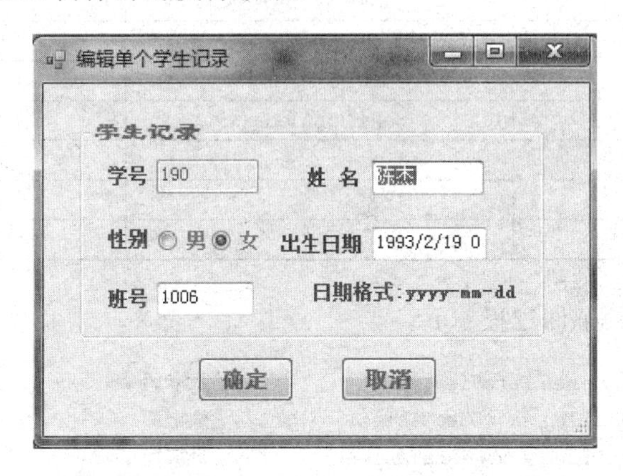

图 15.9 editstudent1 窗体执行界面

15.3.6 querystudent 窗体

该窗体实现学生记录的查询功能。在设置条件时可以直接从组合框中选择。

用户可以通过在“设置查询条件”选项组中输入相应的条件后，单击“确定”按钮，在 dataGridView1 控件中仅显示满足指定条件的学生记录。选择并双击某个学生记录，会通过一个消息框显示该学生的详细信息。

其设计界面如图 15.10 所示，包含的主要对象及其属性设置如表 15.5 所示。

图 15.10 querystudent 窗体设计界面

表 15.5 qustudent 窗体中包含的主要对象及其属性设置

对　　象	属　　性	属 性 取 值
querystudent 窗体	Text	"查询学生数据"
	StartPosition	CenterScreen
dataGridView1	SelectionMode	FullRowSelect
OkButton	Text	"确定"
ReSetButton	Text	"重置"
CloseButton	Text	"返回"

在本窗体上设计的事件过程如下。

```
public DataView mydv = new DataView();                    //类字段
public DataTable mytable = new DataTable();               //类字段
public DataTable mytable1 = new DataTable();              //类字段
public string condstr = "";                               //类字段,存放过滤条件,初始时为空
private void querystudent_Load(object sender, EventArgs e)  //初始化
{     mytable.Clear();
      if (condstr!= "")
          mytable = CommDbOp.Exesql("SELECT * FROM student WHERE " + condstr);
      else
          mytable = CommDbOp.Exesql("SELECT * FROM student");
      mydv = mytable.DefaultView;                             //获得 DataView 对象 mydv
      //以下设置 dataGridView1 的属性
      dataGridView1.DataSource = mydv;
      dataGridView1.ReadOnly = true;                          //只读
      dataGridView1.GridColor = Color.RoyalBlue;
      dataGridView1.ScrollBars = ScrollBars.Vertical;
      dataGridView1.ColumnHeadersDefaultCellStyle.Font = new Font("隶书", 12);
      dataGridView1.CellBorderStyle = DataGridViewCellBorderStyle.Single;
      dataGridView1.Columns[0].AutoSizeMode = DataGridViewAutoSizeColumnMode.DisplayedCells;
      dataGridView1.Columns[1].AutoSizeMode = DataGridViewAutoSizeColumnMode.DisplayedCells;
      dataGridView1.Columns[2].AutoSizeMode = DataGridViewAutoSizeColumnMode.DisplayedCells;
      dataGridView1.Columns[3].AutoSizeMode = DataGridViewAutoSizeColumnMode.DisplayedCells;
      dataGridView1.Columns[4].AutoSizeMode = DataGridViewAutoSizeColumnMode.DisplayedCells;
      //以下设置 ComboBox1 的数据绑定
      mytable1 = CommDbOp.Exesql("SELECT distinct 班号 FROM student");
      comboBox1.DataSource = mytable1;
      comboBox1.DisplayMember = "班号";
      ReSetButton_Click(sender,e);
      label1.Text = "满足条件的学生记录个数: " + mydv.Count.ToString();
}
private void OkButton_Click(object sender, EventArgs e)       //查询确定
{     //以下根据用户输入求得条件表达式 condstr
      condstr = "";
      if (textBox1.Text != "")
          condstr = "学号 Like '" + textBox1.Text.Trim() + "%'";
      if (textBox2.Text != "")
```

```
    {     if (condstr != "")
             condstr = condstr + " AND 姓名 Like '" + textBox2.Text.Trim() + " % '";
          else
             condstr = "姓名 Like '" + textBox2.Text.Trim() + " % '";
    }
    if (radioSex1.Checked)
    {     if (condstr != "")
             condstr = condstr + " AND 性别 = '男'";
          else
             condstr = "性别 = '男'";
    }
    else if (radioSex2.Checked)
    {     if (condstr != "")
             condstr = condstr + " AND 性别 = '女'";
          else
             condstr = "性别 = '女'";
    }
    if (comboBox1.Text != "")
    {     if (condstr != "")
             condstr = condstr + " AND 班号 = '" + comboBox1.Text.Trim() + "'";
          else
             condstr = "班号 = '" + comboBox1.Text.Trim() + "'";
    }
    if (textBox3.Text!= "")
    {     if (condstr != "")
             condstr = condstr + " AND YEAR(出生日期) = " + textBox3.Text.Trim();
          else
             condstr = "YEAR(出生日期) = " + textBox3.Text.Trim();
    }
    if (textBox4.Text != "")
    {     if (condstr != "")
             condstr = condstr + " AND MONTH(出生日期) = " + textBox4.Text.Trim();
          else
             condstr = "MONTH(出生日期) = " + textBox4.Text.Trim();
    }
    if (textBox5.Text != "")
    {     if (condstr != "")
             condstr = condstr + " AND DAY(出生日期) = " + textBox5.Text.Trim();
          else
             condstr = "DAY(出生日期) = " + textBox5.Text.Trim();
    }
    this.querystudent_Load(sender, e);
}
private void ReSetButton_Click(object sender, EventArgs e)  //查询重置
{     textBox1.Text = ""; textBox2.Text = "";
      textBox3.Text = ""; textBox4.Text = "";
      textBox5.Text = ""; comboBox1.Text = "";
      radioSex1.Checked = false; radioSex2.Checked = false;
```

```
}
private void dataGridView1_DoubleClick(object sender, EventArgs e)  //双击
{    try
    {    if (dataGridView1.SelectedRows.Count > 0)
        {        MessageBox.Show("学号: " +
                    dataGridView1.SelectedRows[0].Cells[0].Value.ToString().Trim() +
                    "\n" +"姓名: " +
                    dataGridView1.SelectedRows[0].Cells[1].Value.ToString().Trim() +
                    "\n" +"性别: " +
                    dataGridView1.SelectedRows[0].Cells[2].Value.ToString().Trim() +
                    "\n" +"生日: " +
                    dataGridView1.SelectedRows[0].Cells[3].Value.ToString().Trim() +
                    "\n" +"班号: " +
                    dataGridView1.SelectedRows[0].Cells[4].Value.ToString().Trim() +
                    "\n","选择的学生记录");
        }
    }
    catch (Exception ex)
    {    MessageBox.Show(ex.Message.ToString()); }
}
private void CloseButton_Click(object sender, EventArgs e)  //返回
{    this.Close(); }
```

如图 15.11 所示是用户在执行 querystudent 窗体时，勾选“男”复选框，并单击“确定”按钮后的执行结果，表示有 4 个男性学生。

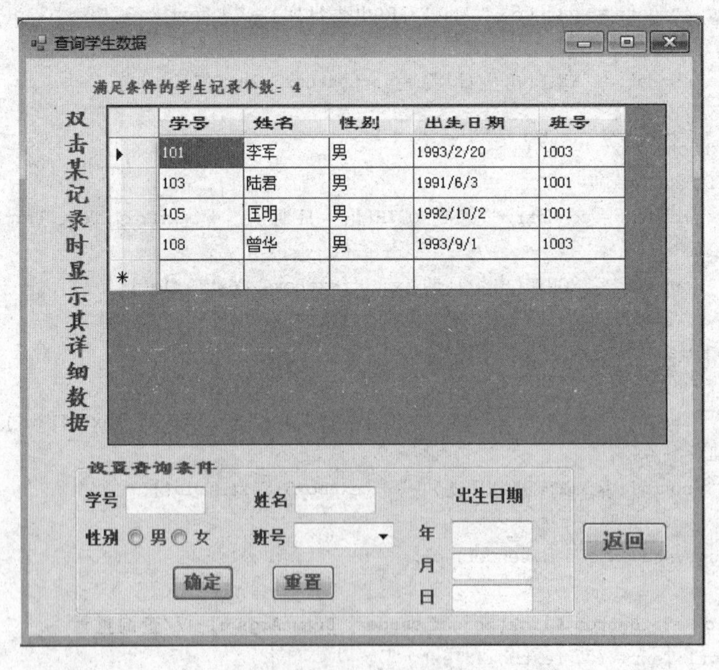

图 15.11　querystudent 窗体执行界面

15.3.7　editteacher 窗体

该窗体用于编辑教师基本数据，教师基本数据包括编号、姓名、性别、出生日期、职称和系名，操作功能包括查询、添加、修改和删除教师记录。

用户可以通过在“设置查询条件”选项组中输入相应的条件后，单击“确定”按钮，可在上方的 dataGridView1 控件中仅显示满足指定条件的教师记录。

当 dataGridView1 控件中不存在任何教师记录时，右下方的“修改”和“删除”按钮不可用。

如图 15.12 所示是 editteacher 窗体执行界面。

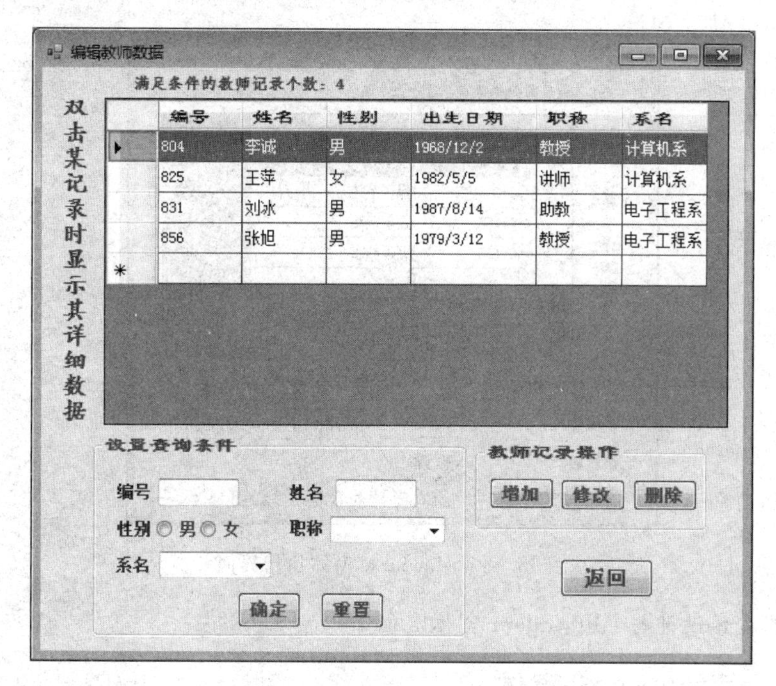

图 15.12　editteacher 窗体执行界面

说明：本窗体设计与 editstudent 窗体类似。

15.3.8　editteacher1 窗体

该窗体被 editteacher 窗体所调用，以实现 teacher 表中记录基本数据的编辑。用户单击“确定”按钮时，记录编辑有效，即保存用户的修改；单击“取消”按钮时，记录编辑无效，即不保存用户的修改。

说明：本窗体设计与 editstudent1 窗体类似。

15.3.9　queryteacher 窗体

该窗体用于教师记录的通用查询。用户在“设置查询条件”选项组中输入相应的条件后，单击“确定”按钮，可在上方的 dataGridView1 控件中仅显示满足指定条件的教师记录。选择并双击其中一个教师记录，将通过一个消息框显示该教师的详细信息。

说明：本窗体设计与 querystudent 窗体类似。

15.3.10 editcourse 窗体

该窗体用于编辑课程基本数据，包括课程号和课程名。用户可以单击右下方的“添加”、“修改”和“删除”按钮应用相应的功能。

用户在“设置查询条件”选项组中输入相应的条件后，单击“确定”按钮，可在上方的 dataGridView1 控件中仅显示满足指定条件的课程记录。

当 dataGridView1 控件中不存在任何课程记录时，右下方的“修改”和“删除”按钮不可用。

如图 15.13 所示是 editcourse 窗体执行界面。

图 15.13 editcourse 窗体执行界面

说明：本窗体设计与 editstudent 窗体类似。

15.3.11 editcourse1 窗体

该窗体被 editcourse 窗体所调用，以实现 course 表中记录基本数据的编辑。用户单击“确定”按钮时，记录编辑有效，即保存用户的修改；单击“取消”按钮时，记录编辑无效，即不保存用户的修改。

说明：本窗体设计与 editstudent1 窗体类似。

15.3.12 querycourse 窗体

该窗体实现学生记录的通用查询。用户在“设置查询条件”选项组中输入相应的条件后，单击“确定”按钮，可在上方的 dataGridView1 控件中仅显示满足指定条件的课程记录。然后选择并双击其中一个课程记录，可通过一个消息框显示该课程的详细信息。

说明：本窗体设计与 querystudent 窗体类似。

15.3.13 allocatecourse 窗体

该窗体用于安排某课程的任课教师，其功能应用操作步骤如下。

① 用户在“查找排课的课程”框中输入要查找的课程号或课程名，单击“查询确定”按钮，可在 dataGridView1 控件中显示所有满足条件的课程。

② 用户在 dataGridView1 控件中单击要排课的课程。

③ 在 SelcomboBox 组合框中选择一个任课教师，单击“教师确定”按钮，可以完成教师选择。

④ 单击“排课确定”按钮确认排课结果。

其设计界面如图 15.14 所示，包含的主要对象及其属性设置如表 15.6 所示。

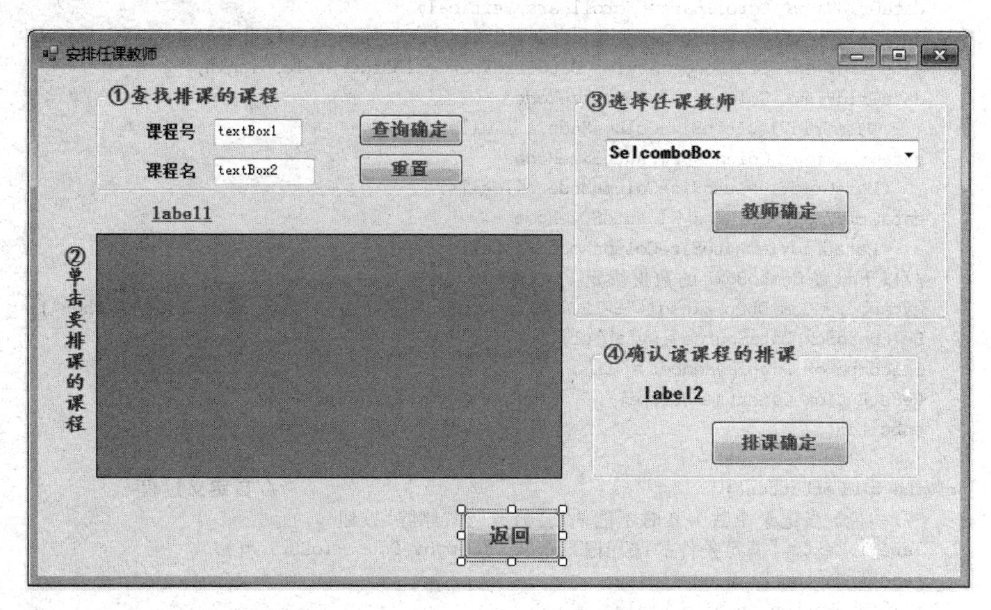

图 15.14　allocatecourse 窗体设计界面

表 15.6　allocatecourse 窗体中包含的主要对象及其属性设置

对　　象	属　　性	属 性 取 值
allocatecourse 窗体	Text	"安排任课教师"
	StartPosition	CenterScreen
dataGridView1	SelectionMode	FullRowSelect
OkButton	Text	"查询确定"
ReSetButton	Text	"重置"
teacherButton	Text	"教师确定"
allocateButton	Text	"排课确定"
Closebutton	Text	"返回"

在本窗体上设计的事件过程如下。

```
DataView mydv = new DataView();                    //类字段
DataTable mytable = new DataTable();               //类字段
DataTable mytable1 = new DataTable();              //类字段
string cno = "";                                   //类字段,存放课程号
string tno = "";                                   //类字段,存放教师编号
string condstr = "";                               //类字段,存放过滤条件,初始时为空
```

```
private void allocatecourse_Load(object sender, EventArgs e)     //初始化
{    mytable.Clear();
     mytable = CommDbOp.Exesql("SELECT * FROM course");
     mydv = mytable.DefaultView;                                   //获得 DataView 对象 mydv
     if (condstr != "") mydv.RowFilter = condstr;
     //以下设置 dataGridView1 的属性
     dataGridView1.DataSource = mydv;
     dataGridView1.ReadOnly = true;                                //只读
     dataGridView1.GridColor = Color.RoyalBlue;
     dataGridView1.ScrollBars = ScrollBars.Vertical;
     dataGridView1.ColumnHeadersDefaultCellStyle.Font = new Font("隶书", 11);
     dataGridView1.CellBorderStyle = DataGridViewCellBorderStyle.Single;
     dataGridView1.Columns[0].AutoSizeMode =
         DataGridViewAutoSizeColumnMode.AllCells;
     dataGridView1.Columns[1].AutoSizeMode =
         DataGridViewAutoSizeColumnMode.AllCells;
     dataGridView1.Columns[2].AutoSizeMode =
         DataGridViewAutoSizeColumnMode.AllCells;
     //以下设置 ComboBox1 的数据绑定
     mytable1 = CommDbOp.Exesql("SELECT 编号 + ',' + 姓名 + ',' + 系名 AS fn FROM teacher");
     SelcomboBox.DataSource = mytable1;
     SelcomboBox.DisplayMember = "fn";
     ReSetButton_Click(sender, e);
     enbutton();
}
private void enbutton()                                            //自定义过程
{    //功能：当记录个数为 0 时不能使用"修改"和"删除"按钮
     label1.Text = "满足条件的课程记录个数：" + mydv.Count.ToString();
     teacherButton.Enabled = false;
     allocateButton.Enabled = false;
}
private void dataGridView1_CellClick(object sender, DataGridViewCellEventArgs e)
{     if (e.RowIndex >= 0 && e.RowIndex < dataGridView1.RowCount - 1)
      {     cno = dataGridView1.Rows[e.RowIndex].Cells[0].Value.ToString().Trim();
            groupBox2.Text = "③为" + cno + "课程安排任课教师";
            teacherButton.Enabled = true;
      }
      else
      {     cno = "";
             groupBox2.Text = "③无效选择";
             teacherButton.Enabled = false;
      }
}
private void CloseButton_Click(object sender, EventArgs e)        //返回
{  this.Close(); }
private void teacherButton_Click(object sender, EventArgs e)      //教师确定
{     if (SelcomboBox.Text != "")
      {     string mystr = SelcomboBox.Text;
            string[] str = new string[3];
            str = mystr.Split(',');
            tno = str[0].ToString().Trim();                        //提取所选的教师号
            label2.Text = "为" + cno + "课程安排" + tno + "教师讲课";
            allocateButton.Enabled = true;
      }
```

```
        else
            allocateButton.Enabled = false;
    }
    private void allocateButton_Click(object sender, EventArgs e)       //排课确定
    {   dataGridView1.SelectedRows[0].Cells[2].Value = tno;
        string mysql = "UPDATE course SET 任课教师编号 = '" + tno + "' WHERE 课程号 = '" + cno + "'";
        DataTable mytable2 = new DataTable();
        mytable2 = CommDbOp.Exesql(mysql);
        enbutton();
    }
    private void OkButton_Click(object sender, EventArgs e)             //查询确定
    {     //以下根据用户输入求得条件表达式 condstr
        condstr = "";
        if (textBox1.Text != "")
            condstr = "课程号 Like '" + textBox1.Text.Trim() + "%'";
        if (textBox2.Text != "")
        {     if (condstr != "")
                condstr = condstr + " AND 课程名 Like '" + textBox2.Text.Trim() + "%'";
            else
                condstr = "课程名 Like '" + textBox2.Text.Trim() + "%'";
        }
        this.allocatecourse_Load(sender, e);
        enbutton();
    }
    private void ReSetButton_Click(object sender, EventArgs e)          //重置
    {     textBox1.Text = ""; textBox2.Text = "";
          label1.Text = ""; label2.Text = "";
          SelcomboBox.Text = "";
    }
```

如图 15.15 所示是“高等数学”课程安排“刘冰”老师的执行界面。先在课程号文本框中输入课程号 8-166，单击“查询确定”按钮，在课程列表中单击该课程记录；再在组合框中选

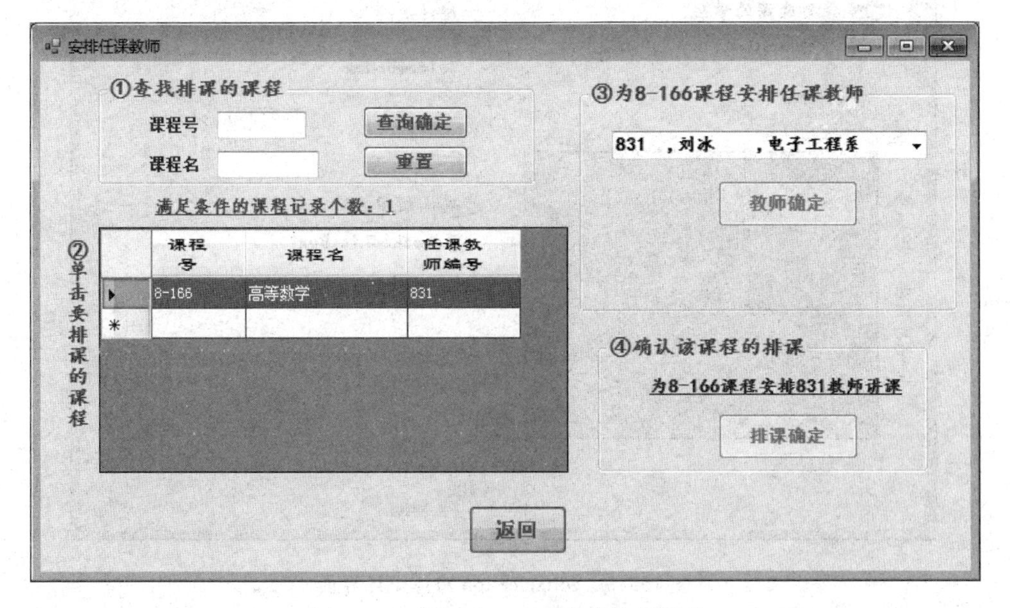

图 15.15　allocatecourse 窗体执行界面

择刘冰的记录(其编号为 831),单击"教师确定"按钮;最后单击"排课确定"按钮,此时在 dataGridView1 控件的 8-166 课程记录的"任课教师编号"列中出现 831。

15.3.14 queryallocate 窗体

该窗体可以实现课程安排记录的通用查询。用户在"设置查询条件"选项组中输入相应的条件后,单击"确定"按钮,可以在上方的 dataGridView1 控件中仅显示满足指定条件的课程安排记录。

说明:本窗体设计与 querystudent 窗体类似。

15.3.15 editselection 窗体

该窗体用于实现编辑某学生的选课,其操作步骤如下。

① 用户在"查找要选课的学生"文本框中输入要查找的学号,单击"查询确定"按钮,可在 dataGridView1 控件中显示所有满足条件的学生。

② 用户在 dataGridView1 控件中单击要选课的学生,如果该生已选了部分课程,则在 checkedListBox1 列表框中显示所有已选的课程。

③ 如果要进一步选课,则在 SelcomboBox 组合框中选择一门课程,单击"选择课程"按钮即可完成该门课程的选择。

④ 此时 checkedListBox1 列表框中显示所有已选的课程(含本次或以前选的课程),用户可以通过勾选或取消勾选来进一步选课。最后单击"选课确定"按钮确认该学生的全部选课。

其设计界面如图 15.16 所示,包含的主要对象及其属性设置如表 15.7 所示。

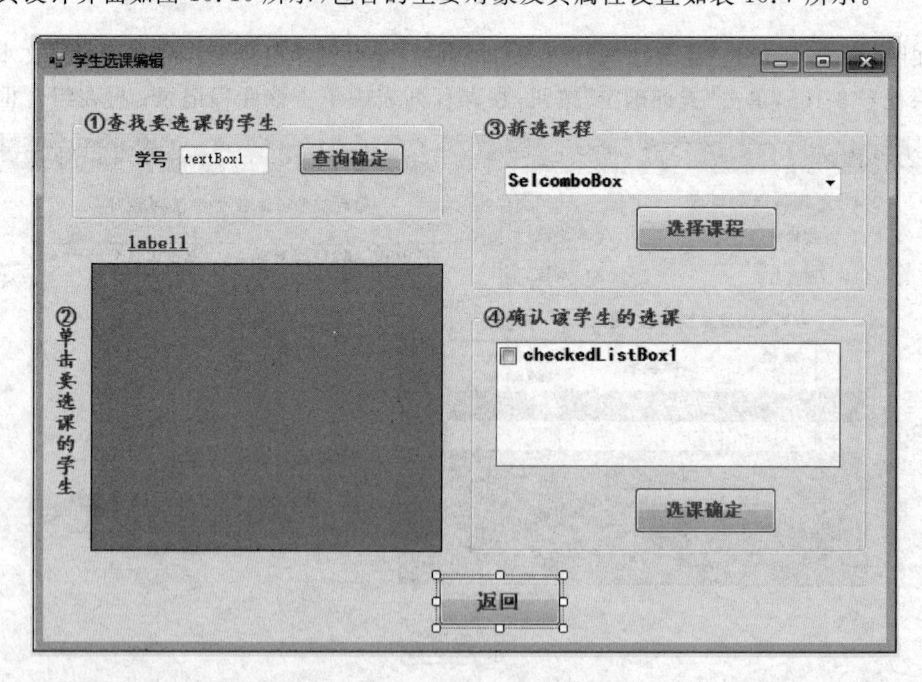

图 15.16 editselection 窗体设计界面

表 15.7　editselection 窗体中包含的主要对象及其属性设置

对　　象	属　　性	属 性 取 值
editselection 窗体	Text	"学生选课编辑"
	StartPosition	CenterScreen
dataGridView1	SelectionMode	FullRowSelect
OkButton	Text	"查询确定"
CourseButton	Text	"选择课程"
SelButton	Text	"选课确定"
Closebutton	Text	"返回"

在本窗体上设计的事件过程如下。

```
DataView mydv = new DataView();                          //类字段
DataTable mytable = new DataTable();                     //类字段
DataTable mytable1 = new DataTable();                    //类字段
string no = "";                                          //类字段,存放学号
string cno = "";                                         //类字段,存放课程号
string condstr = "";                                     //类字段,存放查询条件
string mysql = "";                                       //类字段
int count = 0;                                           //类字段,一个学生的选课门数
private void editselection_Load(object sender, EventArgs e)  //初始化
{   mytable.Clear();
    mytable = CommDbOp.Exesql("SELECT 学号,姓名,班号 FROM student");
    mydv = mytable.DefaultView;                                   //获得 DataView 对象 mydv
    if (condstr != "") mydv.RowFilter = condstr;
    //以下设置 dataGridView1 的属性
    dataGridView1.DataSource = mydv;
    dataGridView1.ReadOnly = true;                                //只读
    dataGridView1.GridColor = Color.RoyalBlue;
    dataGridView1.ScrollBars = ScrollBars.Vertical;
    dataGridView1.ColumnHeadersDefaultCellStyle.Font = new Font("隶书", 11);
    dataGridView1.CellBorderStyle = DataGridViewCellBorderStyle.Single;
    dataGridView1.Columns[0].AutoSizeMode = DataGridViewAutoSizeColumnMode.AllCells;
    dataGridView1.Columns[1].AutoSizeMode = DataGridViewAutoSizeColumnMode.AllCells;
    dataGridView1.Columns[2].AutoSizeMode = DataGridViewAutoSizeColumnMode.AllCells;
    //以下设置 ComboBox1 的数据绑定
    mysql = "SELECT course.课程号 + ',' + course.课程名 AS fn FROM course";
    mytable1 = CommDbOp.Exesql(mysql);
    SelcomboBox.DataSource = mytable1;
    SelcomboBox.DisplayMember = "fn";
    textBox1.Text = "";
    enbutton();
}
private void enbutton()                                           //自定义过程
{   //功能: 当记录个数为 0 时不能使用"修改"和"删除"按钮
    label1.Text = "满足条件的学生记录个数: " + mydv.Count.ToString();
    CourseButton.Enabled = false;
    SelButton.Enabled = false;
}
```

```
private void OkButton_Click(object sender, EventArgs e)      //查询确定
{   //以下根据用户输入求得条件表达式 condstr
    condstr = "";
    if (textBox1.Text != "")
     {    condstr = "学号 Like '" + textBox1.Text.Trim() + "%'";
          mydv.RowFilter = condstr;
    }
    enbutton();
}
private void CourseButton_Click(object sender, EventArgs e)   //选择课程
{   if (SelcomboBox.Text != "")
    {     string mystr = SelcomboBox.Text;
          if (checkedListBox1.Items.Contains(mystr))
              MessageBox.Show("该课程已选,不能重复选择", "信息提示");
          else
          {    checkedListBox1.Items.Add(mystr);
               checkedListBox1.SetItemChecked(count, true);
               count++;
          }
          SelButton.Enabled = true;
   }
   else
    SelButton.Enabled = false;
}
private void SelButton_Click(object sender, EventArgs e)      //选课确定
{   string[] str = new string[2];
    string mystr;
    int i;
    DataTable mytable2 = new DataTable();
    mysql = "DELETE score WHERE 学号 = '" + no + "'";
    mytable2 = CommDbOp.Exesql(mysql);
    for (i = 0;i < checkedListBox1.Items.Count;i++)
    {     if (checkedListBox1.GetItemChecked(i))
          {    mystr = checkedListBox1.Items[i].ToString().Trim();
               str = mystr.Split(',');
               cno = str[0].ToString().Trim();                  //提取所选的课程号
               mysql = "INSERT INTO score(学号,课程号) VALUES('" + no + "','" + cno + "')";
               mytable2 = CommDbOp.Exesql(mysql);
          }
    }
    MessageBox.Show("学生" + no + "的选课处理完成","信息提示");
    CourseButton.Enabled = false;
    SelButton.Enabled = false;
}
private void dataGridView1_CellClick(object sender, DataGridViewCellEventArgs e)
{   //单击一个学生记录时执行
    count = 0;
    if (e.RowIndex >= 0 && e.RowIndex < dataGridView1.RowCount - 1)
     {    no = dataGridView1.Rows[e.RowIndex].Cells[0].Value.ToString().Trim();
          groupBox2.Text = "③为" + no + "学生选择课程";
          DataTable mytable2 = new DataTable();
          mysql = "SELECT course.课程号,course.课程名 FROM course,score " +
              "WHERE course.课程号 = score.课程号 AND score.学号 = " + no;
```

```
            mytable2 = CommDbOp.Exesql(mysql);
            checkedListBox1.Items.Clear();
            foreach (DataRow row in mytable2.Rows)
            {    checkedListBox1.Items.Add(row["课程号"].ToString() + "," +
                       row["课程名"].ToString());
                 checkedListBox1.SetItemChecked(count++, true);
            }
            CourseButton.Enabled = true;
            if (checkedListBox1.Items.Count > 0)
                SelButton.Enabled = true;
            else
                SelButton.Enabled = false;
        }
        else
        {    no = "";
             groupBox2.Text = "③无效选择";
             CourseButton.Enabled = false;
             SelButton.Enabled = false;
        }
    }
    private void CloseButton_Click(object sender, EventArgs e)    //返回
    {    this.Close();}
```

如图 15.17 所示是学号为 105 的学生的选课过程。先在"学号"文本框中输入 105，单击"查询确定"按钮，在 dataGridView1 控件中单击该学生记录，checkedListBox1 列表框中即可显示以前所选的两门课程，再通过选择课程组合框选择两门课程，在选课列表框中取消勾选 "数字电路"，最后单击"选课确定"按钮，出现信息提示框，单击"确定"按钮完成该学生的选课过程。

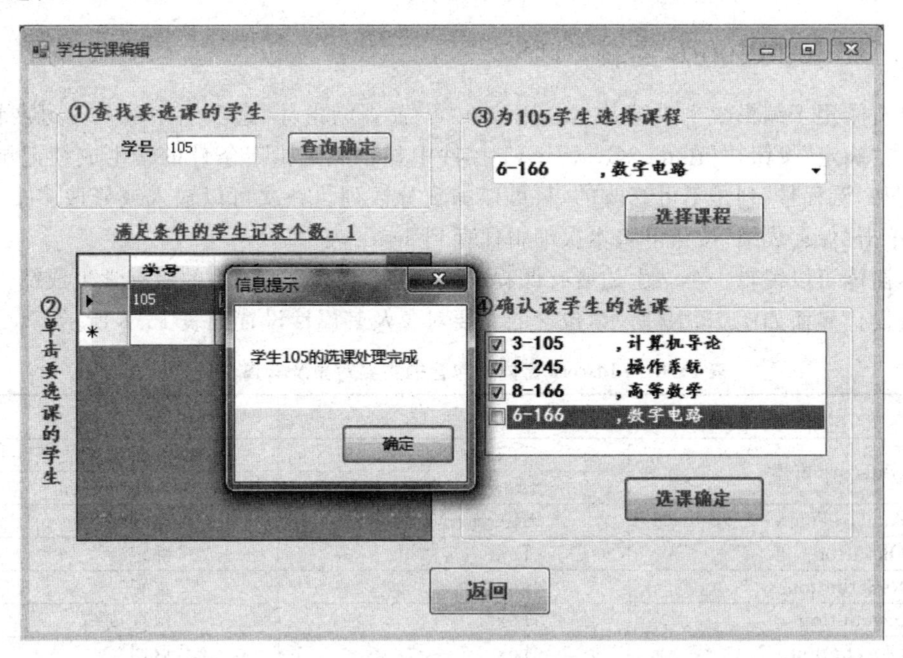

图 15.17　editselection 窗体执行界面

15.3.16 queryselection 窗体

该窗体实现学生选课查询。用户查找到指定的学生记录，单击该学生记录，便可在列表框中显示该学生选修的所有课程。

如图 15.18 所示是 queryselection 窗体的执行界面。

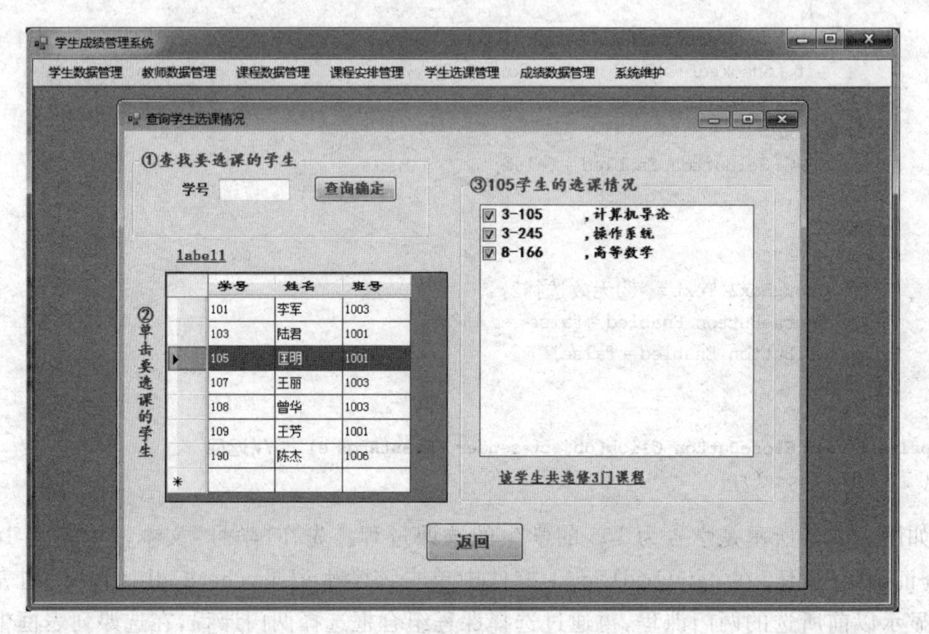

图 15.18 queryselection 窗体执行界面

说明：本窗体设计与 editselection 窗体类似。

15.3.17 editscore 窗体

该窗体用于编辑学生成绩数据。用户在“设置查询条件”选项组中输入学号或课程号后，单击“确定”按钮，可在 dataGridView1 控件中显示满足指定条件的学生成绩记录，其中“学号”和“课程号”列是不可修改的，只可以编辑分数列。一次可以输入或修改多个学生的分数，单击“保存成绩”按钮可将本次编辑保存到 score 表中。

本窗体可以编辑一个学生的所有课程成绩，也可以编辑某课程的所有学生成绩。

其设计界面如图 15.19 所示，包含的主要对象及其属性设置如表 15.8 所示。

表 15.8 editscore 窗体中包含的主要对象及其属性设置

对　象	属　性	属性取值
editscore 窗体	Text	"编辑学生成绩"
	StartPosition	CenterScreen
dataGridView1	SelectionMode	FullRowSelect
Okbutton	Text	"确定"
ReSetbutton	Text	"重置"
Savebutton	Text	"保存成绩"
Closebutton	Text	"返回"

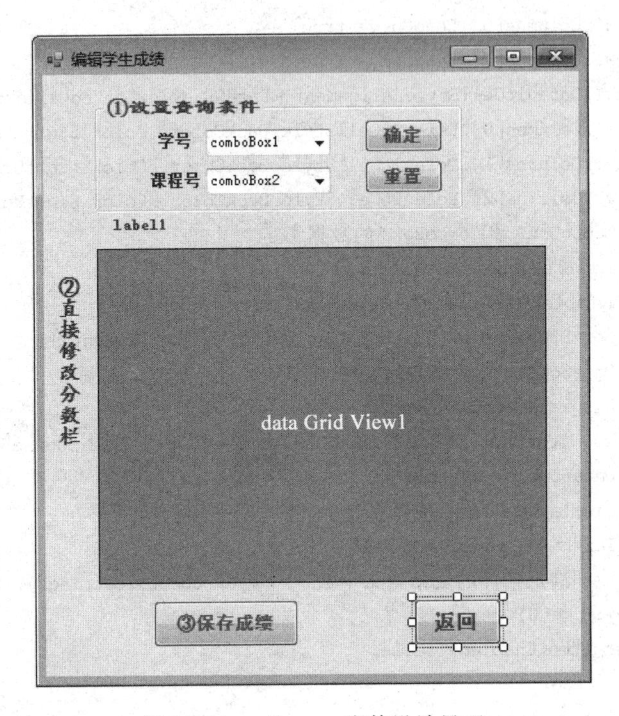

图 15.19　editscore 窗体设计界面

在本窗体上设计的事件过程如下。

```
DataView mydv = new DataView();                               //类字段
string condstr = "";                                          //存放过滤条件
SqlConnection myconn = new SqlConnection();                   //类字段
SqlDataAdapter myda = new SqlDataAdapter();                   //类字段
DataSet myds = new DataSet();                                 //类字段
string mystr = "Data Source = LCB - PC;Initial Catalog = school;" +
    "Persist Security Info = True;User ID = sa;Password = 12345";
private void editscore_Load(object sender, EventArgs e)       //初始化
{   myconn.ConnectionString = mystr;
    myconn.Open();
    string mysql = "SELECT * FROM score";
    myda = new SqlDataAdapter(mysql, myconn);
    myda.Fill(myds, "score");
    mydv = myds.Tables["score"].DefaultView;
    dataGridView1.DataSource = mydv;
    myconn.Close();
    dataGridView1.AlternatingRowsDefaultCellStyle.ForeColor = Color.Red;
    dataGridView1.GridColor = Color.RoyalBlue;
    dataGridView1.ScrollBars = ScrollBars.Vertical;
    dataGridView1.ColumnHeadersDefaultCellStyle.Font = new Font("隶书", 12);
    dataGridView1.CellBorderStyle = DataGridViewCellBorderStyle.Single;
    dataGridView1.Columns[0].Width = 100;
    dataGridView1.Columns[1].Width = 100;
    dataGridView1.Columns[2].Width = 100;
    dataGridView1.AllowUserToAddRows = false;
```

```
    dataGridView1.Columns[0].ReadOnly = true;
    dataGridView1.Columns[1].ReadOnly = true;
    dataGridView1.DefaultCellStyle.Alignment = DataGridViewContentAlignment.TopCenter;
    dataGridView1.Columns[0].DefaultCellStyle.BackColor = Color.LightGray;
    dataGridView1.Columns[1].DefaultCellStyle.BackColor = Color.LightGray;
    dataGridView1.Columns[2].DefaultCellStyle.BackColor = Color.LightYellow;
    //以下设置 ComboBox1 和 ComboBox2 的数据绑定
     DataTable mytable1 = new DataTable();
     DataTable mytable2 = new DataTable();
     mytable1 = CommDbOp.Exesql("SELECT distinct 学号 FROM student");
     comboBox1.DataSource = mytable1;
     comboBox1.DisplayMember = "学号";
         mytable2 = CommDbOp.Exesql("SELECT distinct 课程号 FROM course");
     comboBox2.DataSource = mytable2;
     comboBox2.DisplayMember = "课程号";
     comboBox1.Text = ""; comboBox2.Text = "";
     label1.Text = "满足条件的成绩记录个数: " + mydv.Count.ToString();
     if (mydv.Count == 0)
           SaveButton.Enabled = false;
     else
           SaveButton.Enabled = true;
}
private void OkButton_Click(object sender, EventArgs e)          //确定
{   //以下根据用户输入求得条件表达式 condstr
    condstr = "";                                                  //存放过滤条件
    if (comboBox1.Text!= "")
           condstr = "学号 Like '" + comboBox1.Text.Trim() + "%'";
    if (comboBox2.Text!= "")
    {   if (condstr!= "")
            condstr = condstr + " AND 课程号 Like '" + comboBox2.Text.Trim() + "%'";
        else
            condstr = "课程号 Like '" + comboBox2.Text.Trim() + "%'";
    }
    mydv.RowFilter = condstr;                                      //过滤 DataView 中的记录
    label1.Text = "满足条件的成绩记录个数: " + mydv.Count.ToString();
    if (mydv.Count == 0)
        SaveButton.Enabled = false;
    else
        SaveButton.Enabled = true;
}
private void ReSetButton_Click(object sender, EventArgs e)     //重置
{    comboBox1.Text = "";
     comboBox2.Text = "";
}
private void SaveButton_Click(object sender, EventArgs e)     //保存成绩
{    SqlCommandBuilder mycmdbuilder = new SqlCommandBuilder(myda);
                                                               //获取对应的修改命令
```

```
        myda.Update(myds, "score");                              //更新数据源
        dataGridView1.Update();
    }
    private void CloseButton_Click(object sender, EventArgs e)    //返回
    {     this.Close();}
```

如图 15.20 所示是 editscore 窗体执行界面，先找到 105 学号的学生成绩记录，然后输入或修改分数，单击"保存成绩"按钮即可。

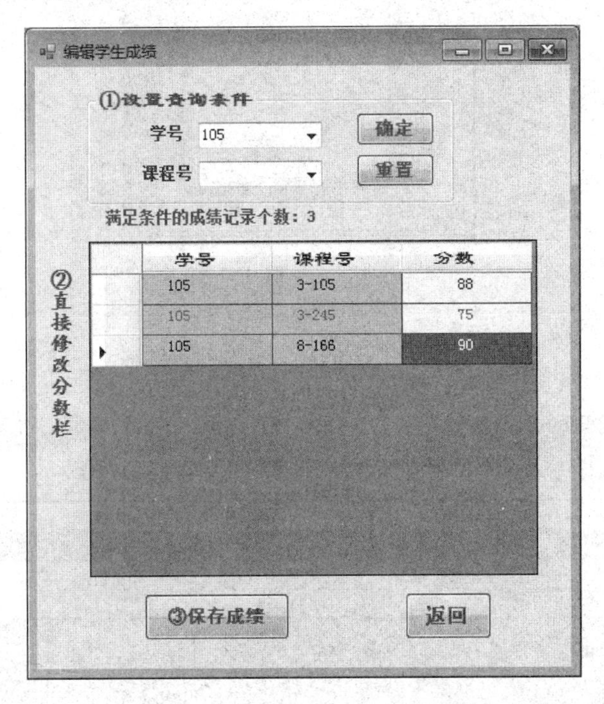

图 15.20　editscore 窗体执行界面

15.3.18　queryscore 窗体

该窗体用于查询某学生或某课程的成绩数据。用户在"设置查询条件"选项组中输入学号或课程号后，单击"确定"按钮，可在 dataGridView1 控件中仅显示满足指定条件的学生成绩记录。双击一个成绩记录，便显示该记录的详细数据，如图 15.21 所示即显示了 103 学号学生的 3-105 课程的成绩。

说明：本窗体设计与 querystudent 窗体类似。

15.3.19　queryscore1 窗体

该窗体用于学生成绩数据的通用查询。用户在"设置查询条件"选项组中输入相应的条件后，单击"确定"按钮，可在上方的 dataGridView1 控件中仅显示满足指定条件的学生成绩记录。

如图 15.22 所示是执行 queryscore1 窗体时指定分数在 90～100 之间的查询结果。

说明：本窗体设计与 querystudent 窗体类似。

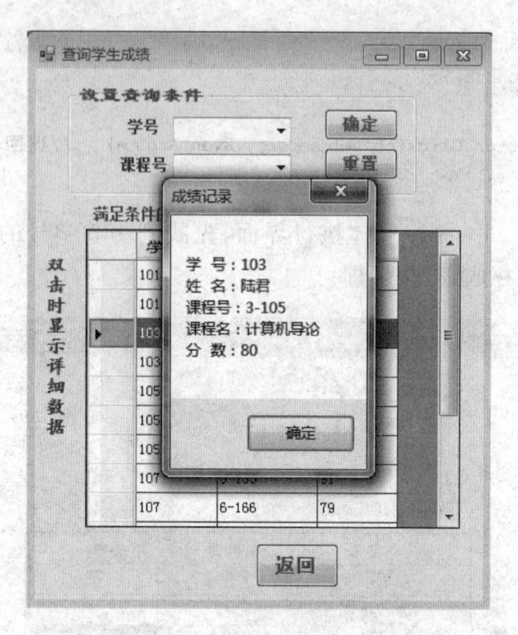

图 15.21　queryscore 窗体执行界面

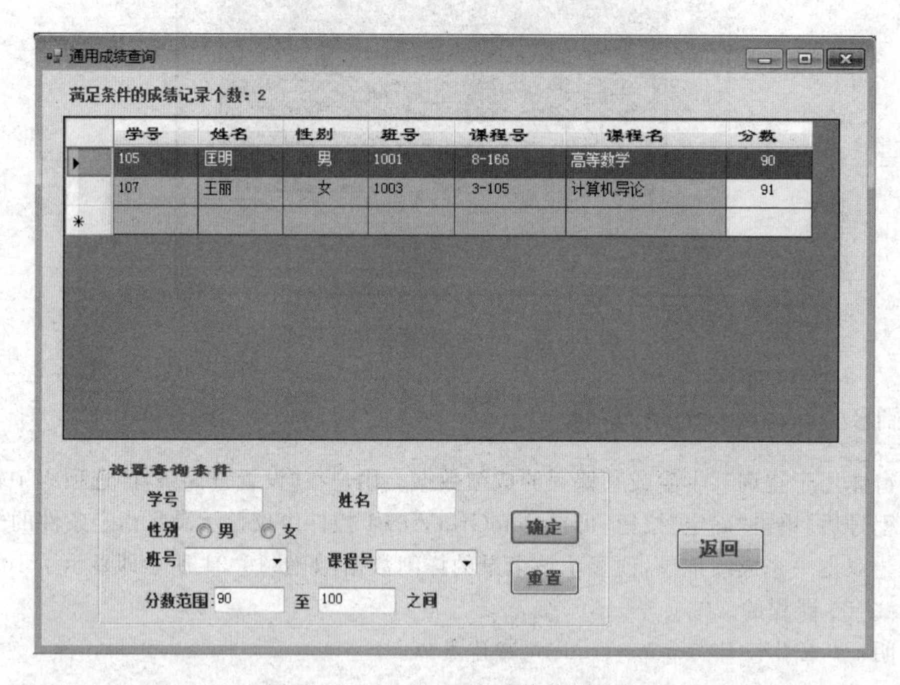

图 15.22　queryscore1 窗体执行界面

15.3.20　edituser 窗体

该窗体用于添加、删除和修改使用本系统的用户。dataGridView1 控件中显示所有用户。单击"添加"按钮增加新用户，单击"修改"按钮修改当前选择的用户，单击"删除"按钮删除当前选择的用户。

如图 15.23 所示是 edituser 窗体的执行界面。

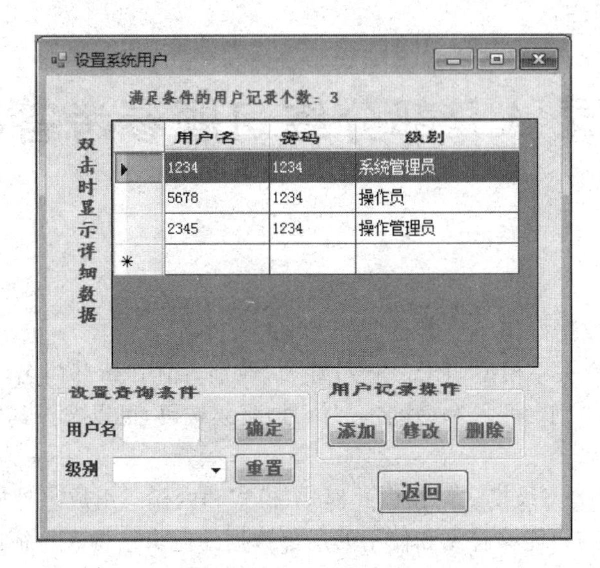

图 15.23　edituser 窗体执行界面

说明：本窗体设计与 editstudent 窗体类似。

15.3.21　edituser1 窗体

该窗体被 edituser 窗体调用于编辑用户记录。在操作中，用户单击"确定"按钮时，记录编辑有效；单击"取消"按钮时，记录编辑无效。

说明：本窗体设计与 editstudent1 窗体类似。

练习题 15

(1) 在采用 C＃＋SQL Server 开发数据库应用系统时，它们各有什么作用？

(2) 如何在两个 C＃窗体之间传递数据？

(3) 在利用 C＃开发数据库应用系统时，公共类有什么作用？

(4) 总结利用 C＃开发数据库应用系统时，数据编辑窗体设计的一般方法。

(5) 总结利用 C＃开发数据库应用系统时，数据查询窗体设计的一般方法。

上机实验题 14

仿照本章介绍的学生成绩管理系统设计一个图书管理系统，读者有学生和教师，包含以下功能。

- 实现学生基本数据的编辑和相关查询。
- 实现教师基本数据的编辑和相关查询。
- 实现图书基本数据的编辑和相关查询。
- 实现借书过程和读者借书信息查询(限制学生最多借 5 本图书，教师最多借 10 本图书)。
- 实现还书过程(限制每本图书学生最多借 1 个月，教师最多借 3 个月)。

附录 A　部分练习题参考答案

练习题 1

(5) 数据结构、数据操作和数据的完整性约束条件。

(8) 例如,有一个关系模型职工(编号,姓名,性别,部门号,部门名,工资),假设同一部门没有同姓名的职工,则(编号)和(姓名,部门号)是候选码,可以选择其中之一作为主码,通常以(编号)作为主码。

(9) 数据库系统的三级模式结构由外模式、模式和内模式组成。外模式,亦称子模式或用户模式,是数据库用户能够看见和使用的局部数据的逻辑结构和特征的描述,是数据库用户的数据视图,是与某一应用有关的数据的逻辑表示。模式,亦称逻辑模式,是数据库中全体数据的逻辑结构和特征的描述,是所有用户的公共数据视图。模式描述的是数据的全局逻辑结构,外模式涉及的是数据的局部逻辑结构,通常是模式的子集。内模式,亦称存储模式,是数据在数据库系统内部的表示,即对数据的物理结构和存储方式的描述。

数据库系统的三级模式是对数据的三个抽象级别,它把数据的具体组织留给 DBMS 管理,使用户能逻辑抽象地处理数据,而不必关心数据在计算机中的表示和存储。为了能够在内部实现这三个抽象层次的联系和转换,数据库系统在这三级模式之间提供了外模式/模式映像和模式/内模式映像两层映像,正是这两层映像保证了数据库系统中的数据能够具有较高的逻辑独立性和物理独立性。

(12) 例如,有一个关系模型职工(编号,姓名,性别,部门号,部门名,工资),假设同一部门没有同姓名的职工,则函数依赖有编号→姓名、编号→性别、……、编号→工资、(姓名,部门号)→工资、部门号→部门名,等等。

(13) 关系模型进行规范化的方法为将关系模式投影分解成两个或两个以上的关系模式。

要求分解后的关系模式集合应当与原关系模式"等价",即经过自然联接可以恢复原关系而不丢失信息,并保持属性间合理的联系。

(14) 关系模型进行规范化的目的是使结构更合理,消除存储异常,使数据冗余尽量小,便于插入、删除和更新。

关系模型进行规范化的原则是遵从概念单一化"一事一地"原则,即一个关系模型描述一个实体或实体间的一种联系。规范的实质就是概念的单一化。

练习题 2

(4) SQL Server 实例是虚拟的 SQL Server 服务器,同一台计算机上可以安装多个 SQL Server 实例,每一个 SQL Server 实例就好比一个单独的 SQL Server 服务器。

(5) SQL Server 有 Windows 身份验证模式和混合模式(SQL Server 身份验证和

Windows 身份验证)两种身份验证模式。

(6) SQL Server 服务器指安装有 SQL Server 的计算机,可以响应 SQL Server 请求。SQL Server 客户机是指连接 SQL Server 服务器的计算机,安装有 SQL Server 的客户端程序,可以向 SQL Server 服务器发送 SQL 请求。

(7) 本地系统账户是指由本机管理的系统账户,服务器自己管理自己的账户。

(8) sa 是 SQL Server 内建的一个管理员级的登录账户,它是 system administrator 的缩写,sa 登录名会映射到 sysadmin 固定服务器角色,它对整个服务器有不能撤销的管理凭据。

练习题 3

(4) 一个数据库中通常包含主数据文件、次数据文件和事务日志文件。

(8) 当用户正在使用数据库、数据库正在被恢复还原或者数据库正在参与复制时,该数据库不能被删除。

练习题 4

(2) 列属性主要包含列的名称、默认值或绑定、数据类型、是否允许 NULL 值、长度和排序规则等。

(9) 计算列是虚拟列,并非实际存储在表中(除非此列标记为 PERSISTED),其值可以由其他列中的数据来计算。不能输入计算列的值,可以在表设计器中为计算列指定表达式,计算列的表达式可以使用其他列的数据来计算。

(10) 计算列不能用作 DEFAULT 或 FOREIGN KEY 约束定义,也不能与 NOT NULL 约束定义一起使用。

(11) 标识列是指包含由系统生成的连续值,用于唯一标识表中的每一行,在设计时需要指定标识规范的列。标识列需要指定的标识规范属性有"是标识"、"标识增量"和"标识种子"属性。

(12) 标识列的数据类型必须是不带小数的数值类型,不能为字符类型。标识列值不能重复。

练习题 5

(1) SQL 语句通常分成 4 类,即数据查询语言、数据操纵语言、数据定义语言和数据控制语言。

(2) 在数据库中,NULL 是一个特殊值,表示数值未知。NULL 不等同于空字符或数字 0,也不等同于零长度字符串。比较两个空值或将空值与任何其他数值相比均返回未知,这是因为每个空值均为未知。空值通常表示未知、不可用或以后添加数据。如果某个列上的空值属性为 NULL,表示接受空值;空值属性为 NOT NULL,表示拒绝空值。如果数值型列中存在 NULL,则在进行数据统计时可能产生不正确的结果。

如 score 表中的"分数"列有 NULL 值，执行"SELECT * FROM score WHERE 分数>=0"语句时的结果如下。

```
学号      课程号     分数
-------  -------  -------
 101     3-105     85
 101     6-166     85
 103     3-105     92
 103     3-245     86
 105     3-105     88
 105     3-245     75
 107     3-105     91
 107     6-166     79
 108     3-105     78
 109     3-105     76
 109     3-245     68
(11 行受影响)
```

从中可以看到，NULL 并不是当作零处理的。

(5) 各子句的功能如下。

- DISTINCT：查询唯一结果。
- ORDER BY：使查询结果有序显示。
- GROUP BY：对查询结果进行分组。
- HAVING 筛选分组结果。

(6) 其执行顺序如下。

① 执行 WHERE 子句，从表中选取行。

② 由 GROUP BY 对选取的行进行分组。

③ 执行聚合函数。

④ 执行 HAVING 子句选取满足条件的分组。

(8) 交叉连接是两个表的笛卡儿积，即两个表的记录进行交叉组合。

(9) 内连接是从结果中删除与其他被连接表中没有匹配行的所有行，因此，内连接可能会丢失信息。外连接会把内连接中删除的原表中的一些行保留下来，保留哪些行由外连接的类型决定。

(11) 批处理是一个 SQL 语句集，这些语句一起提交并作为一个组来执行，以 GO 关键字作为批处理结束符号。

(12) 局部变量是用户定义的变量，用 DECLARE 语句声明，变量名用@开始，用户可以用 SET 语句修改其值。全局变量是 SQL Server 系统提供并赋值的变量，变量名用@@开始，用户不能用 SET 语句修改其值。

(15) 对应的程序如下。

```
USE school
SELECT 姓名,班号
FROM student
```

```
WHERE 学号 NOT IN(
    SELECT 学号 FROM score
    WHERE 课程号 = '3-245')
GO
```

(16) 对应的程序如下。

```
USE school
SELECT student.学号,student.姓名,student.班号,
    course.课程号,course.课程名,score.分数
FROM student,course,score
WHERE student.学号 = score.学号 AND course.课程号 = score.课程号
    AND score.分数 IS NOT NULL
ORDER BY course.课程号
GO
```

(17) 对应的程序如下。

```
USE school
SELECT 班号,COUNT( * ) AS '人数'
FROM student
GROUP BY 班号
ORDER BY COUNT( * ) DESC
```

(18) 对应的程序如下。

```
USE school
SELECT student.学号,student.姓名,AVG(score.分数) AS '平均分'
FROM student,score
WHERE student.学号 = score.学号
GROUP BY student.学号,student.姓名
ORDER BY AVG(score.分数)
GO
```

(19) 对应的程序如下。

```
USE school
SELECT student.学号,student.姓名,student.班号,score.课程号,score.分数
FROM student,score
WHERE student.学号 = score.学号 AND student.班号 = '1003' AND 分数 =
    (SELECT MAX(分数)
    FROM score,student
    WHERE score.分数 IS NOT NULL AND student.学号 = score.学号 AND
        student.班号 = '1003'
    )
GO
```

(20) 对应的程序如下。

```
USE school
SELECT 课程名
FROM course
WHERE 课程号 = (SELECT 课程号
```

```
        FROM score
        WHERE 分数 = (SELECT MAX(分数)
                      FROM score
                      WHERE 分数 IS NOT NULL))
GO
```

(21) 对应的程序如下。

```
USE school
SELECT 课程号,AVG(分数)
FROM score
WHERE 分数 IS NOT NULL
GROUP BY 课程号
HAVING AVG(分数)>(SELECT AVG(分数)
                  FROM score
                  WHERE 分数 IS NOT NULL)
GO
```

(22) 对应的程序如下。

```
USE school
SELECT sname
FROM student
WHERE NOT EXISTS(
    SELECT *
    FROM score,course,teacher
    WHERE score.cno = course.cno
        AND teacher.tno = course.tno
        AND teacher.tname = '李诚'
        AND score.sno = student.sno)
```

(23) 对应的程序如下。

```
USE school
IF OBJECT_ID('student','U') IS NOT NULL
   PRINT '存在 student 表'
ELSE
   PRINT '不存在 student 表'
```

(24) 对应的程序如下。

```
USE school
GO
IF OBJECT_ID('maxfun', 'IF') IS NOT NULL              -- 如果存在这样的函数则删除
  DROP FUNCTION maxfun
GO
CREATE FUNCTION maxfun(@kch char(10))                 -- 建立函数 maxfun
    RETURNS TABLE
AS
RETURN
(    SELECT MAX(分数) AS '最高分'
     FROM score
     WHERE score.课程号 = @kch)
GO
```

```
SELECT * FROM  maxfun('3-105')
GO
```

(25) 对应的程序如下。

```
USE school
GO
IF OBJECT_ID('maxfun1', 'IF') IS NOT NULL           -- 如果存在这样的函数则删除
  DROP FUNCTION maxfun1
GO
CREATE FUNCTION maxfun1(@bh char(10))               -- 建立函数 maxfun1
    RETURNS TABLE
AS
RETURN
(   SELECT student.学号,student.姓名,course.课程名,score.分数
    FROM student,course,score
    WHERE student.学号 = score.学号 AND student.班号 = @bh
        AND course.课程号 = score.课程号 AND score.分数 =
        (SELECT MAX(分数)
         FROM student,score
        WHERE student.学号 = score.学号 AND student.班号 = @bh)
)
GO
SELECT * FROM  maxfun1('1003')
GO
```

(26) 对应的程序如下。

```
USE school
GO
IF OBJECT_ID('maxfun2', 'IF') IS NOT NULL           -- 如果存在这样的函数则删除
  DROP FUNCTION maxfun2
GO
CREATE FUNCTION maxfun2()                           -- 建立函数 maxfun2
    RETURNS TABLE
AS
RETURN
(   SELECT student.学号,student.姓名
    FROM student,score
    WHERE student.学号 = score.学号 AND score.分数 =
        (SELECT MAX(分数)
         FROM score
         )
)
GO
SELECT * FROM  maxfun2()
GO
```

练习题 6

(2) 在 SQL Server 中,对事务的管理包含如下所述 3 个方面。

- 事务控制语句:控制事务执行的语句,包括将一系列操作定义为一个工作单元来

处理。

- 锁机制：封锁正被一个事务修改的数据，防止其他用户访问到“不一致”的数据。
- 事务日志：使事务具有可恢复性。

(3) 事务中不能包含 CREATE DATABASE 语句。

(6) 在 SQL Server 中，锁定就是给数据库对象加锁。使用锁定可以确保事务完整性和数据库一致性。锁定可以防止用户读取正在由其他用户更改的数据，并可以防止多个用户同时更改相同数据。如果不使用锁定，则数据库中的数据可能在逻辑上不正确，并且对数据的查询可能会产生意想不到的结果。

(7) 死锁是一种条件，不仅仅是在关系数据库管理系统(RDBMS)中发生，在任何多用户系统中都可以发生。当两个用户(或会话)具有不同对象的锁，并且每个用户需要另一个对象的锁时。每个用户都等待另一个用户释放它的锁，就会出现死锁。当两个连接陷入死锁时，SQL Server 会进行检测，其中一个连接会被选作死锁牺牲品，该连接的事务回滚，同时应用程序收到错误。

(9) 程序的执行结果如下。

```
编号    姓名      性别    出生日期              职称        系名
-----  --------  ----  ------------------  ----------  ----------
804    李诚      男        1968-12-02          教授        计算机系
825    王萍      女        1982-05-05          讲师        计算机系
831    刘冰      男        1987-08-14          助教        电子工程系
856    张旭      男        1979-03-12          教授        电子工程系
999    张英      男        1960-03-05          教授        计算机系
```

(10) 对应的程序如下。

```
USE school
GO
--声明变量
DECLARE @c_namevarchar(8),@s_avg float
--声明游标
DECLARE st_cursor CURSOR
  FOR SELECT course.课程名,AVG(score.分数)
      FROM course,score
      WHERE course.课程号=score.课程号 AND score.分数 IS NOT NULL
      GROUP BY course.课程名
--打开游标
OPEN st_cursor
--提取第一行数据
FETCH NEXT FROM st_cursor INTO @c_name,@s_avg
--打印表标题
PRINT '课程        平均分'
PRINT '------------------'
WHILE @@FETCH_STATUS = 0
BEGIN
    --打印一行数据
      PRINT @c_name+'    '+CAST(@s_avg AS char(10))
    --提取下一行数据
    FETCH NEXT FROM st_cursor INTO @c_name,@s_avg
```

```
END
--关闭游标
CLOSE st_cursor
--释放游标
DEALLOCATE st_cursor
GO
```

(11) 对应的程序如下。

```
USE school
GO
--声明变量
DECLARE @no1 char(5),@no2 char(6),@fs char(2)
--声明游标
DECLARE fs_cursor CURSOR
   FOR SELECT 学号,课程号,
    CASE
        WHEN 分数 >= 90 THEN 'A'
        WHEN 分数 >= 80 THEN 'B'
        WHEN 分数 >= 70 THEN 'C'
        WHEN 分数 >= 60 THEN 'D'
        WHEN 分数 <60 THEN  'E'
    END
    FROM score WHERE 分数 IS NOT NULL
    ORDER BY 学号
--打开游标
OPEN fs_cursor
--提取第一行数据
FETCH NEXT FROM fs_cursor INTO @no1,@no2,@fs
--打印表标题
PRINT '学号  课程号  等级'
PRINT '-------------------'
WHILE @@FETCH_STATUS = 0
BEGIN
   --打印一行数据
     PRINT @no1 + '  ' + @no2 + '  ' + @fs
   --提取下一行数据
   FETCH NEXT FROM fs_cursor INTO @no1,@no2,@fs
END
--关闭游标
CLOSE fs_cursor
--释放游标
DEALLOCATE fs_cursor
GO
```

(12) 对应的程序如下。

```
USE school
GO
--声明变量
DECLARE @bhchar(5),@kc char(10),@fs float
--声明游标
```

```
DECLARE fs_cursor CURSOR
   FOR SELECT s.班号,c.课程名,AVG(sc.分数)
       FROM student s,coursec,scoresc
       WHERE s.学号 = sc.学号 AND c.课程号 = sc.课程号 AND sc.分数 IS NOT NULL
       GROUP BY s.班号,c.课程名
--打开游标
OPEN fs_cursor
--提取第一行数据
FETCH NEXT FROM fs_cursor INTO @bh,@kc,@fs
--打印表标题
PRINT '班号   课程   平均分'
PRINT '----------------------------'
WHILE @@FETCH_STATUS = 0
BEGIN
    --打印一行数据
       PRINT @bh + '   ' + @kc + '   ' + CAST(@fs AS varchar(10))
    --提取下一行数据
   FETCH NEXT FROM fs_cursorINTO   @bh,@kc,@fs
END
--关闭游标
CLOSE fs_cursor
--释放游标
DEALLOCATE fs_cursor
GO
```

练习题 7

(5) 创建索引时,可以指定每列的数据是按升序还是降序存储。如果不指定,则默认为升序。另外,CREATE TABLE、CREATE INDEX 和 ALTER TABLE 语句的语法在索引中的各列上支持关键字 ASC(升序)和 DESC(降序)。

(6) 使用 CREATE UNIQUE 语句建立的索引是唯一索引,唯一索引不一定是聚集索引,而且通常是非聚集索引。

(10) 对应的程序如下。

```
USE school
CREATE INDEX txm ON teacher(系名 ASC)
GO
```

练习题 8

(3) 可以在视图上创建视图。要使视图的定义不可见,只要在创建视图时,使用 WITH ENCRYPTION 关键字加密视图定义,防止其他用户查看最初的源代码即可。

(9) 对应的程序如下。

```
USE school
GO
CREATE VIEW exview1 AS
```

```
SELECT TOP(100) student.学号,student.姓名,AVG(score.分数) AS '平均分'
FROM student,score
WHERE student.学号 = score.学号
GROUP BY student.学号,student.姓名
ORDER BY student.学号
GO
```

(10) 对应的程序如下。

```
USE school
GO
CREATE VIEW exview2 AS
SELECT TOP(100) course.课程名,AVG(score.分数) AS '平均分'
FROM course,score
WHERE course.课程号 = score.课程号
GROUP BY course.课程名
GO
```

(11) 对应的程序如下。

```
USE school
GO
CREATE VIEW exview3 AS
SELECT TOP(100) teacher.姓名,course.课程名,AVG(score.分数) AS '平均分'
FROM teacher,course,score
WHERE teacher.编号 = course.任课教师编号 AND course.课程号 = score.课程号 AND score.分数 IS
NOT NULL
GROUP BY teacher.姓名,course.课程名
ORDER BY teacher.姓名
GO
```

练习题 9

(5) 每个 PRIMARY KEY 和 UNIQUE 约束都将生成一个索引,外键约束不会自动生成索引。

(8) 相应的命令如下。

- ```
  ALTER TABLE table10
  ALTER COLUMN 学号 int NOT NULL
  ```
- ```
  ALTER TABLE table10
  ADD PRIMARY KEY(学号)
  ```
- ```
  ALTER TABLE table10
  ADD CHECK(分数 >= 1 AND 分数<= 100)
  ```
- ```
  ALTER TABLE table10
  ADD DEFAULT '计算机科学与技术' FOR 专业
  ```

(9) 相应的命令如下。

```
ALTER TABLE table11
  ADD FOREIGN KEY(借书人学号) REFERENCES table10(学号)
```

练习题 10

(7) 设计本题存储过程的程序如下。

```
USE school
GO
IF OBJECT_ID('dispscore','P') IS NOT NULL
    DROP PROCEDURE dispscore            -- 如果存储过程 dispscore 存在,则删除
GO
CREATE PROCEDURE dispscore
   AS
     SELECT student.学号,student.姓名,student.班号,course.课程名,score.分数
     FROM student,course,score
     WHERE student.学号 = score.学号 AND course.课程号 = score.课程号
     ORDER BY student.学号,score.分数 DESC
GO
```

执行该存储过程的程序如下。

```
USE school
GO
EXEC dispscore
GO
```

(8) 设计本题存储过程的程序如下。

```
USE school
GO
IF OBJECT_ID('allcourse','P') IS NOT NULL
    DROP PROCEDURE allcourse            -- 如果存储过程 allcourse 存在,则删除
GO
CREATE PROCEDURE allcourse(@no int)
   AS
     SELECT course.课程名
     FROM course,score
     WHERE course.课程号 = score.课程号 AND score.学号 = @no
GO
```

输出学号为 105 的学生所学课程的课程名的程序如下。

```
GO
USE school
GO
allcourse 105
GO
```

(9) 设计本题存储过程的程序如下。

```
USE school
GO
IF OBJECT_ID('maxsname','P') IS NOT NULL
```

```
    DROP PROCEDURE maxsname          -- 如果存储过程 maxsname 存在,则删除
GO
CREATE PROCEDURE maxsname(@name char(20) OUTPUT)
  AS
    SELECT @name = 姓名 FROM student
    WHERE 学号 =
     (SELECT 学号 FROM score
      WHERE 分数 =
        (SELECT MAX(分数)
         FROM score)
     )
GO
```

输出最高分学生姓名的程序如下。

```
GO
USE school
GO
DECLARE @mnamechar(20)
EXEC maxsname @mname OUTPUT
SELECT '最高分学生' = @mname
GO
```

(10) 设计本题存储过程的程序如下。

```
USE school
GO
IF OBJECT_ID('stnum','P') IS NOT NULL
    DROP PROCEDURE stnum          -- 如果存储过程 stnum 存在,则删除
GO
CREATE PROCEDURE stnum(@bh char(10) = '1001',@rs int OUTPUT)
  AS
    SELECT @rs = COUNT(*)
    FROM student
    WHERE 班号 = @bh
GO
```

输出1003班学生人数的程序如下。

```
DECLARE @rs int
EXEC stnum '1003',@rs OUTPUT
SELECT '1003 班的人数' = @rs
GO
```

练习题 11

(4) 两者的区别如下所述。

AFTER 触发器:在执行了 INSERT、UPDATE 或 DELETE 语句操作之后执行。指定 AFTER 与指定 FOR 相同,它是 SQL Server 早期版本中唯一可用的选项。AFTER 触发器只能在表上指定,一个表可以有多个 AFTER 触发器。

INSTEAD OF 触发器：执行 INSTEAD OF 触发器代替通常的触发动作。还可为带有一个或多个基表的视图定义 INSTEAD OF 触发器，而这些触发器能够扩展视图可支持的更新类型。一个表只能具有一个给定类型的 INSTEAD OF 触发器。

(7) 相应的程序如下。

```
USE school
GO
CREATE TRIGGER extrig1
ON score AFTER INSERT
AS
BEGIN
   DECLARE @kch char(10)
   SELECT @kch = 课程号 FROM inserted
   IF NOT EXISTS(SELECT * FROM course WHERE 课程号 = @kch)
   BEGIN
     RAISERROR('课程号不在 course 中',16,1)
     ROLLBACK
   END
END
```

(8) 相应的程序如下。

```
USE school
GO
CREATE TRIGGER extrig2
ON score AFTER UPDATE
AS
BEGIN
   DECLARE @kch char(10)
   SELECT @kch = 课程号 FROM inserted
   IF NOT EXISTS(SELECT * FROM course WHERE 课程号 = @kch)
   BEGIN
     RAISERROR('课程号不在 course 中',16,1)
     ROLLBACK
   END
END
```

(9) 相应的程序如下。

```
USE school
GO
CREATE TRIGGER extrig3
ON score AFTER UPDATE
AS
BEGIN
   DECLARE @fs int
   SELECT @fs = 分数 FROM inserted
   IF @fs < 1 OR @fs > 100
   BEGIN
     RAISERROR('分数范围是 1 - 100',16,1)
     ROLLBACK
```

```
    END
END
```

(10) 相应的程序如下。

```
USE school
GO
CREATE TRIGGER extrig4
ON teacher AFTER DELETE
AS
BEGIN
    DECLARE @tno int
    SELECT @tno = 编号 FROM deleted
    IF EXISTS(SELECT * FROM course WHERE course.任课教师编号 = @tno)
    BEGIN
       RAISERROR('不能删除任课教师的记录',16,1)
       ROLLBACK
    END
END
```

练习题 12

(1) SQL Server 的 5 级安全机制如下。

- 客户机安全机制。
- 网络传输的安全机制。
- 实例级别安全机制。
- 数据库级别安全机制。
- 对象级别安全机制。

(5) 在 SQL Server 中,每个数据库中都存在预定义的角色,该角色的作用域限于其所定义于的数据库,这些预定义的角色就是固定数据库角色。

(6) dbo 是用户数据库的数据库所有者,是默认的架构,具有相应的权限,但不会在系统上具有系统管理员特权。

练习题 13

(1) 数据文件安全性是指保证数据文件不被损坏,不丢失。SQL Server 的安全性是指登录到 SQL Server 和数据库对象等的安全性,可以通过权限设置、加密等方式来保证。

(3) SQL Server 中使用物理设备名或逻辑设备名来标识备份设备。物理备份设备是操作系统用来标识备份设备的名称,如"C:\Backups\Full.bak"。逻辑备份设备是用户定义的别名,用来标识物理备份设备。逻辑设备名永久性地存储在 SQL Server 内的系统表中,使用逻辑备份设备的优点是引用它比引用物理设备名称简单。例如,逻辑设备名可以是 Accounting_Backup,而物理设备名则可能是"E:\Backups \Full.bak"。

(5) SQL Server 的 3 种数据恢复模式是简单恢复模式、完整恢复模式和大容量日志恢复模式。

练习题 14

(1) .NET Framework 数据提供程序用于连接到数据库、执行命令和检索结果，包含的4个核心对象是 Connection、Command、DataReader 和 DataAdapter。

(2) 建立连接字符串 ConnectionString 的方法主要有两种，即直接建立连接字符串和通过属性窗口建立连接字符串。

(6) DataSet 是 ADO.NET 结构的主要组件之一，它是从数据源中检索到的数据在内存中的缓存，是数据的一种内存驻留表示形式，无论它包含的数据来自什么数据源，都会提供一致的关系编程模型。

使用 DataSet 的方法有若干种，主要有如下几种。

① 以编程方式在 DataSet 中创建 DataTable、DataRelation 和 Constraint，并使用数据填充表。

② 通过 DataAdapter 用现有关系数据源中的数据表填充 DataSet。

(8) 数据绑定就是把数据连接到窗体的过程。数据绑定主要有单一绑定、整体绑定和复合绑定等类型。

(11) 事件过程 button1_Click 设计如下。

```
private void button1_Click(object sender, EventArgs e)
{   SqlConnectionmyconn = new SqlConnection();
    SqlCommandmycmd = new SqlCommand();
    string mystr = "Data Source = LCB - PC;Initial Catalog = school;" +
       "Persist Security Info = True;User ID = sa;Password = 12345";
    myconn.ConnectionString = mystr;
    myconn.Open();
    string mysql = "SELECT student.学号,student.姓名," +
        "student.班号,course.课程名,score.分数 " +
        "FROM student,course,score "+
        "WHERE student.学号 = score.学号 AND score.课程号 = course.课程号" +
        " AND score.分数 IS NOT NULL " +
        "ORDER BY student.学号";
    mycmd.CommandText = mysql;
    mycmd.Connection = myconn;
    SqlDataReadermyreader = mycmd.ExecuteReader();
    listBox1.Items.Clear();
    listBox1.Items.Add("学号          姓名        班号          课程名             分数");
    listBox1.Items.Add("==============================================");
    while (myreader.Read())                              //循环读取信息
    {   listBox1.Items.Add(String.Format("{0}   {1}  {2} {3} {4}",
        myreader[0].ToString(), myreader[1].ToString(),
        myreader[2].ToString(), myreader[3].ToString(),
        myreader[4].ToString()));
    }
    myconn.Close();
```

```
    myreader.Close();
}
```

(12) 事件过程 button1_Click 设计如下。

```
private void button1_Click(object sender, EventArgs e)
{   SqlConnectionmyconn = new SqlConnection();
    SqlCommandmycmd = new SqlCommand();
    stringmystr = "Data Source = LCB - PC;Initial Catalog = school;" +
        "Persist Security Info = True;User ID = sa;Password = 12345";
    myconn.ConnectionString = mystr;
    myconn.Open();
    mycmd.Connection = myconn;
    mycmd.CommandType = CommandType.StoredProcedure;
    mycmd.CommandText = "maxscore";
    textBox1.Text = mycmd.ExecuteScalar().ToString();
    myconn.Close();
}
```

(13) 事件过程 button1_Click 设计如下。

```
private void button1_Click(object sender, EventArgs e)
{   SqlConnectionmyconn = new SqlConnection();
    SqlCommand mycmd = new SqlCommand();
    stringmystr = "Data Source = LCB - PC;Initial Catalog = school;" +
        "Persist Security Info = True;User ID = sa;Password = 12345";
    myconn.ConnectionString = mystr;
    myconn.Open();
    mycmd.Connection = myconn;
    mycmd.CommandType = CommandType.StoredProcedure;
    mycmd.CommandText = "stud1_score";
    SqlParameter myparm1 = new SqlParameter();
    myparm1.Direction = ParameterDirection.Input;
    myparm1.ParameterName = "@no1"; myparm1.SqlDbType = SqlDbType.Int;
    myparm1.Size = 5; myparm1.Value = textBox1.Text;
    mycmd.Parameters.Add(myparm1);
    SqlParameter myparm2 = new SqlParameter();
    myparm2.Direction = ParameterDirection.Input;
    myparm2.ParameterName = "@no2"; myparm2.SqlDbType = SqlDbType.Char;
    myparm2.Size = 10; myparm2.Value = textBox2.Text;
    mycmd.Parameters.Add(myparm2);
    SqlParameter myparm3 = new SqlParameter();
    myparm3.Direction = ParameterDirection.Output;
    myparm3.ParameterName = "@dj"; myparm3.SqlDbType = SqlDbType.Char;
    myparm3.Size = 10; mycmd.Parameters.Add(myparm3);
    mycmd.ExecuteScalar();
    textBox3.Text = myparm3.Value.ToString();
    myconn.Close();
}
```

练习题 15

(1) C＃用于开发客户端数据库应用程序,SQL Server 用于实现数据管理。

(2) 两个 C＃窗体之间传递数据有多种方法,一种简单的方法是使用公共类的静态字段来传递数据。

(3) 公共类是整个应用程序可以使用的类,将数据库应用系统中各模块都使用的公共功能设计为公共类,使它们共享,可以提高开发效率。这样的公共类通常存放在公共类文件中。

参考文献

[1] 贾铁军,甘泉.数据库原理应用与实践——SQL Server[M].北京:科学出版社,2013.

[2] 秦婧.SQL Server王者归来——基础、安全、开发及性能优化[M].北京:清华大学出版社,2014.

[3] Patrick LeBlanc,著.SQL Server 2012从入门到精通[M].潘玉琪,译.北京:清华大学出版社,2014.

[4] 赵松涛.SQL Server 2005系统管理实录[M].北京:电子工业出版社,2006.

[5] 宋晓峰.SQL Server 2005基础培训教程[M].北京:人民邮电出版社,2007.

[6] 董福贵,等.SQL Server 2005数据库简明教程[M].北京:电子工业出版社,2006.

[7] 孙明丽,等.SQL Server 2005完全手册[M].北京:人民邮电出版社,2006.

[8] 李昭原.数据库原理与应用[M].北京:科学出版社,1999.

[9] 赵杰,杨丽丽,陈雷.数据库原理与应用[M].北京:人民邮电出版社,2002.

[10] 刘耀儒.SQL Server 2005教程[M].北京:北京科海电子出版社,2001.

[11] 何文华,李萍.SQL Server 2000应用开发教程[M].北京:电子工业出版社,2004.

[12] 李春葆.C#程序设计教程[M].2版.北京:清华大学出版社,2013.

[13] 李春葆,张植民.Visual Basic数据库系统设计与开发[M].北京:清华大学出版社,2003.

[14] 李春葆,等.新编数据库原理习题与解析.北京:清华大学出版社,2013.

[15] 李春葆,等.数据库原理与应用——基于SQL Server[M].北京:清华大学出版社,2012.

[16] 李春葆,等.数据库系统开发教程——基于SQL Server 2005+VB.NET 2005[M].北京:清华大学出版社,2011.

[17] 李春葆,曾慧.数据库原理习题与解析[M].3版.北京:清华大学出版社,2007.

[18] 李春葆,等.SQL Server 2005应用系统开发教程[M].北京:科学出版社,2009.

图书资源支持

感谢您一直以来对清华版图书的支持和爱护。为了配合本书的使用，本书提供配套的素材，有需求的用户请到清华大学出版社主页(http://www.tup.com.cn)上查询和下载，也可以拨打电话或发送电子邮件咨询。

如果您在使用本书的过程中遇到了什么问题，或者有相关图书出版计划，也请您发邮件告诉我们，以便我们更好地为您服务。

我们的联系方式：

地　　址：北京海淀区双清路学研大厦 A 座 707

邮　　编：100084

电　　话：010－62770175－4604

资源下载：http://www.tup.com.cn

电子邮件：weijj@tup.tsinghua.edu.cn

QQ：883604(请写明您的单位和姓名)

扫一扫

资源下载、样书申请

新书推荐、技术交流

用微信扫一扫右边的二维码，即可关注清华大学出版社公众号“书圈”。